"十二五"职业教育国家规划教材
经全国职业教育教材审定委员会审定

21 世纪高等职业教育计算机系列规划教材

现代安防技术设计与实施

（第2版）

陈　晴　邓忠伟　主　编
高曙光　副主编
王　振　殷　凯　高　源　参　编

電子工業出版社
Publishing House of Electronics Industry
北京 • BEIJING

内 容 简 介

本书立足于安全防范系统设计与工作流程，较全面地阐述了智能建筑安全防范系统的使用及其设计过程。从安全防范系统基础知识入手，详细介绍了视频监控系统、入侵报警系统、出入口控制系统、安全防范系统电源及防雷接地系统、安全防范系统集成设计等内容，还介绍了安全防范系统工程项目招标投标及安全防范系统项目实施管理与验收等相关工程知识，充分体现了“学中做，做中学，实践中教理论，理实一体”的职业教育理念。

本书层次清晰，实用性强，是企业的能工巧匠与学校教师共同合作的结晶。不仅适用于高职高专的建筑、计算机、通信及控制技术等相关专业，还可供建筑智能化技术从业人员、安全防范工程从业人员等参考和培训使用。

图书在版编目（CIP）数据

现代安防技术设计与实施 / 陈晴，邓忠伟主编. —2 版. —北京：电子工业出版社，2015.3
“十二五”职业教育国家规划教材

ISBN 978-7-121-24198-7

Ⅰ. ①现… Ⅱ. ①陈… ②邓… Ⅲ. ①安全装置—电子设备—高等职业教育—教材 Ⅳ. ①TM925.91

中国版本图书馆 CIP 数据核字（2014）第 198957 号

策划编辑：徐建军（xujj@phei.com.cn）
责任编辑：郝黎明
印　　刷：北京盛通数码印刷有限公司
装　　订：北京盛通数码印刷有限公司
出版发行：电子工业出版社
　　　　　北京市海淀区万寿路 173 信箱　邮编 100036
开　　本：787×1 092　1/16　印张：17.25　字数：441.6 千字
版　　次：2010 年 10 月第 1 版
　　　　　2015 年 3 月第 2 版
印　　次：2025 年 2 月第 18 次印刷
定　　价：36.00 元

凡所购买电子工业出版社图书有缺损问题，请向购买书店调换。若书店售缺，请与本社发行部联系，联系及邮购电话：（010）88254888，88258888。

质量投诉请发邮件至 zlts@phei.com.cn，盗版侵权举报请发邮件至 dbqq@phei.com.cn。

本书咨询联系方式：（010）88254570。

前言

近年来中国逐步成为世界上最大的建筑市场，尤其是智能大厦和智能小区的大规模建设，使安全防范系统逐渐融入大众的生活，得到了迅速地发展。“构建社会主义和谐社会”和“全面建设小康社会”都离不开安全，安全永远是社会最重要的需求之一，确保安全已经成为公众当前最为关注的热点。

以科技创安全，是现在世界各国共同的理念。特别是伦敦“7·7爆炸案”能在15天内侦破，更突显出视频监控的重要性，因此，对安全防范系统，特别是对视频监控网络的需求也越来越旺盛。为了构建和谐社会，建设平安城市，我国当前正在推行以市、县、派出所三级视频监控联网运行为目标的“3111”工程试点工作，为安全防范系统的广泛应用提供了非常广阔的空间。

根据国际奥委会提供的信息，1996年亚特兰大奥运会投入的安保经费为8250万美元，2000年悉尼奥运会的安保经费猛增至1.98亿美元，而2002年盐湖城冬季奥运会因“9·11”事件的影响，其安保费用追加至4.9亿美元。为了保证2004年雅典奥运会的安全，希腊政府仅用于安保一项的费用就高达15亿欧元，几乎相当于2000年举办悉尼奥运会的全部费用，其中以3.25亿美元的天价购进了美国国际科学技术公司（SAIC）的C^4I（Communication Control Command Coordination）安保系统。C^4I安保系统集指挥、控制、通信、计算机等功能于一体，协调警察、消防队员、海岸警卫队等的工作。

现在，国外的安防企业看好中国安防市场，纷纷大批涌入中国，老牌企业通过兼并而成为安防巨头，如Honeywell公司兼并了C&K和Ademco等公司；Tyco兼并了AD和先讯美资等公司；Bosch兼并了DS公司和Philips安防部门。此外，国际上的IT巨头也正在纷纷进入安防领域，如Intel公司推出了数字家居（Digital Home）系统，IBM推出了带指纹识别的笔记本计算机Thinkpad T42及S3视频解决方案等，HP、GE、Motorola、Siemens、Cisco等都有大动作。另外，中国的安防企业经过多年的积累和发展也具有了相当的能量，正蓄势待发。

本书立足于安全防范系统设计与工作流程，较全面地阐述了智能建筑的安全防范系统的使用及其设计过程。从安全防范系统的基础知识入手，详细介绍了视频监控系统、入侵报警系统、出入口控制系统、电源及防雷接地系统、安全防范系统集成设计等内容，还介绍了安全防范系统工程项目招投标，以及安全防范系统工程项目管理与验收等相关工程知识，充分体现了“学中做，做中学，实践中教理论，理实一体”的职业教育理念。本书是校企合作的结晶，是将理论知识与工程经验有机结合的产物。

全书共分为9章，主要包括安全防范系统基础、视频监控系统设计与实施、入侵报警系统设计与实施、出入口控制系统设计与实施、安全防范系统电源及防雷接地系统设计与实施、安全防范系统集成设计、安全防范系统工程项目招投标、安全防范工程项目管理与验收和数字安防系统综合设计经典案例与实施等内容。

第1～3章由武汉职业技术学院的陈晴、高曙光编写，第4、5、9章由武汉力德系统工程有限公司的邓忠伟编写，第6章由百特教育培训公司的王振编写，第7、8章由武汉圣伟思公司的殷凯编写，随着市场的变化及教学实践，本次我们进行了修订，增加了视频监控系统、出入口控制系统的比重，特别是矩阵、硬盘录像机、网络视频监控系统、出入口控制系统的原理与功能，以及出入口控制系统的锁具及其设计原理等内容，分别由高原和高曙光两位老师负责修订，最后由陈晴进行了全书的统稿工作。

在本书的编写过程中，得到了电子工业出版社徐建军编辑的大力支持和帮助，武汉职业技术学院计算机技术与软件工程学院的全体同仁们，特别是张瑛、胡斌等老师给予了大力的帮助，尤其感谢武汉力德系统工程有限公司的员工们给予了编者工程实践的机会。在此，一并表示感谢！

为了方便教师教学，本书配有电子教学课件，请有此需要的教师登录华信教育资源网（www.hxedu.com.cn）免费注册后进行下载，如有问题可在网站留言板留言或与电子工业出版社联系（E-mail:hxedu@phei.com.cn）。

目前，这类教材在市场上不多见，虽然我们精心组织，努力工作，但错误之处在所难免；同时由于编者水平有限，书中也存在诸多不足之处，恳请广大读者朋友们给予批评和指正。

编　者

目 录

第1章

安全防范系统基础

当今社会已进入以计算机网络技术为标志的信息时代，信息已成为社会、经济发展的重要资源。随着TCP/ IP协议群在互联网上的广泛采用，随之而来的是安全风险问题的急剧增加。计算机网络安全防范是指通过采用各种技术手段和管理措施，保证计算机网络硬、软件系统正常运行，确保网络数据或网络服务的可用性和可靠性，确保网络信息的保密性、完整性和可审查性，确保经过网络传输和交换的数据不会发生增加、修改、丢失或泄漏等。本章从安全防范系统的概念、主要内容、设计架构及安全防范技术的现状与发展等方面，全面、系统地阐述了安全防范系统的基础知识。

1.1　安全防范系统基本概念

安全防范系统是智能建筑的核心系统之一，是根据建筑的使用功能、建筑标准及安全管理的需要，综合运用电子信息技术、计算机网络技术和安全防范技术构成的安全技术防范体系。

1.1.1　安全防范系统（Security & Protection System，SPS）的定义

安全防范系统是以维护社会公共安全为目的，运用安全防范产品和其他相关产品所构成的入侵报警系统、视频安防监控系统、出入口控制系统、防爆安全检查系统等，或由这些系统为子系统组合或集成电子系统或网络系统。

安全防范系统是在国内标准中定义的，而国外则更多称为损失预防与犯罪预防（Loss Prevention & Crime Prevention）。损失预防是安防行业的任务，犯罪预防是警察执法部门的职责。

1.1.2　安全防范系统的三种基本手段

安全防范是包括人力防范（Personnel Protection）、物理防范（Physical Protection）和技术防范（Technical Protection）三方面的综合防范体系。

人力防范（简称人防）是指执行安全防范任务的具有相应素质的人员或人员群体的一种有组织的防范行为，包括人、组织和管理等。

物理防范（又称为实体防范，简称物防）是用于安全防范中能延迟风险事件发生的各种实体防护手段，包括建筑物、屏障、器具、设备、系统等。

技术防范（简称技防）则是利用各种电子信息设备组成系统和/或网络以提高探测、延迟、反应能力和防护功能的安全防范手段。

对于保护建筑物目标来说，人力防范主要有保安站岗、人员巡更、报警按钮、有线和无线内部通信；物理防范主要是实体防护，如周界栅栏等；而技术防范则是以各种技术设备、集成系统和网络来构成安全保证的屏障。

安全防范要贯彻“人防、物防、技防”三种基本手段相结合的原则。任何安全防范工程的设计，如果背离了这一原则，不恰当地、过分地强调某一手段的重要性，而贬低或忽视其他手段的作用，都会给系统的持续、稳定运行埋下隐患，使安全防范工程的实际防范水平不能达到预期的效果。

1.1.3 安全防范系统工程基础

1．安全防范工程概念及其三个基本要素

1）安全防范工程的概念

安全防范工程（Engineering of Security & Protection System）是以维护公共安全为目的，综合运用安全防范技术和其他科学技术，为建立具有防入侵、防盗窃、防抢劫、防破坏、防爆安全检查等功能的系统而实施的工程，通常又称为技防工程。

2）安全防范工程的三个基本要素

安全防范有三个基本防范要素，即探测、延迟和反应。首先要通过各种传感器和多种技术途径（如电视监视、门禁、报警等），探测到环境物理参数的变化或传感器自身工作状态的变化，及时发现是否有人强行或非法侵入的行为；然后通过实体阻挡和物理防范等设施来起到威慑和阻滞的双重作用，尽量推迟风险的发生时间，理想的效果是在此段时间内使入侵不能实际发生或者入侵很快被终止；最后在防范系统发出警报后采取必要的行动来制止风险的发生，或者制服入侵者，及时处理突发事件，控制事态的发展。

安全防范的三个基本要素中，探测、反应、延迟的时间必须满足 $T_{探测}+T_{反应} \leqslant T_{延迟}$ 的要求，它们之间应该相互协调，否则，系统所选用的设备无论怎样先进，系统设计的功能无论怎样齐全，都难以达到预期的防范效果。

2．安全防范工程设计应遵从的基本原则

安全防范工程设计的原则是所有安全防范工程设计（包括固定目标和移动目标）应遵从的基本原则。这七项原则的设立，是国内外安全防范工程技术界多年来理论研究和实践经验的高度概括和总结有以下几个方面。

① 系统的防护级别与被防护对象的风险等级相适应。

② 人防、物防、技防相结合，探测、延迟、反应相协调。

③ 满足防护的纵深性、均衡性、抗易损性要求。

④ 满足系统的安全性、电池兼容性要求。

⑤ 满足系统的可靠性、维修性与维护保障性要求。

⑥ 满足系统的先进性、兼容性、可扩展性要求。

⑦ 满足系统的经济性、适用性要求。

3．安全防范工程设计中应注意的主要问题

1）要重视高科技在安防过程中的应用

安全防范工程不是传统意义上的建筑工程，而主要是电子系统工程。它的设计应该吸收电子信息系统工程、计算机网络工程设计的新成果、新要求，只有这样，才能适应未来高科技发展的趋势，体现安防标准与时俱进的创新精神。安防工程应包括安全性设计、电磁兼容性设计、可靠性设计、环境适应性设计、系统集成设计等内容。

2）要明确安防技术的专业划分界面

国内外安防技术界普遍认为，安全防范技术一般分为电子防护技术、物理防护技术和生物统计学防护技术三大专业门类。

① 电子防护技术主要是指利用各种电子防护产品、网络产品组成系统或网络，以防范安全风险。这类防护技术与传感—探测技术、自动控制技术、视频多媒体技术、有线—无线通信技术、计算机网络技术、人工智能与系统集成等科学技术的发展关系极为密切。

② 物理防护技术通常又称实体防护技术，主要是指利用各类建筑物、实体屏障及与其配套的各种实物设施、设备和产品构成系统，以防范安全风险。这类防护技术与建筑科学技术、材料科学与工艺技术的发展极为密切。

③ 生物统计学防护技术是法律科学的物证鉴定技术与电子信息科学的模式识别技术相结合的产物，主要是指利用人体的生物学特征进行个体识别，从而防范安全风险的一种综合性应用科学技术。这类防护技术与现代生物科学、生物工程技术、现代信息科学技术及法庭科学技术的发展极为密切。

3）安全防护技术不仅涉及自然科学和工程科学，还涉及社会人文科学

不管是物理防护技术，还是电子防护技术、生物统计学防护技术，它们都会随着科学技术的不断进步而不断更新。因此，它是一门跨学科、跨专业、多学科、多专业交叉融合的综合性应用科学技术。同时，在科学技术迅猛发展的当今时代，几乎所有的高新技术都会或迟或早地被移植、应用于安全防护工作中。传统意义上的学科界限、专业界限将越来越淡化，各种防范技术的交叉、渗透、融合将是安全防范技术未来发展的总趋势。因此，安全防范工程的设计者要密切关注各个领域科学技术的新发展，不断吸收新理论，采用先进而成熟的技术，完善系统的设计。同时还要注意，在综合应用各种新技术的同时，一定要注意探测、反应、延迟三个基本要素的协调，人防、物防、技防三种基本手段的配合，才能实现防范风险的最终目的。

1.1.4 智能建筑安全防范的基本结构

安全防范系统是智能建筑的核心系统之一，智能建筑安全防范系统的主要任务是根据不同的防范类型和防护风险的需要，为保障人身与财产的安全，运用计算机通信、电视监控及报警系统等技术形成的综合安全防范体系。它包括建筑物周界的防护报警及巡更、建筑物内及周边的电视监控、建筑物范围内人员及车辆出入的门禁管理三大部分，以及集成这些系统的相关管理软件，组成框图如图1-1所示。

一般而言，防入侵报警系统由报警探测器、报警接收及响应控制装置和处警对策三大部分组成。门禁管理系统由各类出入凭证、凭证识别、出入法则控制设备和门用锁具四大部分组成。

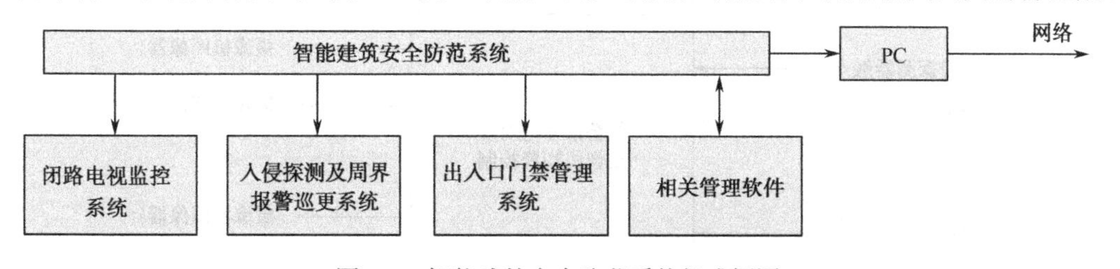

图1-1 智能建筑安全防范系统组成框图

（1）入侵报警系统（Intruder Alarm System，IAS）是利用传感器技术和电子信息技术探测并指示非法进入设防区域的行为、处理报警信息、发出报警信号的电子系统或网络系统。

（2）视频安防监控系统（Video Surveillance & Control System，VS & CS）是利用视频技术探测、监视设防区域并实时显示、记录现场图像的电子系统或网络系统。

这里所指的视频安防监控系统不同于一般的工业电视或民用闭路电视系统，它是特指用于安

全防范的目的，通过对监视区域进行视频探测、视频监视、控制、图像显示、记录和回放的视频信息系统或网络系统。

（3）出入口控制系统（Access Control System，ACS）是利用自定义符识别和/或模式识别技术，对出入口目标进行识别并控制出入口执行机构启闭的电子系统或网络系统。

（4）电子巡更系统（Guard Tour System，GTS）是对保安巡更人员的巡查路线、方式及过程进行管理和控制的电子系统。

（5）停车场管理系统（Parking Lost Management，PLM）是对进、出停车场的车辆进行自动登录、监控和管理的电子系统或网络系统。

（6）防爆安全检查系统是检查有关人员、行李、货物中是否携带爆炸物、武器和/或其他违禁品的电子设备、电子系统或网络系统。

（7）安全管理系统（Security Management System，SMS）是对入侵报警、视频安防监控、出入口控制等子系统进行组合或集成，实现对各子系统的有效联动、管理和/或监控的电子系统。

1.1.5 安全防范系统的本质及实现途径

安全防范系统从本质上而言，除了控制云台运动和镜头缩放功能外，可归纳为如图 1-2 所示的四种切换控制。安全防范系统对应的四种切换控制分别是视频图像矩阵切换控制；音频信号矩阵切换控制；报警信号与对应摄像机的切换控制；门禁控制条件与对应门锁的启闭控制。

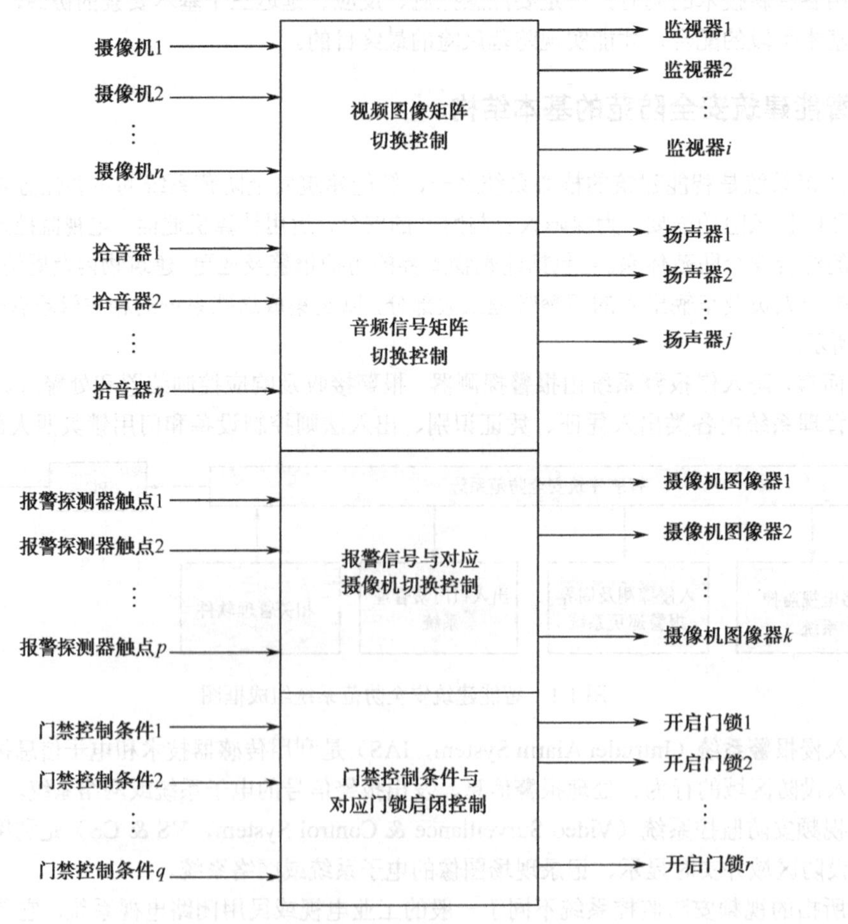

图 1-2 安全防范系统的四种切换控制

为了对整个智能建筑提供安全防范保障，要确定是否需要对智能建筑建立周界保护，是否要做巡更监控，对智能建筑的哪些出入口需要进行控制和管理；对智能建筑需要防护的区域和某些特定的目标需做出监控报警的具体设计和方案，确保不存在视觉盲区和报警探测盲区。对重点保护目标更需要有实体防护措施并付诸实现。

在以此构成的安全防范系统中，报警系统最为关键，因为它是第一道防线；电视监控系统最直观，能够立即看到现实的景象，因而成为安全防范系统的核心；出入口控制与管理系统最可靠，因为它铁面无私、执法如山；而系统的集成则使整个系统的功能更加全面和有效。

实现安全防范系统的技术途径按技术层次的不同可分为三类。

（1）安全模拟实现方案——已经成为现实但趋于被淘汰。

摄像前端装置是保证清晰成像的关键，视频图像控制主机的传输主要采用同轴电缆，也可采用光缆构成有线传输方式，以及由发射机、接收机组成的无线传输信道。视频矩阵切换和音频矩阵切换全部采用模拟电子开关实现，以决定模拟量，视、音频信号的传输通道和显示对象，而报警信号与对应摄像机的切换、出入口控制信号与对应门锁的打开控制，则属于开关量控制，信号以数字方式传送。在后端图像显示记录装置中，图像的显示采用模拟式监控器，图像的记录用模拟录像机，图像的分割用模拟式图像分割器装置。

（2）部分模拟、部分数字的混合式实现方案——是目前应用的主流。

在此种方案中，视频和音频的矩阵切换仍采用模拟开关来决定视、音频信号的传送通道和显示对象，而报警信号与对应摄像机的切换、出入口控制信号与对应门锁的打开控制，因为是开关量控制，所以信号以数字方式传送。与全模拟实现方案不同的是，图像的记录采用数字硬盘录像机，以数字方式存储，不仅存储容量巨大，也能快速读取和检索。图像的分割也通过硬盘录像机或者以计算机软件方式实现，同时，分布式的报警传输网络将得到广泛应用。

（3）全数字和网络的高端实现方案——正逐步发展。

摄像机输入由计算机采集，每幅图像经压缩后转化为一组像素流，此后，计算机将这些图像像素记录于计算机的硬盘中，可对每幅图像做快速读取和检索。图像的分割也是通过计算机以软件快速读取多幅图像并将它们定位于不同的位置来实现。

视频和音频的矩阵切换此时将采用数字式切换，其实现方式可以由多个 CPU 或 DSP 芯片且有 100MHz 以上的系统频率，加上能对切换方式做编程的 LSI 芯片构成，再由高速数字传输系统将输入图像的像素组送往指定监视器的显示存储器来实现，也可通过计算机网络来实现远程的切换和传送。报警信号与对应摄像机的切换、出入口控制信号与对应门锁的打开控制，同样以数字方式传送。

1.2 安全防范系统的主要内容

安全防范系统的主要内容包括入侵报警系统、视频安防监控系统、出入口控制系统、电子巡更系统、停车场管理系统及其他系统。

1.2.1 入侵报警系统

1. 入侵报警系统的设计要求

入侵报警系统应能根据被防护对象的使用功能及安全防范管理的要求，对设防区域的非法入侵、盗窃、破坏和抢劫等进行实时有效地探测与报警，高风险的防护对象的入侵报警系统应有报警复核功能。系统不得有漏报警，误报警率等，应符合工程合同书的要求。入侵报警系统的设计应符合《入侵报警系统技术要求》GA/T368—2001 等相关标准的要求。

入侵报警系统设计应符合以下规定：

① 应根据各类建筑物或构筑物安全防范的管理要求和环境条件，根据总体纵深防护和局部纵深防护的原则，分别或综合设置建筑物和构筑物周界防护、内（外）区域或空间防护、重点实物目标防护系统。

② 系统应能独立运行。有输出接口、可用手动、自动以有线或无线方式报警。系统除应能本地报警外，还能异地报警并能与视频安防监控系统、出入口控制系统等联动。

③ 对于集成式安全防范系统的入侵报警系统，应能与安全防范系统的安全管理系统联网，实现安全管理系统对入侵报警系统的自动化管理与控制。

④ 对于组合式安全防范系统的入侵报警系统，应能与安全防范系统的安全管理系统连接，实现安全管理系统对入侵报警系统的联动管理与控制。

⑤ 对于分散式安全防范系统的入侵报警系统，应能向管理部门提供决策所需的主要信息。

⑥ 系统的前端应按需要选择、安装各类入侵探测设备，构成点、线、面、空间或其组合的综合防护系统。

⑦ 应能按时间、区域、部位任意编程设防和撤防。

⑧ 应能对设备运行状态和信号传输线路进行检测，对故障能及时报警，还应具有防破坏报警功能。

⑨ 应能显示和记录报警部位和有关警情数据，并能提供与其他子系统联动的控制接口信号。

在重要区域和重要部位发出警报的同时，应能对报警现场进行声音复核。

2．建筑周边的防范

建筑周边的防范可采用栏杆等实体外，如图 1-3 所示，也可由双光束主动红外线探测器、电子篱笆等构成，当有非法入侵时它发出报警信号，成为保障建筑安全及正常运行的第一道屏障，如图 1-4 所示。

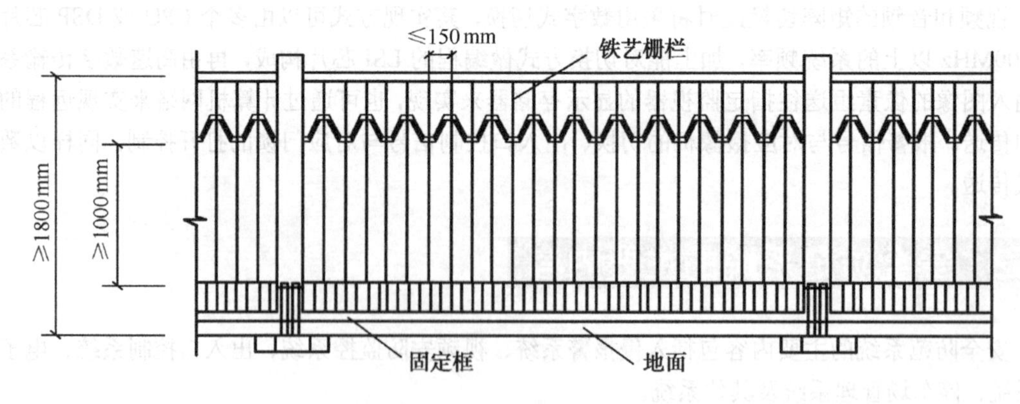

图 1-3 建筑周边防范使用的栏杆

3．入侵报警系统的技术分类

（1）中心联网方式，网络架构如图 1-5 所示。

（2）IP 方式，网络架构如图 1-6 所示。

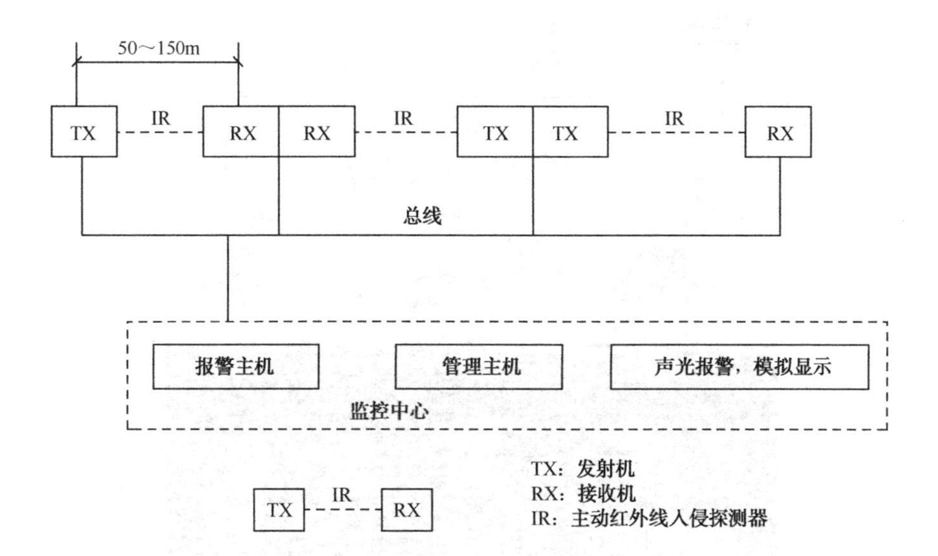

图 1-4　主动红外线对射装置

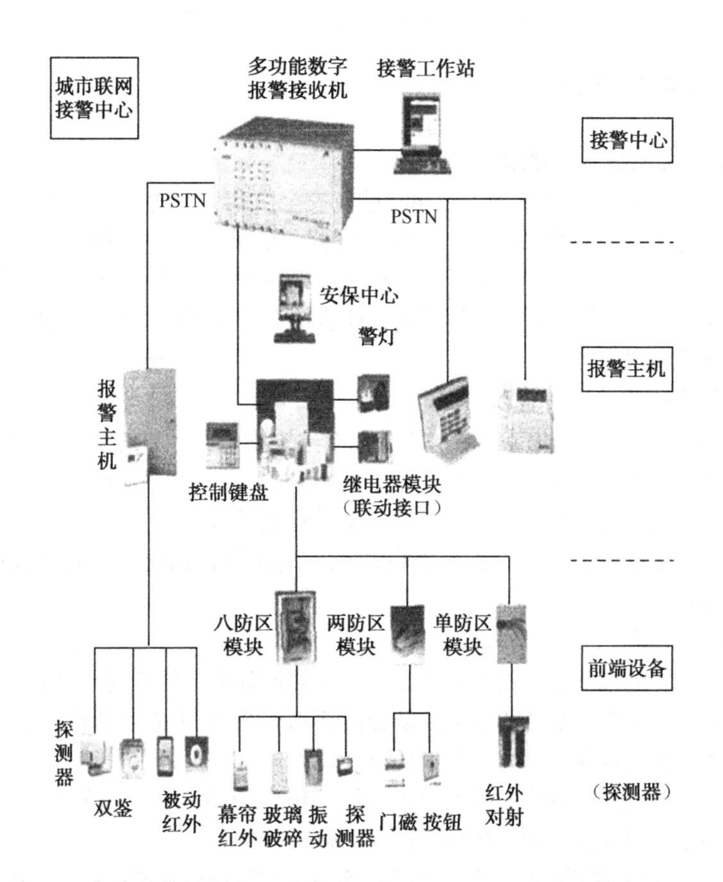

图 1-5　报警系统结构——中心联网方式（PSTN：公共交换电话网）

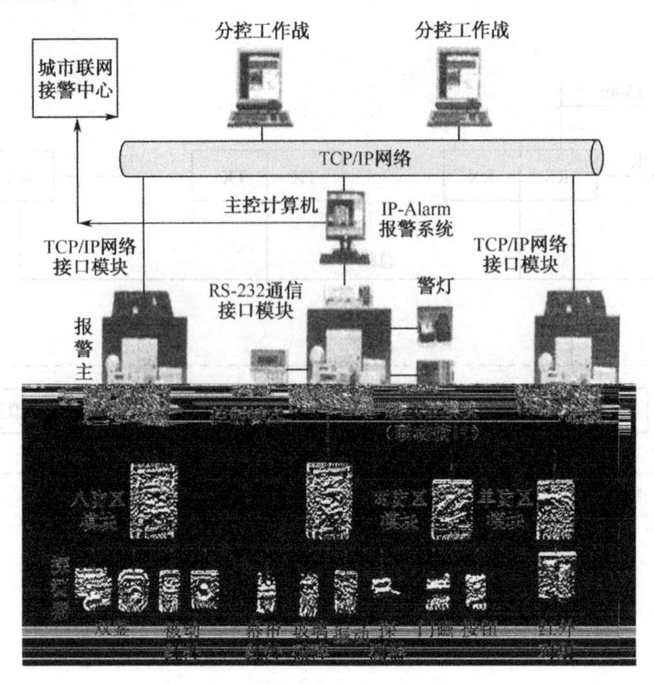

图 1-6　报警系统结构——IP 方式

1.2.2　视频安防监控系统

1．视频安防监控系统设计要求

视频安防监控系统是根据建筑物的使用功能及安全防范管理的要求，对必须进行视频安防监控的场所、部位、通道等进行实时、有效的视频探测。视频监控，图像显示、记录与回放等宜具有视频入侵报警功能。与入侵报警系统联合设置的视频安防监控系统，具有图像复核功能、图像复核和声音复核功能等。视频安防监控系统设计应符合《视频安防监控系统技术要求》GA/T367—2001 等相关标准的要求。

视频安防监控系统设计应符合以下规定：

① 应根据各类建筑物安全防范管理的需要，对建筑物内（外）的主要公共活动场所、通道、电梯及重要的部位和场所等进行视频探测、图像实时监视和有效记录、回放。对高风险的防护对象，显示、记录、回放的图像质量及信息保存时间要满足管理要求。

② 系统的画面显示应能任意编程，能自动或手动切换，画面上应有摄像机的编号、部位、地址和时间、日期显示等。

③ 系统应能独立运行。应能与入侵报警系统、出入口控制系统等联动。当与报警系统联动时，能自动对报警现场进行图像复核，能将现场图像自动切换到指定的监视器上显示并自动录像。

④ 对于集成式安全防范系统的视频安防监控系统，应能与安全防范系统的安全管理系统联网，实现安全管理系统对视频安防监控系统的自动化管理与控制。

⑤ 对于组合式安全防范系统的视频安防监控系统，应能与安全防范系统的安全管理系统连接，实现安全管理系统对视频安防监控系统的联动管理与控制。

⑥ 对于分散式安全防范系统的视频安防监控系统，应能向管理部门提供决策所需的主要信息。

2．视频监控方式与部位

视频监控分为一般性监控和密切监控两类，采用云台扫描可做全方位大面积的巡视；而对于固定场所或目标的监控，宜采用定位定焦死盯方式；监控部位应注意少留盲区或死角，对电梯内（外）的监控要引起重视并从技术上予以保证。

一般在建筑的出入口、周界、主要通道、停车场等重要场所安装摄像机，将监测区域的情况以图像方式实时传递到建筑物的值班管理中心，值班人员通过电视屏幕可以随时了解这些重要场所的情况。

图 1-7 所示为以 DVR 为核心的小型视频监控系统。

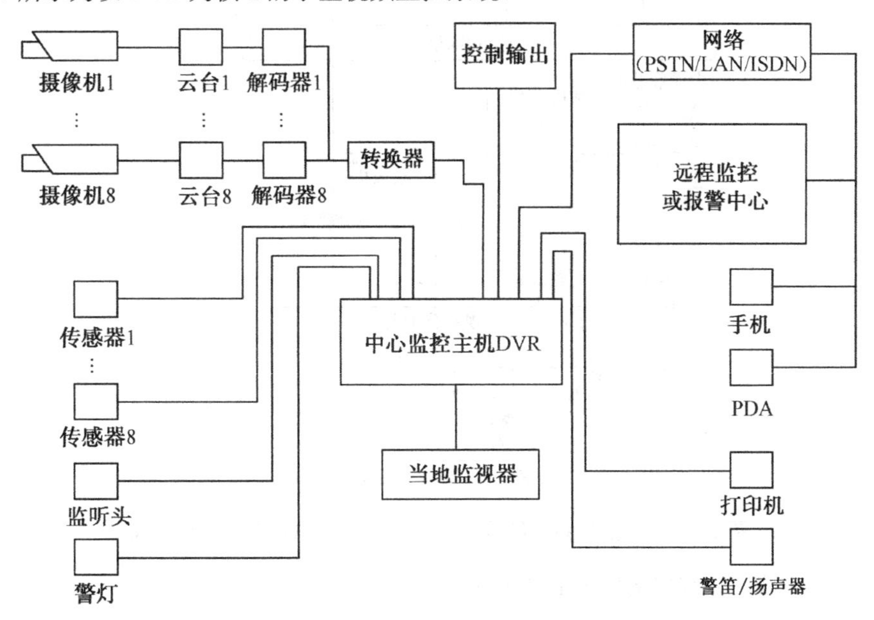

图 1-7　以 DVR 为核心的小型视频监控系统

3. 视频监控系统的技术分类

（1）模拟矩阵方式，系统架构如图 1-8 所示。

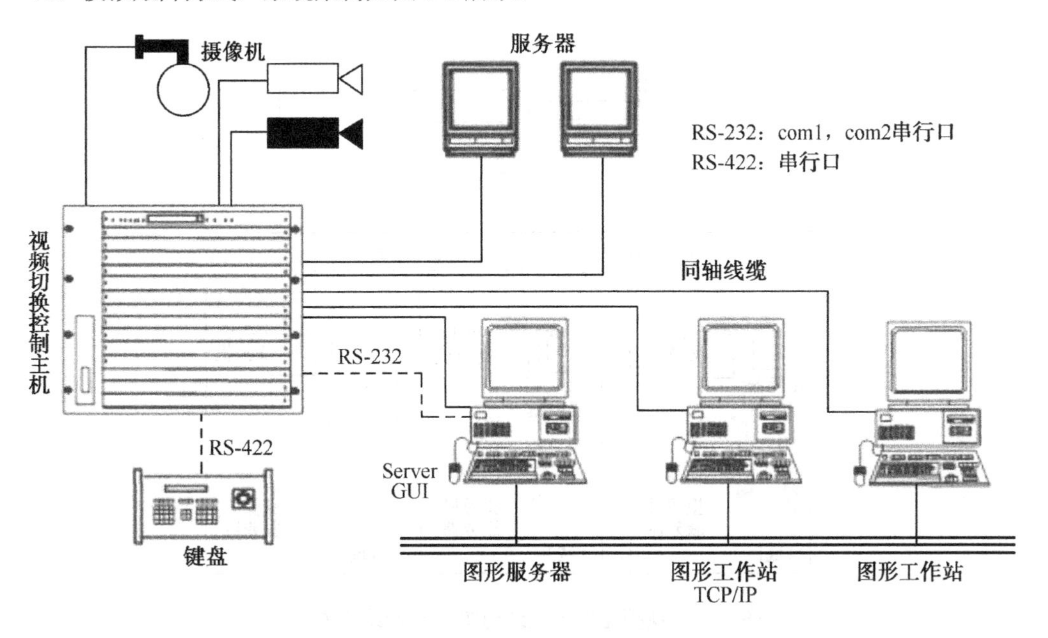

图 1-8　视频监控系统结构图——模拟矩阵方式（GUI：图形用户接口）

（2）模拟矩阵+DVR 的混合方式，系统架构如图 1-9 所示。

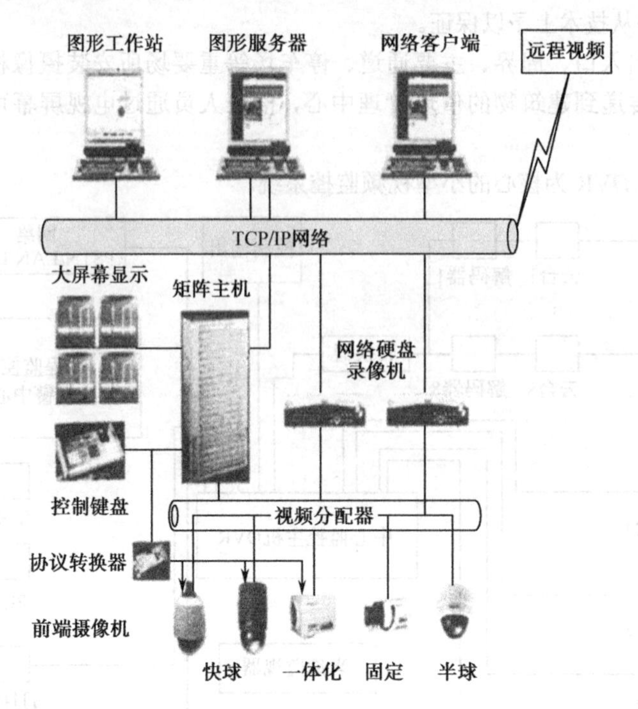

图 1-9　视频监控系统结构图——模拟矩阵+DVR 的混合方式

（3）网络化方式，系统架构如图 1-10 所示。

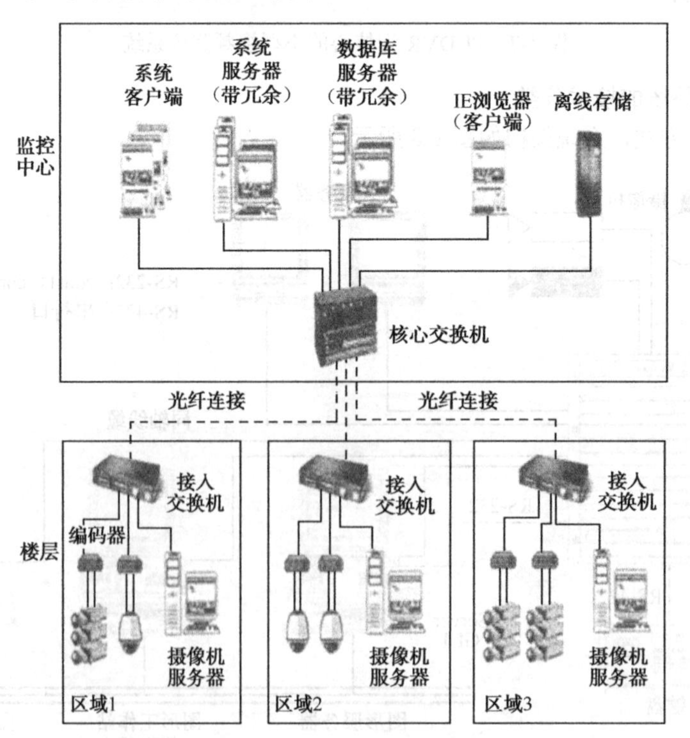

图 1-10　视频监控系统结构图——网络化方式

（4）一个具体的网络化、数字化方式视频监控系统方案如图1-11所示。

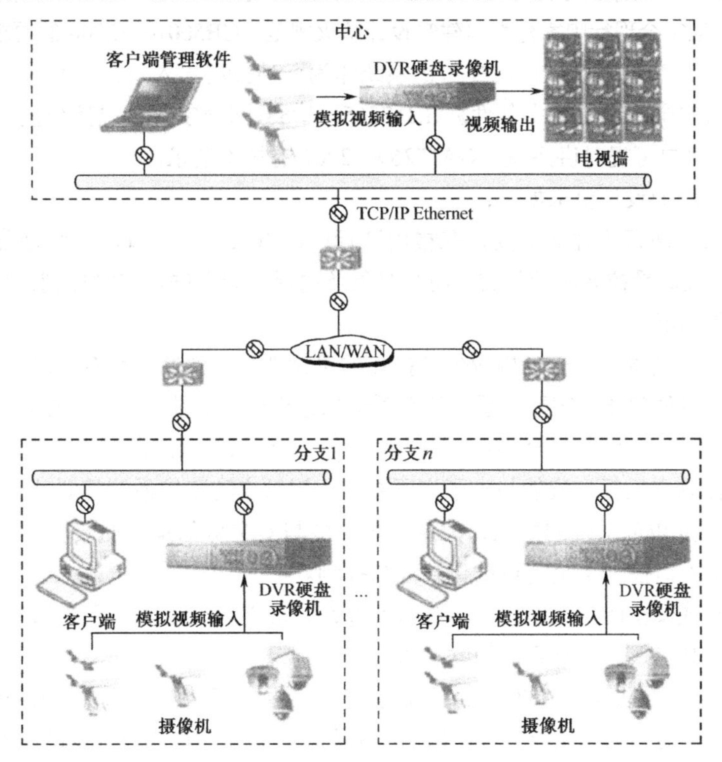

图1-11 一个具体的网络化、数字化方式视频监控系统方案

1.2.3 出入口控制系统

1. 出入口控制系统的设计要求

出入口控制系统是根据建筑物的使用功能和安全防范管理的要求，对需要控制的各类出入口，按各种不同的通行对象及其准入级别，对进、出实施控制和管理，并具有报警功能，如图1-12所示。

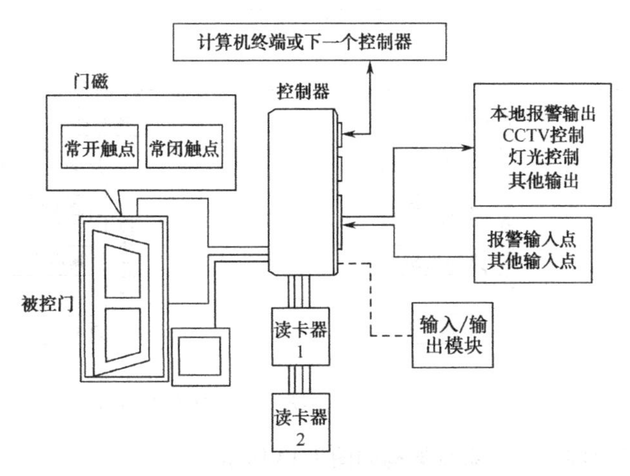

图1-12 出入口控制系统

出入口控制系统的设计应符合《出入口控制系统技术要求》GA/T394—2002 等相关标准的要求。人员安全疏散口，应符合现行国家标准《建筑设计防火规范》GB50016—2006 的要求。

防盗安全门、访客对讲系统、可视对讲系统作为一种民用出入口控制系统，其设计应符合国家现行标准《防盗安全门通用技术条件》GB17565—1988、《楼宇对讲电控防盗门通用技术条件》GA/T72—2005、《黑白可视对讲系统》GA/T269—2001 的技术要求。

出入口控制系统的设计要求如下：

（1）应根据安全防范管理的需要，在楼内通行门、出入口、通道、重要办公室门等处设置出入控制装置。系统应对受控区域的位置、通行对象及通行时间等进行实时控制，并设定多级程序控制。系统应有报警功能。

（2）系统的识别装置和执行机构应保证操作的可靠性和有效性，宜有防尾随措施。

（3）系统的信息处理装置应能对系统的有关信息进行自动记录、打印、存储，并有防篡改和防销毁等措施。应有防止同类设备非法复制的密码系统，密码系统应能在授权的情况下修改。

（4）系统应能独立运行。应能与电子巡更系统、视频安防监控系统等联动。

（5）集成式安全防范系统的出入口控制系统应能与安全防范系统的安全管理系统联网，实现安全管理系统、出入口控制系统的自动化管理与控制。

（6）对于组合式安全防范系统的出入口控制系统，应能与安全防范系统的安全管理系统连接，实现安全管理系统对出入口控制系统的联动管理与控制。

（7）对于分散式安全防范系统的出入口控制系统，应能向管理部门提供决策所需的主要信息。

（8）系统必须满足紧急逃生时人员疏散的相关要求。疏散门均应设为向疏散方向打开。人员集中场所应采用平推外开门。配有门锁的出入口，在紧急逃生时，应不需要钥匙或其他工具，也不需要专门的工具或不费力便可从建筑物内打开。其他应急疏散门，可采用内推闩+声光报警模式。

出入口控制是进入建筑物之前最重要的一环，应按建筑物使用类别的不同，采用不同等级的标准与技术措施。

2．出入口控制系统的技术分类

（1）RS-485 总线方式，系统架构如图 1-13 所示。

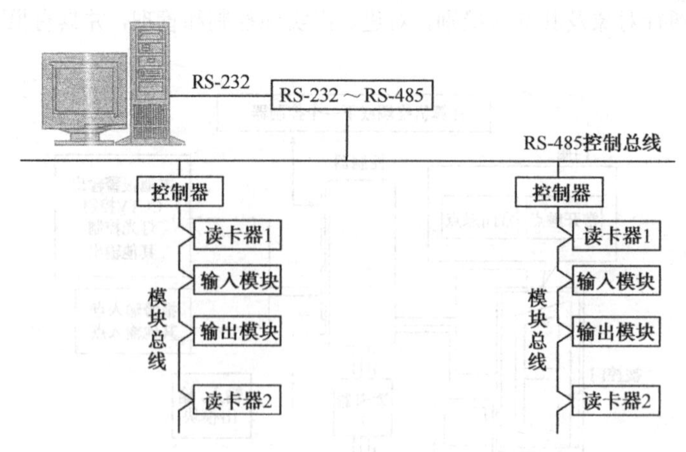

图 1-13　出入口控制系统—RS-485 总线方式

（2）IP 加 RS-485 总线方式，系统架构如图 1-14 所示。

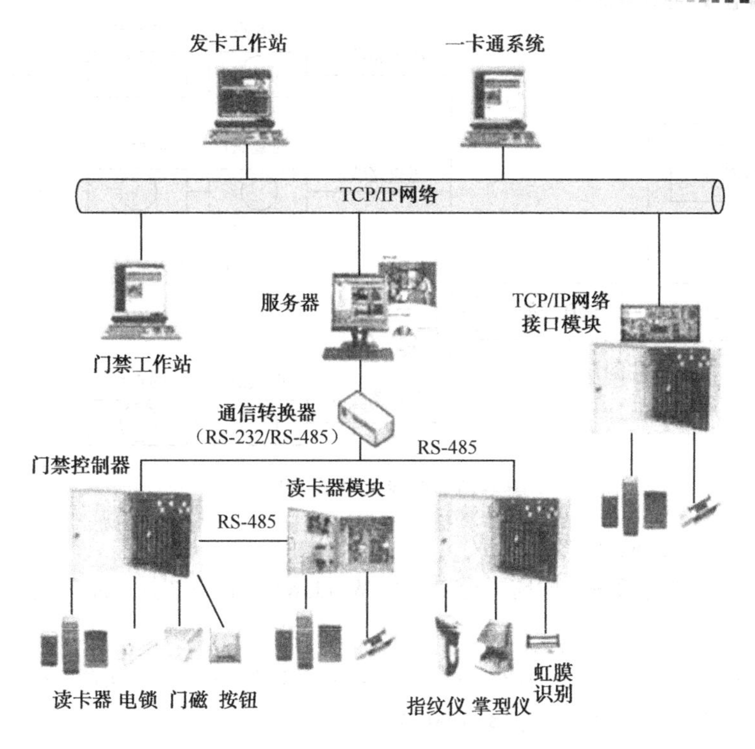

图 1-14 出入口控制系统—IP+RS-485 总线方式

1.2.4 电子巡更系统

电子巡更系统根据建筑物的使用功能和安全防范管理的要求，按照预先编制的保安人员巡更程序，通过信息识读器或其他方式对保安人员巡更的工作状态（是否准时、是否遵守顺序等）进行监督、记录，并能对意外情况及时报警。

巡更系统是技术防范与人工防范的结合，巡更系统的作用是要求保安值班人员能够按照预先随机设定的路线顺序地对各巡更点进行巡更，同时也保护巡更人员的安全。巡更系统用于在下班之后特别是夜间的保卫与管理，实行定时定点巡查，是防患于未然的一种措施，其本质上与我国古代的“敲更”没有什么不同，只不过技术大为先进而已。

1. 离线式电子巡更系统

1）离线式电子巡更系统的设计

对于离线式电子巡更系统如图 1-15 所示，保安值班人员开始巡更时，必须沿着设定的巡视路线，在规定时间范围内顺序巡查每一巡更点，以信息采集器去触碰巡更点的信息钮。如果途中发生意外情况，应及时与保安中控值班室联系。

离线式电子巡更系统采用模块化设计的信息钮和接触棒，信息钮固定在每个巡更点，接触棒内含有 CPU 模块和存储单元，由巡更人员携带。当巡更人员按预先设定的巡更路线和时间到达每个巡更点时，以接触棒碰触信息钮，自动记录下巡更的日期、时间、位置等信息，之后将接触棒通过接口模块与计算机相连，以专用软件即可读出和记录接触棒内的巡更信息，是一种方便实用的智能化系统。

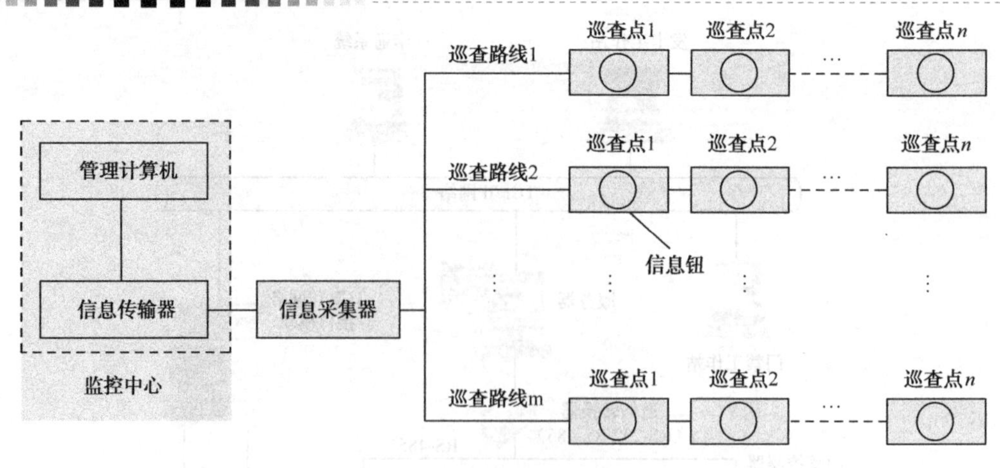

图 1-15　离线式电子巡更系统

2）组合离线式电子巡更系统的组成

组合离线式电子巡更系统，除需一台 PC 及 Windows 操作系统外，还应包括信息采集器、信息钮和数据发送器三种装置。

① 信息采集器：由金属浇铸而成，内有 9V 锂电池供电的 RAM 存储器，容量为 128KB 以上，内置日期和时间，有防水外壳，能存储 5000 条信息。

② 信息钮：是由不锈钢封装的存储器芯片，每个信息钮在注册时均被注册了一个唯一的序列号 ID，用强力胶将其固定在巡更点上，巡更员只要将其信息采集器放在巡更点的信息钮上时，会发出蜂鸣声作为声音提示，互相连通的电路就会将信息钮中的数据存入信息采集器的存储单元中，完成一次存取。

③ 数据发送器：是计算机的专用外部设备，其上有电源、发送、接收状态指示灯。每个信息采集器在插入数据发送器后，就可通过串行口与计算机连通，从而通过软件读出其中的巡更记录。

离线式电子巡更系统灵活、方便，也不需要布线，故可应用于智能建筑的安全保卫，也可作为巡更人员的考勤记录。监控值班室的计算机系统可详细列出巡更人员经过每一个巡更点的地点、时间及缺巡资料，以便核对保安巡更人员是否尽责，确保智能建筑周围的安全。组合离线式电子巡更系统较先进，它以视窗软件运行，巡更资料存储在计算机内，是一种全新的收集与管理数据的方法。

2．在线式电子巡更系统

在线式电子巡更系统如图 1-16 所示，可以与前述报警系统合用的一套装置。因为在某个巡更点的巡查可以视为一个已知的报警。在线式电子巡更系统可以由防侵入报警系统中的警报控制主机编程确定巡更路线，每条路线上有数量不等的巡更点，巡更点可以是门锁或读卡机，视为一个防区，巡更人员在走到巡更点处，通过按钮、刷卡、开锁等手段，以无声报警表示该防区的巡更信号，从而将巡更人员到达每个巡更点的时间、巡更动作等信息记录到系统中，在中央控制室，通过查阅巡更记录就可以对巡更质量进行考核，这样对于是否进行了巡更、是否偷懒绕过或减少巡更点、增大巡更间隔时间等行为均有考核的凭证，也可以此记录判别案发的大概时间。倘若巡更管理系统与闭路电视系统综合在一起，更能检查是否巡更到位以确保安全。监控中心也可以通过对讲系统或内部通信方式与巡更人员沟通和查询。

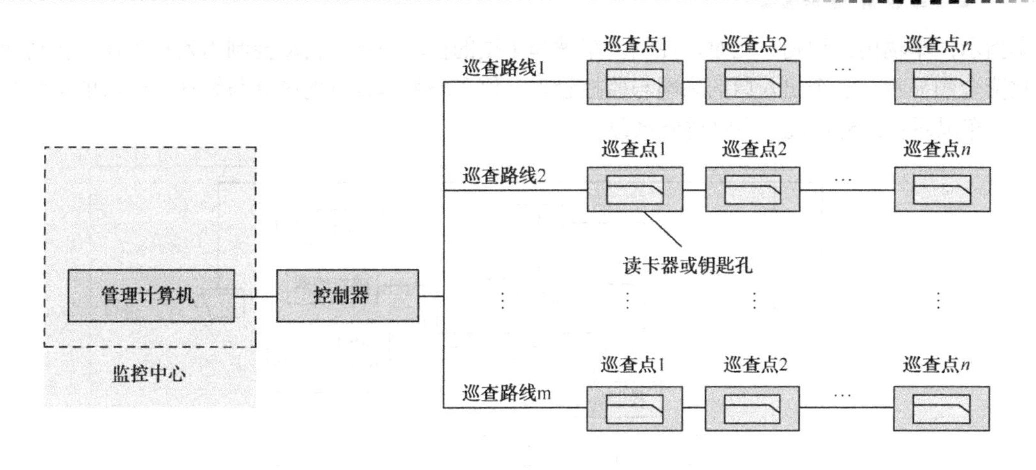

图 1-16　在线式电子巡更系统

3．电子巡更系统设计要求

电子巡更系统应符合以下两项规定：

（1）应编制巡查程序，应能在预先设定的巡查路线中，用信息识读器或其他方式，对人员巡更活动状态进行监督和记录，在线式电子巡查系统应在巡查过程中发生意外情况时能及时报警。

（2）系统可独立设置，也可与出入口控制系统或入侵报警系统联合设置。独立设置的电子巡查系统应能与安全防范系统的安全管理系统联网，满足安全管理系统对该系统管理的相关要求。

1.2.5　停车场管理系统

停车场管理系统应能根据建筑物的使用功能和安全防范管理的需要，对停车场的车辆通行道口实施出入控制、监视、行车信号指示、停车管理及车辆防盗报警等综合管理。

停车场管理布局及控制装置如图 1-17 和图 1-18 所示。

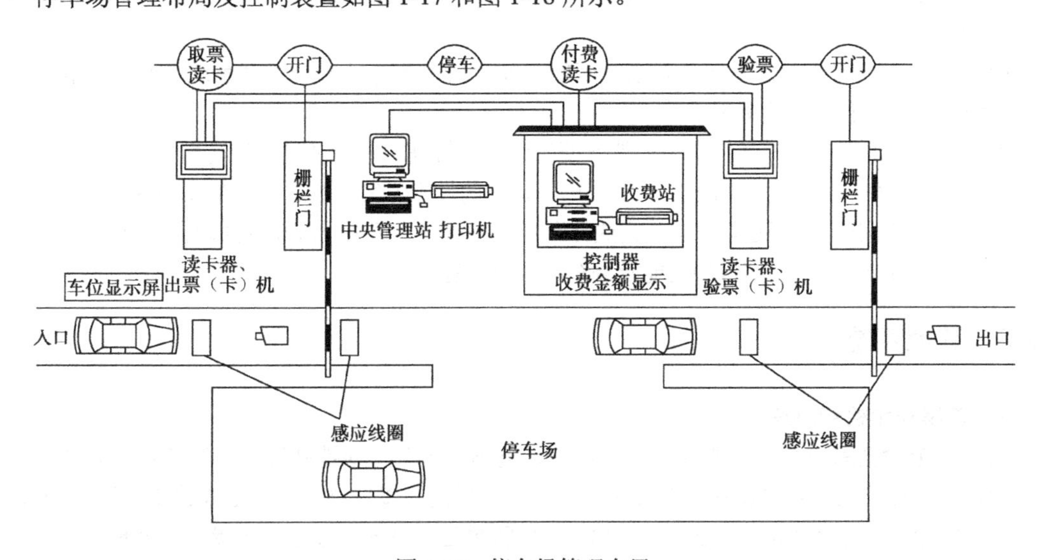

图 1-17　停车场管理布局

停车场管理设计应符合下列规定。

（1）应根据安全防范管理的需要设计或选择如下功能：入口处车位显示；出入口及场内通道的

行车指示；车辆出入识别、比对、控制；车牌和车型的自动识别；自动控制出入挡车器；自动计费与收费金额显示；多个出入口的联网与监控管理；停车场整体收费的统计与管理；分层的车辆统计与在位车显示；意外情况发生时对外报警。

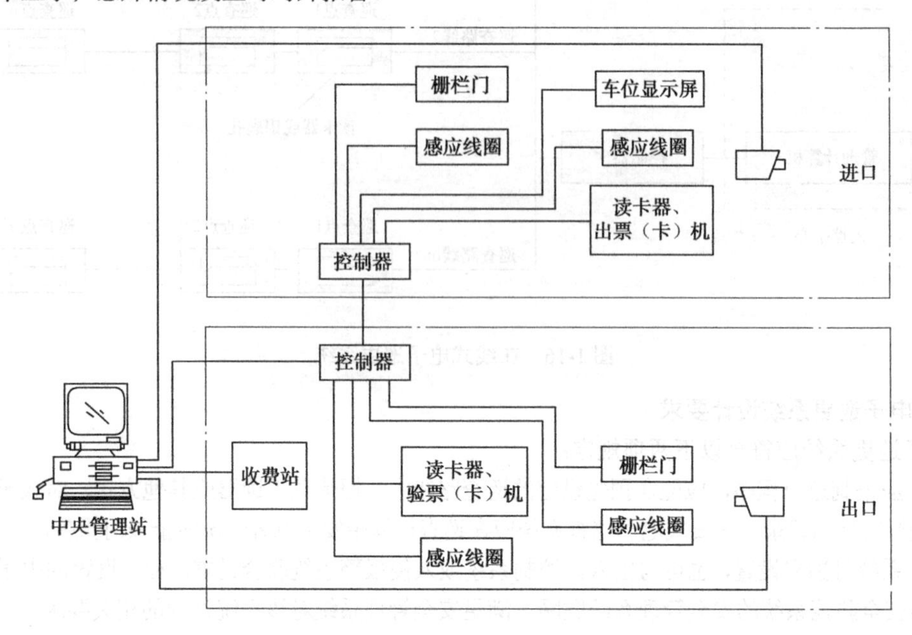

图 1-18　停车场管理系统控制装置

（2）宜在停车场的入口区设置出票机。

（3）宜在停车场的出口区设置验票机。

（4）系统可独立运行，也可与安全防范系统的出入口控制系统联合设置。可在停车场内设置独立的视频安防监控系统，并与停车场管理系统联动。停车场管理系统也可与安全防范系统的视频安防监控系统联动。

（5）独立运行的管理停车场管理系统应能与安全防范系统的安全管理系统联网，并满足安全管理系统对该系统管理的相关要求。

对于建筑物而言，停车场应实现有效方便的监控与管理。对于仅限于建筑物内部使用的停车场并且重点是防范车辆丢失时，则可以采用认车不认人的技术方案。对进入停车场的各种车辆进行有序管理，并对车辆出入情况进行记录，完成停车场收费管理，可采用较流行的感应式IC卡作为管理手段。智能化系统还具有防盗报警功能及倒车限位等功能。

1.2.6　其他系统

1．防爆安全检查系统

防爆安全检查系统是在重要展馆、体育馆、机场、火车、地铁站等公共场馆对进入场馆的人及随身物品进行安全检查的设备和在公共场馆现场处理危险爆炸物的设备组成的安检系统，安检设备一般有安检门、安检机和手持金属探测器，现场防爆处理设备一般是用防爆箱来处理检验出即将爆炸的物品。

2．电子围栏系统

电子围栏是目前最先进的周界防盗报警系统，它由高压电子脉冲主机和前端探测围栏组成。

高压电子脉冲主机产生和接收高压脉冲信号，在前端探测围栏处于触网、短路、断路状态时能产生报警信号，并把入侵信号发送到安全报警中心；前端探测围栏则由杆及金属导线等构件组成有形周界。电子围栏是一种主动入侵防护围栏，对入侵企图做出反击，击退入侵者，延迟入侵时间，并且不威胁人的性命，并把入侵信号发送到安全部门监控设备上，以保证管理人员能及时了解报警区域的情况，快速做出处理的系统。

电子围栏的阻挡作用首先体现在威慑功能上，金属线上悬挂警示牌，使入侵者一看到便产生心理压力，且触碰围栏时会有触电的感觉，足以令入侵者望而却步；其次电子围栏本身又是有形的屏障，以适当的高度和角度安装，很难攀越；如果强行突破，主机会发出报警信号。它广泛应用于变电站、电厂、水厂、工厂、工业重地、工矿企业、物资仓库、住宅小区、别墅区、学校、机场、水产养殖及畜牧场所、政府机构、重点文物场所、军事设施、监狱、看守所等有围墙及需要围墙的场所。

3. 超市防盗系统

目前最常用的防盗原理是磁感应原理，一般来说就是在商品上喷涂或贴上带磁性的东西，在购买时，服务员会将磁性消除，若不消除，则当该商品经过防盗门时，相对门上的磁感应区做切割磁力线运动，使门的电流感应装置通电，这时门就响了，也就是报警了。商品上带磁性的东西称为电子条形码，条形码电子标签分为软标签和硬标签，软标签成本较低，直接黏附在较“硬”的商品上，软标签不可重复使用；硬标签一次性成本较软标签高，但可以重复使用。

1.3 安全防范系统的设计架构

安全防范系统是利用视频监控、周界报警、红外探测等高科技手段，对企业重点部位、复杂场所、交通出入口等进行监控的治安防范系统，它对企业的安全防范起着基础性支撑作用，帮助企业加强对安全防范目标的有效控制，最大限度地减少各种安全隐患，不断提高社会自防自卫能力和相关部门处置各种突发事件的快速反应能力。

1.3.1 企业安全防范系统设计架构

企业安全防范系统是基于三层结构的包括多个子系统的大系统，主要包括前端信息捕获层、中间信息转换传输层、后台信息处理层三个层次，以及红外报警系统、电子围栏报警系统、视频监控系统、消防报警系统、门禁系统、人工电话报警系统和安防信息综合管理系统七大子系统。其中前端信息捕获层主要是安防信息采集系统，包括红外报警系统、电子围栏报警系统、视频监控系统、消防报警系统、门禁系统、人工电话报警系统六个子系统，这六个子系统通过独特的功能，捕获防范区域内各个部位发生的各种警情，并通过中间信息转换传输层将信息进行转换并送达后台信息处理层，进行存储和相应的处理。

中间信息转换传输层由网络系统，以及为数据集成和统一语义而开发的接口组成，主要负责数据语义的转换，并将前端采集的信息传输到后台。后台信息处理层主要是安防信息综合管理系统，通过它实现信息的统一管理和闭环处理。安防信息综合管理系统是企业安防系统的核心，它通过网络和数据接口将其他六个部分的信息集成在一起，起到信息聚合的作用，担任着控制和指挥的角色。其余六个部分分别负责一个具体的安全防范任务，发挥着先锋部队的作用，在前线发现警情。安防信息综合管理系统是整个企业安防系统的核心部分，主要功能是实现对报警信息的闭环处理和统一管理，并增强对出警部门的统一调度。

安全防范系统综合业务管理过程是一个闭环的过程，即警情由信息指挥中心发出，最后到信息指挥中心确认处理完毕。具体过程：当前端系统发现警情后，通过安防信息综合管理系统对捕获的警情信息进行统一判断与处理；系统辅助值班人员对获得的信息进行判断，当确认为误报时，系统直接进行处理，不进行派警；当确认为有效报警信息时，立即通知相关出警部门到现场处理警情，即派警；出警部门到现场处理警情后，将现场的情况和处理的结果由现场处理人员录入系统；出警部门审查处理信息后进行审定，信息指挥中心对审定的信息进行确认后存档，整个警情处理结束。

1.3.2 安全防范系统信息综合管理系统功能设计架构

根据安全防范系统综合业务管理的需求和特点，以及企业保卫部门的实际需要，安全防范系统信息综合管理系统共设计了十个模块，主要包括接出警管理、生产保卫管理、消防安全管理、交安城监管理、门卫办证管理、综治维稳管理、周边协调管理、人力资源管理、OA 办公管理、统计查询。另外，还包括邮件系统和门户网站。

企业安全防范系统信息综合管理系统整体实现了门禁、车禁、电子围栏、红外报警、视频监控、消防信息集成接出警统一的闭环管理；实现了安防体系的设备、设施及人员的管理；实现了综治维稳的管理；通过 OA 办公管理实现企业保卫部门内部的办公自动化；通过邮件系统实现企业保卫部门内部邮件的自由发送，加快信息的传递；通过门户网站实现了对外信息的发布，展示企业保卫部门的文化、管理理念和整体风貌。系统数据接口是企业安防系统对信息进行统一收集的重要渠道，它为安防信息综合管理系统提供重要的数据来源。考虑到安防信息综合管理系统数据来源的广泛性、多元性和复杂性，对于需要手工录入的数据，通过对不同用户赋予不同指标及权限的方式，保证手工采集数据的准确性。

1.3.3 系统数据接口设计架构

一致性与安全性是系统数据接口设计的基本原则。在数据录入功能与界面设计中，采用指标值录入接口、职能导向和帮助技术，尽量减少用户的输入量和出错率。对于现有系统中能够自动采集的数据，如能够从电子围栏系统、红外报警系统、消防报警系统和门禁系统获取数据，采取 DBLINK 建立数据采集层的方式，通过对指标定义数据采集方式、采集粒度、采集时间、数据源，定时地从不同的数据库（包括异构数据库）中采集数据，保证了数据的及时性、准确性、一致性和系统的开放性与可扩展性。其主要特点如下：

（1）定义数据的录入、采集、导入、计算与存储方式，确保数据按时进行采集和归档。

（2）其他系统的变化和本系统对信息需求的改变，可以通过指标集的维护进行调整。

（3）通过对指标数据源的定义，保证数据来源的准确性和一致性。

（4）通过定时采集、处理、存储，使系统具备数据归档的功能。

（5）分时、分段、分系统、分指标进行数据的自动处理，提高了系统的性能和安全。

通过设计的数据接口，从红外报警系统、电子围栏系统、视频监控系统、消防报警系统、门禁系统等的数据库中提取数据，保证数据的准确性和一致性，提高了系统的整体性能和安全，并且通过数据接口将整个企业安防系统各个子系统的数据集中统一起来，实现信息的集成和统一的处理、管理。

1.3.4 安全防范系统集成的设计架构

安全防范系统集成已经是智能建筑或弱电工程不可缺少的部分，用户在进行建设时也都有明确的要求，如系统的集成性、可扩展性、开放性、二次开发性等，要求系统横向上具有与其他弱电系统集成的能力；纵向上，用户希望系统在未来扩展时不局限于当前厂家的设备而可以灵活选择应用。

系统集成是在统一平台上对各子系统进行集中的控制和监控，它综合利用各子系统产生的信息，根据这些信息的变化情况，让各子系统做出相应的协调动作，也意味着信息通过与跨越不同的子系统，达到信息的交换、提取、共享和处理，这是系统集成的重点。

1．数字化安防集成平台

目前常见的构建安防系统集成平台的方式，大致分为以下三类。

第一，各类子系统厂商为了配合自己的产品而开发，这类产品并不能真正算作是开放式的平台。

第二，第三方厂商针对主流的安防产品开发，采用了紧耦合模式，所有的业务逻辑都在集成平台上实现，直接在设备层面上集成各个子系统。但第三方厂商对于设备的理解和掌握程度相对于设备生产商要打一个折扣，适应设备升级换代也会有一个滞后的过程。同时这类平台的子系统缺乏独立性，系统兼容能力不够。

第三，同样由第三方厂商开发，但是采用了松耦合模式，非跨子系统的业务逻辑都在各个子系统内实现，只有跨子系统的业务逻辑才在集成平台上实现，是在各个独立的子系统基础之上进行集成。

数字化安全防范系统集成平台应具备的要素：应保证各应用子系统工作的独立性；应具有连接各种设备的软、硬件接口；能根据需要快速实现个性化联动编程；能适应大系统多机并行处理与热备份需要；能收集各安防信息并合理组织形成预决策结果；易于实现各子系统间设备的联动。

2．安全防范系统集成设计架构面临的问题

虽然开放式、标准式、互联互通的概念很早就得到了行业用户的认可和行业多数企业的赞同，但是从目前的情况来看，其进展非常缓慢，由于没有统一的行业标准和相关机构，各个厂家在进行系统设计及产品开发时还是按照自己的思路去设计和开发，因此，多数系统还是独立的、封闭的。

（1）视频制式问题：实际上，这个应该是最没有问题的环节了，国际三大制式，中国采用 PAL，那么只要你的监控设备是 PAL 制式的，就可以接入任何厂家的监控系统。

（2）电源问题：目前多数摄像机为 12V DC 或 24V AC 两种，以及发展中的 POE，各个厂家都支持。

（3）摄像机 PTZ 控制问题：个人认为目前这是系统集成上最乐观的环节。得意于 PELCO 在监控领域的一家独大及深厚背景，目前大多数的 PTZ 协议都是基于 PELCO 或者支持 PELCO 协议的，如果某家产品不支持 PELCO 协议，会被认为不符合标准或开放性不够。

以上几个环节是浅层次、比较基本的，要想做到真正的开放式、无缝集成的系统，还需要解决以下环节的开放问题。

（1）编解码格式问题：随着数字化监控的全方位普及，人们越来越多的开始采用数字视频设备，而编解码格式主要采用 MPEG 系列。现在的问题是，各个厂家都是生成自己的压缩算法标准 MPEG-2/4 或 H.264 等，那么现在的问题是即使两家都是标准 MPEG-4 格式编解码器，仍然无法互相解码。这就说明，编解码格式还不标准。实际上，MPEG-2/4 或 H.264 等仅仅是大的轮廓，各个不同厂家在这个大的标准下都有自己的小标准，所以相互之间不通用很正常。

（2）各个系统与其他系统的集成问题：这个环节是目前需求很大、成本很高而且比较麻烦的环节。人们要求系统能够相互支持、开放、集成，但是除了少数厂家、少数主流品牌实现了无缝集成外，多数厂家之间都需要二次开发工作，利用 OPC/ODBC、串口、API 等方式进行集成，这为业主带来了不确定因素，不论是从成本角度、未来扩展角度都有一定的风险性。

3．安全防范系统集成设计架构的未来

安全防范系统集成的设计架构从集成平台的功能上看，就是在后端集中监控报警中心与前端各应用系统及设备之间，进行各种信号、协议、命令的翻译和转换，实际上相当于一个接入网关的作用，可以进行各种信号和控制命令的上传下达。前端的设备可以分为视频监控、防盗报警以及门禁对讲等，上传的信号包括现场的视频和音频信号（模拟或者编码后的数字信号）、视音频录像文件、各种报警信号等。下传的控制指令包括对摄像头和PTZ设备的控制、对矩阵的控制、对门禁（开关）的控制等。具体实现方式可以分解为对视音频信号的处理、对录像文件的处理、对报警信号的处理及对各种控制命令的处理。

建立一个开放式的安全防范系统的集成平台的方法很多，采用纯软件或使用软硬结合的方法都可行，具体采用什么方法可以根据实际应用情况综合评估。目前要形成一个开放性安防集成系统，仍存在障碍因素，如缺乏一个技术联盟制定规范；缺乏对软件产品的适度保护；市场和产业链的不规范，导致具备实力的厂商缺乏开发开放性安防集成系统平台的积极性，对于软设备开发厂商来说，这样的开放平台缺乏明晰的市场盈利模式。

1.4 安全防范技术的发展概况

1.4.1 安全防范的最新技术进展概况

1．安全防范技术的最新进展

安全防范技术目前处于快速发展的进程之中，到2006年为止，已取得如下重大突破。

（1）标准清晰度（Standard Definition，SD）的模拟彩色CCD摄像机，它不仅图像清晰度已经达到540～570线水平，而且还出现了全D1高分辨率（720×576）的电视监控系统；此外，还推出了百万像素（1280×1024）或更高级的网络摄像机，出现了高清系列的新一代摄像机。

（2）在图像压缩方面推出了H.264，将会逐步取代MPEG-4图像压缩的主导地位，它能使占用的带宽和需要的存储容量比MPEG-4下降50%左右，从而实现了CIF格式视频在普通ADSL上的实时连续传输，同时由于H.264算法具有网络编码层和网络传输层结构，使之对于普通宽带网及无线网络的适应性大为加强，不会由于网络的误码影响传输的质量。但H.264仍然是基于混合编码框架标准的，其编码器是其他编码器复杂程度的三倍，其解码器是其他解码器复杂程度的两倍。此外，在空间压缩和时间压缩上有较强可伸缩性的小波压缩也受到关注。

（3）推出了SoC（System on Chip）单芯片系统，使得系统在复杂性大为提高的情况下，设备体积也能大幅缩小。例如，Philips公司推出了采用65μm低功耗CMOS工艺具有智能能量管理技术的ARM处理器；Axis公司则有ETRAX和图像压缩芯片ARTPEC-2。特别是Philips公司近期推出的ViperⅡ多媒体SoC平台，集成有两个tm3260的内核能够为H.264编码运算提供强大的处理能力，还集成了MIPS核的PR4450作为操作系统处理器以及继承了Nexperia的强大的协处理器，使得分辨率可高达1920×1080×60i，功能有极大地提高，将成为安防监控的生力军。

（4）DSP芯片的功能也更加强大，如Philips公司的PNX-1500、1700和TI公司的DM642，Equator公司的BSP-15等，为新型数字网络安防设备研发奠定了基础，正在推出的还有达芬奇系统，是基于DM64x和ARM9双核构架的数字多媒体处理芯片。

（5）IP摄像机及软件正在成为CCTV的大众餐并日益普及，除IP摄像机外，还推出了网络球形摄像机、网络矩阵等。网络摄像机的发展趋势是要能支持TCP、RTP、Multicast组播协议、Unicast

单播协议等多种网络协议，并有高分辨率和日夜自动转化功能。此外，可以通过以太网供电（PoE-Power over Ethernet）及实现网线上1000m长距离传输的LRE（Long Range Ethernet）。

（6）硬盘录像机DVR技术水平有很大提高，国内已研发出24～32路全实时嵌入式硬盘录像机及高水平的图像采集器压缩板卡，均具有国际领先水平。网络视频摄像机NVR和有双压缩技术的硬盘录像机已开始出现。还有支持双码流的硬盘录像机，可实现网络传输与本地存储的完全独立。网络视频录像机NVR有可能支持LAN、WAN、PSTN、ISDN、xDSL等多种网络结构，并能与智能化分析功能更紧密地结合。

（7）网络监控系统正逐步成为应用的主流，网络摄像机、网络视频服务器、网络硬盘录像机将在一段时间内三雄鼎立，各发挥其所长。与此同时，也推出了虚拟矩阵切换系统和基于流媒体技术的网络监控解决方案。磁盘阵列及存储区域网络和外接联网存储器等将会成为网络监控理想的存储介质。

（8）夜视摄像机的使用通过海湾战争和伊拉克战争揭开了其神秘的面纱，热成像摄像机可在1km以内识别人，在2km以内识别车辆，在15～20km以内跟踪飞机，还能发现和识别经过一般伪装的目标，隐蔽地进行昼夜观察，并具有较高的抗干扰能力。此外，还出现了使用主动红外的夜视摄像系统，即通过主动照射并利用目标反射红外光来实时观察的夜视技术，其图像的分辨率要比目标自身发射的红外辐射的热成像系统高出许多。

（9）具有视频图像的智能化分析称为智能视频。影像的智能搜索和跟踪将是重点，摄像机跟踪目标功能正在成为应用的热点。“视频内容分析软件”需求旺盛，它通过自动识别和提取图像中蕴涵的信息，从而在人流统计及自动行为识别方面得到应用。最新的视频录像解决方案将完全基于服务器，并使用PCI卡硬件或者带有编码功能的软件，系统不仅采用多PCI卡的PC，更有可能采用最新的刀片式服务器，用来实现捕获位于公共存储子系统内的影像。

为实现分布式智能，更要求智能视频技术前移到摄像机当中，以便能在本身进行预先处理，并可决定何时向后端发送数据。

（10）采用100Hz逐行扫描的监视器，由于采用了高帧和逐行技术，可使图像画面无闪烁和更加稳定，使视觉效果得到改善而会受到青睐。以减少电磁辐射量、重视环保和健康的TCO标准将被普遍接受。未来，将出现具有16∶9宽屏和1000线高分辨率的全数字式彩色监视器，支持1920×1080显示格式，并带有网络地址和网络接口。

（11）人体生物特征识别开始有较多实际应用。在人体生物特征识别系统中，目前分布状况是指纹识别系统占48%、脸形识别系统占14%、虹膜识别系统占10%、声音识别系统占7%、掌纹识别系统占6%。正在推出的还有掌静脉生物识别，包括手掌静脉识别、手背静脉识别、手指静脉识别等。未来，生物识别可能将会是多模态的应用，而不是靠单一技术进行识别。

（12）RFID正呼之欲出，全球商业巨头沃尔玛公司已宣布将其替代传统的条形码，但频谱划分和国家标准尚待确定。

（13）数字化、网络化、智能化将是未来安防技术发展的主流。

① 数字化监控软件与标准将会举足轻重，越来越要求具有开放性和便于系统升级。在标准普及之前，为了能进行各种功能模块的组合，能够适用于分布式的网络结构，以及能接入不同厂家的产品，提出了安防中间件的概念和技术，并倡导软件构件化以从根本上提高软件生产的效率。

② 数字化的最根本需求在于满足对数据的跨空间以及跨时间的共享，图像数据压缩技术发展的实质就是通过较为复杂的运算来剔除冗余信息，使之尽可能的逼近信息本身。现在推出的单片视频压缩芯片，将把视频图像压缩算法及实现推向新的水平和高度。

③ 网络化将是安防技术发展的主流，联网和远程监控将得到更广泛的应用，特别是视频应用的网络化表明了信息交互的发展趋势，这将是一种从内容上向更高层次的互动。网络化的目标是延

时要小、能有较清晰的图像质量、允许多个用户的并发访问、网络安全有保障等。在此背景下，图像的编码设备就要不断提高编码控制的灵活性及编码的抗误码能力，解决好需要传输的庞大数据和信息流量与当前相对较小的可用带宽之间的矛盾。门禁控制系统在使用的安全性得到保障后，传统的RS-485端口将逐步向TCP/IP过渡，将有可能演变成为联网门禁。入侵报警系统也将无线化和联网化。安全防范系统还会更紧密地与家居网络系统相结合，开创新的市场热点。

④ 智能化可显著提高安防的品质和功能，是安防技术的最终发展目标。它辅助人们能自动地从浩瀚的图像信息中提取出感兴趣的有用信息，如能从监控场景中辨认出物体、行为或特征，能跟踪特定的目标等。它们属于智能视觉的学科范畴，如何能从底层的原始视频图像数据中获得高层的语义理解，就是智能视觉学科需要研究和解决的课题。

2. 最具有发展前途的高档安全防范产品

（1）超级宽动态摄像机。

松下公司基于SDⅢ技术的超级宽动态摄像机WV-CS950，其应用结构及特性可以参考厂家的相关设备。

（2）新型技术的DPS摄像机。

新概念的图像传感器和处理系统DPS（Digital Pixel System）是1990年提出的，所谓“DPS数字图像传感和处理系统”是一种纯数字化的图像拾取系统，它包含图像传感器和图像处理器两个方面。DPS的核心技术是在每一个拾取的像素上都包含一个ADC（Analog Digital Converter，模数转换器），在捕捉到光信号时，直接将其放大并转换为数字信号，因此最大限度地减少了模拟信号传输操作所产生的噪声。

DPS的优势将使摄像机具备更宽的动态范围，便于捕捉目标，能监控宏大的现场，并可以得到清晰的图像细节，有利于细小物像的监控，其智能化光学处理系统，将远远优于传统的CCD，它与宽动态摄像机和普通摄像机的对照表如表1-1所示。

表1-1　DPS宽动态摄像机与CCD宽动态摄像机和普通摄像机的对照表

比较项目 / 比较内容	DPS宽动态摄像机	CCD宽动态摄像机	普通摄像机
动态范围	标准：95dB 最大：120dB	48dB	4dB
色彩还原性	真实还原自然色	存在偏色情况	
特殊功能	1. 输出视频信号的幅值可调，可使该摄像机在使用相同规格的视频线时传输更远的距离； 2. 低照度功能； 3. 图像镜像功能； 4. 多种白平衡模式可选	1. 低照度功能； 2. 图像翻转功能； 3. 视频移动报警功能； 4. 第二代或第三代超级动态功能； 5. 黑白、日夜转换模式	视不同型号摄像机而定
色温范围	极度的色温范围（2000～11 000K），几乎可在任何光源下都可产生正常颜色的图像	色温范围窄（3000～6500K），在某些光源下图像颜色不正常	
看汽车车牌的效果	由于具有很宽的动态范围，该摄像机可有效抑制明亮的灯光，可清晰地看清车牌	该摄像机可在一定程度上抑制明亮的灯光，在看车牌时效果不理想	非专用摄像机不可看车牌
分辨率	垂直分辨率为480线，水平分辨率为400线，高清晰逐点扫描，可做图像分析	采用隔行扫描技术，只标注水平分辨率，垂直分辨率为水平分辨率的1/2	

（3）索尼公司一亿像素的摄像机XIS。

索尼广域监控系统为了满足更大范围、更大面积监控的需要，研发了XIS系统。该系统可以使用一台设备帮助用户实现对正面160°广角的区域监控。与普通的摄像机不同，XIS系统采用一亿像素的图像，能为用户呈现完整的广域监控画面。

配合系统中实时摄像机的使用，用户可以方便地捕捉到全景监控画面中的可疑点，并使用实时系统进行跟踪。这些功能是采用多台传统摄像机分别拍摄，是软件拼接所无法实现的。但该系统造价极其昂贵，因而主要面对大型高端用户。

（4）360°全景监控系统。

利用先进的360°全景监控系统，如图1-19所示，在重要地点安装摄像头，可以对这些地点进行全方位实时的监控录像，这些地点发生的所有活动都可以记录下来。或者利用Omni Vision系统，把监控领域划分成多个监控点，并设定监控点的优先级，自动定位、锁定并跟踪整个空间内的活动物体，配合360°全景摄像机，连续侦查360°视频，并从单视频窗口中呈现多个独立目标的活动情况。

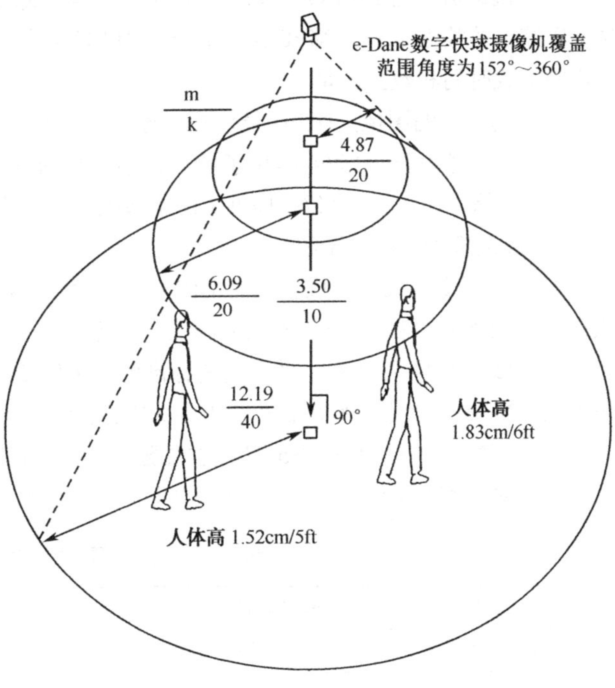

图1-19　360°全景监控系统

（5）基于图像的智能分析软件。

相关图像智能分析软件以二维人体模型辨别、三维人体模型辨别、人体移动轨迹识别为发展方向，将在今后大量应用于智能监控。

1.4.2　安防系统的发展现状

1. 电视从标准清晰度格式过渡到高清晰度格式

目前使用的电视是标准清晰度（SD）的模拟电视，分为NTSC制式和PAL制式两种：NTSC制式是525线，每秒30帧画面；PAL制式是625线，每秒25帧画面。

标准清晰度格式采用隔行扫描模式，先扫描静止画面的奇数行，然后扫描同一幅图像信息的偶数行，这种扫描模式使两幅画面同时显示在显示器上，也称为每秒50/60场。该技术被开发用于节约传输宽带。标准清晰度电视的图像格式是720×576，即40多万像素。这种分辨率被称为480i，提供由240线的不同信息组成的画面，用于家用标清的宽带需求为45～90Mb/s。隔行扫描模式中当画面中的运动物体运动速度较快时，由于运动中的物体在第一场扫描中的位置和在第二场扫描中的位置存在较大的差异，故会使图像画面变得模糊不清。若视频显示器小于27in，标清电视看上去还相当清晰、流畅。但是，如果屏幕超过27in，480i格式的图像质量会有明显下降，还可能看到锯齿线、轮廓模糊褪色、视觉噪声和间断的动作。

高清晰度格式则采用逐行扫描模式，即对一幅完整的画面一次性扫描，将480i格式的图像信息合并为一帧，然后自动修正画面质量，减少了大屏幕上的锯齿画面并使画面动作变得更为流畅。高清格式提供的图像信息量比任何标清格式都要多。如果将屏幕分辨率转化为像素，可以清楚地看到高清格式可以提供比 480i 格式高出至少四倍以上的图像信息量，图像分辨率达到 1080i 或者 720p。高清晰度电视图像的格式最高可达 1920×1080，即 207 万像素，实现全高新的 1080p。高分辨率格式所具备的更高像素数可以提升画面质量，使大屏幕上的画面显得更加清晰、流畅。

2. H.264 成为新一代数字视频压缩格式

它既保留了以往压缩技术的优点和精华，又具有其他压缩技术无法比拟的许多优点。

（1）低码流，与 MPEG-2 和 MPEG-4 ASP 等压缩技术相比，在同等图像质量下，采用 H.264 技术压缩后的数据量只有 MPEG-2 的 1/8，MPEG-4 的 1/3。显然 H.264 压缩技术的采用将大大节省用户的下载时间和数据流量。

（2）高质量的图像，H.264 能够提供连续、流畅的高质量图像（DVD 质量）。

（3）容错能力强，H.264 提供了解决在不稳定的网络环境下容易发生丢包等错误的必要工具。

（4）网络适应性强，H.264 提供了网络适应层，使得 H.264 的文件能容易地在不同网络上传输。

3. 高清多功能摄像系统

标准清晰度格式的图像主要有 CIF（352×288）、4CIF（704×576）或 D1（720×576），由于模拟信号受到 NTSC/PAL 制式规范的制约，模拟分辨率一直被限制在 4CIF，有效像素值最高水平为 752×582，即 44 万像素，采用高清标准的有 HD720（水平 1000 像素）、1.2Mega（水平＞1300 像素）、3Mega（水平 2000 像素），传输相应高清带宽分别需要 3M、5M、12M。

4. 门禁系统将从 RS-485 控制方式逐步过渡到 TCP/IP 方式

门禁系统将从 RS-485 控制方式逐步过渡到 TCP/IP 方式，其性能对比如表 1-2 所示。

表 1-2　不同门禁系统控制方式对照表

性　能	RS-232/422/485	RS-232/422/485 转 TCP/IP 网络方式	100MTCP/IP 网络方式
速　度	19.2K	实际为 19.2K	100M
设备响应	慢	较快	实时
信息处理机制	轮询机制	轮询机制	事件触发机制
使用场合	小型系统 100 门以下	中型系统 200 门以下	大型系统
图控反应	不实时	不实时	实时
使用产品	低端产品	大多数产品	高档产品

思考题与习题

1. 安全防范系统的三种基本手段是什么？
2. 简述安全防范工程的三个基本要素。
3. 智能建筑安全防范的基本结构有哪些？
4. 视频监控方式与部位是什么？
5. 简述入侵报警系统的技术分类。
6. 设计一个实用的门禁系统。

第2章

视频监控系统设计与实施

视频（电视）监控在安全防范中的地位和作用日益突出，这是因为图像（视频信号）本身具有信息量大的特点，它统观全局，一目了然，判断事件具有极高的准确性。因此，安全防范必须有视频监控。早期安全防范系统把它作为一种报警复核的手段，到如今充分发挥它实时监控的作用，成为安全防范系统技术集成的核心，并不断地开发其具有的探测功能，成为未来安防系统的主导技术，视频监控系统已成为安全防范体系中不可或缺的重要部分。视频技术将成为拉动安防技术进步的关键。

从20世纪90年代中期开始，我国就已经开始了较大规模的城市监控应用，随着中国经济建设的不断发展，安防监控产品的应用领域也越来越广泛（如政府机关、道路交通、教育、金融、电信、石油、电力水利等），智能建筑、大型公共场所、工厂企业、商场、新型社区等大量增加，新增需求点越来越多；再有，随着居民收入的提高，消费水平和结构发生了较大的变化，人们的自我保护意识也有所改变，大多数人愿意通过安全产品保障自己的财产及生命安全，从而使安全产品的需求不断提高；另外，国际恐怖活动猖獗，极大刺激了世界各国对安防监控产品的进口需求，同时，由政府推动的“应急体系”、“平安社会”、“平安城市”、“科技强警”、“3111”工程等重大项目的实施，也有力地促进了公安及社会各方面对安防产品需求的升温。

在国内外市场上，主要推出的是数字控制的模拟视频监控和数字视频监控两类产品。前者的技术发展已经非常成熟、性能稳定，并在实际工程应用中得到广泛应用；后者是新近崛起的以计算机技术及图像视频压缩为核心的新型视频监控系统，数字视频监控解决了模拟系统部分的弊端而迅速崛起。目前，视频监控系统正处在数控模拟系统与数字系统混合应用并将逐渐向数字系统过渡的阶段。

视频监控系统的两大特点

前端一体化、视频数字化、监控网络化、系统集成化是视频监控系统公认的发展方向，而数字化是网络化的前提，网络化又是系统集成化的基础，所以，视频监控发展的两个最大特点就是数字化和网络化。

1）数字化

数字化是21世纪的特征，是以信息技术为核心的电子技术发展的必然。视频监控系统的数字化首先应该是系统中信息流（包括视频、音频、控制等）从模拟状态转为数字状态，这将彻底打破“经典闭路电视系统是以摄像机成像技术为中心”的结构，从根本上改变视频监控系统的信息采集、数据处理、传输、系统控制等的方式和结构形式。信息流的数字化、编码压缩、开放式的协议，使视频监控系统与安防系统中其他各子系统间实现无缝连接，并在统一的操作平台上实现管理和控制，这也是系统集成化的含义。

2）网络化

视频监控系统的网络化将意味着系统的结构将由集总式向集散式系统过渡。集散式系统采用多层分级的结构形式，具有微内核技术的实时多任务、多用户、分布式操作系统以实现抢先任务调度算法的快速响应。组成集散式监控系统的硬件和软件采用标准化、模块化和系列化的设计，系统设备的配置具有通用性强、开放性好、系统组态灵活、控制功能完善、数据处理方便、人机界面友好以及系统安装、调试和维修简单化，系统运行互为热备份，容错可靠等优点。

系统的网络化在某种程度上打破了布控区域和设备扩展的地域和数量界限。系统网络化将使整个网络系统的硬件和软件资源共享以及任务和负载共享，这也是系统集成的一个重要概念。

本章主要介绍视频监控系统的定义、结构，并着重对摄像设备、传输及图像显示与存储环节进行阐述。

2.1 视频监控技术概述

2.1.1 视频监控系统的定义

视频监控系统是通过遥控摄像机及其辅助设备（光源等）直接查看被监视的场所情况，把被监视场所的图像及声音同时传达至监控中心，使被监控场所的情况一目了然，便于及时发现、记录和处置异常情况的一种电子系统或网络系统，如图 2-1 所示。

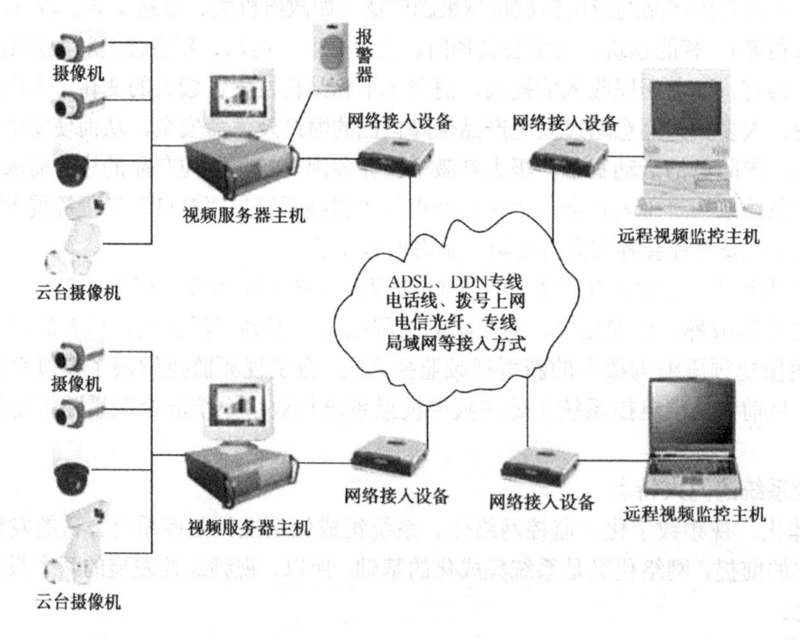

图 2-1　视频监控系统

监控系统由摄像、传输、控制、显示、记录登记 5 大部分组成。目前常用的监控系统是摄像机通过同轴视频电缆将视频图像传输到控制主机，控制主机再将视频信号分配到各监视器及录像设备，同时可将需要传输的语音信号同步录入到录像机内。

通过控制主机，操作人员可发出指令，对云台的上、下、左、右的动作进行控制及对镜头进行调焦变倍的操作，并可通过控制主机实现在多路摄像机及云台之间的切换。利用特殊的录像处理模式，可对图像进行录入、回放、处理等操作，使录像效果达到最佳。也可加装时间发生器，将时间显示叠加到图像中。在线路较长时加装音视频放大器以确保音频、视频的监控质量。

监控系统适用范围广泛。可以适用于银行、证券营业场所、企事业单位、机关、商业场所的内外部环境、楼宇通道、停车场、高档社区的家庭内外部环境、图书馆、医院、公园等。

2.1.2 视频监控系统的发展历程

从技术角度出发，视频监控系统发展划分为第一代模拟闭路视频监控系统（CCTV），第二代基于“PC+多媒体卡”的模拟—数字视频监控系统（DVR），第三代完全基于IP网络的视频监控系统（IPVS）。

1. 第一代视频监控系统

传统模拟闭路视频监控系统（CCTV）。

依赖摄像机、电缆、录像机和监视器等专用设备。一般摄像机通过专用同轴电缆输出视频信号，电缆连接到专用模拟视频设备上，如视频画面分割器、矩阵、切换器、卡带式录像机（VCR）及视频监视器等。模拟CCTV存在大量局限性。

（1）监控能力有限。只支持本地监控，受到模拟视频电缆传输长度和电缆放大器的限制。

（2）可扩展性有限。系统通常受到视频画面分割器、矩阵和切换器输入容量的限制。

（3）录像负载重。用户必须从录像机中取出或更换新录像带并保存，且录像带易于丢失、被盗或无意中被擦除。

（4）录像质量不高。录像质量随复制数量增加而降低。

2. 第二代视频监控系统

当前经常采用的是“模拟—数字”监控系统（DVR）。

“模拟—数字”监控系统是以数字硬盘录像机DVR为核心的一种半模拟半数字的方案，从摄像机到DVR仍采用同轴电缆输出视频信号，通过DVR同时支持录像和回放，并可支持有限IP网络访问。由于DVR产品五花八门，没有标准，所以这一代系统是非标准封闭系统，DVR系统也存在着局限性。

（1）布线复杂。“模拟—数字”方案仍需在每个摄像机上单独安装视频电缆，导致布线复杂。

（2）可扩展性有限。DVR典型限制是一次最多只能扩展16个摄像机。

（3）可管理性有限。需要外部服务器和管理软件来控制多个DVR或监控点。

（4）远程监视/控制能力有限。不能从任意客户机访问任意摄像机，只能通过DVR间接访问摄像机。

（5）与RAID冗余和磁带相比，“模拟—数字”方案中录像没有保护，易于丢失。

3. 第三代视频监控系统

完全IP视频监控系统（IPVS）。

完全IP视频监控系统与前面两种方案相比存在显著区别。该系统优势是摄像机内置Web服务器，并直接提供以太网端口。这些摄像机生成JPEG或MPEG-4数据文件，可供任何经授权的客户机从网络中的任何位置访问、监视、记录并打印，而不是生成连续模拟视频信号形式的图像。全IP视频监控系统的优势如下：

（1）简便性。所有摄像机都通过经济高效的有线或者无线以太网简单地连接到网络，能够利用现有的局域网基础设施。可使用五类双绞线或无线网络方式传输摄像机输出的图像以及水平、垂直、变倍（PTZ）控制命令。

（2）强大的中心控制。一台工业标准服务器和一套控制管理应用软件就可运行整个监控系统。

（3）易于升级与全面可扩展性。轻松添加更多摄像机。中心服务器将来能够方便升级到更快速处理器、更大容量磁盘驱动器及更大带宽等。

（4）全面远程监视。任何经授权客户机都可直接访问任意摄像机，也可通过中央服务器访问监视图像。

（5）坚固冗余存储器。可同时利用 SCSI、RAID 及磁带备份存储技术永久保护监视图像不受硬盘驱动器故障的影响。

2.1.3 视频监控技术在安全防范中的地位和应用

1. 视频技术的特点

通常说“百闻不如一见”，视频（图像）系统“信息量大”，这只是一个笼统的概念。图像比声音、文字、图片等信息系统最突出的特点是它所载有信息的完整性和真实性，这是信息量大的真正含义。具体地讲图像及相关的视频监控技术有以下主要特点。

1）图像的主要特点

（1）图像（视频信息）既具有空间分辨能力，又具有时间分辨能力，这两个分辨能力源自图像信息在空间、时间上均含有代表观察目标的特征信息，即可表示它的状态，又可描述其变化的过程。图像系统的观察目标在安全防范系统中就是探测对象，所以它不仅可以用于目标的探测，还可以用于目标的分类和识别。图像系统不像一般探测技术输出的是开关量信号，它是输出模拟量信号，因此，可以对信号做进一步的处理、变换、特征提取、对比和识别。

（2）图像信息包含景物空间完整的亮度信息，既有探测对象的信息，又包括景物空间环境的信息。因此，观察（探测）结果不需要其他限定因素就可做出判断，具有极高的真实性。

（3）图像信息既可观察目标静态的信息，又可观察目标动态的信息。通过单帧的图像可以判定目标的存在并进行个体的识别，利用连续（逐帧）的图像则可以分析目标的行为和活动的过程。对于以探测目标的入侵活动为基本目的的安全防范系统，是判断一个活动合法性的最完整的信息。

（4）图像技术可以把不可视的信息转化为可见的图像，包括将物体内部的、被隐蔽的目标透视或散射成像，以可视图像的形式表现出来。非可见光的成像（红外、X 光等）技术将图像探测的光谱范围极大地扩展开来，同时，也使图像探测可以灵活地采用被动或主动方式。可以说视频技术是安全防范系统中最有扩展性和灵活性的技术手段。

这些丰富的图像既可用于目视解释（这是当前安全防范系统主要和基本的应用方式，由人来直接观察图像实现），又可以进行机器解释（通过图像内容分析判断观察目标的行为，自动地识别目标的个体身份）。

2）视频监控技术的特点

视频技术在安全防范系统中占有重要地位，还在于它在实际应用中所具有的突出特点。

（1）视频监控本身是一种主动的探测手段，它不同于一般的光强探测方式（物理量探测），而是一种直接对目标的探测（尽管目前大多数场合还不是自动的探测），同时，它可以把多个探测结果关联起来，进行准确判断，因此，是实时动态监控的最佳手段。采用图像技术可以实现安全防范系统的全部要素（探测、系统监控、周界和出入管理）。

（2）视频监控技术是其他技术系统有效的辅助手段，如防入侵报警系统的复核手段，在早期的安防系统中，电视监控的作用就是报警复核，由于成本高，只能在高安全要求的部位采用。现在它已是各种技术系统（报警、特征识别、建筑环境监控等）普遍采用的辅助技术。它实时、真实、直观的信息又是指挥系统决策的主要依据。

（3）信息的记录和存储是安防系统的基本功能要求，而视频监控技术真正的价值所在是记录信息的完整性和真实性。视频监控系统所记录的信息是安防系统中最完整和最真实的内容，是可以作为证据和为事后的调查提供依据的东西，这是其他技术系统做不到的。它不仅可以记录事件发生时的状态，还可以记录事件发展的过程和处置的结果，为改进系统提供有意义的参考。

（4）视频监控系统可以与安全防范系统之外的技术系统实现资源共享，成为其他自动化系统的一部分，如消防、楼宇管理等。安全防范系统可以与其他建筑自动化系统实现充分资源共享的只有电视监控。出入口控制系统可以与其他管理系统实现资源共享，但由于安全要求上的巨大差别，共享程度有限，而且效果也不太好。

（5）视频监控是安全防范系统技术集成、功能集成的核心。集成是建筑智能化的基本要求，安防系统也是如此。通常，实现系统集成的最佳途径是以一个子系统为核心进行功能的扩展，实现与其他子系统的功能联动，形成统一的控制平台（操作界面）。当前，安防系统中最通用也是最合理的集成方式是以视频监控系统的中心设备（如视频矩阵）为核心，实现与其他子系统（入侵探测和出入口控制）的功能联动，如图像切换、启动联动装置，并建立一个综合的人机交互界面（GUI）。这是目前安全防范系统集成的最常用和最成熟的方式。以其他子系统为核心，也可以实现安全防范系统的技术、功能集成，但是，在系统图像处理上的开销，使得它们都不如前者合理、经济。

（6）视频监控是对安全防范区域的日常业务工作影响最小的技术系统。安防系统的运行与正常的业务工作交织在一起，处理不当会互相干扰，如入侵探测系统的布/撤防、出入口控制系统的身份识别等都对日常出入有影响。视频监控系统被动的工作方式，是一种对日常业务影响最小的系统。

正是由于这些特点，视频监控系统成为人们最乐于采用、功能最有效的技术手段。

2．视频监控在安全防范系统中的应用

视频监控技术在安全防范系统的应用模式上基本是相同的，但应用的目的则很广泛，这也导致了具体技术细节上的差别。视频监控主要的应用领域有如下六个方面。

1）防范区域的实时监控

对防范区域实行实时监控是视频监控最普遍的应用，如建筑物的安全监控、场所监控、道路监控及重大活动和重要单位的安全监控等。社会上大量的安全防范系统的电视监控也主要是采用实时监控方式。

2）探测信息的复核

高风险单位（文博、金融等）及社区、商业部门的防盗抢系统许多是以入侵探测和出入口管理为主的，这些系统不产生可视的信息。由于技术的局限性和环境的影响，系统的探测信息大部分是虚假的，通过图像技术进行真实性评价是非常有必要的，它是降低系统误报警率的有效手段。

3）图像信息的记录

安全防范系统工程要具有信息记录功能，建筑智能化系统也有这个要求。目前大多数系统都采用记录图像信息的方式。有些安全防范系统的主要功能就是记录图像信息，如银行营业场所的柜员制监控和一些高保密部位生产过程监控等。由于记录设备的能力限制，通常重放的记录图像要比实时观察的图像差，因此在设计和设备选择时应与实时监控有所不同。

4）指挥决策系统

安全防范系统有时要求具有应急反应能力，在反应行动时，系统的控制中心将成为指挥中心，图像信息将是指挥决策的重要依据，是主要的技术系统，它包括独立的视频监控系统，通过对其他系统图像资源的调用和共享移动图像系统，获得现场图像作为指挥决策的重要依据。

5）视频探测

开发视频系统的探测功能是安全防范技术的一大方向，现在也有了一些初步的应用，利用图像技术进行各种生物特征识别也是一种探测方式，目前也有了一些实用系统，但由于受到环境的限制，还不普遍。以视频技术作为探测手段的系统通过实际应用会越来越成熟。

6）安全管理

安全管理主要是利用远程监控实现远距离、大范围的视频监控系统，对岗位、哨位及安全系统自身进行有效地监控。好的安全管理系统会极大提高安全防范系统的效能。

由于视频技术在功能和技术上的优势，其在安全系统、建筑智能化系统中的应用必然会不断地扩展和创新。

2.2 视频监控系统的组成

视频监控是电视应用的一种形式，区别于广播电视（信息的传播和发散），它是一个图像信息采集系统，是将分布广泛、数量巨大的图像（信息）集中起来（到监控中心），进行观察、记录和处理的工作方式。

1．视频监控系统的组成

通常的视频监控系统由前端设备、传输部分和后端设备三部分组成，如图2-2所示。

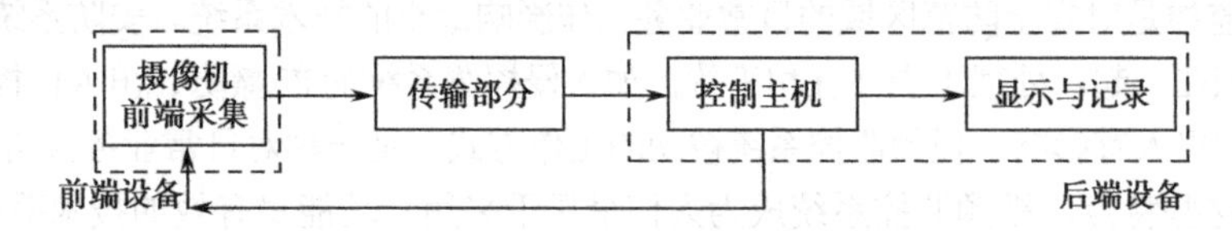

图2-2 视频监控系统逻辑组成

（1）前端设备。

视频监控系统的前端设备就是我们平时所见到的摄像机或红外探测器，它通常有网络摄像机、半球摄像机、枪式摄像机、红外摄像机、一体化摄像机、智能球型云台摄像机、红外对射探测器等。前端设备在整个系统中起着极其重要的作用。图像捕捉的工作全靠它来完成，一套安防系统的图像品质的好坏，主要取决于前端设备。

按图像分辨率来区分，前端可分为330线、420线、480线、520线（银行、交通等行业专用）、600线（银行、交通等行业专用）等。通常都是根据实际工程中的环境及客户的具体需求来选择合适的前端设备。

（2）传输部分。

传输部分的主要功能是完成系统中各种信息的传输，尽可能不降低摄像机输出图像的质量是基本要求。视频信号的传输是构成图像系统的关键环节，能否做到高质量的传输是决定系统能否实现设计要求的关键，特别是对于大型的、远距离的系统。可以说，系统的监控范围是受传输环节限制的。

利用电缆传输视频基带信号，可靠、经济、需要附加设备少，是小区域系统的基本传输方式。光纤传输可以得到高质量的图像和远距离的传输，它采用光发射/光接收设备，进行光/电和电/光转换，这些过程中进行的变换和调制主要是光强调制，所以仍然是视频基带信号的传输。即使采用其他调制方式或数字方式传输视频信号，都可把传输环节作为视频入/视频出的黑盒子。除了视频信号的传输外，系统控制信号的传输也十分重要的。由于信息形式和传输方向上的不同，视频信号传输的网络结构与控制信号传输的网络结构有时是完全不同的，如视频系统通常是点对点的连接，而控制系统常常是总线方式。

在大多数实际工程中，系统前端设备的供电系统都是系统传输系统的一部分，一同设计，一同施工。

（3）后端设备。

安防系统的后端设备通常包括画面分割器、视频分配器、矩阵、硬盘录像机等记录和控制设备。它在整个系统中主要负责对前端的图像、声音等资料进行处理、记录和控制等。

另外，安防系统中还有一些系统配套设备，如供电设备、防雷设备和相关弱电配套设备等。它决定了整个系统的稳定性和可靠性。

一套完整的、可靠的、经济实用的视频监控系统解决方案都是围绕以上三个部分来完成的。因此，在任何一个视频监控系统的实施过程中对以上三个部分设备的选型都应该结合现场情况和客户的具体需求科学地、合理地、专业地进行定位，因为它直接影响到整个系统的可用性、可靠性、可扩展性、维护性等问题。

2. 视频监控系统的设计类型

视频监控设计的几种类型。

（1）最基本型。

摄像机+监视器。

（2）基本功能型。

基本功能型视频监控系统结构如图2-3所示。

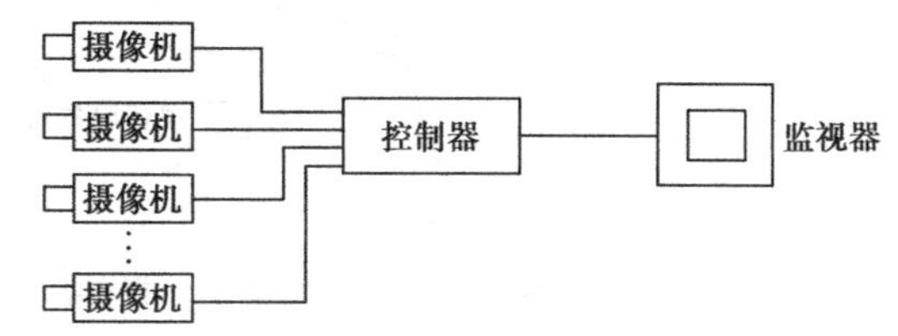

图2-3 基本功能型视频监控系统结构图

多台摄像机+控制器+监视器+录像机。

（3）控制型。

控制型视频监控系统结构如图2-4所示。

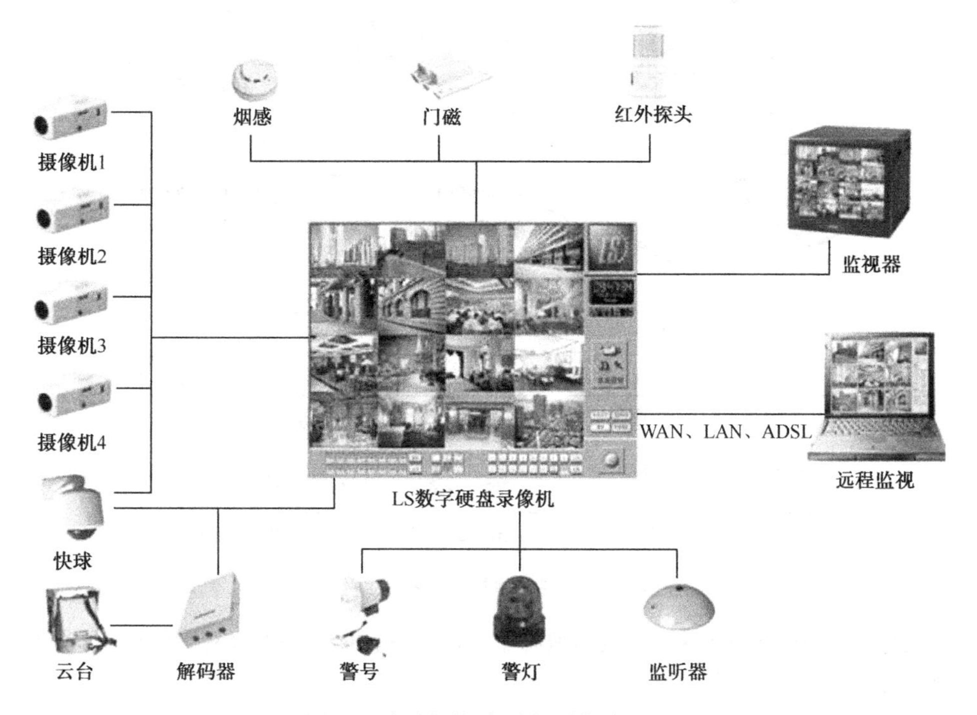

图2-4 控制型视频监控系统结构图

多台摄像机+监视器+云台控制+画面处理+录像机。

（4）网络型。

网络型视频监控系统结构如图2-5所示。

多台摄像机+监视器+云台控制+视频服务器+硬盘录像机+二级网络控制。

（5）复杂网络型。

复杂网络型视频监控系统结构如图2-6所示。

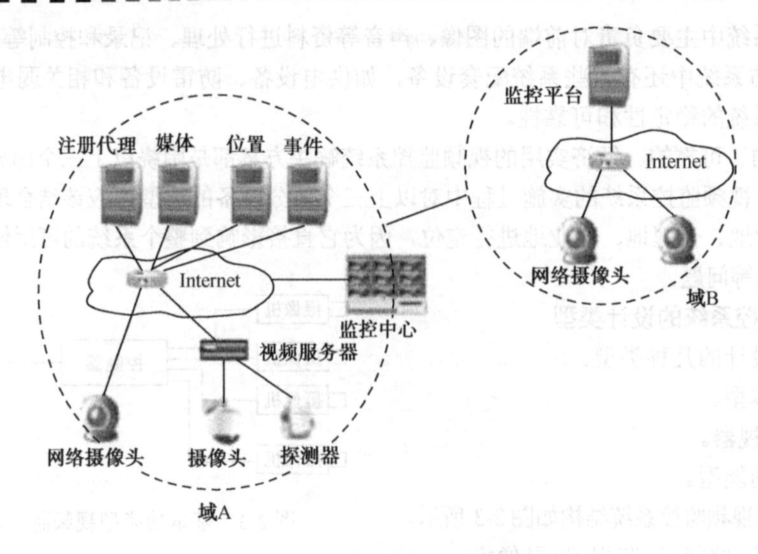

图 2-5　网络型视频监控系统结构图

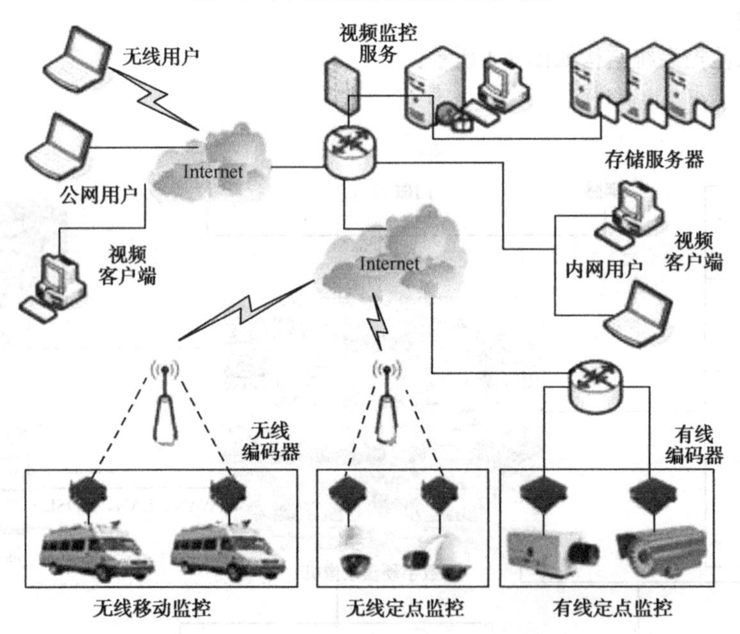

图 2-6　复杂网络型视频监控系统结构图

多台摄像机+监视器+云台控制+网络编码器+视频存储服务器+多级网络控制+视频会议系统+无线视频传输。

2.3　摄像机

摄像机是电视系统，特别是视频监控系统最重要的设备，作为产生图像信息的传感器（实现信息采集），其原理是把光信号转换成电信号，其性能指标对整个系统来说是至关重要的，在大多数情况下决定了全系统的图像质量水平。摄像机作为系统的前端设备，在系统中使用量较大，要求在各种环境条件下（公开、隐蔽、光照、气候等）获得良好的图像，配套设备的选择、现场的安装调试也是建设视频监控系统的关键环节，在视频监控工程中占有很大的比重。

摄像机的发展已经有几十年的历史了，传统的真空摄像管摄像机无论在灵敏度，还是在分辨率方面曾达到较高的水平。固体摄像器件的出现使摄像技术发生了革命性的变化，高性能、高可靠性、低价格的固体摄像成为当前的主流成品。摄像管摄像机则仅在一些特殊的场合（如微光环境）应用。电荷耦合器件（Charge Coupled Deice，CCD）及CCD摄像机目前已处于成熟期，灵敏度、图像分辨率、图像还原性等均已达到了很高的水平，功能日臻完善。电源锁相、电子快门、背景补偿功能已为一般摄像机所具有的功能。DSP技术被普遍采用，特别是在彩色摄像机中，由于彩色摄像机在分辨率和图像视觉效果上的优势，它在视频监控系统中的应用比重不断提高。摄像器件成像元件的小型化并没有导致图像分辨率和灵敏度的下降，反而使CCD摄像机体小量轻、低价格、高可靠性的特点更加突出。

安全防范系统中，图像的生成当前主要是来自CCD摄像机，它能够将光线变为电荷并将电荷存储及转移，也可将存储的电荷取出使电压发生变化，因此，是理想的摄像机元件，以其构成的CCD摄像机具有体积小、重量轻、不受磁场影响、具有抗震动和撞击的特性而被广泛应用。

2.3.1 摄像机的分类

1. 按摄像机采用的技术分类

（1）模拟摄像机。

（2）具有数字处理功能的DSP摄像机。

（3）DV格式的数字摄像机。

2. 按摄像机成像清晰度分类

（1）彩色高分辨率型，752×582像素，480线。

（2）彩色标准分辨率型，542×582像素，420线。

（3）黑白标准分辨率型，795×596像素，600线。

（4）黑白低照度型，537×596像素，420线。

3. 按摄像机成像光源分类

（1）正常照度可见光摄像机。

（2）低照度摄像机。

4. 按摄像系统结构分类

（1）分离结构组合式摄像系统（有长型和短型摄像机之分）。

（2）一体化球型摄像系统。

（3）迷你型、半球型摄像系统。

（4）单板型摄像机。

（5）针孔隐蔽型摄像机、纽扣式摄像机（Button Camera）。

2.3.2 摄像机主要性能指标

1. 色彩

监控摄像机有黑白和彩色两种，通常黑白监控摄像机的水平清晰度比彩色监控摄像机高，且黑白监控摄像机比彩色监控摄像机灵敏，更适用于光线不足的地方和夜间灯光较暗的场所。黑白监控摄像机的价格比彩色的便宜，但彩色的图像容易分辨衣物与场景的颜色，便于及时获取、区分现场的实时信息。

2．清晰度

清晰度分为水平清晰度和垂直清晰度两种。垂直方向的清晰度受到电视制式的限制，有一个最高的限度，由于我国电视信号均为PAL制式，PAL制垂直清晰度为400行，所以摄像机的清晰度一般是用水平清晰度表示。水平清晰度表示人眼对电视图像水平细节清晰度的量度，用电视线TVL表示。过去选用黑白监控摄像机的水平清晰度一般应要求大于500线，彩色监控摄像机的水平清晰度一般应大于400线。

目前，高清监控摄像机已经达到1080线。

3．照度

单位被照面积上接收到的光通量称为照度。Lux（勒克斯）是标称光亮度（流明）的光束均匀射在$1m^2$面积上时的照度。监控摄像机的灵敏度以最低照度来表示，这时监控摄像机以特定的测试卡为摄取标，在镜头光圈为0.4时，调节光源照度，用示波器测其输出端的视频信号幅度为额定值的10%，此时测得的测试卡照度为该摄像机的最低照度。所以实际上被摄体的照度应该大约是最低照度的10倍以上才能获得较清晰的图像。

目前一般选用黑白监控摄像机的最低照度，当相对孔径为F/1.4时，最低照度要求选用小于0.1Lux的；选用彩色监控摄像机的最低照度，当相对孔径为F/1.4时，最低照度要求选用小于0.2Lux的。

4．同步

要求监控摄像机具有电源同步、外同步信号接口。对电源同步而言，使所有的摄像机由监控中心的交流同相电源供电，使监控摄像机场同步信号与市电的相位锁定，以达到摄像机同步信号相位一致的目的。

对外同步而言，要求配置一台同步信号发生器来实现强迫同步，电视系统扫描用的行频、场频、帧频信号，复合消隐信号与外设信号发生器提供的同步信号同步。

系统只有在同步的情况下，图像进行时序切换时才不会出现滚动现象，录、放像质量才能提高。

5．电源

监控摄像机电源一般有AV220V，AV24V，DV12V，可根据现场情况选择摄像机电源但推荐采用安全低电压。选用12V直流电压供电时，往往达不到摄像机电源同步的要求，必须采用外同步方式，才能达到系统同步切换的目的。

6．自动增益控制

所有摄像机都有一个把来自CCD的信号放大到可以使用水准的视频放大器，其放大量即可增益，等效于有较高的灵敏度，可使其在微光下更灵敏，然而在亮光的环境中放大器将过载，使视频信号畸变。为此，需要利用摄像机的自动增益控制（AGC）电路去探测视频信号的电平，适时地开关AGC，从而使摄像机能够在较大的光照范围内工作，称为动态范围，即在低照度时自动增加摄像机的灵敏度，从而提高图像信号的强度来获得清晰的图像。

7．白平衡

白平衡只用于彩色摄像机，其用途是实现摄像机图像能精确反映景物的状况，有手动白平衡和自动白平衡两种方式。

（1）自动白平衡：此时白平衡设置将随着景物色彩温度的改变而连续地调整，范围为2800～6000K。这种方式对于景物的色彩温度在拍摄期间不断改变的场合是最适宜的，使色彩表现自然，但对于景物中很少甚至没有白色时，连续的白平衡不能产生最佳的彩色效果。

（2）按钮方式：先将摄像机对准诸如白墙、白纸等白色目标，然后将自动方式开关从手动拨到设置位置，保留在该位置几秒钟或者至图像呈现白色为止，在白平衡被执行后，将以自动方式开关拨回手动位置以锁定该白平衡的设置，此时白平衡设置将保持在摄像机的存储器中，直至再次执行被改变为止，其范围为2300～10 000K，在此期间，即使摄像机断电也不会丢失该设置。以按钮方式设置白平衡最为精确和可靠，适用于大部分应用场合。

监控摄像机具有黑白和彩色之分，由于黑白监控摄像机具有高分辨率、低照度等优点，特别是它可以在红外光照下成像，因此在电视监控系统中，黑白CCD监控摄像机仍具有较高的市场占有率。

监控摄像机的使用很简单，通常只要正确安装镜头、连通信号电缆，接通电源即可工作。但在实际使用中，如果不能正确地安装镜头并调整摄像机及镜头的状态，则可能达不到预期使用效果。应注意镜头与监控摄像机的接口，是C型接口还是CS型接口（这一点要切记，否则用C型镜头直接往CS接口监控摄像机上旋入时极有可能损坏监控摄像机的CCD芯片）。

安装镜头时，首先应去掉监控摄像机及镜头的保护盖，然后将镜头轻轻旋入监控摄像机的镜头接口并使之到位。对于自动光圈镜头，还应将镜头的控制线连接到监控摄像机的自动光圈接口上，对于电动两可变镜头或三可变镜头，只要旋转镜头到位，则暂时不需要校正其平衡状态（只有在后焦距调整完毕后才需要最后校正其平衡状态）。

调整镜头光圈与对焦，关闭监控摄像机上电子快门及逆光补偿等开关，将监控摄像机对准欲监视的场景，调整镜头的光圈与对焦环，使监视器上的图像最佳。如果是在光照度变化比较大的场合使用监控摄像机，最好配接自动光圈镜头并将监控摄像机的电子快门开关置于OFF。如果选用了手动光圈则应将监控摄像机的电子快门开关置于ON，并在应用现场最为明亮（环境光照度最大）时，将镜头光圈尽可能开大并仍使图像为最佳（不能使图像过于发白而过载），镜头即调整完毕。装好防护罩并上好支架即可。

在以上调整过程中，若不注意在光线明亮时将镜头的光圈尽可能开大，而是关得比较小，则监控摄像机的电子快门会自动调在低速上，因此仍可以在监视器上形成较好的图像；但当光线变暗时，由于镜头的光圈比较小，而电子快门也已经处于最慢（1/50s）了，此时的监控摄像机的成像就可能是昏暗一片。

（3）手动白平衡：打开手动白平衡将关闭自动白平衡，此时改变图像的红色或蓝色状况有多达107个等级供调节，如增加或减少红色各一个等级、增加或减少蓝色各一个等级。除此之外，有的摄像机还有将白平衡固定在3200K（白炽灯水平）和5500K（日光灯水平）等档次的命令。

8. 电子快门

在CCD摄像机内，是用光学电控影像表面的电荷积累时间来操纵快门。电子快门控制摄像机CCD的累积时间，当电子快门关闭时，对于NTSC摄像机，其CCD累积时间为1/60s；对于PAL摄像机，则为1/50s。当摄像机的电子快门打开时，对于NTSC摄像机，其电子快门以261步覆盖从1/60～1/10 000s的范围；对于PAL型摄像机，其电子快门则以311步覆盖从1/50～1/10 000s的范围。当电子快门速度增加时，在每个视频场允许的时间内，聚焦在CCD上的光减少，结果将降低摄像机的灵敏度，然而，较高的快门速度对于观察运动图像会产生一个“停顿动作”效应，这将大大增加摄像机的动态分辨率。

9. 背景光补偿

通常，摄像机的AGC工作点是通过对整个视场的内容做平均来确定的，但如果视场中包含一个很亮的背景区域和一个很暗的前景目标，则此时确定的AGC工作点有可能对于前景目标是不够合适的，背景光补偿有可能改善前景目标显示状况。当背景光补偿为打开时，摄像机仅对整个视场的一个子区域求平均来确定其AGC工作点，此时如果前景目标位于该子区域内时，则前景目标的可视性有望改善。

10．宽动态

宽动态技术是在非常强烈的对比下让摄像机看到影像的特色而运用的一种技术。

解决方法就是用一颗CCD，但是上面的每一点在单一时间内曝光两次，一次长曝光（低快门），一次短曝光（高快门），所以每一点都有两个数据输出，称为“双输出 CCD”。正因为每点有两个数据输出，总资料量就比一般CCD多了一倍，因此传输的速度得大上一倍才能把资料搬出来，所以又称为“双速CCD（Double Speed CCD）”。

2.3.3　摄像机的配套设备

视频监控系统是一种图像信息采集系统，摄像机是产生图像的设备，自然是最关键的前端设备。但摄像机要达到最佳的工作状态，充分发挥摄像机的功能，必须辅之以相关的配套设备。摄像机的配套（外围）设备主要作用包括：实现摄像机的基本功能，如摄像镜头，与摄像机一同完成光学图像的转换；扩展摄像机的功能，如云台扩大了摄像机的视场；扩大摄像机的应用范围，如防护设备使通用摄像机可以工作在各种严酷的环境中。

1．摄像镜头

摄像镜头，顾名思义是光学参数和机械参数专门为摄像机应用而设计的镜头，是摄像机实现光电转换、产生图像信号必不可少的光学部件。镜头在闭路监控系统中的作用是非常重要的，工程设计人员和施工人员都要经常与镜头打交道。设计人员要根据物距、成像大小计算镜头焦距，施工人员经常进行现场调试，其中一部分就是把镜头调整到最佳状态。由于图像技术是处理焦平面上光学图像的技术，这个焦平面既是摄像器件的成像面，也是摄像镜头的焦平面。以下简单介绍镜头的主要技术参数及视频监控系统如何选择镜头。

1）摄像镜头的主要技术参数

摄像镜头的主要技术参数是产品说明书上必须列出的项目，主要有以下五点。

① 镜头的成像尺寸。

镜头的成像尺寸是指镜头在像方焦平面上成像的大小，应与摄像机CCD的像面尺寸相一致，有1in、2/3in、1/2in、1/3in、1/4in、1/5in等规格。

② 焦距。

焦距是镜头主点到像方焦点的距离。焦距的大小决定着视场角的大小，焦距数值小，视场角大，所观察的范围也大，但距离远的物体分辨不是很清楚；焦距数值大，视场角小，观察范围小，只要焦距选择合适，即便距离很远的物体也可以看得清清楚楚。由于焦距和视场角是一一对应的，一个确定的焦距就意味着一个确定的视场角，所以在选择镜头焦距时应该充分考虑，是观测细节重要，还是有一个大的观测范围重要，如果要看细节，就选择长焦距镜头，如果看近距离大场面，就选择小焦距的广角镜头。

③ 相对孔径。

相对孔径是镜头入射光瞳（有效光阑）直径D和焦距f的比值，它表示镜头收集光线的能力。实际镜头用它的倒数值（光圈数F）来标注，因此，F值越小，镜头收集光的能力（进光量）越大，反之越小。

④ 视场角。

视场角是摄像机镜头得到的视野的张角。许多镜头产品说明书给出的视场角的数值，是在镜头的成像尺寸与摄像器件像面尺寸匹配时的值。

⑤ 镜头安装接口。

摄像镜头要被固定在摄像机的标准安装座上，以保证镜头的光轴与CCD感光面中心垂直，并保持一定的距离，使镜头的像面与CCD的像面重合。目前有三种标准的安装接口：C接口、CS接口、S接口。

2）常用的摄像机镜头分类

摄像镜头各类特征的调节方式和调节范围的不同组合，构成了多样化的镜头类型。

① 以摄像机镜头安装分类。

所有的摄像机镜头均是螺纹口的，CCD摄像机的镜头安装有两种工业标准，即C安装座和CS安装座。两者螺纹部分相同，但两者从镜头到感光表面的距离不同。

对C安装座而言，从镜头安装基准面到焦点的距离是17.526mm。CS安装座，又称为特种C安装座，需要将摄像机前部的垫圈取下再安装镜头，其镜头安装基准面到焦点的距离是12.5mm。如果要将一个C安装座镜头安装到一个CS安装座摄像机上，则需要使用镜头转换器。

② 以摄像机镜头规格分类。

摄像机镜头规格应视摄像机的CCD尺寸而定，两者应相对应，即摄像机的CCD靶面大小为1/2in时，镜头应选1/2in；摄像机的CCD靶面大小为1/3in时，镜头应选1/3in；摄像机的CCD靶面大小为1/4in时，镜头应选1/4in。如果镜头尺寸与摄像机CCD靶面尺寸不一致时，观察角度将不符合设计要求，会发生画面在焦点以外等问题。

③ 以镜头光圈分类。

镜头有手动光圈（Manual Iris）和自动光圈（Auto Iris）之分，配合摄像机使用，手动光圈镜头适合于亮度不变的应用场合，自动光圈镜头因亮度变化时其光圈也会自动调整，故适用于亮度变化的场合。

自动光圈镜头有两类：一类是将一个视频信号及电源从摄像机输送到透镜来控制镜头上的光圈，称为视频输入型；另一类则利用摄像机上的直流电压来直接控制光圈，称为DC输入型。

自动光圈镜头上的ALC（自动镜头控制）调整用于设定测光系统，可以用整个画面的平均亮度，也可以用画面中最亮部分（峰值）来设定基准信号强度，供给自动光圈调整使用。一般而言，ALC已在出厂时经过设定，可不做调整，但是对于拍摄景物中包含有一个亮度极高的目标时，明亮目标物的影像可能会造成“白电平削波”现象，而使全部屏幕变成白色，此时可以调节ALC来变换画面。另外，自动光圈镜头装有光圈环，转动光圈环时，通过镜头的光通量会发生变化。

下列应用情况较适合采用自动光圈镜头：

- 在诸如太阳光直射等非常亮的情况下，用自动光圈镜头可有较宽的动态范围。
- 要求在整个视野有良好的聚焦时，用自动光圈镜头有比用固定光圈镜头更大的景深。
- 要求在亮光情况下因光信号导致的模糊最小时，应使用自动光圈镜头。

3）按镜头的视场大小分类

标准镜头：视角30°左右，在1/2in CCD摄像机中，标准镜头焦距定为12mm，在1/3in CCD摄像机中，标准镜头焦距定为8mm。

广角镜头：视角90°以上，焦距可小于几毫米，可提供较宽广的视景。

远摄镜头：视角20°以内，焦距可达几米甚至几十米，此镜头可在远距离情况下将拍摄的物体影像放大，但使观察范围变小。

变倍镜头（Zoom Lens）：又称为伸缩镜头，有手动变倍镜头和电动变倍镜头两类。

可变焦点镜头（Vari-Focus Lens）：它介于标准镜头与广角镜头之间，焦距连续可变，既可将远距离物体放大，同时又可提供一个宽广视景，使监视范围增加。变焦镜头可通过设置自动聚焦于最小焦距和最大焦距两个位置，但是从最小焦距到最大焦距之间的聚焦，则需通过手动聚焦实现。

针孔镜头：镜头直径几毫米，可隐蔽安装。

4）从镜头焦距上分类

短焦距镜头：因入射角较宽，可提供一个较宽广的视野。

中焦距镜头：标准镜头，焦距的长度视 CCD 的尺寸而定。

长焦距镜头：因入射角较狭窄，故仅能提供狭窄视景，适用于长距离监视。

变焦距镜头：通常为电动式，可做广角、标准或远望等镜头使用。

5）镜头焦距的计算方法（图 2-7）

公式 1：$F = wD / W$

公式 2：$F = hD / H$

式中

F—镜头焦距；

D—被摄物体距镜头的距离；

W—被摄物体需要摄取的宽度；

H—被摄物体需要摄取的高度；

w—CCD 靶面的宽度；

h—CCD 靶面的高度。

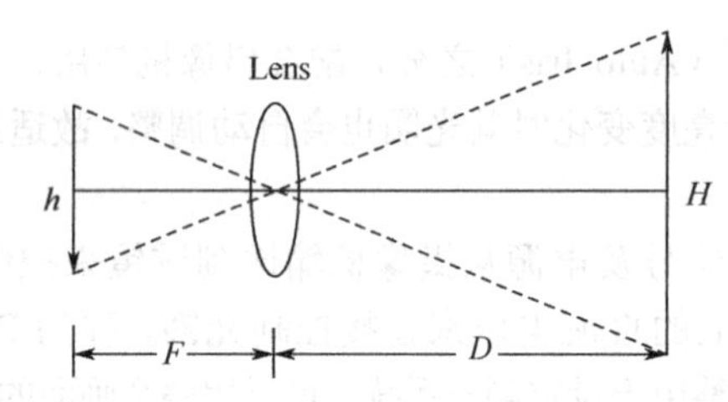

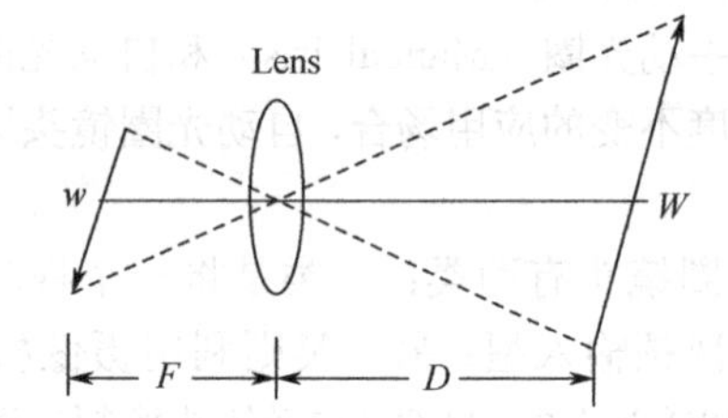

图 2-7　镜头的焦距

案例：某闭路监控工程中，用“1/3”的摄像机，摄像机安装在收银员 2m 高的上方，需要监控制收银员 2m 宽的柜台情况，应选用多少毫米的镜头？

按 $F = wD / W$ 公式计算，则

$$F = 4.8 \times 2000 / 2000 = 4.8 \text{ mm}$$

则选用 4.8 mm 的镜头即可。

CCD 靶面规格尺寸如表 2-1 所示。

表 2-1　CCD 靶面规格尺寸（单位：mm）

规　格	1/4"	1/3"	1/2 "	2/3"	1"
W	3.6	4.8	6.4	8.8	12.7
H	2.4	3.6	4.8	6.6	9.6

2. 云台

视频监控里的云台是控制摄像机角度调整的机械装置，是承载摄像机进行水平和垂直两个方向转动的装置。监控系统所说的云台可以通过控制系统远程控制其转动及移动的方向。它的作用是扩展摄像机的视场，或扩大摄像机的监控范围，如图 2-8 所示。

1）云台简介

云台是安装、固定摄像机的支撑设备，它分为固定和电动云台两种。

固定云台适用于监视范围不大的情况，在固定云台上安装好摄像机后可调整摄像机的水平和俯仰角度，达到最好的工作姿态后只要锁定调整机构就可以了。

电动云台适用于对大范围进行扫描监视，它可以扩大摄像机的监视范围。电动云台高速姿态是由两台执行电动机来实现，电动机接受来自控制器的信号精确地运行定位。在控制信号的作用下，云台上的摄像机既可自动扫描监视区域，也可在监控中心值班人员的操纵下跟踪监视对象。

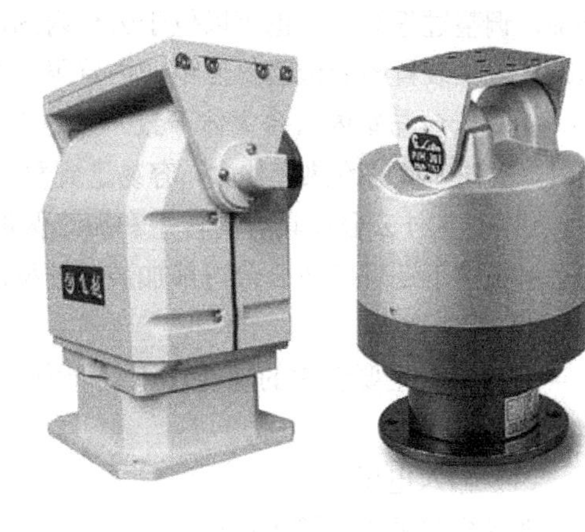

图2-8　常见的云台

云台根据其回转的特点可分为只能左右旋转的水平旋转云台和既能左右旋转又能上下旋转的全方位云台。一般来说，水平旋转角度为0°～350°，垂直旋转角度为+90°。恒速云台的水平旋转速度一般在3°～10°/s，垂直速度为4°/s左右。变速云台的水平旋转速度一般在0°～32°/s，垂直旋转速度在0°～16°/s。在一些高速摄像系统中，云台的水平旋转速度高达480°/s以上，垂直旋转速度在120°/s以上。

其实云台就是两个交流电机组成的安装平台，可以水平和垂直地运动。但是要注意我们所说的云台区别于照相器材中的云台，照相器材的云台一般来说只是一个三脚架，只能通过手来调节方位；而监控系统所说的云台是通过控制系统远程控制其转动以及移动的方向。

2）云台类型

对云台分类，主要是为了便于产品选择，摄像机云台有多种类型，如下所示。

（1）按使用环境分为室内型和室外型，主要区别是室外型密封性能好，防水、防尘、负载大。

（2）按安装方式分为侧装和吊装，就是把云台是安装在天花板上还是安装在墙壁上。

（3）按外形分为普通型和球型，球型云台是把云台安置在一个半球形、球形防护罩中，除了防止灰尘干扰图像外，还隐蔽、美观、快速。

（4）按照运动功能分为水平云台和全方位（全向）云台。

（5）按照工作电压分为交流定速云台和直流高变速云台。

（6）按照承载重量分为轻载云台、中载云台和重载云台。

（7）按照负载安装方式分为顶装云台和侧装云台。

（8）根据使用环境分为通用型和特殊型。通用型是指使用在无可燃、无腐蚀性气体或粉尘的大气环境中，又可分为使用型和室外型。最典型的特殊型应用是防爆云台。

在挑选云台时要考虑安装环境、安装方式、工作电压、负载大小，也要考虑性能价格比和外型是否美观等因素。

3）内部结构

全方位云台内部有两个电机，分别负责云台的上下和左右各方向的转动。其工作电压的不同也决定了该云台的整体工作电压，一般有交流 24V、交流 220V 及直流 24V。当接到上、下动作电压时，垂直电机转动，经减速箱带动垂直传动轮盘转动；当接到左、右动作电压时，水平电机转动并经减速箱带动云台底部的水平齿轮盘转动。

需要说明的是云台都有水平、垂直的限位栓，云台分别由两个微动开关实现限位功能。当转动角度达到预先设定的限位栓时，微动开关动作切断电源，云台停止转动。限位装置可以位于云台外部，调整过程简单，也可以位于云台内部，通过外设的调整机构进行调整，调整过程相对复杂。但外置限位装置的云台密封性不如内置限位装置的云台。

室外云台与室内云台大体一致，只是由于室外防护罩重量较大，使云台的载重能力必须加大。同时，室外环境的冷热变化大，容易遭到雨水或潮湿的侵蚀。因此室外云台一般都设计成密封防雨型。另外，室外云台还具有高转矩和扼流保护电路以防止云台冻结时强行启动而烧毁电机。在低温的恶劣条件下还可以在云台内部加装温控型加热器。

4）性能指标

评价云台主要看它的功能、承载能力、旋转速度及范围、环境适应性等方面，表现为以下具体技术参数：

（1）输入电压。

驱动电机的工作输入电压，目前大多数云台采用 AV24V 电动机，也有采用 220V 的电动机。云台的工作电压通常由解码驱动器提供。

（2）输入功率。

这一参数关系到解码驱动器云台接口的负载能力。

（3）转动速度。

云台的转动速度是衡量云台档次高低的重要指标。云台的水平和垂直方向是由两个不同的电机驱动的，因此云台的转动速度也分为水平转速和垂直转速。由于载重的原因，垂直电机在启动和运行保持时的扭矩大于水平方向的扭矩，再加上实际监控时对水平转速的要求要高于垂直转速，因此一般来说云台的垂直转速要低于水平转速。

交流云台使用的是交流电机，转动速度固定，一般为水平转动速度为 4°～6°/s，垂直转动速度为 3°～6°/s。有的厂家也生产交流型高速云台，可以达到水平 15°/s，垂直 9°/s，但同一系列云台的高速型载重量会相应降低。

直流型云台大都采用的是直流步进电机，具有转速高、可变速的优点，十分适合需要快速捕捉目标的场合。其水平最高转速可达 40°～50°/s，垂直可达 10°～24°/s。另外，直流型云台都具有变速功能，所提供的电压是直流 0～36V 之间的变化电压。变速的效果由控制系统和解码器的性能决定，以使云台电机根据输入的电压大小做相应速度的转动。常见的变速控制方式有两种，一种是全变速控制，就是通过检测操作员对键盘操纵杆控制的位移量决定对云台的输入电压，全变速控制是在云台变速范围内实现平缓的变速过渡。另外一种是分挡递进式控制，就是在云台变速范围内设置若干挡，各挡对应不同的电压（转动速度），操作前必须先选择需要转动的速度挡，再对云台进行各方向的转动操作。

（4）转动角度。

云台的转动角度尤其是垂直转动角度与负载（防护罩/摄像机/镜头总成）安装方式有很大关系。云台的水平转动角度一般都能达到 355°，因为限位栓会占用一定的角度，但会出现少许的监控死角。当前的云台都改进了限位装置使其可以达到 360° 甚至 365°（有 5° 的覆盖角度），以消除监控死角。用户使用时可以根据现场的实际情况进行限位设置。例如，安装在墙壁上的壁装式，即使云台具有 360° 的转动角度，实际上只需要监视云台正面的 180° 角度，即使转动到后面方向的 180° 也只能看到安装面（墙壁），没有实际监控意义。因此壁装式只需要监视水平 180° 的范围，角装式只需要监视 270° 的范围。这样避免了云台过多地转动到无须监控的位置，也提高了云台的使用效率。

顶装式云台的垂直转动角度一般为+30°～–90°，侧装的垂直转动角度可以达到±180°，不过正常使用时垂直转动角度在+20°～–90° 即可。

（5）载重量。

云台的最大负载是指垂直方向承受的最大负载能力。摄像机的重心（包括防护罩）到云台工作面距离为50mm，该重心必须通过云台回转中心，并且与云台工作面垂直，这个中心即为云台的最大负载点，云台的承载能力是以此点作为设计计算的基准。如果负载位置安装不当，重心偏离回转中心，增大了负载力矩，实际的载重量将小于最大负载量的设计值。因此云台垂直转动角度越大，重心偏离也越大，相应的承载重量就越小。

云台的载重量是选用云台的关键，如果云台载重量小于实际负载的重量不仅会使操作功能下降，而且云台的电机、齿轮也会因长时间超负荷损坏。云台的实际载重量可从3～50kg不等，同一系列的云台产品，侧装时的承载能力要大于顶装，高速型的承载能力要小于普通型。

（6）使用环境指标。

室内使用的云台的要求不高，云台的使用环境的各项指标主要针对室外使用的云台。其中包括使用环境温度限制、湿度限制、防尘防水的IP防护等级。一般室外环境使用的云台温度范围为-20～+60℃，如果使用在更低温度的环境下，可以在云台内部加装温控型加热器使温度下限达-40℃或更低。湿度指标一般为95%不凝结。防尘防水的IP等级应达到IP66以上。IP防护等级的高低反映了设备的密封程度，主要指防尘和液体的侵入，它是一种国际标准，符合1997年的BS5490标准和1976年的IECS529标准。IP后的第一个数值表示抗固体的密封保护程度，第二位表示抗液体保护程度，第三位表示抗机械冲击碰撞。另外在实际使用中应根据环境选择使用相适合的材料和防护层，如铁质外壳不适合使用在潮湿和具有腐蚀性的环境中。

（7）环境适应性。

云台应为耐用品，而且要应用于不同的环境下。云台大体分为室内和室外两种，其温度适应范围也有很大不同，另外，防尘、防腐蚀、防潮等要求也是需要考虑的。

3．摄像机防护装置

摄像机防护装置，通常称为防护罩，它能使通用的摄像机可以在各种严酷的条件下正常、可靠地工作，提高摄像机的环境适应能力，扩展其应用范围，在很大程度上，它决定了监控电视系统的应用领域，如图2-9所示。

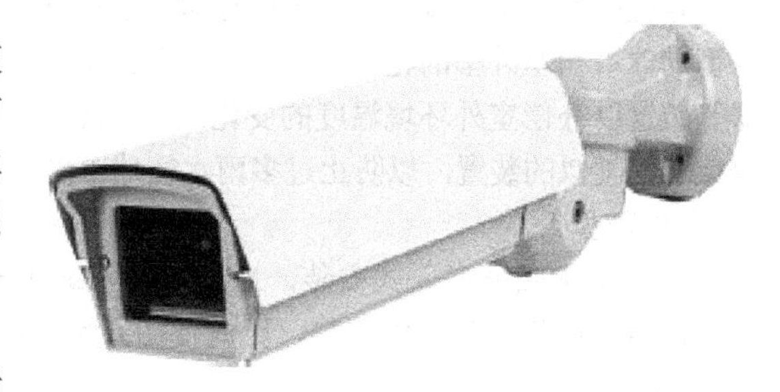

图2-9　摄像机的防护装置

1）防护装置的分类

防护装置的基本功能是建立一个改良的、适合摄像机工作的小环境。由于防护罩的市场需求很大，以及考虑到它与摄像机的配套性，许多厂家都推出了与各种型号摄像机相配套的防护罩。

（1）按照安装环境划分可以分为室内和室外。

① 室内。

室内必须能够保护摄像机和镜头，使其免受灰尘、杂质和腐蚀性气体的污染，同时要能够配合安装地点达到防破坏的目的。室内一般使用涂漆或经氧化处理的铝材、涂漆钢材或塑料制品，如果使用塑料，应当使用耐火型或阻燃型。必须有足够的强度，安装界面必须牢固，视窗应该是清晰透明的安全玻璃或塑料，电气连接口的设计位置应该便于安装和维护。

② 室外。

摄像机的工作温度为-5～45℃，而最合适的温度是0～30℃，否则会影响图像质量，甚至损坏摄像机。因此在室外要适应各种气候条件，如风、雨、雪、霜、低温、曝晒、沙尘等。在室外会因使用地点的不同配置如遮阳罩、内装/外装风扇、加热器/除霜器、雨刷器、清洗器等辅助设备。

室外一般使用铝材、带涂层的钢材、不锈钢或可以使用在室外环境的塑料制品。制造材料必须能够耐受紫外线的照射，否则会很快出现裂纹、褪色、强度降低等老化现象。在需要耐用、具有高安全度、可抵抗人为破坏的环境中应该使用不锈钢。经过适当处理的铝也是一种性能优良的材料，处理方法有三种：聚氨酯烤漆、阳极氧化、阳极氧化加涂漆。在有腐蚀性气体的环境中不应该选择铝制或钢制材料；在盐雾环境中应使用不锈钢或特殊塑料制成的产品。另外为增加安全性能，防止人为破坏，很多防护装置上还装有防拆开关，一旦被打开将发出报警信号。

（2）按照形状划分，一般可分为枪式、球型和坡型等。

① 枪式。

枪式是监控系统最为常见的形状，其成本低、结实耐用、尺寸多样、样式美观。室内型枪式不需要进行特殊的防锈处理，一般使用涂漆或阳极氧化处理的铝材、钢材或高抗冲塑料，如聚氯乙烯（PVC）、工程塑料（ABS）或聚碳酸酯等材料。

枪式的开启结构有顶盖拆卸式、前后盖拆开式、滑道抽出式、顶盖撑杆式、顶盖滑动式等，各种结构方式都是以安装、检修、维护方便为目的。

② 球型。

球型有半球型和全球型两种，一般室外应用大多采用全球型球罩，室内应用中则会根据现场环境选择半球型或全球型。全球型一般使用支架悬吊式或吸顶式安装，半球型最常见的是吸顶式和天花板嵌入式安装。能够为球罩内镜头提供场景光线的塑料球罩有三种：透明、镀膜（镀有半透明的铝或铬）和茶色。在球罩只作为保护摄像机镜头而不需要隐蔽摄像机的监视方向时，常采用透明球罩。透明球罩的光线损失最小（10%～15%）。如果希望隐藏摄像机的监视方向，以获得附加的安全效果，就需要选用镀膜或茶色球罩。

与枪式视窗使用的平面塑料或玻璃的出色光学质量和透光性能不同，所有的球罩都会给图像带来一定程度的光学失真，高质量的球型球罩的光学失真很小。光学失真是检验球罩的重要指标。室外型的球罩和室外型的枪式相似，除了密封防护等级要满足室外环境使用外，内部装有风扇、加热器等装置以补偿室外环境温度的变化。由于球罩不能像枪式那样安装雨刷器，因此一般都配有防雨檐或其他类似的装置，以防止过多雨水经球罩滴落，形成水渍，同时还具有一定的遮阳效果。

③ 坡型。

坡型采用吸顶嵌入式安装，后半部分隐藏在天花板内，外面只暴露前面窗口部分，比较便于隐蔽，由于俯仰角度不能调整，因此使用环境有限，适合楼道走廊使用。

2）摄像机防护罩的选择

选择防护罩时应注意以下几项：

（1）根据安装位置，正确选用室内或室外。室内防护罩的主要作用是防尘，而室外防护罩除防尘之外，更主要的作用是保护摄像机在各种恶劣自然环境（如雨、雪、低温、高温等）下正常工作。因此，室外全天候防护罩不仅具有更严格的密封结构，还具有雨刷、喷淋、升温和降温等多种功能。由此决定了室外防护罩的价格远高于室内防护罩。需要注意的是，由于部分地区四季温度变化不大，均在摄像机的工作温度内，这样可选用不带恒温功能的普通室外防护罩，以减少成本。

（2）选用相应尺寸的。尺寸应大于摄像机和镜头尺寸之和，否则，摄像机和镜头无法装入。

（3）如选用带恒温功能的，应考虑供电问题；选用带雨刷功能的，如果有解码器，可通过解码器控制，如果没有解码器，应考虑添加继电器来控制。

（4）将包括防护罩及云台在内的整个摄像前端的重量累计，选择具有相应承重值的支架。

（5）要注意看整体结构，安装孔越少越利于防水，再看内部线路是否便于连接，最后还要考虑外观、重量、安装座等。

4．各种一体机

摄像机与各种配套设备组合在一起，构成了视频监控系统的前端，可以由工程商把这些分立的设备组合在一起，也可以由厂商把它们集为一体，这样就形成了各种形式的一体机。

摄像防护一体机，就是把摄像机和防护罩集为一体。

摄像镜头一体机，就是将摄像机与镜头结合在一起，省去了安装时的镜头调整，保证了系统的稳定性和可靠性。一体机的镜头还有光学变焦和电子变焦功能。

球形一体机，是集防护、云台、镜头、摄像和解码驱动于一体的摄像机，可以说是真正的一体机。目前广泛应用的快速球就是这种一体机的典型应用。

2.3.4　目前主流摄像机

1．高清晰度摄像机

对高清晰度摄像机没有严格的界定和分类，多以图像像素达到 752×582 或图像水平分辨率有 470 线为相对认可标准。现多采用 1/3 芯片，但 1/4 芯片也已崭露头角。高清晰度摄像机都有 DSP 数字信号处理，某些还有屏幕显示菜单，如图 2-10 所示。

2．内置变焦镜头的一体化摄像机

内置变焦镜头的一体化摄像机，如图 2-11 所示。

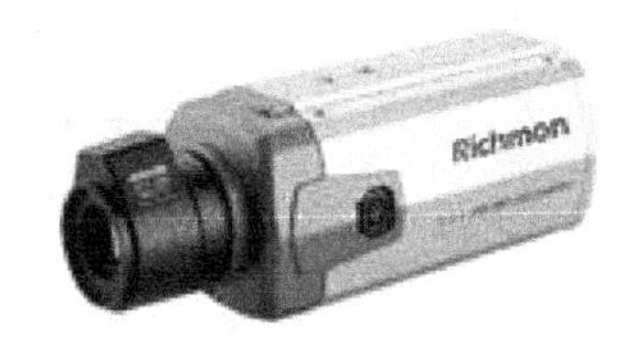

图 2-10　高清晰度摄像机

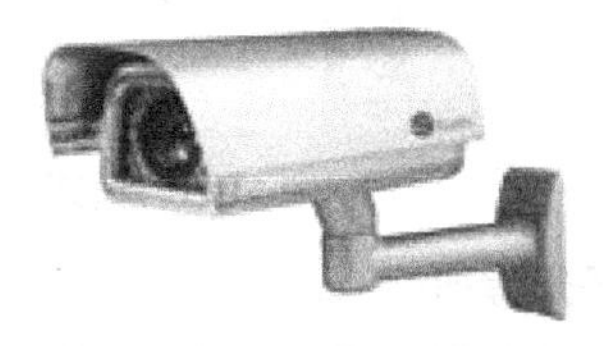

图 2-11　一体化摄像机

3．智能球型或半球型摄像机

智能球型摄像机是包括摄像机、云台、变焦镜头、球型外罩的一体化装置，有时又称为一体化智能球或简称为快球。其关键技术性能：一是驱动云台的电动机性能，二是采用的电路板型 DSP CCD 摄像机的性能。安装方式有屋顶式和墙体式，如图 2-12 所示。

图 2-12　智能球型摄像机

4．室外监控一体化高速摄像机

室外监控一体化高速摄像机主要用于高速公路、机场、大型停车场等广域性场合的监控，配合有可升降及快速旋转的机械机构。

5．视频同轴遥控摄像机

视频同轴遥控摄像机的典型代表如日本池野（iKeno）公司的 IK-2205 摄像机，它不需要解码器和控制线，通过视频同轴电缆即可由摄像机的输出信号来控制 PTZ，实现云台转动和镜头变倍功能。

6．采用双 CCD 的日夜两用型彩色摄像机

日夜两用彩色摄像机具有全光谱适应能力，日夜两用，白天以彩色图像成像，夜间则以黑白图像成像，彩色/黑白随照度变化自动转换。这样即使在黑暗环境下，仍能拍摄到有一定清晰度的图像，若与红外线配合使用，可实现零照度正常工作，从而使其能实现 24h 全天候监控。

7．使用单 CCD 的日夜型摄像机

它是另一种能实现 24h 连续摄像的方式，不论是在太阳下还是在夜间，均可摄得鲜明影像。有超过 400 线的高分辨率和优良的信噪比，并可拍摄高速移动物体的影像。

8．高光敏度红外影像摄像机

高光敏度红外影像摄像机即夜视摄像机，是当今热门的摄像机机种。一般来说，红外线摄像机需要搭配红外线光源，主要有发光二极管 LED 和卤素灯两类红外线光源。

9．发展势头正旺的微型化摄像机

微型化即超迷你型，体积微小，配合各种物品伪装可作为秘密监视或景物窥视，如图 2-13 和图 2-14 所示。

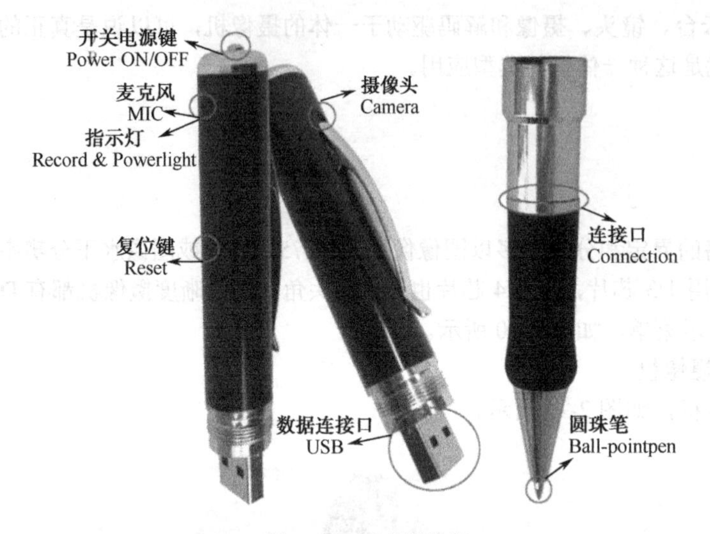

图 2-13　笔式摄像机

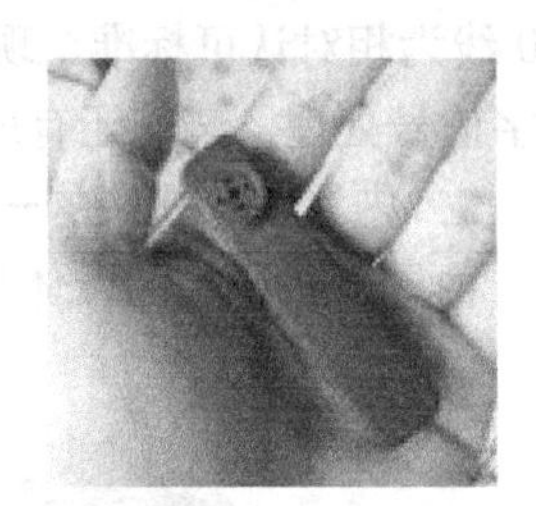

图 2-14　钮扣式摄像机

10．网络摄像机

网络摄像机是指可直接接入网络的数字化摄像机，它包含 CPU，并由编解码芯片完成对图像及声音的压缩和动态录像的回放。此类摄像机拍摄的图像既可传送给个人计算机，也可以加到 Web 站点的主页上，或者附在电子邮件中发送，故又称为 Web 摄像机。它将是未来应用的主流。网络摄像机往往内置 Web Server，从而可在任何 TCP/IP 网络环境下一插即用，通过 Internet 或局域网做实时影像传送，实现远端监控，如图 2-15 所示。

图 2-15　网络摄像机

2.4　传输

2.4.1　视频传输概述

视频监控系统是一个图像信息采集系统，主要把分散在不同部位的图像集中起来进行分析和处理。视频信号传输一直是电视技术发展所涉及的范围。监控以图像基带信号传输为主，大多数局域性系统采用同轴电缆作为传输手段，而光纤传输技术对视频监控的发展起到了巨大的推动作用，目前它是大型监控系统所采用的最常见的方式。而网络开创了远程图像监控的时代，为视频技术的应用开拓了新的领域，使电视真正成了千里眼。

图像传输有多种方式，见表 2-2，采用何种介质和调制方式，要根据应用条件进行选择。

表 2-2 图像传输主要方法对比

传输介质	传输方式	特点	适用范围
同轴电缆	基带传输	设备简单、经济、可靠、易受干扰	近距离、加补偿可达 2km
	调幅、调频	抗干扰好、可多路，较复杂	公共天线、电缆电视
双绞线（电话线）	基带传输	平衡传输、抗干扰能力强，图像质量差	近距离，可利用电话线
	数字编码	传送静止、准实时图像，抗干扰性强	报警系统，也可传输基带信号，可利用网线
光纤传输	基带传输	IM 直接调制，图像质量好，抗电磁干扰好	应用电视，特别是大型系统
	PCM FDM（频分多路） WDM（波分多路）	双向传输，多路传输	干线传输
无线	微波、调频	灵活、可靠、易受干扰和建筑遮挡	临时性、移动监控
网络	数字编码、TCP/IP	实用性、连续性要求不高时可保证基本质量，灵活性、保密性强	远程传输，系统自主生成，临时性监控

目前主要应用的三种传输方式是同轴电缆、双绞线、光纤。

2.4.2 同轴电缆视频传输

通过电缆的图像传输在某种意义上可以看做是视频设备间的直接连接，它不需要或只需要很少的附加设备，在一定范围内可获得较好和稳定的图像质量，接续和维护方便，是目前大多数视频监控系统所采用的图像信号传输方式，它所利用的传输介质是同轴电缆，如图 2-16 所示，专门用于图像传输的同轴电缆又称为视频电缆。

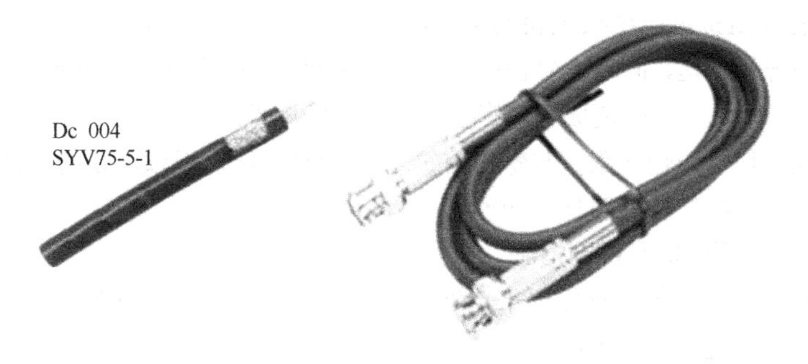

图 2-16 同轴电缆外观图

1. 同轴电缆的结构

同轴电缆由中心导体、屏蔽层、绝缘介质和防护层四部分组成，如图 2-17 所示。

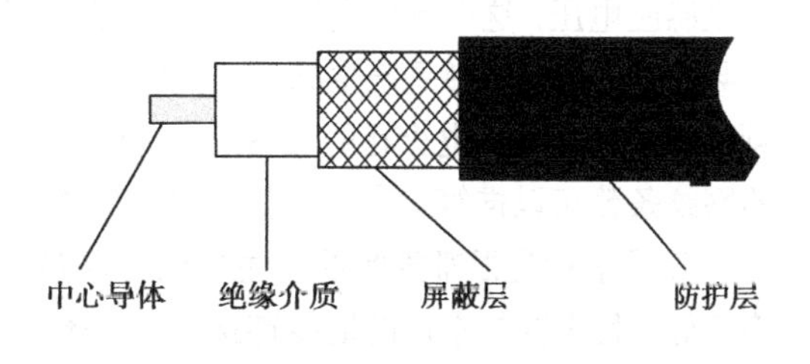

图 2-17 同轴电缆结构图

（1）中心导体：它是电信号传输的基本通道，由一根圆柱形铜导体或多根铜导线绞合而成。

（2）屏蔽层：它是与中心导体同心的环状导体（同轴电缆由此而得名），由细铜线编织而成，它的作用是将电信号约束在一个封闭的空间中传播，同时阻止外界电信号窜入中心导体。屏蔽层还有加强电缆机械强度的作用。

（3）绝缘介质：它充满屏蔽层与中心导体之间，形成一个不导电的空间。视频电缆的绝缘介质主要采用聚氯乙烯或聚四氟乙烯。空气是最好的绝缘介质，而采用发泡介质（物理或化学发泡聚乙烯）和空气结构可构成类似空气介质的同轴电缆。绝缘介质还起到保证中心导体和屏蔽层之间的几何关系、防止电缆变形的作用，在很大程度上决定电缆的传输损耗和带宽。

（4）防护层：它是电缆被覆的塑胶材料，用来保护电缆不被锈蚀和磨损。专用电缆还有附加的外保护层（铅皮），既加强电缆的机械强度，又提高抗干扰性。

2．同轴电缆基本参数和特性

同轴电缆有两个基本参数。

（1）传输常数γ。

$$\gamma=\alpha+\mathrm{j}\beta=\sqrt{(R+\mathrm{j}wL)(G+\mathrm{j}wC)}$$

γ表示电磁波在单位长度电缆中的衰减值。β为相位常数，表示电磁波在单位长度电缆中的相位变化值。衰减常数主要由R和G决定，显然，电缆中心导体的直径越大、R越小，绝缘介质的绝缘性能越好；G越小，电缆对传输信号的损耗越小。厂家产品说明书给出的传输特性曲线主要是描述损耗的，从特性曲线中也可以看出损耗与电缆规格（反映电缆的粗细、中心导体的直径）的关系。

（2）特性阻抗Z_0，又称为波阻抗，它是信号频率的函数，即

$$Z_0=\sqrt{(R+\mathrm{j}wL)/(G+\mathrm{j}wC)}$$

当$wL\gg R$、$wC\gg G$时，$Z_0=\sqrt{L/C}$

通常电缆标识的特性阻抗是高频时的值，实际电缆的特征阻抗是由电缆的几何尺寸和材料的特性所决定的，可按下式近似求出，即

$$Z_0=(138/\sqrt{E})\lg D/d$$

式中，E为绝缘介质的介电常数；D为屏蔽层的直径；d为中心导体的直径。

同轴电缆的特性阻抗是一个很重要的参数，它影响系统的匹配性，对于传输系统，匹配的阻抗可以保证能量充分地传送，同时信号在接口端不产生反射，因而波形的失真很小。这一点对于图像系统很重要，由于阻抗不匹配造成的重影会严重地降低图像质量。为了防止这一问题，国家标准规定了视频设备视频信号的输入阻抗与输出阻抗均为75Ω，所以视频电缆的特性阻抗也为75Ω，而通信系统所用同轴电缆的特性阻抗为50Ω。

3．同轴电缆的主要干扰及抑制措施

同轴电缆传送视频信号的干扰主要来自外部，表现为噪声的增加、S/N的下降和图像稳定性的下降。同轴电缆所受干扰主要如下：

1）高频干扰（又称为射频干扰）

实际应用的同轴电缆总会有架空的部件，如同天线一样。高频电磁波就会在电缆的长轴方向产生感应电压，这个感应电压通过信号源的内阻、电缆中心导体与屏蔽层，导致干扰信号直接进入视频信号源，这些都是产生高频干扰的主要原因。高频干扰源主要有广播、电缆和摄像机附近的射频设备及可能产生电火花的设备。其对图像质量的影响较大，表现为倾斜或交叉的网纹，从图像上的网纹条数可以推算出高频干扰信号的频率，由此可找出干扰源。

高频干扰是很难抑制的，主要的方法是做好屏蔽：将前端设备（摄像机、镜头）的公共地线连接好，且不要与本地的地线连接。如有条件，电缆尽可能走管，也可采用附加屏蔽的电缆，附加屏蔽不要与电缆的屏蔽层共地。干扰产生后可采用专门的陷波电路减少干扰的影响。

2）低频干扰

相对高频干扰，低频干扰是低于图像行频的干扰，它对图像的干扰主要是对同步的影响。低频干扰在画面上表现为背景亮度的变化，轻微的低频干扰不易觉察，严重的可能会破坏图像的同步，使图像扭动或跳动。

地电位差是产生低频干扰的主要原因。通常人们都把大地作为系统的参考点，认为它处处都是等电位的。其实不然，不同地点之间会存在着很大的电位差。系统屏蔽层的两端都在本地接地，地电位差就会在屏蔽层上产生一个地电流，地电流通过信号源的内阻窜入视频信号，形成干扰信号。

通过对产生低频干扰的原因的分析可以看到，消除地电流干扰的方法就是切断电流的回路，采用单端接地或隔离变压器都是可行的方法。

同轴电缆传输还会有一些失真出现，特别是高频分量损失过大后引起的图像分辨率不够，以及彩色副载波还原不好，图像色彩失真。这些问题只要适当地选择电缆的规格，合理地控制电缆的长度（传输的距离），一般是不会出现的。

4. 同轴电缆传输性能的评价

同轴电缆的低频、高频传输特性的差异限定了它的传输宽带视频信号的距离。这种差异表现为系统的幅频特性和相频特性。前者对图像质量的影响实际上更为严重，它将导致图像色度失真，又没有好的校正方法，只能是限制电缆的使用长度，同时与之相关的指标也不容易测量，所以对电缆传输性能的评价采用的是幅频特性，即从损耗和不同频率分量的损耗的差别来评价传输系统。实际测试时，可用多波群信号，多波群信号经电缆传输后，各频率段的幅度将发生衰减，这是由电缆的损耗引起的。各频率段幅度衰减的差别程度（频率越高、衰减越大）就是传输系统的幅频特性。由于电视系统的彩色副载波是通过视频信号的色同步传送幅频特性的（反映高频衰减），所以在实际测试时，可以通过观察彩色视频信号的色同步信号来对系统进行基本的评价，如表2-3所示。

表2-3 电缆传输的评价

副载波衰减	传 输 效 果
小于3dB	良好
小于6dB	可用
小于10dB	最低限、可能不能还原彩色

5. BNC（同轴电缆）接头的制作

制作BNC接头（Q9接头）的常用工具是螺丝刀、电烙铁、剥线钳，如图2-18～图2-20所示。

图2-18 BNC接头

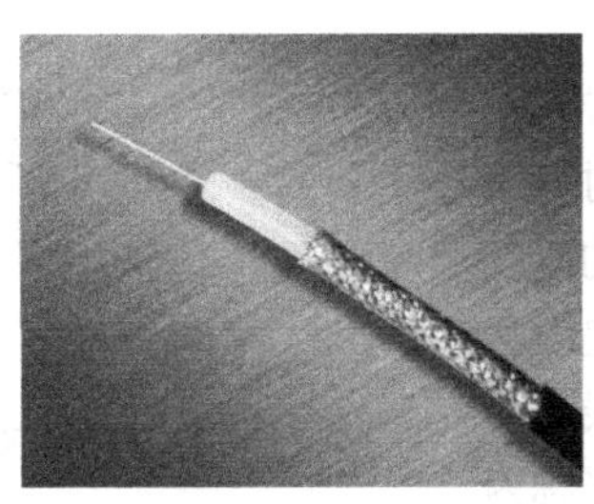

图2-19 同轴电缆

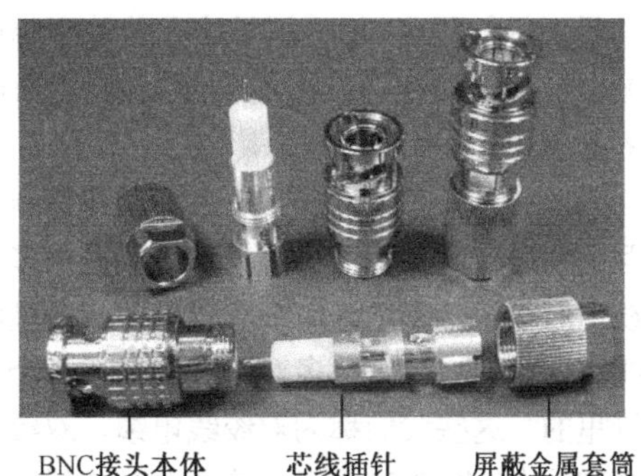

图2-20 设备连接示意图

接头制作的基本步骤和方法如下。

1）剥线

同轴电缆由外向内分别为保护胶皮、金属屏蔽网线（接地屏蔽线）、乳白色透明绝缘层和芯线（信号线），芯线由一根或多根铜线构成，金属屏蔽网线是由金属线编织的金属网，芯线和屏蔽网之间用乳白色透明绝缘物填充。剥线时，可用小刀将同轴电缆外层保护胶皮剥去 1～2cm，尽量不要割断金属屏蔽线，再将芯线外的乳白色透明绝缘层剥去 0.5～1cm，使芯线裸露。

2）芯线的连接

BNC 接头一般由 BNC 接头本体、芯线插针、屏蔽金属套筒三部分组成，芯线插针用于连接同轴电缆芯线。在剥线之后，将芯线插入芯线插针尾部的小孔，使用卡线钳前部的小槽用力夹一下，使芯线压紧在小孔中。当然，也可以使用电烙铁直接焊接芯线与芯线插针，焊接时注意不要将焊锡流露在芯线插针外表面。如果没有专用卡线钳可用电工钳代替，需要注意将芯线压紧以防止接触不良，但要用力适当以免造成芯线插针变形。

3）装配 BNC 接头

连接好芯线后，先将屏蔽金属套筒套入同轴电缆，再将芯线插针从 BNC 接头本体尾部孔中向前插入，使芯线插针从前端向外伸出，最后将金属套筒前推，使套筒将外层金属屏蔽线卡在 BNC 接头本体尾部的圆柱体内。

4）压线

保持套筒与金属屏蔽线接触良好，用卡线钳用力夹压套筒，使 BNC 接头本体固定在线缆上。重复上述方法在同轴电缆另一端制作 BNC 接头即制作完成。待 BNC 电缆制作完成，

5）使用万用表测试

最好用万用电表进行检查后再使用，断路和短路均会导致信号传输故障。

2.4.3 双绞线视频传输

1. 双绞线简介

双绞线是综合布线工程中最常用的一种传输介质。

双绞线采用了一对互相绝缘的金属导线互相绞合的方式来抵御一部分外界电磁波干扰，更主要的是降低自身信号的对外干扰。把两根绝缘的铜导线按一定密度互相绞合在一起，可以降低信号干扰的程度，每一根导线在传输中辐射的电波会被另一根线上发出的电波抵消，“双绞线”的名字也是由此而来。

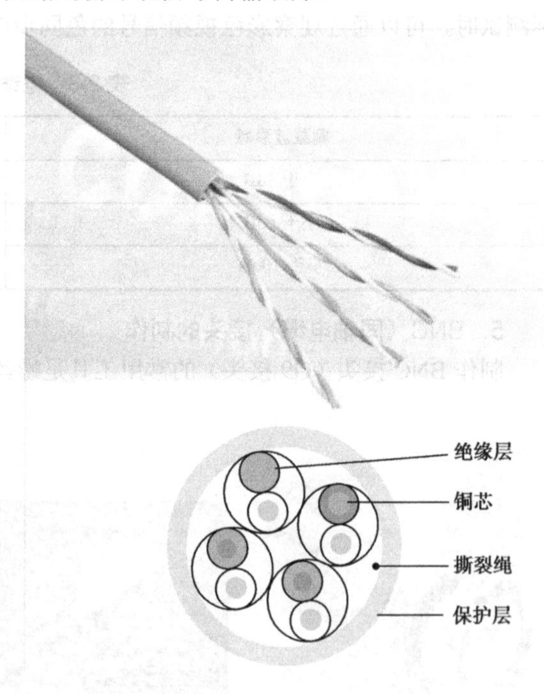

图 2-21　双绞线的外观和结构

双绞线一般由两根 22～26 号绝缘铜导线相互缠绕而成，实际使用时，双绞线是由多对双绞线一起包在一个绝缘电缆套管里的。典型的双绞线有四对的，也有更多对双绞线放在一个电缆套管里的，这些我们称为双绞线电缆。双绞线的外观和结构如图 2-21 所示。在双绞线电缆（又称为双扭线电缆）内，不同线对具有不同的扭绞长度，一般地说，扭绞长度在 38.1mm～14cm 内，按逆时针方向扭绞，相临线对的扭绞长度在 12.7mm 以上，一般线扭得越密其抗干扰能力就越强。与其他传

输介质相比，双绞线在传输距离、信道宽度和数据传输速度等方面均受到一定限制，但价格较为低廉。

2．双绞线在监控中的应用

双绞线的使用由来已久，在很多工业控制系统中和干扰较大的场所及远距离传输中都使用了双绞线，我们今天广泛使用的局域网也是使用的双绞线。双绞线之所以使用如此广泛，是因为它具有抗干扰能力强，传输距离远，布线容易，价格低廉等许多优点。双绞线对信号也存在着较大的衰减，视频信号如果直接在双绞线内传输，也会衰减很大，所以视频信号在双绞线上要实现远距离传输，必须进行放大和补偿，双绞线视频传输设备就是用来完成这种功能的。加上一对双绞线视频收发设备后，可以将图像传输到1～2km。双绞线和双绞线视频传输设备价格都很便宜，不但没有增加系统造价，反而在距离增加时其造价与同轴电缆相比下降了许多。所以，监控系统中用双绞线进行传输具有明显的优势。

（1）传输距离远、传输质量高。由于在双绞线收发器中采用了先进的处理技术，极好地补偿了双绞线对视频信号幅度的衰减及不同频率间的衰减差，保持了原始图像的亮度和色彩以及实时性，在传输距离达到1km或更远时，图像信号基本无失真。如果采用中继方式，传输距离会更远。

（2）布线方便、线缆利用率高。一对普通电话线就可以用来传送视频信号。另外，楼宇大厦内广泛铺设的5类非屏蔽双绞线中任取一对就可以传送一路视频信号，无须另外布线，即使是重新布线，5类缆也比同轴电缆容易。此外，一根5类缆内有4对双绞线，如果使用一对线传送视频信号，另外的几对线还可以用来传输音频信号、控制信号、供电电源或其他信号，提高了线缆利用率，同时避免了各种信号单独布线带来的麻烦，减少了工程造价。

（3）抗干扰能力强。双绞线能有效抑制共模干扰，即使在强干扰环境下，双绞线也能传送极好的图像信号。而且，使用一根缆内的几对双绞线分别传送不同的信号，相互之间不会发生干扰。

（4）可靠性高、使用方便。利用双绞线传输视频信号，在前端要接入专用发射机，在控制中心要接入专用接收机。这种双绞线传输设备价格便宜，使用起来也很简单，不需要专业知识，也无太多的操作，一次安装，长期稳定工作。

（5）价格便宜，取材方便。由于使用的是目前广泛使用的普通5类非屏蔽电缆或普通电话线，购买容易，而且价格也很便宜，给工程应用带来极大的方便。

由于双绞线的损耗要比同轴电缆高，幅频特性也更差，因此，传送前，通常首先要对视频信号进行预加重（提升高频分量的幅度），然后再转换为平衡信号，送入双绞线，在接收端通过差分放大电路将信号转换为非平衡信号。这样处理主要是为了抑制外界的干扰。外界干扰对平衡的双绞线来说是对称的，两线上对称的干扰信号，经差分放大实现共模抑制而被消除，而视频信号是不对称的，得到放大。

近距离的平衡传输，采用视频变压器进行非平衡/平衡转换和平衡/非平衡转换即可。

随着综合布线技术的发展，5类双绞线有足够的带宽，平衡性也好，通过跳线可直接连接成点到点的通路，因此目前又出现用双绞线传输视频信号的应用。这样可以不用专门进行平衡/非平衡转换。由于网络双绞线的性能要远高于普通电话线，因此系统的图像质量很好，需要指出的是这种传输方式与通过网络传输图像不是一个概念，它还是点对点固定的连接，传送的是基带信号。

在视频监控系统中，除了传输视频信号外，还要传送系统的控制信号。控制信号与系统图像信号流方向相反，是从控制中心流向前端的摄像机、镜头、云台、防护罩等受控设备。传输控制信号采用的介质与视频传输相同。

2.4.4 光纤视频传输

光纤是光导纤维的简写，是一种利用光在玻璃或塑料制成的纤维中的全反射原理而达成的光传导工具。

光纤通信技术一出现，立刻在电视系统中得到了应用。这是因为它与传统的电缆传输相比具有无法比拟的优势，使视频监控系统无论在图像质量，还是系统功能上都上升到一个新的高度，极大地推动了电视技术的发展，拓宽了视频监控的应用领域和应用范围。光纤传输是现代网络系统的基础，也是未来数字视频系统所依托的平台。

1. 光纤的特点

光纤传输的主要优点如下。

（1）损耗小，信号传输距离长。目前，单模光纤在波长1.31μm或1.55μm低损耗窗口，损耗达0.2～0.4dB/km，可实现多路模拟视频几十公里无中断传输。这个距离基本上满足了超大型、远距离视频监控系统的需要。

（2）频带宽。最先进的光纤多路电视传输系统的频率范围已达到40～862MHz（有线电视），一根光纤可同时传输几十路以上的电视信号。目前，光端机设备也能实现一根单模光纤传送几十路电视信号。

（3）图像质量高，系统噪声小，非线性失真小。另外，光纤系统的抗干扰能力强，基本上不受外界温度变化的影响，可以保证很高的图像质量。

（4）保密性好，由于光路中传送的是光信号，不易被窃取，非常适用于安全监控系统等高保密要求的应用。同时，光纤传输不受电磁干扰，可以在强电磁干扰的环境中工作。

（5）施工、敷设方便。光缆具有细而轻、拐弯半径小、抗腐蚀、不怕潮、温度系统数小、不怕雷击等优点，所以光缆的敷设施工是很方便的。

光纤通信系统主要存在的问题如下。

（1）光缆和光端机的成本还较高。

（2）光路中的一些关键器件，如光合波器、光分波器、电子式光开关、光衰减器及光隔离器之间的连接处理还有待改进。

（3）全新的光纤通信系统还有待完善。

2. 光纤的结构与光传输原理

光纤，光波传输的介质，是介质材料构成的圆柱体，由纤芯、包层和套层三部分组成（三者为同心结构），光波沿纤芯传播。在实际应用中，光纤是由预制棒拉制出来的纤丝（玻璃丝），经过简单被覆后的纤芯再经过被覆、加强和防护成为工程中应用的光缆。所以说，光纤是光通信技术中的一个技术名词，而光缆是实际应用的光通信器材，如图2-22所示。

光纤由纤芯、包层和套层组成。纤芯和包层的折射率不同，其折射率的分布有两种形式：折射率连续分布型（又称为渐变分布型）和折射率间断分布型（又称为跃变分布型）。光在两种光纤中的传输方式如图2-23所示。

光纤还有其他的分类方式，如表2-4所示。

光纤的套层只是起保护作用，对光传输无意义。按波动理论，光纤允许有限的离散数量的光传播。传播模数是纤芯的横截面积与折射率之差的函数，成正比关系。多模光纤可有几百个模。当纤芯的直径减小到一定值时，光纤就只能传播一个模了，即单模光纤。单模光纤不存在色散，具有很大的信息载送容量。

图 2-22 光缆

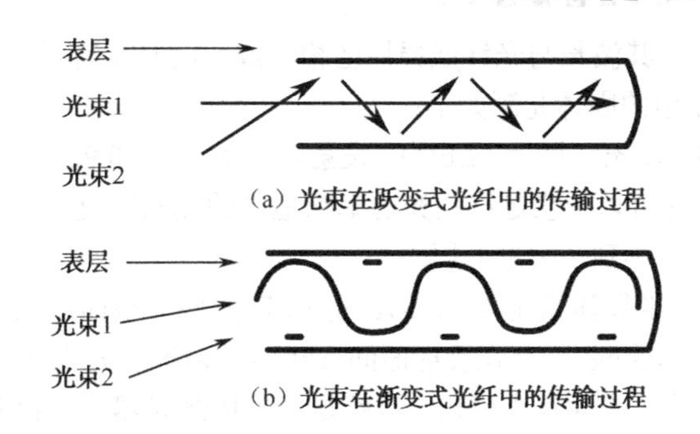

图 2-23 光在两种光纤中的传输方式

表 2-4 光纤的分类

按折射率分布分类	渐变、跃变
按传播数分类	单模、多模
按材料分类	高纯度石英玻璃、多组分玻璃、卤化物、混合材料
按制备方法分类	CVD（化学汽相沉积法）、MCVD（改进 CVD）

3．光纤的主要技术指标

反映光纤传输性能的主要技术指标如下。

（1）数值孔径 NA，表示光纤芯子与包层折射率的差，反映光纤集光的能力。能在光纤中传播的光入射角折射率差越大，NA 越大，光纤可以传播的光越多。从这一点看，多模光纤有它自身的优势。

（2）传输损耗，以 dB/km 表示。引起光纤损耗的原因：材料吸收（热损耗）、散射损耗（传播模转移为非传播模）、结构缺陷等。

① 材料吸收是指光在光纤中传播时，其功率以热的形式消耗的过程，材料不单纯是产生材料吸收的主要原因。

② 散射损耗是由于光纤的几何参数或折射的不均匀性造成的，因为它会引起一个传播的光功率转移到另一个模上去，这就是散射。如果转移为非传播模，就产生了散射损耗。

③ 结构缺陷是产生损耗的一个原因，如纤芯包层界面不光滑、气泡、应力、直径的变化和轴线的弯曲等，都会引起损耗。

（3）传输带宽，它表示光纤的传输速率，主要是受到色散的影响（导致脉冲展宽）。主要有材料色散、波导色散和模色散。理论上在 1.3μm 处可制造出零色散单模光纤；还可把零色散点移到损耗量小的 1.55μm 处，即色散位移（DS）光纤；在较宽的波长范围内色散均很低的光纤为色散平坦光纤，它是大容量、高速率的通信光纤。

通常用带宽距离（F • km）表示光纤的传输能力。实际计算为 $B=B_0/LY$，通常 Y 取 1，其中 B_0 为每公里带宽，L 为距离。

（4）均匀性，它是光纤的重要指标，反映光纤几何参数（直径、同心度）、光学参数（折射率及分布的均匀性）、光纤的结构缺陷（界面不光滑、气泡、应力）等，它影响损耗、色散及光纤的对接。

4．光纤视频传输系统的环节

光源、探测器、光缆是构成光纤视频传输系统的三个基本环节。

（1）光源。

光纤传输信息的载体是光波，光源是最重要的器件。光纤传输用的光源要求有很好的稳定性和寿命，其波长与光纤低损耗区相一致，同时具有很好的调制性能。

常用的固体光源如下：

① 发光二极管（LED）。发射波长为0.8～0.9μm或1.1～1.6μm的发光二极管是最简单的固体光源，它可以提供足够的光功率和适当的光谱宽度，容易与光纤耦合，可以方便地直接调制，在实际工程中得到了大量应用。

② 半导体激光器（LD）。将LED的两个端面做成相对的反射面（镀膜、GAAS与空气界面反射系数为30%），光在反射面间（相当于谐振腔）来回反复形成光反馈，若增益大于损耗，即出现激光振荡，产生激光输出，这就是半导体激光器。或者说给LED加上一个能够提供反馈的谐振腔，在大电流注入下就构成半导体激光器。因是受激发光，其光谱很窄（小于nm），发光功率较高，调制频率可达1GHz，与光纤的耦合效率高，非常适于长距离、高速率通信。

表示光源性能的主要参数如下：

① 光谱特性。它是光源的基本特性，通常用波长λ和光谱宽度$\Delta\lambda$来表示。$\Delta\lambda$是指光功率下降至3dB时的光谱宽度。光谱特性关系到光源与光纤的匹配，影响色散，决定通信距离和速率，是系统设计时重要的考虑因素。

② 功率效率。它表示实际接收到的光功率与加给LED的电功率之比。除器件本身的电/光转换效率外，它与光源的结构和光纤的耦合方式有关。

③ 输出特性。它表示光源的工作电流与输出光功率（出纤功率）间的关系。LED和LD的输出特性有较大的差别，前者在一定范围内有良好的线性，但有饱和现象，后者当电流超过阈值时开，如受激发光，产生高功率输出并有良好的线性区。

光源的输出特性是设计光发射机时，选取工作点、确定电信号的调制幅度的重要依据。

④ 效率与调制带宽。光源的效率和调制带宽是一对互相制约的量，高输出器件只能以低速率调制，要有高的调制速率必须牺牲输出功率。因此，用带宽和功率的乘积（P_fW）表示光源特性，其中P_f为出纤功率，W为传输带宽。在设计时要合理确定光源特性。

⑤ 寿命。寿命是光源的可靠性和经济性指标，通常是指光输出功率降低到额定值一半时的时间。

（2）探测器。

与光源相反，探测器的功能是解调光信号，将载于光波上的信息转变为电信号，系统对它的基本要求是在工作波段上有足够的灵敏度和带宽。目前应用最广泛的探测器有半导体光电二极管和雪崩光电二极管。

① 半导体光电二极管（PIN）。它是最通用的光电二极管，它的工作原理：当PN结耗尽层受到光子照射，入射光能量大于或等于材料带间的能量时，光子能量被吸收，产生空穴电子对，由于强电场的作用，它们向相反的方向漂移，通过PN结收集后，形成光电流。为提高耗尽层的宽度，减少掺杂量使P区成为本征区，就是半导体光电二极管。

② 雪崩光电二极管（APD）。许多系统可接收的光功率是毫微瓦级的，要求高灵敏度的探测器件，雪崩二极管就是一种高灵敏度的光电二极管。它的工作原理：在加反偏的二极管中，当耗尽层的电场足够强时，产生的载流子可以获得足够大的能量去撞击被束价电子使之电离，从而产生额外的空穴电子对，这些载流子同样可以在电场中获得能量去撞击其他的电子，再产生新的载流子。如此往复下去，就会形成载流子雪崩倍增。所以当入射光的能量被吸收，产生空穴电子对时，如果有强电场存在，就会出现雪崩倍增，光电流相应被几十、几百倍地放大。

雪崩噪声是APD的主要特性，由于雪崩本身具有统计的性质，每个光电子不会产生相同的倍增作用，这个增益涨落即表现为雪崩噪声。

PIN与APD都是将光强变化直接转换为电流变化的器件，称为直接探测，其输出电流是输入光功率的线性函数。在光通信系统中，直接光强调制（IM）是最普遍的方式，所以直接探测也是最广泛的方式。PIN 在稳定性、寿命、价格方面有优势，应用较普遍。

（3）光缆。

光纤通信要得到实际应用，就必须能适应各种工程条件和自然环境的要求。因此要把光纤进行加强、防护使之成为有实用价值的光缆。从光纤到光缆是光纤通信从实验室进入实际应用的过程。可以说，光缆制造技术的发展对光纤通信的推广应用起到了决定性的作用。

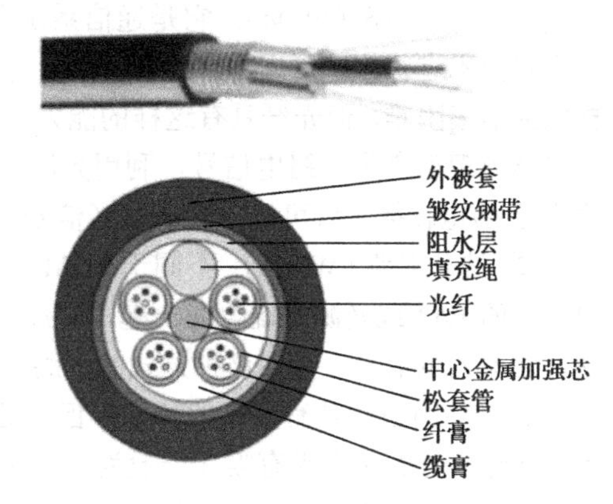

图 2-24　层绞式光缆

光缆设计和加工一定要做到：保证光纤良好的通信性能，避免产生光纤的微弯损耗；避免光纤表面损伤；保证光缆的机械强度（抗拉力、防潮密封、可运输）；多芯光缆要便于识别；合理的重量、体积。光缆主要有两种形式。

① 层绞式光缆如图 2-24 所示，它是以一根钢丝或加强纤维为中心加强件，外绕缓冲层，多根光纤均匀地分布在缓冲层外（一层或多层），呈螺旋状地环绕着加强件，在纤芯层外又是一层缓冲层，最外层是防护被覆。

② 骨架式光缆如图 2-25 所示，这种形式采用一根含中心加强件的特殊形状的骨架，纤芯平稳地放置在骨架周围的空腔内，呈螺旋状地围绕着加强件，骨架外是缓冲层的防护层。这种方式的光缆，纤芯在骨架的空腔内是悬浮的，使光缆弯曲时，光纤不受附加的张力。这种光缆的机械强度较好，但不易制造多纤芯光缆。

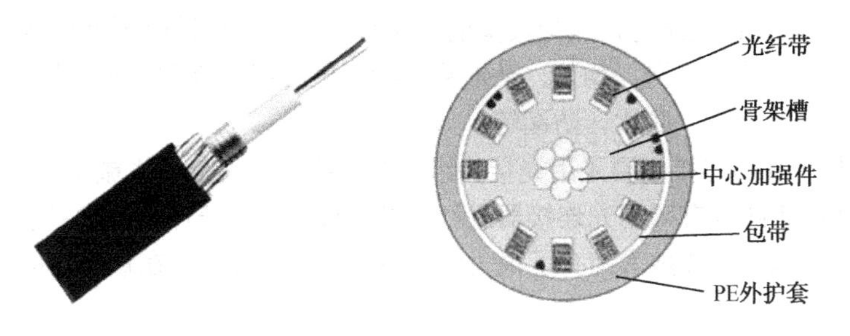

图 2-25　骨架式光缆

5. 光纤视频传输系统

光纤视频传输有以下几种主要方式。

（1）基带模拟方式。

基带传输是应用最多的方式，它直接用视频信号（Instant Messaging，IM）调制光源（大多采用 LED 光源）。系统结构简单，可以得到 10MHz 左右的带宽，几公里传送单路图像信号可以得到很好的质量。

在这种模式中，预加重电路主要是用来提高系统的 S/N（信号与噪声的比例，简称信噪比），非线性补偿电路则是针对光源输出特性的非线性失真。光发射机的关键是驱动电路，高性能光发射机多采用具有反馈控制的驱动电路，一般采用 PIN-FET 互相放大器作为光接收机的预放级。

（2）PFM（脉冲频率调制）方式。

本质上 PFM 仍为一种模拟信号传输方式，它具有模拟和数字调制两者的优点，既比模拟方式更适合于长距离传输和中继放大，又不像数字系统具有那样高的成本。

该系统的关键是调制方式的选择，常用的有方波PFM、等脉宽PFM几种。由于进行频率调制，视频信号的频谱由基带向上移动，相对带宽减少了，因此利于对光源的调制。也可将几路（不能太多）视频信号的起点和终点设置为相同，技术上和工程上都非常便于多路传输。目前常用的多路传输方式主要有以下两种。

① 频分多路（FDM）：它是通信系统中常用的，也是很成熟的技术。在语音通信系统中是采用电路技术进行频率复用的。而视频信号的频带宽，几路信号复合在一起就更宽，在电路上提供这样的通信很困难，但光纤具有这样的能力，可以说，光纤传输真正实现了视频信号的频分复用。频分多路处理后产生一路电信号，利用光源进行电/光转换。再用一条光路传送，并由一个探测器接收进行光/电转换，就可以实现多路（信号）传输。复合信号的分离也是由电路来实现的。

② 波分多路（WDM）：不同于FDM，WDM是利用光学器件（合光器）将不同波长的光波（来自不同的E/O或光源）混合在一起，通过一条光路传送，再用分光器将其分离，分别进行O/E转换，还原为电信号。显然这种方式的多路信号的混合是由光学器件完成的。

频分多路虽然具有频带的特点，但它还是有限度的，可以进行频分复用的频带也是有限的，因此传输信号的路数也有限（一般为十几路）。波分多路则不然，在光的传输特性上，光纤的资源是很丰富的，目前WDM系统传输信号数量的限制主要在于合光/分光器等光学器件的工艺水平上。

利用WDM系统可以方便地实现光路上的双向传输，这也是它的突出优势。

6．光路的建立

光纤传输系统的建立在很大程度上取决于光缆的敷设、光纤的接续、接头的防护、各种光学器件的连接等工艺性问题，这些内容称为光路的建立。其中，光纤的接续和接头的防护最为重要。

光纤的接续是一项技术性很强的工作，它不像电缆接头那样方便，需要采用专门设备（熔接机）。一个光路不可能从头到尾只用一根光缆，中间需要接续，它是光路损耗的一大原因（除了光纤本身的损耗外），在设计光路时，应把接头的损耗考虑在内。接续时要严格地进行端面处理，通过熔接的精度控制，使接头平滑、均匀，从而将接续产生的损耗降到最小。接头的防护也很重要，要保证强度，留有一定余量，防水，防潮等。

目前光端机与光纤的连接主要采用光接头组件（连接器），它是用机械精度来保证连接效果的。一些小的、局域性的系统也有采用光连接器进行光缆的接续。光纤通信技术目前已经很成熟了，光缆加工技术、连接技术、穿缆技术都有了很大的提高，如吹管技术，在短距离应用中很普遍，也很经济。

2.5 图像显示与存储

2.5.1 显示原理与视频信号

1．图像显示

显示部分一般由多台监视器或带视频输入的普通电视机组成。它的功能是将传送过来的图像一一显示出来。在电视监控系统中，特别是在由多台摄像机组成的电视监控系统中，一般都不是一台监视器对应一台摄像机进行显示，而是几台摄像机的图像信号用一台监视器轮流切换显示。这样做一是可以节省设备，减少空间的占用；二是没有必要一一对应显示。因为被监视场所的情况不可能同时发生意外情况，所以平时只要隔一定的时间（如几秒、十几秒或几十秒）显示一下即可。当某个被监视的场所发生情况时，可以通过切换器将这一路信号切换到某一台监视器上一直显示，并通过控制台对其遥控跟踪记录。所以，在一般的系统中通常都采用4∶1、8∶1甚至16∶1的摄像机对监视器的比例设置监视器的数量。目前，常用的摄像机对监视器的比例数为4∶1，即四台摄像机对应一台监视器轮流显示，当摄像机的台数很多时，再采用8∶1或16∶1的设置方案。另外，由于“画面分割器”的应用，在有些摄像机台数很多的系统中，用画面分割器把几台摄像机送来的图像信号同时显示在一台监视器上，也就是在一台较大屏幕的监视器上，把屏幕分成几个面积相等的小画面，每个画面显示一个摄像机送来的画面。这样可以大大节省监视器的数量，并且操作人员观看起来也比较方便。但是，这种方案不宜在一台监视器上同时显示太多的分割画面，否则会使某些细节难以看清楚，影响监控的效果。一般来说，四分割或九分割较为合适。

为了节省开支，对于非特殊要求的电视监控系统，监视器可采用有视频输入端子的普通电视机，而不必采用造价较高的专用监视器。监视器（或电视机）的屏幕尺寸宜采用14～18in之间的，如果采用了“画面分割器”，可选用较大屏幕的监视器。

放置监视器的位置应考虑适合操作者观看的距离、角度和高度。一般是在总控制台的后方设置专用的监视架子，把监视器摆放在架子上。

监视器的选择，应满足系统总的功能和总技术指标的要求，特别是应满足长时间连续工作的要求。

2．电视

电视是视频监控和其他视频系统的基本部件。图像信息和视频监控的优势都源于电视原理和电视技术本身的特点。电视是图像技术的一种，它是利用电信号的传输实现人视觉的延伸。这是“电视（Television）”最初的含义。现代视频技术已远远超出了这个概念，但它仍然是以电视技术为基础的。

最初，电视就是把景物的光学图像转变为电信号，传送到远端后，再还原为光学图像的技术。我们知道，图像是给定空间（二维、三维）内亮度的集合，而图像技术处理则是一个平面上的光学图像，如电视、摄影、印刷等。广义地讲，电视（视频）技术就是将平面上的图像转换为电信号进行传送和处理的技术。

要实现电视的目的，或处理平面上的图像，必须完成以下两个转换。

1）光学图像转换为电图像

采用光学系统将一个三维空间的亮度集合（光学图像）成像在一个焦平面（二维空间）上，电视技术首先要把这个平面上光学参数的集合，转换为电气参数（电荷量、电流、电压等）的集合，这两个集合在空间上是完全对应的，两个参数（物理量）是模拟的关系，用电气参数的多少、大小来模拟光信号的强弱、高低，一般称为把光学图像转换为电图像。我们把现行电视称为模拟电视就是基于此，这一转换通常是由光电器件来完成的。

2）空间分布的电信号转换为时间顺序的电信号

由光学图像转换成的电图像显然还不是可以远距离传播的电信号，必须做进一步的转换，使之成为时间轴上连续的电信号，才能成为一种可以变换（变频、编码）、处理（放大、调制）、传送的电信号，这个转换是通过所谓“扫描”的过程来实现的。

显然还应有一个相逆的过程，简言之，电视要实现两个基本变换：光电转换，将光学图像转换为电视信号；电光转换，将电视信号还原为光学图像。其他的视频技术会有不同的变换，如磁记录系统就是将电视信号转换为磁信号及把磁信号还原为电视信号的系统。

3．彩色电视

彩色图像比黑白图像信息量大，因为色彩本身就载有丰富的信息，而仅用景物的亮度是不能表达这些信息的，因此，黑白电视（仅传送亮度信息）没有真实地重现景物（观察目标）的图像。

彩色电视解决了这个问题，但技术进步的规律要求它必须与黑白电视兼容，正是这一点决定了现行彩色电视的主要技术和特点。

1）三基色原理

三基色原理，是彩色电视的理论基础，如图 2-26 所示，即景物的色彩可以由三个基色来表示，景物的亮度是三个基色亮度的和。亮度公式表达了这个关系。

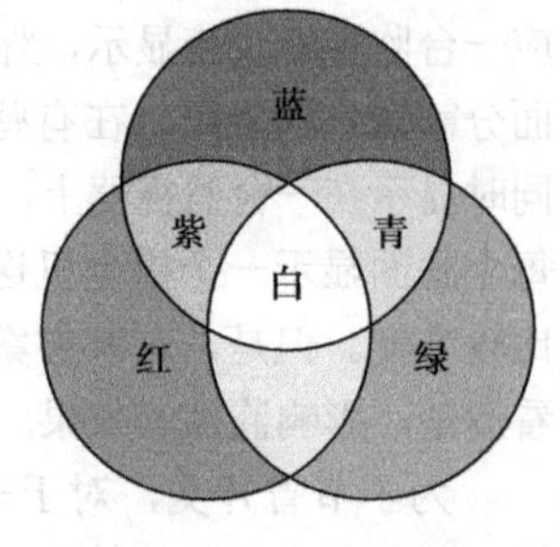

图 2-26　三基色原理

Y＝0.3R+0.59G+0.11B（R 代表红色，G 代表绿色，B 代表蓝色）

大量的试验证明这个公式是正确的。它表明按此比例的红、绿、蓝三个基色混合产生白色，白色的亮度为三个基色亮度的和。三个基色分量的比例变化可以产生色度坐标中的绝大部分颜色。如果仅去表达景物的亮度信息，那就是黑白电视，如能分别表达三个基色的亮度就可以实现彩色图像的描述，并还原出景物的彩色图像，三基色原理可以用色度三角形来表示，这种混色方式称为相加混色。

2）分量制

三基色原理决定了彩色电视要采用分量制，即同时处理和传送红、绿、蓝三个分量的亮度信号。但这种方式无法实现与黑白电视的兼容，从亮度恒定公式可以看到 Y、R、G、B 是相互关联的，确定其中的任意三个量就可以确定全部四个量。因此，我们可以处理和传送 Y 和表达 R、G 信息的两个色差信号（U＝Y−R，V＝Y−B）。于是就产生了分量制的处理方式，即把图像信号分解为亮度分量（Y 信号）和色度分量（U 和 V）。亮度分量是与黑白视高信号相同的，由此保证了与黑白电视的兼容，而两个色度信号载有彩色信息，可以与亮度信号一同完成解码，导出 R、G、B 三个分量亮度，还原出景物彩色图像。

4．电视制式

通常人们用电视的扫描方式和彩色信号的处理方式来描述电视制式，因为这两点是决定电视基本模式和关键技术的基础。如用 625/50、隔行扫描和 PAL 方式来表示我国现行电视的制式。前半部分说明图像的扫描方式，即系统规定的描述图像的规格，这一规定基本上决定了系统可以分辨图像细节的能力。后半部分是一种彩色信号处理方法的英文缩写，全球有多少不同的电视制式，都是由某种图像扫描方式结合某种彩色信号处理方式构成的。

所谓制式就是一个技术规格或标准，主要是为了保证采用同一制式产品的相互接口及互换性和通用性，同时也要体现与其他制式的差别，在标准中一些指标数量上的差异，本质上反映了在关键技术上的差别。因此，制式（标准）是具有知识产权的一种专利。除了技术上的差异导致电视制式的不同之外，市场因素也是各国采用不同的电视制式的重要原因。

在电视系统中，不同制式的差别主要在于扫描方式和彩色信号的处理方式。因为它们是将景物光学图像转换成电视信号（通常是发送端的功能）与再将其还原为可视图像（接收端的功能）两个过程间一种基本的约定，如果不能保证这种约定，就无法正确地还原图像，甚至根本不能接收到图像。当然一种电视制式要包括许多细节的内容。

国际无线电咨询委员会(CCIR)把世界各国和地区使用的广播电视制式划分为 13 种基本制式，如表 2-5 所示。

它们主要是以扫描方式为主要区别，是适应于黑白电视系统的，其中很多制式现在已不被采用了。美国电子工业协会（EIA）在发展电视工业过程中制定的一些技术标准也纳入了 CCIR 的基本制式之中，但人们仍习惯地称这些标准为 EIA 的制式。这就形成了电视行业两大标准体系 CCIR 和 EIA，即场频 50Hz，每帧 625 行的 CCIR 的电视制式和场频 60Hz，每帧 525 行的 EIA

电视制式，前者为我国和欧洲采用，后者主要应用于美、日等国。

表 2-5 广播电视的制式

制　式	扫描行数	频道带宽 MHz	视频带宽 MHz	图像与伴音载差 MHz	残留边带 MHz	图像调制极性	伴音调制方式
A	405	5	3	–3.5	0.75	+	AM
B	625	7	5	+5.5	0.75	–	FM
C	625	7	5	+5.5	0.75	+	AM
D	625	8	6	+6.5	0.75	–	FM
E	819	14	10	+11.15	2	+	AM
F	819	7	5	+5.5	0.75	+	AM
G	625	8	5	+5.5	0.75	–	FM
H	625	8	5	+6.5	1.25	–	FM
I	625	8	5.5	+6	1.25	–	FM
K	625	8	6	+6.5	0.75	–	FM
L	625	8	6	+6.5	1.25	+	AM
M	525	6	4.2	+4.5	0.75	–	FM
N	625	6	4.2	+4.5	0.75	–	FM

以上的制式没有涉及彩色信息传送问题，因为它产生在彩色电视成熟之前。后来发展起来的彩色电视系统信号都采用了表 2-4 中所规定的某一种基本制式和扫描方式，再加上相应的彩色信号处理方式，彩色电视制式采用的彩色信号处理方法有三种，它们的不同之处是色度信息的处理方法、彩色副载波的频率值、色度信号的生成（色差信号调制副载波）方法的差别。这三种方法如下所示。

（1）正交平衡调幅方式，由美国国家电视系统委员会（NTSC）制定，故简称 NTSC 制。

（2）正交平衡调幅逐行倒相方式，它与 NTSC 制的主要差别是色度信号采用逐行倒相的处理方式，故按这一技术名词的英文缩写简称为 PAL 制。

（3）行顺序调频制式，这是应用于法国和东欧的一种方式，顾名思义，这种方式色差信号对彩色副载波进行频率调制，也是顺序传送的，按技术名词的法文缩写简称为 SECAM 制。

我国现行电视制式为 PAL 制。因为广播电视是电视技术的主要应用领域，在电视制式中一定要涉及射频载波和语音传送的内容，故而有“额定射频带宽”、“伴音与图像载频差”、“视频调制极性”、“伴音调制方式”等项的规定。而在应用电视系统中则没有这些要求，为此我国专门制定了标准《通用型应用电视制式》GB12647—1990。该标准既规定了应用电视在基本技术方式上（扫描、彩色信号处理）要与广播电视制式相同，又规定了应用电视特殊的技术要求，如应用电视系统有时不需要伴音，因此没必要规定额定视频带宽，这既保证了应用电视与广播电视在技术上、设备上的通用性，又可提高应用电视系统的图像质量。

2.5.2 图像扫描与分解

1. 图像扫描

扫描是把空间分布的电参数（电图像）转换为时间连续的电信号的过程，同时也是对图像分解的过程。图像的分解实质上是对图像信息的表达能力，对图像的分解越细致，对图像细节的描述越充分，图像信号载有的信息量越大。电视系统对图像描述是受到技术限制的，只能采用适当的方法，力争得到最好的视觉效果。

电视技术通过扫描来进行图像分解。扫描是对一帧图像的分解。使用扫描这个词是因为最初的电视系统的图像分解是由电子束对光电转换靶（对应于焦平面）的扫描实现的。通常把一帧图像在垂直方向上分解成若干条线，因此扫描是在水平方向上完成一行后，再向下移动一行，前者称为水平扫描（行扫描），后者称为垂直扫描（场扫描），一帧图分解成的线数越多图像越细致，图像细节的分辨能力越高。

图像扫描由两个过程组成：行扫描，从左向右（水平方向）的扫描；场扫描，从上向下（垂直方向）的扫描。

行扫描通常又有两种扫描方式：

（1）逐行扫描。逐行扫描是按水平扫描线逐行由上向下进行。计算机显示器通常采用这种方式，一些采用 DSP 技术电视接收机在还原图像时，也采用这种方式，但其接收的电视信号仍然是隔行扫描的方式。

（2）隔行扫描。将一帧图像分为两场图像，一场是由奇数行组成（奇数场），另一场是由偶数行组成（偶数场），然后分别进行图像扫描，完成奇数场扫描后，再进行偶数场的扫描，两场扫描叠加起来，构成一帧图像，现行电视扫描就是这种方式，目的是减轻图像的闪烁现象。

从图像扫描可以导出电高系统的两个基本参数：行频，即行扫描的频率，等于帧频乘以一帧图像的扫描线数；帧（场）频，即每秒扫描图像的帧（场）数。

2．图像分解

图像的分解表示对图像描述细致的程度。线数越多，对图像细节的表示越充分，描述得越细致，所需要的频带越宽。显然这要受到当时技术条件的限制，因此，在确定这些参数时要充分地利用人视觉的生理特征，根据视觉的空间分辨能力确定图像分解的线数，根据视觉的暂存特性确定每秒表示图像的帧数。

一般对一帧图像进行分解只能描述一幅静止的图像，对于运动（连续）的图像，必须用多个连续的单帧图像的组合来描述。根据人眼视觉暂存的生理特征，通常每秒有二十几帧图像，就会感觉到是一个连续的图像效果。电视就是用每秒钟扫描数帧图像的方法来描述（表示）运动的图像的。单位时间图像的帧数和扫描对图像的分解，表示对图像信息的表达能力（空间分辨或图像细节、时间分辨或连续性）的强弱。

我国现行电视制式规定：每帧图像分解为625线，每秒有25帧图像。因此其行频为15 625Hz，帧（场）频为25（50）Hz。随着技术发展，人们对图像提出了更高的要求，希望采用最新的技术去获得更好的视觉效果。于是出现了高清晰度电视，它要求帧频加倍、每帖图像的扫描线数加倍，而现在技术上已经完全可以实现这样的要求了。

新的视频技术，特别是数字视频都是采用像素的阵列来表述（分解）图像的，一帧图像可以分解为若干个矩形阵列排列的有一定几何尺寸的微小单元，这些微小单元称为像素。

3．图像信号

通过光电器件和扫描方式产生的电信号代表图像的亮度信息，称为图像信号。但仅有这些信息表示一个图像是不够的，必须还要有这些亮度信息所对应的空间位置信息。这个空间位置信息是由同步信号来表达的。因此，完整的电视信号应由图像信号和同步信号两部分组成（严格地讲还有消隐信号）。

同步信号分为场同步和行同步两种，分别表示场扫描和行扫描的起始点及时间顺序，载有图像（亮度）信息的空间信息，它保证系统在还原图像时，显示图像的真实和稳定。视频信号以场周期观察和行周期观察呈现出不同的样子。其中，行同步后肩上的色同步信号是彩色电视所有的，电视制式对视频信号的各部分都做了严格的幅度和宽度的规定，下面都会做简单的介绍。

通常把摄像机输出的信号称为基带信号或视频信号，其频率范围从 DC 一直到几 MHz，甚至十几 MHz。经视频信号调制过的高频电视信号（电视台向空中播放的）称为射频信号，可以从几十 MHz 到几千 MHz。

2.5.3 图像识别

可以说图像识别是视频技术的最高境界，目视解释（光学显示、人的视觉观察）是当前大多数图像系统提取有用信息的主要方式，电视系统也是如此。它固然有直观、判别准确率高的优点，但是，当面对大量的图像信息时，其效率低、实时性差等缺点会严重地降低信息的利用率，限制图像系统的应用。因此，自动解释（机器解释）一直是图像技术的一个重要的课题。数字视频为其提供了一个新的技术平台，使图像识别有了新的解决方案，在机器人视觉、模式识别等方面都取得了重大的进展，在安全防范领域更成为目标探测、出入管理、生物特征识别、安全检查的有效技术手段。生物特征识别，诸如指纹、掌形、声纹、视网膜、面像识别等都是基于生物特征统计学的，具有很高的识别率，由于其具有特征载体与特征的同一性，因而是高安全性和高可靠性的系统。面像识别则是当前人们关注和投入较大研究力量的热点。

图像识别系统包括图像输入、图像的预处理，特征的提取和图像的解释（识别）等技术环节和设备。其关键技术或难点在于实现系统能在一种略加控制的环境下，针对移动目标实时地运行，这些目标通过静止摄像机可能会产生大小不同、角度不同及光照效果不同的图像。并在各种可能的非最佳条件下进行识别，如由于年龄、面部表情、配饰（眼镜、帽子）及可能的伪装（化妆）造成图像的差异。这就要求系统采用适当的图像输入方法和预处理技术，以保证图像特征有效地提取或模板的生成。图像识别的方法基本上分为统计方法和结构分析两类，前者是以数学决策理论为基础，建立统计学的识别模型，指纹、掌形的识别多采用这种方法，其特点是稳定，但很少利用图像本身的结构关系。后者则主要是分析图像的结构，它充分地发挥了图像的特点，但容易受图像生成过程中噪声干扰的影响。

图像识别技术的应用可分为验证和识别两种方式。验证的目的是把当事人的身份与正在发生的行为联系在一起，确认行为的合法性，通常是验证“你是他？”的一对一（或较少的量）的比对系统。识别则是对系统的输入图像（可能是摄像机拍摄的活动图像）与存储在数据库中的大量的参考图像进行比对，来确定输入图像（目标）的身份，所以可以识别“你是谁？”的一对多的比对系统。验证系统因可对图像的输入加以更多的控制，系统的可靠性和稳定性好，也相对成熟，已广泛地应用于出入管理系统中。识别系统（特别是面像识别）则因环境条件的限制，还没有成熟的产品。但其应用的效果及在安全防范中的作用已被人们认识和肯定。目前其主要发展的方向包括为以下几个方面。

高质量图像输入子系统，保证在各种环境条件下能采集到足够分辨率、适当方位和灰度变化的图像，它涉及图像传感器（如摄像机）的选择、安装方式、与入侵探测的关联及相关的数字化操作。

基于不同平台（PC、服务器或多处理器、网络）的处理硬件，能提供系统所需的处理能力、运算速度、灵活性和信息存储能力。

图像处理和解释与分析软件的开发，综合自动模式识别和计算机视觉技术开发各种实用的软件，如输入图像的分割、定位、轮廓提取和面像图像的加光技术，基于人面重心模板的实时面像检测，器官的位置信息和面像特征的提取及各种比对算法等。

试验系统和测试，建立试验系统是十分重要的，是验证系统的价值和效果，了解各种环境因素对其影响，明确进一步研究方向的最有效的方法，并在此基础上建立科学、直观和可操作的评价体系和方法。

2.6 视频监控系统控制与设计

2.6.1 典型监控系统的控制方式

控制部分是整个系统的“心脏”和“大脑”，是实现整个系统功能的指挥中心。控制部分主要是总控制台部分（有些系统还设有副控制台）。总控制台的主要功能：视频信号放大与分配、图像信号的校正与补偿、图像信号的切换、图像信号（或包括声音信号）的记录、摄像机及其辅助部件（如镜头、云台、防护罩等）的控制（遥控）等。在上述的各部分中，对图像质量影响最大的是放大与分配、校正与补偿、图像信号的切换三部分。在某些摄像机距离控制中心很近或对整个系统指标要求不高的情况下，在总控制台中往往不设校正与补偿部分。但对某些距离较远或由于传输方式的要求等原因，校正与补偿是非常重要的。因为图像信号经过传输之后，往往其幅频特性（由于不同频率成分到达总控制台时的衰减是不同的，因而造成图像信号不同频率成分的幅度不同，称为幅频特性）、相频特性（不同频率的图像信号通过传输部分后产生的相移不同，称为相频特性）无法绝对保证指标的要求，所以在控制台上要对传输过来的图像信号进行幅频和相频的校正与补偿。经过校正与补偿的图像信号，再经过分配和放大，进入视频切换部分，然后送到监视器上。总控制台的另一个重要方面是能对摄像机、镜头、云台、防护罩等进行遥控，以完成对被监视的场所进行全面、详细地监视或跟踪监视。总控制台上设有录像机，可以随时把发生情况的被监视场所的图像记录下来，以便事后备查或作为重要依据。目前，有些控制台上设有一台或两台“长延时录像机”，这种录像机可用一盘 60min 时长的录像带记录长达几天时间的图像信号，这样就可以对某些非常重要的被监视场所的图像连续记录，而不必使用大量的录像带。还有的总控制台上设有“多画面分割器”，如四画面、九画面、十六画面等。也就是说，通过这个设备，可以在一台监视器上同时显示出四个、九个、十六个摄像机送来的各个被监视场所的画面，并用一台常规录像机或长延时录像机进行记录。上述这些功能的设置，要根据系统的要求而定，不一定都采用。

目前生产的总控制台，在控制功能上，控制摄像机的台数上往往都做成积木式的。可以根据要求进行组合。另外，在总控制台上还设有时间及地址的字符发生器，通过这个装置可以把年、月、日、时、分、秒都显示出来，并把被监视场所的地址、名称显示出来。在录像机上可以记录，这样为以后的备查提供了方便。

总控制台对摄像机及其辅助设备（如镜头、云台、防护罩等）的控制一般采用总线方式，把控制信号送给各摄像机附近的“终端解码箱”，在终端解码箱上将总控制台送来的编码控制信号解出，成为控制动作的命令信号，再去控制摄像机及其辅助设备的各种动作（如镜头的变倍、云台的转动等）。在某些摄像机距离控制中心很近的情况下，为节省开支，也可采用由控制台直接送出控制动作的命令信号，即“开、关”信号。总之，根据系统构成的情况及要求，可以综合考虑，以完成对总控制台的设计要求或订购要求。

1．矩阵型控制系统

矩阵型控制系统是使用视频切换设备进行控制的闭路监控系统，如图 2-27 所示。现在闭路监视系统加进了多路视频切换、摄像机云台/镜头操控和报警联动等数字操控功能，实现了数字操控的模拟视频监控系统。

2. DVR型控制系统

DVR型控制系统是使用硬盘录像机（DVR）进行控制的监控系统，如图2-28所示。

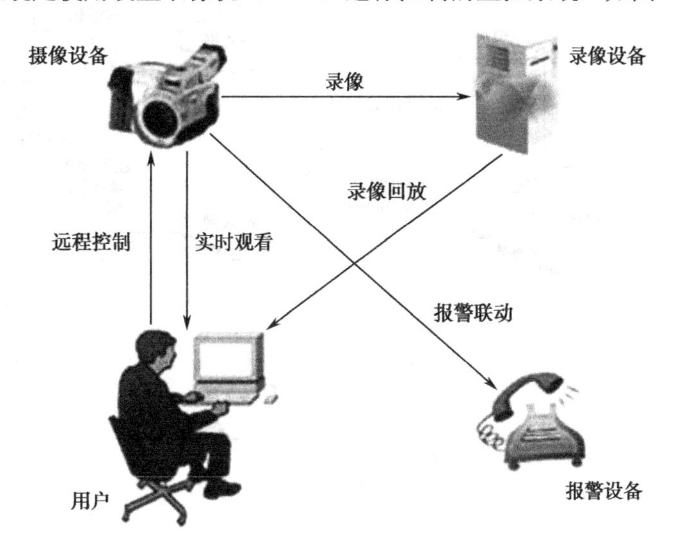

图2-27 矩阵型控制系统

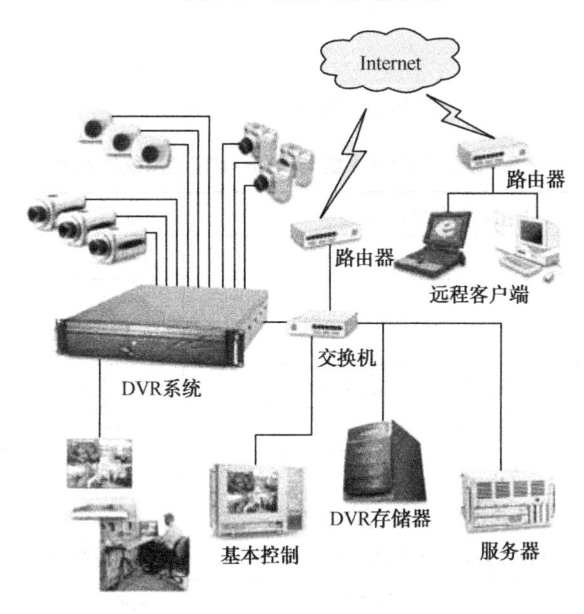

图2-28 DVR型控制系统

DVR正是在数字视频监控系统基础上发展起来的，DVR采用数字音/视频压缩/解压缩的编解码技术，用硬盘来存储本地经压缩编码后的数字音/视频数据流，用网络来远程传输经压缩编码后的数字音/视频数据流和操纵信息，集图像画面分割、多路视频切换、录/放像机等功能于一体。硬件上还可连接传感器、警报器、云台和镜头操纵器等，实现监视范围的搜索和目标锁定，以及环境监控和报警输出；软件上还可增加移动图像侦测、特征提取等辅助功能，以满足某些特定应用的需求。

3. 网络型控制系统

网络型控制系统是利用网络设备进行控制的监控系统，如图2-29所示。与DVR型控制系统相比较具有许多优点，如表 2-6 所示。

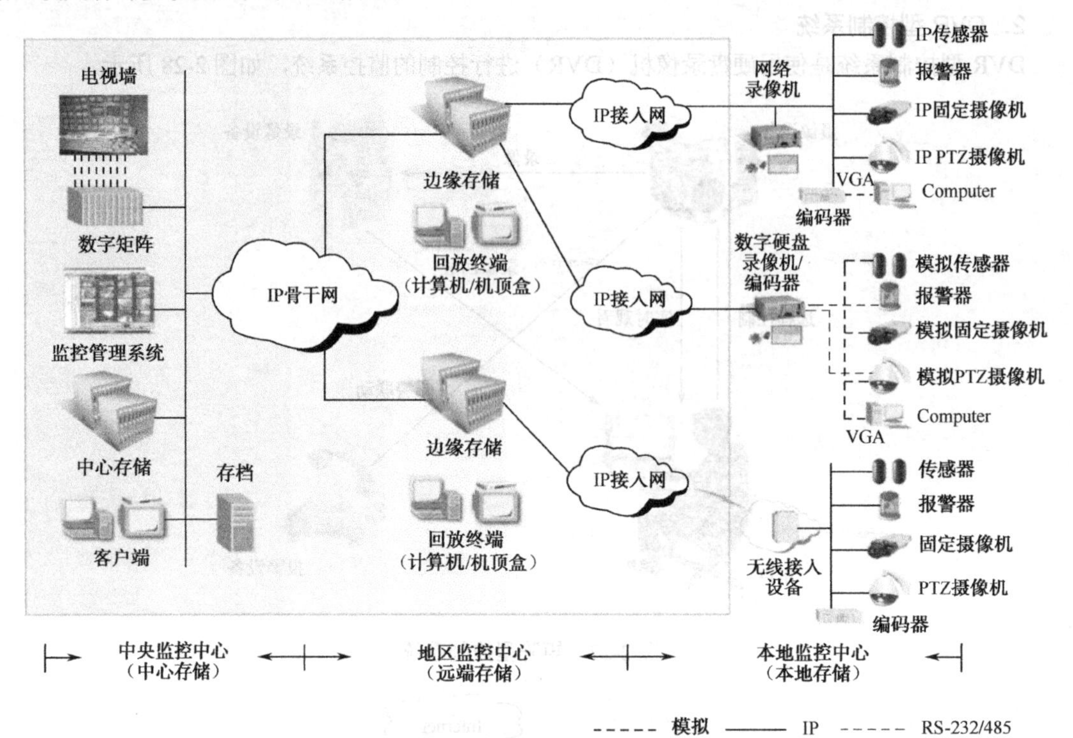

图 2-29　网络型控制系统

表 2-6　网络型控制系统与 DVR 型控制系统的对比

系 统 功 能	网络型控制系统	DVR 型控制系统
画面质量	好	较好
占用带宽	512KB/路	2～4 MB/路
图像上传	实时	不实时/实时
警报通知	即时通知三个指定目标（电话或影像传输）	有，但是很少
自动警报	即时自动报警；即时影像传输	无联动
技术先进性	最先进的压缩格式	已经过时
数码照相	可将影像摄入后由计算机输出（打印图片等）	无
高倍压缩	动态影像压缩，120GB 硬盘平均可录 30 天	占用硬盘空间大，120GB 硬盘平均可录 15 天
远程图像	通过 Internet 即可远端同步监控录像	只能在当地监视器上监看
密码保护	三级密码保护，避免资料被盗和外来入侵	无
语音系统	语音同步录音，远距离传输很清晰	远距离传输不清晰
远程控制	网络中的任意一台计算机装上监控软件都可以对远程的图像进行控制	容易死机
扩展性	容易扩展	不容易扩展
维护	免维护	维护麻烦
监控软件	界面友好，操作简便，管理功能强大，应用范围广泛，可扩展性强，可以轻松掌握大的监控系统	没有网络组播功能，不能管理大的监控系统

2.6.2 监控系统的控制设备

（1）云台控制键盘：数字化智能控制键盘是数字硬盘录像机、高速球及解码器等终端接收设备的配套产品。采用LCD液晶显示屏，显示设备号通道地址及协议、波特率、预置点号、云台转到方向等。可直接控制16台硬盘录像机、128台高速球或解码器。采用EIA/RS-485通信接口，最大传输距离1200m。可编程三维全方位巡视，变速摇杆可通过摇杆实现变速及变倍功能，可方便对硬盘录像机、高速球进行设置控制，可直接控制终端解码器，实现对云台、镜头、灯光、雨刷等前端设备控制，如图2-30所示。

图2-30　云台控制键盘

（2）图像分割器：各路模拟视频信号经视频解码芯片解码并数字化后，并将图像画面缩小后的8位数字视频数据送入相应缓冲存储器，存储控制电路根据视频解码芯片输出信号同步控制信号和所需要的分割方式，产生对缓冲存储器的读控制信号，使得n路缓冲存储器输出的数字视频数据分时出现在数据总线上，从而形成了n路合成的CCIR601或CCIR656格式的数字视频信号，符合图像编码模块的接口标准，然后经过图像压缩编码电路进行图像压缩编码，再经过通信接口电路进行远程传输。图像压缩编码电路，对合成后的视频数据流进行压缩编码，同时完成音频信号的压缩编码；通信接口电路，实现图像、声音、控制及其他信号的打包、复接及解复接和收发，可以采用以太网、ISDN、E1或E2通信方式。当然也可以直接接上编码芯片（如Philps的SAA7185），以组成专门的图像分割器。

采用图像压缩和数字化处理的方法，把几个画面按同样的比例压缩在一个监视器的屏幕上。有的还带有内置顺序切换器的功能，此功能可将各摄像机输入的全屏画面按顺序和间隔时间轮流输出显示在监视器上（如同切换主机轮流切换画面那样），并可用录像机按上述的顺序和时间间隔记录下来。其间隔时间一般是可调的。四路（或九、十六路）视频输入并带有四路（或九、十六路）的环接输出，如图2-31所示。

图2-31　图像分割器

（3）视频放大器：视频放大器是放大视频信号，用以增强视频的亮度、色度、同步信号。当视频传输距离比较远时，最好采用线径较粗的视频线，同时可以在线路内增加视频放大器增强信号强度达到远距离传输目的。视频放大器可以增强视频的亮度、色度和同步信号，但线路内干扰信号也会被放大，另外，回路中不能串接太多视频放大器，否则会出现饱和现象，导致图像失真。

（4）视频分配器：经过视频矩阵切换器输出的视频信号，可能要送往监视器、录像机、传输装置、硬复制成像等终端设备，完成图像的显示与记录功能，在此，经常会遇到同一个视频信号需要同时送往几个不同之处的要求，在个数为2时，利用转接插头或者某些终端装置上配有的二路输出器来完成；但在个数较多时，因为并联视频信号衰减较大，送给多个输出设备后由于阻抗不匹配等原因，图像会严重失真，线路也不稳定。则需要使用视频分配器，实现一路视频输入、多路视频输出的功能，使之可在无扭曲或无清晰度损失情况下观察视频输出。通常视频分配器除提供多路独立视频输出外，兼具视频信号放大功能，故也成为视频分配放大器，如图 2-32 所示。

（5）视频采集压缩卡：视频采集卡是将模拟摄像机、录像机、LD 视盘机、电视机输出的视频信号等输出的视频数据或者视频音频的混合数据输入计算机，并转换成计算机可辨别的数字数据，存储在计算机中，成为可编辑处理的视频数据文件。在计算机上通过视频采集卡可以接收来自视频输入端的模拟视频信号，对该信号进行采集，量化成数字信号，然后压缩编码成数字视频。大多数视频卡都具备硬件压缩的功能，在采集视频信号时首先在卡上对视频信号进行压缩，然后再通过 PCI 接口把压缩的视频数据传送到主机上。一般的 PC 视频采集卡采用帧内压缩的算法把数字化的视频存储成 AVI 文件，高档一些的视频采集卡还能直接把采集到的数字视频数据实时压缩成 MPEG-1 格式的文件，如图 2-33 所示。

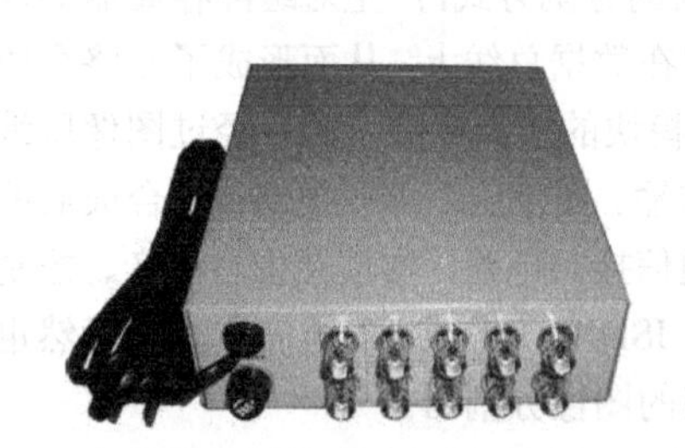

图 2-32　视频分配器

图 2-33　视频采集卡

2.6.3　监控系统设计原则

视频监控是公共安全防范体系的核心，可有效地对各现场实行实时监控，由于监控场所千差万别，对安全防范的要求也就不尽相同。作为管理部门控制的视频监控系统，一方面应尽可能满足各种场所的不同需要，另一方面也应避免妨碍工作人员的工作或侵犯隐私，因此整个视频监控系统的设计重点在于对重点场所的监控。系统的主要目的是防盗、防范意外和人身侵害，起到管理威慑作用，防患于未然。

此外，从现代化管理的角度出发，越来越多地要求监控不仅仅能实现安全防范，其主要功能还要求在管理方面发挥作用，真正做到一机多用，提高系统的性能价格比，这也是设计中考虑的重点之一。设计要以使用功能以及要求为依据，在设备数量及规划方面以设计合理，满足监控功能，产品技术先进，可靠性高，经济实用，可扩展性好为原则进行设计。

1．视频监控技术的发展趋势

经过几十年的发展，视频监控技术的发展趋势体现在以下几个系统的发展趋势上。

（1）前端球型云台化。

高速、一体化、多功能、美观且易安装的球型摄像机，逐渐取代传统的枪式摄像机、镜头、云台、解码箱、防护罩及支架等零散设备组合而成的前端摄像机单元。

（2）系统集成化。

安全防范技术不仅仅局限于视频技术本身，它与各类技术相结合（如报警、图像远程传输等），形成多系统的功能集成。

（3）视频数字化。

数字技术在整个视频监控系统中被广泛采用，代表了安防技术的发展方向。

（4）监控网络化。

网络化是当今各项技术发展的方向，视频监控已发展成支持局域网、城域网等无界限监控、远程设置访问管理等，功能相应集成。

2．视频监控系统的设计原则

（1）先进性。

视频监控系统承担着监视、管理两个方面的任务，要对大的范围及场面进行视频观察，需要采用先进的技术来进行保障。系统的先进性是视频监控系统最突出的特点，采用最新的技术和理念构成系统的整体框架。前端摄像机布局应合理。系统具有数字系统的图像清晰、没有延时等优点，同时在系统的数字化技术的运用上应具有前瞻性，具有诸多创新点。可采用模块化设计、集群式管理的设计思想，确保系统在技术含量、系统功能等方面处于领先水平。

（2）可靠性。

视频监控系统必须保证系统运行的高度可靠性，必须做到万无一失。在进行系统设计时，采用多种技术互补，在确保系统可靠的同时，提供系统备份功能，从多个方面、多种技术层面来确保系统稳定工作。

系统的关键设备均需要使用稳定、成熟、可靠的产品，前端摄像部分和终端控制设备均采用同一公司产品，保证系统的一致性。

采用高质量设备，关键部位如摄像机、录像机、监控终端、光纤传输设备，以及对于一些安装于露天工作的设备如摄像机、光端机等应有防雷、防水、防尘、恒温等防护设备，以保证这些设备的长效运行。

设计安装时，注意设备之间的接口及匹配性，充分考虑空间距离及环境干扰因素对信号传输质量的影响，在设备的搭配和介质的选用上也应采用一系列合理的冗余技术。

在网络结构设计和硬件设计中，应采用容错、备份技术，以保证系统的可靠运行。使得任何一台设备出现故障时不影响其他设备的正常运行。

（3）稳定性。

从视频监控系统的规模上来讲，传输距离远、设备多、功能强，所以稳定性是一个重要的指标。系统施工的每个环节及安装质量等都将影响其稳定性。因此，需要制订完善的施工方案，加强工程质量监督及设备管理、设备维护等措施。使用成熟的技术和产品，使系统更符合用户的要求。

（4）标准化和可维护性。

视频监控系统的所有设计和施工方案需要遵循国际及国家现行的标准，以提高系统的开放性。整个系统是一个开放系统，采用通用的标准化接口，能兼容不同厂商的产品，有利于硬、软件的兼容，系统的升级和扩充。

充分考虑维护工作的需求，设计通用化、模块化，自诊断，尽量降低维护工作量及难度。将功能强大与操作简便相结合，考虑人机系统设计，采用有亲和力、方便使用的操作界面，增加必要的辅助服务功能。

控制中心可对前端节点的系统集成及相关设备进行远程操作控制，通过网络管理工具，可以方便地监控系统的运行情况，对出现的问题及时解决。

（5）系统开放、升级及扩展性。

方案的设计应该既从目前现状出发，也要着眼于系统的未来升级和拓展的功能需求。广泛采用计算机网络技术，使系统升级、拓展便于实现，另外系统采用开放的网络协议，便于将其监控图像联网。

在设备的选型上，特别是主要器材的选型上尽可能采用先进的技术，力求操作灵活，功能齐全，整个系统要求达到国内先进水平。同时要留有足够的扩展余地，设备要兼容，避免重复投资。要能适应用户需求的变化，又要适应产品的更新换代，系统软、硬件均采用模块化结构，界面清楚，易于升级、扩充，并预留接口，扩容时只需增加相应的设备即可。

（6）经济性。

选用价格昂贵的设备，不一定能组成操作简便、功能完善的系统。在设计中，所选设备首先考虑其功能性的满足，并同时考虑其实用性、经济性，强调系统性能价格比。设计的系统在数字技术上的应用应具有一定前瞻性，在增强了系统网络功能的前提下，不增加特殊设备，不提高系统造价，使系统的经济性得到很好的体现。

从硬件配置方面考虑，避免过分依赖进口设备，以降低系统成本。同时，要充分利用现有的所有资源。

（7）系统操控灵活性。

系统的各级操作，均提供人性化的简捷界面，切实满足用户对系统功能和操作上的要求。尤其在遇到突发事件时，系统备有相应的应急操作方案，同时系统的兼容性能适应各种设备的要求，便于与其他系统之间实现系统的集成。在设备选型上选择成熟产品，真正做到系统操作易学易用、使用及维护方便。

2.7 视频监控系统控制部分—矩阵

在重大事件、零售场、交通控制等方面，都需要进行视频监控。视频监控系统中存在多点分布与集中监控的矛盾，不适合采用一对一的监视。一对一的监视即一部摄像机对应一台监视器，这样监控室体积庞大，投资高。一般采用一对多的监控，即一台监视器对应多台摄像机，用足够少的监视设备实现多点监控，这样视频切换控制设备在监控系统中具有极其重要的地位。在视频切换控制中，矩阵切换应用十分广泛，如图2-34所示。

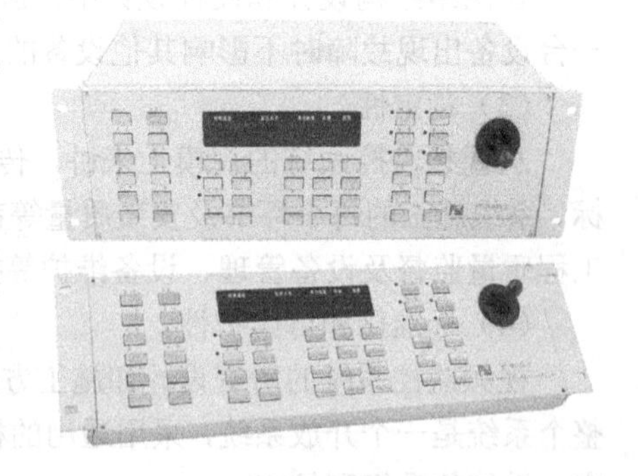

图2-34 视频监控矩阵

在安防系统中，控制设备是核心，视频矩阵是典型。它不仅决定了电视监控系统的容量（可监控图像的数量）、系统的模式（视频网络的拓扑结构）、系统的控制方式（控制网络的结构、编码规则）和显示方式（直接观察图像的数量、时序的间隔与顺序），确定了电视监控系统与安防其他子系统的集成方式（非可视信息与图像的相互关系、各种功能的联动），还是安防系统的统一的操作平台（人机交互界面），特别是通过多媒体界面实现图形化管理（GUI），它的网络接口可以实现安防系统的远程管理。一个好的矩阵几乎可以实现安防系统所有的功能要求。因此，可以说，熟悉了矩阵就熟悉安防系统、用好了矩阵就可以灵活地构成多种实用的安防系统。

视频矩阵是电视技术在实时监控领域应用和推广的体现，顺应电视技术的进步而产生和发展。了解和探索电视监控技术以及安防技术的进步过程和发展趋势，展望其未来，观察视频矩阵可窥一斑而知全貌。

电视监控系统的信息流是模拟的视频基带信号。电视监控从几个图像的一对一显示、或顺序显示发展到几百路甚至更多的图像系统，必须解决的一个问题是大量视频信息的分配、切换和显示，以及如何实现视频信息的资源共享。随其应运而生，完成这个功能的设备就是视频矩阵。可以说视频矩阵是电视监控系统由小到大发展的必然结果。它实现视频信号的交汇、附加信息的叠加、系统功能的遥控和控制。但最基本的功能是建立信源（摄像机）到信宿（视频监视器）电气上的直接连接（物理连接），或在它们之间建立视频通道。

以视频矩阵为中心建立的电视监控系统具有以下特点：

（1）系统（视频矩阵位于的监控中心）拥有最完整的资源，它不仅可同时获得系统的全部图像信号，而且拥有系统最大的带宽（等于总路数乘以每路的视频带宽），所以可以充分地实现系统和设备的技术能力，特别是摄像机的技术能力，获得很高的技术指标。

（2）最佳的观察效果，系统可以实时地、以现行电视制式显示、观察任何图像，符合人们的视觉习惯。

（3）最小的系统开销，远距离传输和传输过程中的干扰问题是模拟系统的弱势之处。主要是由于带宽的限制及干扰对模拟信号劣化的不可修复性。

（4）技术成熟、相关产品的配套性好、技术标准完备，用户可有多种选择。

2.7.1 视频矩阵的基本概念

1．视频矩阵的基本功能和要求

视频矩阵最重要的一个功能就是实现对输入视频图像的切换输出。准确概括那就是将视频图像从任意一个输入通道切换到任意一个输出通道显示。一般来讲，一个 M×N 矩阵：表示它可以同时支持 M 路图像输入和 N 路图像输出。这里需要强调的是必须要做到任意，即任意的一个输入和任意的一个输出。

另外，一个矩阵系统通常还应该包括以下基本功能：字符信号叠加；解码器接口控制云台和摄像机；报警器接口；控制主机，以及音频控制箱、报警接口箱、控制键盘等附件。对国内用户来说，字符叠加应为全中文，以方便不懂英文的操作人员使用，矩阵系统还需要支持级联，来实现更高的容量，为了适应不同用户对矩阵系统容量的要求，矩阵系统应该支持模块化和即插即用（PnP），可以通过增加或减少视频输入/输出卡来实现不同容量的组合。

矩阵系统的发展方向是多功能、大容量、可联网以及可进行远程切换。一般而言矩阵系统的容量达到 64×16 即为大容量矩阵。如果需要更大容量的矩阵系统，也可以通过多台矩阵系统级联来实现。矩阵容量越大，所需技术水平越高，设计实现难度也越大。

2．视频矩阵的分类

按实现视频切换的不同方式，视频矩阵分为模拟矩阵和数字矩阵。

模拟矩阵：视频切换在模拟视频层完成。信号切换主要是采用单片机或更复杂的芯片控制模拟开关实现。

数字矩阵：视频切换在数字视频层完成，这个过程可以是同步的也可以是异步的。数字矩阵的核心是对数字视频的处理，需要在视频输入端增加 AD 转换，将模拟信号变为数字信号，在视频输出端增加 DA 转换，将数字信号转换为模拟信号输出。

2.7.2 视频矩阵的工作方式和构架

1. 视频矩阵的工作方式

视频矩阵基本上采用模块式设计，由输入、输出、CPM 和 PSM 几个单元组成。输入模块完成视频信号的切换（视频通道的建立）；输出模块进行附加信息（时间、地理、状态）的迭加，输入和输出模块及其数量可以根据系统的规模来配置。CPM 单元是矩阵的中枢，它实现人机交互，控制输入/输出模块的运行；形成控制信号，实现系统的遥控和控制；同时还要有多媒体计算机接口与其他安防子系统（报警、出入管理）的接口和网络接口；PSM 是设备的供电单元。

安防系统中所有的图像（视频信号）都传送到一个中心点，连接到一个中心设备上，这个点、这个设备就是视频矩阵。通过矩阵对图像（视频信号）的切换和分配功能，实现各种显示方式，并将图像传送至其他需要共享图像资源的地点，它的网络结构是标准的星型结构。目前无论系统规模的大小（大至千路、小到几路），大多数电视监控系统采用这种模式。

2. 视频矩阵的构架

传统的以模拟视频矩阵为中心的 CCTV 系统拓扑图，如图 2-35 所示。

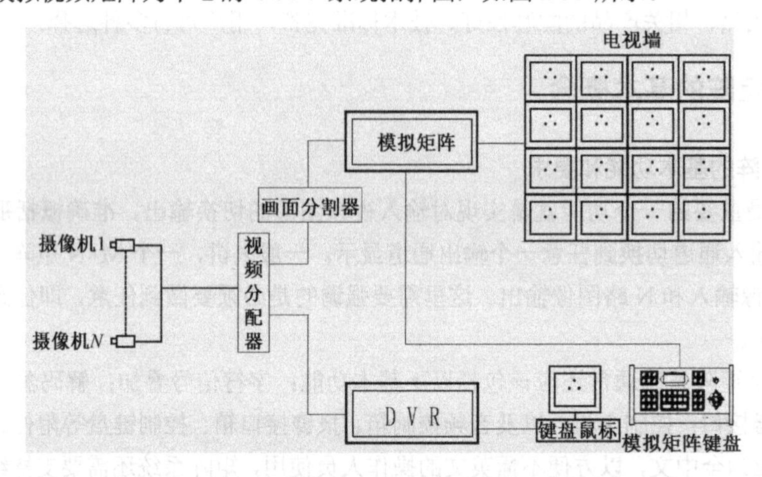

图 2-35　以模拟视频矩阵为中心的 CCTV 系统拓扑图

以模拟视频矩阵为中心的 CCTV 系统的架构流程图：所有的视频信号进入视频分配器，将视频信号一分为二，一路视频信号进入 DVR 作为录像用，一路进入模拟矩阵，因为除了小型的模拟矩阵外不能单独存在，必须使用模拟矩阵键盘来进行控制、切换以及其他的操作等。若需要将多个视频信号在同一监视器上显示，则需要一个画面分割器，当中若是需要传输音频则必须再加装音频模块，然后进入电视墙。那么这其中涉及的硬件有视频分配器、模拟矩阵、模拟矩阵键盘、硬盘录像机、画面分割器、音频模块。

以数字视频矩阵为中心的 CCTV 系统拓扑图，如图 2-36 所示。

以数字视频矩阵为中心的 CCTV 系统的架构流程图：将视频信号直接进入 DMS（数字矩阵），数字矩阵直接将视频输出到电视墙，所有的操作均可使用鼠标和键盘进行控制，当然若从使用快捷和操作性来看也能通过数字矩阵键盘来直接控制云台、快球、矩阵切换等。因为 DMS（数字矩阵）本身具有多画面结合功能和音频功能，那么在需要这类需求的场合就无须增加任何其他硬件。其中涉及的中间硬件环节有数字矩阵（硬盘录像机+矩阵模块）、数字矩阵键盘。

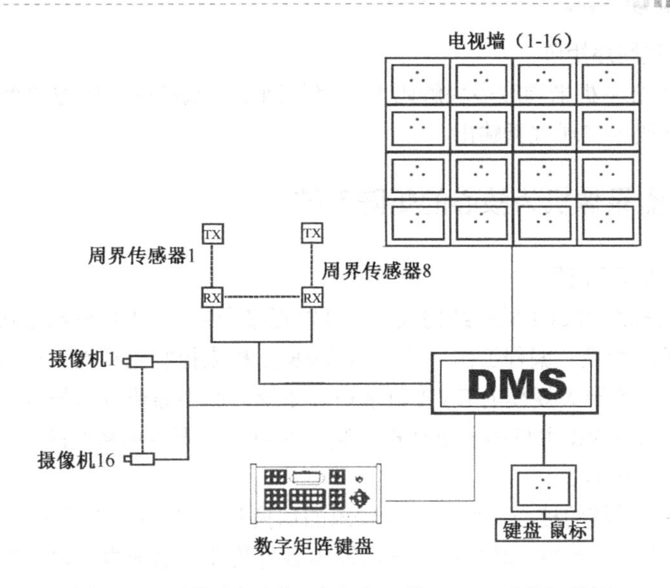

图 2-36　以数字视频矩阵为中心的 CCTV 系统拓扑图

2.7.3　数字视频矩阵的实现方法

1. 数字视频矩阵的分类

根据数字视频矩阵的实现方式不同，数字视频矩阵可以分为总线型和包交换型。

总线型数字矩阵就是数据的传输和切换是通过一条共用的总线来实现的，例如 PCI 总线。 总线型矩阵中最常见的就是 PC-DVR 和嵌入式 DVR。对于 PC-DVR 来说，它的视频输出是 VGA，通过 PC 显卡来完成图像显示，通常只有 1 路输出（1 块显卡），2 路输出的情况（2 块显卡）已经很少；嵌入式 DVR 一般的视频输出是监视器，一些新的嵌入式 DVR 也可以支持 VGA 显示。

包交换型矩阵是通过包交换的方式（通常是 IP 包）实现图像数据的传输和切换。包交换型矩阵目前已经比较普及，比如已经广泛应用的远程监控中心，即在本地录像端把图像压缩，然后把压缩的码流通过网络（可以是高速的专网、Internet、局域网等）发送到远端，在远端解码后，显示在大屏幕上。包交换型数字矩阵目前有两个比较大的局限性：延时大、图像质量差。由于要通过网络传输，因此不可避免会带来延时，同时为了减少对带宽的占用，往往都需要在发送端对图像进行压缩，然后在接收端实行解压缩，经过有损压缩过的图像很难保证较好的图像质量，同时编、解码过程还会增大延时。所以目前包交换型矩阵还无法适用于对实时性和图像质量要求比较高的场合。

2. 典型数字视频矩阵方案

目前，矩阵市场上已经出现了带有多路视频输出和解码功能的矩阵卡，这种矩阵卡在原有的硬件解码卡的基础之上，同时实现了一卡多路的视频输出。由于采用了全新的高性能 DSP，并配合目前已经得到普遍应用的 2.2 版本 PCI 总线，可以利用现有的硬件平台组建一个小型的数字视频矩阵系统。如下有实现数字视频矩阵的两个典型方案：

1）用矩阵卡和 DVR 板卡组建视频矩阵、实时录像系统

在该系统中，由音视频压缩卡完成图像压缩功能，与 PC 机构成 DVR 系统，这与目前市场上主流的 PC-DVR 完全相同。此外，在系统中增加矩阵卡，并由音视频压缩卡把数字视频数据通过 PCI 总线发送到矩阵卡，由矩阵卡实现视频的输出，这就构成了一个小型的数字视频矩阵。

2）用矩阵卡组建网络矩阵

通过网络监控中心主机来调度多块解码卡，将从网络远端接收的图像数据切换到各个解码卡进行解码，最后由解码卡实现视频输出。

2.7.4 以数字硬盘录像机为核心的矩阵系统

1．矩阵切换卡功能及应用

矩阵切换卡采用标准的PCI插槽结构设计，可以直接安装在DVR机箱主板PCI插槽上，由配套的软件包完成视频的切换、编程工作，直接由DVR主机来控制电视墙，可以方便地扩容组建32×32、48×48、64×64的更大规模的DVR数字矩阵系统，而不需要再另外购买外置的独立矩阵。

由于只是简单利用DVR主机的主板结构安装、取电，并不占用系统的资源，对DVR系统运行的稳定性也不会产生影响。

以DVR作为整个系统的核心，用户对视频源的切换和间隔时间都是通过DVR进行设置和管理的，在DVR显示器上切换的同时也可将画面输出到外接监视器或电视墙，以适应用户要求和使用习惯。

内置矩阵卡连接方式：构建这样一个以DVR为核心的监控系统首要解决的问题是如何管理大量视频通道并使之与DVR的录像、报警机制相结合，使用户充分享受到数字化带来的便利而不是对设备的不知所措。

2．基本通道的建立、工作规则和实现功能

对所有视频和音频源的管理建立在内置矩阵卡与DVR通道的物理连接上。从连接方式来看最可能的是三种情况：

（1）内置矩阵卡输出端连接到DVR的输入端。

（2）内置矩阵卡输出端连接到监视器。

（3）前端视频和音频源直接连接到DVR的输入端。

用户所要做的就是选择：

（1）内置矩阵卡的输出端到DVR的输入端的实际连接顺序，比如内置矩阵卡的1#输出通道到DVR的1#输入通道，以此类推。

（2）内置矩阵卡的第n号输出端直接到监视器。

（3）前端视频和音频源连接到第X个通道上。

设置完以上输入/输出端口的对应关系，可以说矩阵在该系统中被透明化处理，用户感觉不到矩阵的存在。系统界面上用户看到的都是实际设备的名称，比如正门快球1、大厅摄像1等；同时摄像、监视、切换、录像查询等操作都是针对具体设备，使用便捷。

为了使用户充分享受到数字化操作带来的便利，需要为矩阵控制制定简明有效的管理策略，这样才真正实现了DVR的原有功能与矩阵切换功能之间的和谐工作，如图2-37所示。

用户只需通过对一些基本通道的控制来完成对矩阵的管理。

（1）直接对矩阵输入通道进行切换操作（音视频同步切换）。

（2）利用空余切换通道资源能实现矩阵输入通道图像预览功能。

（3）报警输入可联动通道切换、录像、报警输出和云台定位功能。

（4）可随意控制切换序列逻辑通道中各个视频通道切换的时间间隔。

（5）网络监视监听功能、网络切换矩阵通道功能、远端控制云台功能、图像抓拍和处理功能。

（6）随时提示矩阵通道切换者和正在使用的用户名称。

（7）主机矩阵通道和网络矩阵通道互不影响，不会给使用者带来概念上的混淆，符合传统矩阵的使用习惯。

（8）主机端可以对电视墙等外部设备进行直接控制，外部设备也可实现定时切换序列。

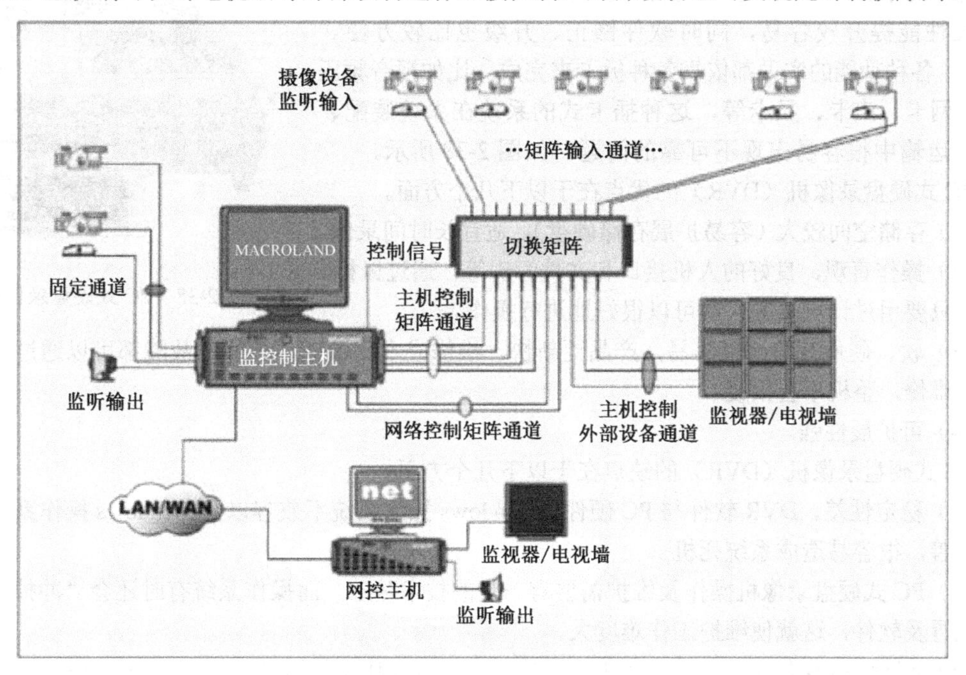

图 2-37　数字视频切换矩阵

2.8　视频监控系统控制部分—硬盘录像机

数字视频录像机（DigitalVideoRecorder，DVR），相对于传统的模拟视频录像机，采用硬盘录像，故常常被称为硬盘录像机，也被称为 DVR。它是一套进行图像存储处理的计算机系统，具有对图像/语音进行长时间录像、录音、远程监视和控制的功能，DVR 集合了录像机、画面分割器、云台镜头控制、报警控制、网络传输等功能于一身，用一台设备就能取代模拟监控系统一大堆设备的功能，而且在价格上也逐渐占有优势。DVR 采用的是数字记录技术，在图像处理、图像储存、检索、备份，以及网络传递、远程控制等方面也远远优于模拟监控设备，DVR 代表了电视监控系统的发展方向，是目前市面上电视监控系统的首选产品。

2.8.1　硬盘录像机分类

硬盘录像机的主要用途是将前端设备（如摄像机）传送过来的图像模拟信号转变成数字信号，经压缩后存储在硬盘，一般分为 PC 式和嵌入式。

1．PC 式硬盘录像机

工控机 PC 式硬盘录像机采用工控机箱，可以抵抗工业环境的恶劣和干扰。采用 CPU 工业集成卡和工业底板，以支持较多的视音频通道数以及更多的硬盘。当然其价格也是一般的商用 PC 的两三倍。它常应用于各种重要场合和需要通道数较多的情况。PC 式硬盘录像机主要由 CPU、内存、主板、显卡、视频采集卡、机箱、电源、硬盘、连接线缆等构成。这种架构的 DVR 以传统的 PC

为基本硬件，以Windows 98、Windows 2000、Windows XP、Vista、Linux为基本软件，配备图像采集或图像采集压缩卡，编制软件成为一套完整的系统。PC是一种通用的平台，PC的硬件更新换代速度快，因而PC式DVR的产品性能提升较容易，同时软件修正、升级也比较方便。PCDVR各种功能的实现都依靠各种板卡来完成，比如视音频压缩卡、网卡、声卡、显卡等，这种插卡式的系统在系统装配、维修、运输中很容易出现不可靠的问题，如图2-38所示。

图2-38　PC式硬盘录像机

PC式硬盘录像机（DVR）的优点在于以下几个方面。

（1）存储空间较大（容易扩展存储硬盘），适宜长时间录像。

（2）操作直观，良好的人机接口和文件管理等，通过鼠标、键盘，只要用过计算机的人都可以很好地进行操作。

（3）软、硬件升级比较容易，产品更新快。维修成本比较低，一般的故障都可以通过更换部件进行维修，整机不会报废

（4）可扩展性强。

PC式硬盘录像机（DVR）的缺点在于以下几个方面。

（1）稳定性差。DVR软件与PC硬件、Windows操作系统不兼容以及Windows操作系统自身的不完善，很容易造成系统死机

（2）PC式硬盘录像机操作及维护需要有一定的技术基础，而操作系统有时还会“冲掉”一些系统配置及软件，这就使维护工作难度大。

（3）Windows操作系统的抗入侵能力非常差，一旦操作系统遭到破坏（如病毒入侵等），整个的PC式硬盘录像机会受到严重影响，甚至系统崩溃。

（4）PC式硬盘录像机的数据存储及操作系统均在硬盘中，无论如何加密，均可以从PC的底层进入系统，对已记录的图像文件进行删改。如果PC式硬盘录像机的硬盘零道发生了故障，整个硬盘甚至整个系统均要瘫痪，因此数据的可靠性下降。

（5）PC式硬盘录像机的板卡均是大批量生产的产品，质量可以保证，但在组装为DVR产品时却很难做到规范化批量生产，所以整机的质量也难以确保。

（6）PC各类配件的发展非常快，1～2年原有产品就会淘汰，这对于只有长期使用才能体现性价比优势的DVR产品来说，PC式硬盘录像机的维护费用较高，同时PC的板卡均不是生产DVR产品的厂家自己设计生产的，对其产品长期进行维修的保障可靠度较低。

2．嵌入式硬盘录像机

嵌入式硬盘录像机其内部板卡都集成在一块或两块主板上，经过厂家在技术上的整合，其配置上要比PC的要低，而在运行的性能上与硬件配置PC的相比并不逊色；从软件上主要体现，其系统与硬盘录像机的操作系统完美地结合在一起，直接对硬件进行调用，加快了反应时间，提高了运行速度，减少了很多不必要的额外功能运行，而基于Linux、Windows操作系统之上的硬盘录像机是绝对做不到的，如图2-39所示。

图2-39　嵌入式硬盘录像机

嵌入式硬盘录像机的主要优点在于以下几个方面。

（1）易于使用，无须具有PC操作技能；嵌入DVR的操作一般通过面板按键或遥控器进行操作，只要会使用DVD/VCD等家电就会使用嵌入DVR，不需要学会如何移动鼠标、双击鼠标等复杂的计算机操作。

（2）系统稳定性高，软件容错能力更强，无须专人管理。嵌入式 DVR 采用嵌入式实时多任务操作系统，视频监视、压缩、存储、网络传输等功能集中到一个体积较小的设备内，系统的实时性、稳定性、可靠性大大提高，所以无须专人管理，适合于无人值守的环境。

（3）软件固化在 Flash/EPROM 中，不可修改，可靠性高。PCDVR 的软件一般都安装在硬盘上，系统的异常关机都可能造成系统文件被破坏或者系统硬盘被损坏，从而导致整个系统崩溃，可靠性很差。嵌入 DVR 的软件固化在 Flash/EPROM 中，没有系统文件被破坏及硬盘损坏的可能，可靠性很高。

（4）使用嵌入式实时操作系统，系统开关机快。PCDVR 使用的桌面操作系统 Windows、Linux 等，由于其操作系统的内核比较庞大，都需要较长的开关机时间。嵌入 DVR 采用内核可裁剪的嵌入式实时操作系统，其内核最小可达到几十 KB 字节，整个系统内核的加载以及设备的初始化可以在短短几秒内完成，同时无须对系统文件进行保护，关机可以在 1～2s 内完成。

（5）机械尺寸较小，结构简单紧凑。嵌入 DVR 的硬件采用一体化设计，不同于 PCDVR 插卡式的结构；整个系统结构简单，体积小，重量轻，同时也提高了系统的稳定性和可靠性。

嵌入式硬盘录像机的主要功能：

（1）监视，监视功能是嵌入式硬盘录像机最主要的功能之一，能否实时、清晰地监视摄像机的画面，这是监控系统的一个核心问题，目前大部分嵌入式硬盘录像机都可以做到实时、清晰的监视。

（2）压缩，能对输入的模拟视音频信号进行数字化采样，然后对采样的数据进行压缩。

（3）录像，录像功能能把数字化后压缩的视音频信号记录到硬盘上，并具备多种录像触发方式。如手动录像，计划录像，报警录像，移动侦测录像，录像效果是数字主机的核心和生命力所在，在监视器上看去实时和清晰的图像，录下来回放效果不一定好，而取证效果最主要的还是要看录像效果，一般情况下录像效果比监视效果更重要。大部分 DVR 的录像都可以做到实时 25 帧/秒录像，有部分录像机总资源小于 5 帧/秒，通常情况下分辨率都是 CIF 或者 4CIF。

（4）备份功能，能把记录在硬盘上的视音频信号通过外部接口（如 USB、IDE、SATA、等）备份到各种移动介质上。

（5）报警功能，能接收、处理和输出报警信号，具备报警联动功能主要指探测器的输入报警和图像视频帧测的报警，报警后系统会自动开启录像功能，并通过报警输出功能开启相应射灯，警号和联网输出信号。图像移动侦测是 DVR 的主要报警功能。

（6）控制功能，能通过控制键盘、硬盘录像机面板或网络来控制云台、镜头。

（7）网络功能，能将压缩或记录在硬盘上的视音频信号通过网口输出通过局域网或者广域网经过简单身份识别，可以对主机进行各种监视录像控制的操作，相当于本地操作。

（8）密码授权功能，为减少系统的故障率和非法进入，对于停止录像，布撤防系统及进入编程等程序需设密码口令，使未授权者不得操作，一般分为多级密码授权系统。

（9）工作时间表，可对某一摄像机的某一时间段进行工作时间编程，这也是数字主机独有的功能，它可以把节假日，作息时间表的变化全部预排到程序中，可以在一定意义上实现无人值守。

2.8.2 硬盘录像机的关键技术

DVR 的技术目前仍不断在发展中，而其中的关键技术在于操作系统及影像压缩技术。

1．操作系统技术

以 Windows 为操作接口对于以 PC 为主要架构的 DVR 来说，Windows 平台以其使用简单、应用普遍等特点而名列各种操作系统名单的榜首。目前大多数 DVR 及其相关产品的厂商都采用基于

Windows 的操作系统，因为 Windows 是目前较通用的操作系统，因此具备较高的支持性，不论任何地方 Windows 都可以支持大部分相关产品。此外，Windows 在软件升级方面，也强于其他操作系统。由于近年来 IT 产业与安防产业密切相关，因此当数字技术在 IT 产业日进万里的同时，相关技术发展势必影响安全产业。Windows 之所以会被众多厂商所爱用，是因为它具有强大的可升级性。厂商认为，由于 DVR 系统不可能长期停留在固定水平，因此可升级性势必成为系统发展的关键点。如果考量汰旧成本，一旦用户对于既有系统产生更高的要求或者原有的系统暴露出一些缺陷，大部分的用户不太可能去买一套全新的系统来替换，如此一来，产品的升级就成为首要的解决方案。尽管供货商认为，系统的稳定性取决于用户的实际操作方式，然而，Windows 操作系统本身的不稳定性，仍令使用者相当质疑。有厂商就表示，如果只单纯使用监控系统，Windows 系统相当稳定；但如果在 Windows 平台上同时运行别的程序，系统不稳定、甚至死机就无可避免。

以 Linux 为操作接口，Linux 是一种可多人使用的作业环境，可让多位使用者在同一时间内同时使用计算机主机的资源。Linux 提供完整的多人（Multiuser）、多任务（Multitasking）及多行程（Multiprocessing）环境，可由网络上下载使用。由于其原始程序代码（Source Code）是公开的，因此可以任意开发、修改，故 Linux 的使用者并不须烦恼缺乏需要的应用程序，加速了研发的速度，且系统本身以及大部分的应用程序是免费的，让开发者省下大笔的研发费用。此外，对硬件需求较低的 Linux，可令使用者节省更多的硬件成本投入，整体产品成本随之降低。随着网际网络的盛行，全球使用 Linux 的人越来越多，也吸引了无数的开发人员投入改良核心、发展应用软件以及硬件周边驱动程序的行列，使 Linux 功能和完整性日益扩大，成为各方注目焦点。此外，Linux 是以网络环境为基础的操作系统，具有完整的网络功能，使用者可以在 Linux 下以单机连上 Internet，也可架设局域网络（LAN）；还可以以 Linux 架设各种 Server，提供在 Internet 以及 Intranet 的邮件、FTP、Web 服务。在这样的趋势之下，Linux 成为 DVR 制造商跃跃欲试的操作系统。

以 RTOS 为操作接口对于单机型或非 PC-based 的 DVR 来说，RTOS（Real Time Operation System）是最佳的操作系统，实时操作系统（RTOS）是指当外界事件或数据产生时，能够接受并以足够快的速度予以处理，其处理的结果又能在规定的时间之内来控制生产过程或对处理系统做出快速响应，并控制所有实时任务协调一致运行的操作系统。因而，提供及时响应和高可靠性是其主要特点。实时操作系统有硬实时和软实时之分，硬实时要求在规定的时间内必须完成操作，这是在操作系统设计时保证的；软实时则只要按照任务的优先级，尽可能快地完成操作即可。目前市面上这种类型的供货商以韩国和日本为主。许多韩国厂商如 3R、Korea Computer Technologies、Kodicom、Artini 等认为，单机型 DVR 具有高经济效益、稳定性高及与既有的安防控制器有高兼容性等特点。

2．压缩技术

现阶段 DVR 所采用的压缩技术以 JPEG、MPEG1、MPEG2 为主。严格说起来，这些压缩技术都未必能完全符合长时间录像的需求。

JPEG 的压缩倍数为 20～80 倍，适合静态画面的压缩，分辨率没有选择的余地。以往的 JPEG 压缩技术是直接处理整个画面，所以要等到整个压缩档案传输完成才开始进行解压缩成影像画面，而这样的方式造成传输一个高解析画面时须耗时数十秒甚至数分钟。而新一代的 JPEG 是采取渐层式技术，先传输低解析的图档，然后再补送细部资料，使画面品质改善。这种方式所需的时间虽然与原先的方式一样，但由于可以先看到画面，所以使用者会觉得这种方式较好。

MPEG1 及 MPEG2 在影像移动不大的情况下其压缩倍数约为 100 倍（一般 VCD、DVD 约为 35 倍），若从 VCD、DVD 的规格来看，MPEG1 的分辨率为 320×240（或以下），MPEG2 则通常为 720×480。MPEG1、MPEG2 是传送一张张不同动作的局部画面。

MPEG4 的压缩倍数为 450 倍（静态图像可达 800 倍），分辨率输入可从 320×240～1280 ×1024

的MPEG4，则是专为移动通信设备（例如移动电话）在因特网实时传输音/视频讯号而制定的最新MPEG标准。MPEG4和MPEG以往的版本相比，最大不同之处在于MPEG4使用图层（layer）方式，能够智能化选择影像的不同之处，在压缩下个别编辑画面，使图文件容量大幅缩减，而加速音/视频的传输。有人认为MPEG4的出现，对于DVR厂商而言无疑是一大福音，然而也有厂商认为，MPEG4规格虽已定出，但实际应用于DVR的技术上却尚未成熟，现阶段无论以软、硬件来实现都有待突破。大体来说，压缩技术采用两种方法，一种是Intraframe，另一种是Interframe。Interframe可区分每幅影像的差异，并只传送影像不同的部分，H.263和MPEG是这种格式的代表。而Intraframe方式则把一个动画分解成若干个固定的画面一幅一幅的传输，以Wavelet和Motion JPEG为此方式的代表。从传输效率考量，Interframe在性能上要远远优于Intraframe；而且，Interframe技术在画面变动较小情况下，能提供相当不错的画质。然而，使用安全产品的用户必须考虑到图像画质的问题，在这一点上MPEG较Wavelet比JPEG要逊色。

3. 储存介质及容量

为了记录不断进行中的影像变化，DVR的储存介质及其容量大小也是众人关注的问题之一。以目前市面上DVR产品最常使用的储存介质—硬盘而言，若要保留8路影像、30天的图像记录，最少需要300GB的硬盘容量，而由于硬盘价格居高不下，造成使用者很大的成本负担。值得高兴的是，目前各国在硬盘记录密度研究上均投入很大心力，使得硬盘记录密度提升、单位容量储存成本大幅降低。由此可见，储存介质的大容量及低价化将影响DVR在市场上的接受度。而在未来，DVR除了在硬盘容量加大、系统稳定度提高、高画质录像影像之外，将朝实行录像、产品多功能、网络传输功能强等趋势发展。相信价格的合理化也将会带动整个DVR产品在市场上的普及化及大众化，届时，DVR将会取代原有的模拟设备，成为安全监控领域的主要角色。

2.8.3 硬盘录像机的核心技术

DVR的核心技术、产品种类及发展趋向DVR系统的技术，主要表现在图像采集速率、图像压缩方式、硬磁盘信息的存取调度、解压缩方案、系统功能等诸多方面。DVR的应用面非常广泛，包括银行柜员制和ATM机监控、机场候机大厅、购物广场、商业中心等诸多场合，也包括居住小区、婴幼儿监护、老年银发族护理等场所，能有效地改善或替代现有的模拟监控系统。它将会是未来数字化监控的领头羊，已成为21世纪初的发烧产品，因其技术先进成熟而将得到更广泛的应用。也极可能作为磁带录像机VCR的新一代替代产品，与可录像的DVD-RAM一道大举进入家庭，成为新型的信息家电产品之一，市场前景极为广阔。

一般而言，图像的压缩/解压缩方法是硬盘录像机的核心技术之一，目前硬盘录像机采用的图像压缩技术（Image Data Compression）主要有Motion JPEG 它是一种基于静态图像压缩技术JPEG发展起来的动态图像压缩技术，可以生成序列化的运动图像。其主要特点是基本不考虑视频流中不同帧之间的变化，只单独对某一帧进行压缩。M-JPEG压缩技术可以获取清晰度很高的视频图像，而且可以灵活设置每路视频的清晰度和压缩帧数。因其压缩后之格式可读单一画面，所以可以任意剪接。M-JPEG因采用帧内压缩方式也适于视频编辑。 M-JPEG的缺点一是压缩效率低，M-JPEG算法是根据每一帧图像的内容进行压缩，而不是根据相邻帧图像之间的差异来进行压缩，因此造成了大量冗余信息被重复存储，存储占用的空间大到每帧8～20K字节，最好也只能做到每帧3K字节。另外一点是它的实时性差，在保证每路都必须是高清晰度的前提下，很难完成实时压缩，而且丢帧现象严重，但如果采用高压缩比则视频质量会严重降低。JPEG的新进展是多层式JPEG（ML-JPEG）压缩技术。它先传低清晰度的画面，故成像速度快很多；再补送细节的压缩资料，使画面品质改善；然后再补送更细节的压缩资料，使画面品质更加改善，这样 JPEG 的画面呈现由低清晰度到高清晰度、由模糊到清楚。

MPEG1 视音频压缩标准用于 CDROM 上存储同步和彩色运动视频信号，旨在达到 VCR 质量，其视频压缩率为 26∶1。MPEG1 可使图像在空间轴上最多压缩 1/38，在时间轴上对相对变化较小的数据最多压缩 1/5。MPEG1 压缩后的数据传输率为 1.5Mbps，压缩后的源输入格式为 SIF（Source Input Format），分辨率为 352×288 行（PAL 制），亮度信号的分辨率为 360×240，色度信号的分辨率为 180×120，每秒 30 帧。MPEG1 对色差分量采用 4∶1∶1 的二次采样率。与 M-JPEG 技术相比较，MPEG1 在实时压缩、每帧数据量、处理速度上均有显著的提高；PAL 制时，MPEG1 可以满足多达 16 路以上 25 帧/秒的压缩速度，在 500kbit/s 的压缩码流和 352×288 行的清晰度下，每帧大小仅为 2K。此外，在实现方式上，MPEG1 可以借助于现有的解码芯片来完成，而不像 M-JPEG 那样过多依赖于主机的 CPU。于软件压缩相比，硬件压缩可以节省计算机资源，降低系统成本。MPEG1 虽然是目前实时视频压缩的主流，但也存在着诸多不足。一是压缩比还不够大，在多路监控情况下，录像所要求的磁盘空间过大。二是图像清晰度还不够高。三是对传输图像的带宽有一定的要求，在普通电话线窄带网络上无法实现远程多路视频传送。四是 MPEG1 的录像帧数固定为每秒 25 帧，不能丢帧录像，使用灵活性较差。MPEG2 视音频压缩标准对每秒 30 帧的 720×576 分辨率的视频信号进行压缩，适用于计算机显示质量的图像，压缩后的数据率为 6Mbps，它是将视频节目中的视频、音频、数据内容等组成部分复合成单一的比特流，以使在网上传送或者在存储设备中存放的压缩。在选择压缩设备时，应考虑是否支持 4∶2∶2 编解码格式。

MPEG4 是利用电话线作为传输介质的超低码率的视音频压缩标准，用于每秒 10 帧低速率和 64Kbps 低带宽的中分辨率视频会议。新的目标确定为支持各种多媒体应用（主要侧重于对多媒体信息内容的访问），并可根据应用的不同要求现场配置解码器。它与基于专用硬件的压缩编码方法不同之处是编码系统是开放的，可以随时加入新的有效的算法模块。MPEG4 是基于帧重建算法来压缩和传输数据，通过动态地监测图像每个区域的变化，根据对象的空间和时间特征来调整压缩方法，从而可以获得比 MPEG1 更大的压缩比、更低的压缩码流和更佳的图像质量。MPEG4 的应用目标是针对窄带传输、高画质压缩、交互式操作以及将自然物体与人造物体相融合的表达方式，同时还特别强调广泛的适应性和可扩展性（见表 1）。点击浏览该文件小波变换（Wavelet Transform）压缩比可达 70∶1 或更高，压缩复杂度约为 JPEG 的 3 倍，它为 MPEG4 采用，因为图像的小波分解非常适合视频图像压缩，使图像压缩成为小波理论最成功的应用领域之一。

目前大多数 DVR 系统采用的是 Motion JPEG 动画画像压缩（JPEG 静态压缩的变型）、MPEG1 压缩等成熟技术，压缩比在 1∶10～1∶200 之间。也有采用 MPEG2 技术使图像处理速度更快且价格合理的芯片推出。采用最新 MPEG4 压缩的机型已经出现（如加拿大 UniVision 公司的 Pico2000 和 MultiVision 等），这样便可顺利解决存储媒体容量、影像压缩技术、影像处理和传输速度这三大问题，同时价格也能为消费者所接受。为了提高压缩比，有的系统采用了小波压缩技术。DVR 对图像的压缩大多采用硬件压缩方式，但也有采用软件压缩方式的。由于系统多以工业 PC 为平台，因此解压缩采用软解压方案的居多。但为了提升产品的功能，日本产品大多通过采用 IC 压缩芯片来获得高清晰度画质，并特别重视录像的实时性。在 DVR 操作方式上，日本产品多采用控制面板和矩阵等硬件，而韩国则以鼠标操作为主。

2.8.4 硬盘录像机的主要品牌

国内市场上的 DVR 产品琳琅满目，有不下 200 种之多。但从水平和性能划分，大致有以下三种类型：

1. 单路音视频硬盘录像机

目前的主要市场是用于替代银行储蓄所柜员监控原先采用的单道 VHS 录像机。此类产品多属自主开发，未来可能转向家用。单路音视频硬盘录像机中值得一提的是，可用做流动视频监控的带活动硬盘系统。该硬盘可随时卸下，通过接口连入计算机后即可读出记录的图像并进行处理。

2. 中档多路视频输入硬盘录像机

有些硬盘录像机带有一路或最多 8 路的音频功能，多为 OEM 产品，特别是采用韩国生产的板卡。目前市场上较知名的如下：

（1）欧美产品。欧美代表性产品如美国 Sensormatic 的 Intellex 三工型数码录像管理系统、Jams International Corp 号称是全实时产品的 ProDVD（国内品牌是松本智能）、英国 Dedicated Micros 的 Digital Sprite Lite 多画面数字信号存储主机等。产品特点是稳定性好，图像采集速率并不高，有的 16 路输入系统的总资源仅有 25 帧，一般最高也仅为 100 帧左右，但价格偏高。

（2）日本产品。以日本池川公司的 SNDVR160 产品为例，其号称为五工型数字硬盘监控系统，即现场监视、硬盘录像、智能回放、远程登录访问、资料备份这 5 种功能可同时同步进行。有每秒 50 场的独特录像方式。有 16 路视音频输入、5 路监视器输出、1 路音频输出，在一定范围内可替代视频矩阵切换控制器，是 DVR 中有代表性的产品。

（3）韩国产品。韩国强调数字立国，在 DVR 方面有一定的优势，不断有新产品推出，特别是在图像的采集速度和影像回放速度上，均有上乘表现。韩国公司一般规模不大，技术主要集中在几家公司，如 EASTERN INFO.COM、KODICOM、LG International、IDIS、昌兴信息通信株式会社（CTEC）、Picasa、3R 等。代表性产品有 LG International 的 LDVR2000、3000 系列，EASTERN INFO.COM 的 DRS 产品，以及 Picasa 的 JDVRS 5000 产品。以 EASTERN INFO.COM 的 DRS 产品为例，有总资源每秒 30 帧、60 帧、90 帧、120 帧等不同型号，均可接 4 路、8 路、16 路视频输入，采用的视频压缩技术每帧为 3～10KB。当前主销产品为 IDRS5000 系列、IDRS M 系列、IDRS NET 系列，IDRS M 系列的图像分辨率达到 768×576，图像质量好。而 Picasa 公司 16 路摄像机输入产品 JDVRS 5000 的压缩方式采用 MJPEG，每帧存储容量为 3～12 KB，图像分辨率为 320×240，显示速度 200 帧/秒，录像速度 160 帧/秒，有音频输出和 RS485 接口的 PTZ 控制，有每路 10 个区域并可调节灵敏度的移动检测功能，能连续录像或根据移动检测、传感器、按日程录像，可通过 PSTN、ISDN 和 TCP/IP 实现远程控制。此种板卡国内使用较多。

（4）国产高档超大输入路数硬盘录像机 这是最近才出现的产品，典型产品如湖南中芯数字技术有限公司的 CDVR-2000CLS（1.0 版），该产品能接受 100 路以上的摄像机视频输入，每路存储空间为 360KB～450MB/小时。

3. 非 PC 类嵌入式硬盘录像机

采用 Windows 操作系统的 DVR，因是开放式的操作系统故具有用户友好的图形/用户接口 GUI 等诸多优点，但它也有如 Windows 固有的不稳定性及支持 CPU 受到限制等缺点。硬盘录像机的发展趋势之一是从以 PC 为平台中脱身，这样能克服因 Windows 操作系统原因引起的死机及存储图像混乱。改为具有嵌入式结构的非 Windows 专业化机，由硬件作压缩与解压缩，可达到实时录像和实时回放图像的理想境界。目前已有许多专业化机产品问世，具代表性的有以下几项。

（1）韩国浦项数据公司的 POS-Watch 产品：该产品采用能嵌入 ROM/快闪存储器中的实时操作系统 RTOS，其最大优点是它能够支持 TI 公司的 DSP。

（2）日本 SONY 的数码监控录像机 HSR-1P：该数码监控录像机以硬盘作为最初的记录媒体，

提供迅速、高质量和连续的逐场记录，之后这些记录内容会按要求转移到第二记录媒体—DV磁带，DV 磁带能提供高密度和高质量的长时间记录，使用一盘（270min）DV 磁带，可提供超过60GB 的存储量。而且刷新率很高，在 24h 记录模式时，16 台摄像机输入情况下，每台摄像机的记录间隔仅为 0.8s，性能价格比非常高。

（3）美国 GYYR 的数字视频管理系统 DVMS：该产品不基于 PC，其采用的操作系统 QNX，是来源于 UNIX 并成功应用于核反应堆控制的实时操作系统，杜绝丢帧现象或系统性能的降低；采用 Wavelet 压缩格式，图像质量和压缩要优于 MJPEG；具有音频记录和远程接入功能；与传统的 CCTV 设备能很好地兼容。

2.9 网络视频监控系统

2.9.1 网络视频监控技术概述

1. 视频监控系统的现状

长期以来伴随着电视技术的发展，特别是摄像器件的技术进步，围绕着图像采集（生成）和图像信号传送的两个关键技术使应用电视达到了很高的水平，也促使视频监控得到了非常广泛的应用。

其中，CCD 摄像技术、光纤传输技术和系统控制技术起到了重要的推动作用。

（1）固体摄像器件是摄像器件的主流。

CCD 摄像器件和 CMOS 摄像器件是以 LSIC 技术为基础的光电转换器件。两者已成为当今摄像器件的主流，处于技术上的成熟期，且还有很大的潜力，在今后一段时间内，也还将是数字摄像机的主流技术。

目前大多数视频设备的输入信号仍为模拟的视频基带信号，各种数字电视的标准也是以对模拟信号的压缩编码为基础制定的，而且在近距离传输时，模拟信号是一种开销最节省的、最具实时性的方式，所以模拟视频信号仍为目前 CCD 摄像机的输出方式。一般市场上的数字摄像机是指在摄像机的图像信号处理上采用数字技术（DSP），而其输出仍为模拟视频信号。CMOS 摄像器件广泛应用于手机摄像，也有大量的 Web 摄像机问世，可看做数字摄像机的雏形。由于 CCD 和 CMOS 器件都是像素化器件，信号读取就是对图像离散化的过程，非常便于产生数字图像信号，从技术上讲，数字输出的摄像机指日可待，关键在于市场的需求和制定出应用于电视数字摄像机的标准。

（2）基带信号传输将逐渐被数字传输取代。

光纤传输技术开辟了通信的新时代，并很快在视频传输中得到应用，但是目前它在视频监控系统中的应用是非常初步的，大多数系统都是采用 IM 方式的视频基带信号传输，光纤仅代替同轴电缆作为一个新的宽带、低损耗介质，光纤通信技术的真正优势和潜力并未充分体现和发挥出来。这主要是由于模拟视频信号传输的方式和视频监控系统结构的特点所致。随着光纤双向、频分、波分复用技术的成熟，色散位移光纤、色散平坦光纤和光纤放大器的实用化，光纤传输的无中继距离和传输容量将会有更大的提高。光纤放大器不仅能提高增益，增加无中继距离，还具有宽带增益并对多路光载波传输不会引起串扰，结合波分复用技术实现高密度通信，是下一代光纤通信系统的要求。这些都为今后视频监控系统的大型化和远程化提供了技术支持，而当视频监控系统中的数据流从模拟转为数字时，光纤通信的这些特点才会充分地发挥出来。

目前光纤已成为网络（无论是局域网还是广域网）主要的物理介质，在长距离视频干线传输系统中多路数字视频传输技术已经很成熟，所以说，视频监控系统的基带信号传输将会逐渐被数字传输取代。当然这不是绝对的，基带传输，包括同轴电缆的传输还是有应用的，只是推动视频监控系统大型化、远程化的将是数字视频传输技术。

（3）系统控制仍采用经典方式。

系统控制设备是视频监控系统中很有特色的部分，微处理器、单片机的功能和性能的提高和增强，各种专用 LSIC、ASIC 的出现和多媒体技术的应用，使得系统控制设备在功能、性能、可靠性和结构形式等方面都发生了很大的变化。视频监控系统的构成更加方便、灵活，与报警和出入口控制系统的接口趋于规范，人机交互界面更为友好，但系统控制方式仍然是经典的，没有本质的改变。这是因为系统控制主要以前台管理为主（前端设备的控制与遥控、视频信号的分配与切换），在系统的全部过程中对由摄像机产生的视频信号基本上不做任何处理，自应用电视出现那一天就是如此。经典的视频监控系统是以摄像机为核心的，所有的技术环节都为了一个基本目标。数字视频的出现将使这种经典的模式被打破，视频监控系统的形态将发生根本的变化，它将逐步转为以后台处理（图像探测和图像处理）为核心。

综上所述，由于摄像技术、传输技术、系统控制技术取得的长足进步，视频监控系统已达到了很高的水平，但这些变化都不是革命性的，视频监控的系统模式仍没有本质的改变，仍处于经典的应用电视形态。

2. 视频监控技术的数字化和网络化

随着 IP 网络的快速发展，视频监控行业也进入了全网络化时代。全网络化时代的视频监控行业正逐步表现出 IT 行业的特征。视频监控系统的网络化分为以下两个层面：

（1）采用网络技术的系统设计。主要表现是监控系统的结构（系统模式）由集总式向分布式过渡，分布式的设计有利于合理的设备配置和充分的资源共享，是视频监控系统模式的一个发展方向，它的基础是网络技术。这个方面将导致安防系统中各种子系统（包括视频监控系统）实现真正意义上的集成，即在一个操作平台上进行系统的管理和控制，这个方向也将促进安防技术与其他技术之间的融合和集成。

（2）利用网络构成系统。利用公共信息网络来构成监控系统是视频监控系统网络化的趋势，预示着视频监控技术将由封闭（专用）向开放转化，系统将由固定设置向自由生成的方向发展。比如，利用远程监控（不仅是视频）技术可随时随地建立一个专用的监控或图像系统，并可随时改变和撤销它，利用网络技术可以把许多图像服务项目提供给用户。

2.9.2 数字视频产品 NVR

网络化监控的核心产品 NVR（Network Video Recorder），本质上是 IT 产品。NVR 最主要的功能是通过网络接收 IPC（网络摄像机）、DVS（视频编码器）等设备传输的数字视频码流，并进行存储、管理，其核心价值在于视频中间件，通过视频中间件的方式广泛兼容各厂家不同数字设备的编码格式，从而实现网络化带来的分布式架构、组件化接入的优势，如图 2-40 所示。

1. 嵌入式 NVR 和 PC 式 NVR 的区别

NVR 的产品形态可以分为嵌入式 NVR 和 PC 式 NVR。嵌入式 NVR 的功能固化，基本上只能接入某一品牌的 IP 摄像机，这样的 NVR 表现为一个专用的硬件产品。PC 式的 NVR 功能灵活强大，这样的 NVR 更多的被认为是一套软件。

嵌入式的 NVR 和嵌入式 DVR 有一个本质的区别就是对摄像机的兼容性。DVR 接入的是模拟摄像机，输出的是标准的视频信号，DVR 可以接入任何品牌和任何型号的模拟摄像机。对于模拟摄像机而言，DVR是一个开放产品。

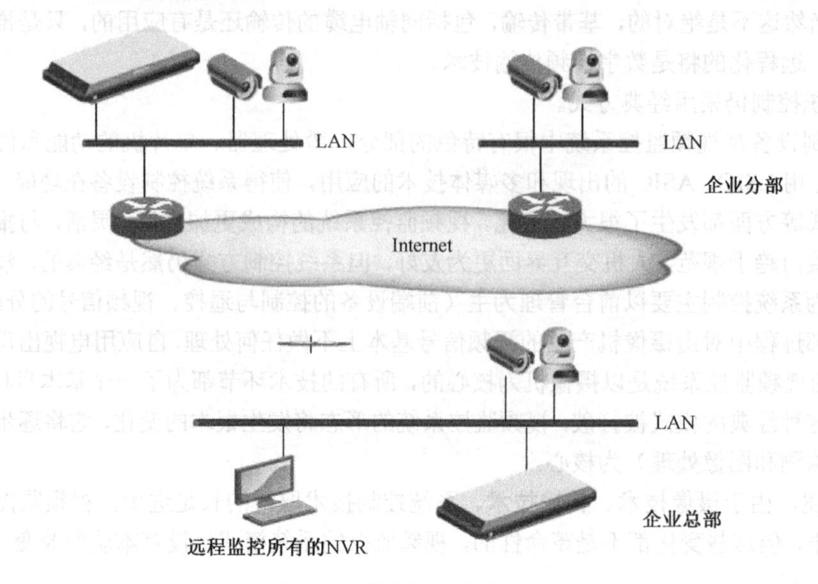

图 2-40　数字视频产品 NVR

嵌入式NVR由于IP摄像机的非标准性，再加上嵌入式软件开发的难度，一般的嵌入式NVR只支持某一厂家的IP摄像机。从目前市场上嵌入式NVR的产品来看，多数嵌入式NVR都是由IP摄像机厂商推出的，只是IP摄像机厂商为了推广IP摄像机的配套产品。目前市场上只兼容一家或两家IP摄像机的嵌入式NVR产品虽然在市场上会占有重要的地位，但是很难成为主流产品。

PC Based NVR可以理解为一套视频监控软件，安装在X86架构的PC或服务器、工控机上。PC式NVR是目前市场上的主流产品，由两个方向发展而来。一个方向是插卡式DVR厂家在开发的DVR软件的基础上加入对IP摄像机的支持，形成的混合型DVR或纯数字NVR；另外一个方向是视频监控平台厂家的监控软件，过去主要是兼容视频编解码器，现在加入对IP摄像机的支持，成为了NVR的另外一支力量。

2. NVR的主要优点

（1）部署与扩容

传统嵌入式DVR系统为模拟前端，监控点与中心DVR之间采用模拟方式互联，因受到传输距离以及模拟信号损失的影响，监控点的位置也存在很大的局限性，无法实现远程部署。而NVR作为全网络化架构的视频监控系统，监控点设备与NVR之间可以通过任意IP网络互联，因此，监控点可以位于网络的任意位置，不会受到地域的限制。

（2）布线

因DVR采用模拟前端，中心到每个监控点都需要布设视频线、音频线、报警线、控制线等诸多线路，稍不留神，哪条线出了问题还需要一条一条进行人工排查，因此布线的工作量相当烦琐，并且，工程规模越大则工作量越大，布线成本也越高。在NVR系统中，中心点与监控点都只需要一条网线即可进行连接，免去了上述包括视频线、音频线等在内的所有烦琐线路，成本也就自然而然降低了，如图2-41所示。

（3）即插即用

长久以来，包括NVR在内的网络产品，因罩着网络这层神秘面纱—要设置IP地址，要操作复杂的管理后台等，一直让大部分工程商“敬而远之”，但现在，使用NVR已经不必这样了，只需接上网线、打开电源，系统会自动搜索 IP 前端、自动分配 IP 地址、自动显示多画面，在安装设置上不说优于 DVR，但至少是旗鼓相当了。

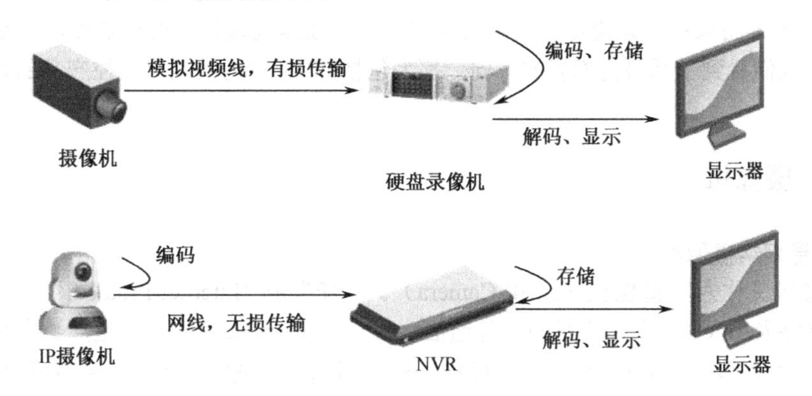

图 2-41 NVR 部署的优势

（4）录像存储

DVR 受到用户欢迎的一个重要因素就是它拥有强大的录像、存储功能，但是这一性能的发挥仍旧受制于其模拟前端，即 DVR 无法实现前端存储，一旦中心设备或线路出现故障，录像资料就无从获取了；而目前，市面上的 NVR 产品及系统可以支持中心存储、前端存储以及客户端存储三种存储方式，并能实现中心与前端互为备份，一旦因故导致中心不能录像时，系统会自动转由前端录像并存储；在存储的容量上，NVR 也装置了大容量硬盘，并设硬盘接口、网络接口、USB 接口，可满足海量的存储需求。

（5）安全性

网络产品长期以来被认为有安全隐患，在没有安全可靠的机制条件下，网络确实是一个多事之地，然而，在网络监控系统中，一旦通过使用 AES 码流加密、用户认证和授权等这些手段来确保安全，网络监控产品源于网络的安全隐忧就完全消除了，目前，NVR 产品及系统已经可以实现这些保障；而相比之下，DVR 模拟前端传输的音频、视频裸信号，没有任何加密机制，很容易被非法截获，而一旦被截获则很轻易就被显示出来。

（6）管理

NVR 监控系统的全网管理应当说是其一大亮点，它能实现传输线路、传输网络以及所有 IP 前端的全程监测和集中管理，包括设备状态的监测和参数的浏览；而 DVR 同样又是因其中心到前端为模拟传输，从而无法实现传输线路以及前端设备的实时监测和集中管理，前端或线路有故障时，要查实具体原因非常不便。

从上面产品层面的比较来看，NVR 确实已经具备了全面取代 DVR 的基础。而从市场层面来看，NVR 同样也具备全面取代 DVR 的趋势，原因在于以下三个方面 ：

（1）基础网络现在越来越普及，不管是远程网络还是被监控单位内部的局域网目前都非常普及和成熟，这就具备了网络化部署的先决条件。

（2）人们对监控的网络化需求日益突出，不仅要在本地实现监控，还希望能够通过远程，甚至通过无线方式进行监控，而这些只有进行网络化才能满足用户的需求。

（3）在前端方面，IP 摄像机这几年发展非常迅速，很多原先做模拟摄像机、DVR 和 DVS 的厂家纷纷在推出 IP 摄像机，由此可以看出，摄像机和模拟前端的 IP 化是当前及未来非常明显的一个潮流，这一趋势在 2007 年的深圳安博会上已经能够清楚看到，而且应该说是非常明显。前几年还寥寥无几的 IP 摄像机在上届安博会上已经是琳琅满目。前端数字化，网络化是大势所趋，从价钱方面来看，曾经的一台 IP 摄像机就卖到几千块钱，现在几百块钱就可以买一台，价格的下降，让消费者可以承受 ，这也为部署前端准备了充分的条件，也使得用户具备了网络化部署的条件。

从以上三个方面来看，无论是基础网络的成熟度，还是前端设备的成熟度，或是人们对监控的需求，都让我们看到了网络化部署的方向，都为包括 NVR 在内的网络监控产品的普及奠定了坚实基础。

2.9.3 网络摄像机

1. 什么是网络摄像机

网络摄像机又称为IP 摄像机（或 IP Camera）。“IP”是“Internet Protocol”的缩写，是目前用于计算机网络及 Internet 上最广泛的一种通信协议。IP Camera 为一种可生产数字视频流，并将视频流通过有线或无线网络进行传输的摄像机，已经超越了地域的限制，只要有网络都可以进行远程监控及录像，将大大节省安装布线的费用，真正做到远程监控无界限。

2. 网络摄像机的工作原理

网络摄像机主要结合了互联网技术中先进的网络通信技术和计算机数字多媒体领域中先进的图像语音压缩技术和图像控制技术，实现专业远程监控管理。

整套系统采用 RJ-45 接口、TCP/IP、PPPOE 等国际标准互联网通信技术协议，适用于 ADSL和 LAN 环境，能够直接架构在局域网、广域网和无线网络上。系统采用了嵌入式实时多任务操作系统，使用了功能强大的 CPU 完成视频压缩和传输的工作，网络用户通过专用软件或用浏览器直接观看图像，整个过程无须铺设专用视频传输和信号控制电缆，极大地提高了整个监控系统的稳定性和可靠性。通过网络摄像机，授权用户无论是 LAN 还是 WAN，都可以在网络的任何计算机上通过计算机来控制远端系统的云台、镜头方位及镜头焦距、景深和光圈变化，采集现场图像，实施全方位监控。

网络摄像机将图像转换为基于 TCP/IP 网络标准的数据包，使摄像机所摄的画面通过 RJ-45 以太网接口或 WiFi WLAN 无线接口直接传送到网络上，通过网络即可远端监视画面。

网络摄像机采用了最先进的摄像技术和网络技术，具有强大的功能。内置的系统软件能实现真正的即插即用，使用户免去了复杂的网络配置；内置的大容量内存存储警报触发前的图像；内置的 I/O 端口和通信口便于扩充外部周边设备如门禁系统，红外线感应装置，全方位云台等。提供软件包（SDK）便于用户自行快速开发应用软件。

3. 网络摄像机的应用拓扑图

网络摄像机的应用拓扑图如图 2-42 所示。

4. 如何选择网络摄像机

1）成像质量

无论是模拟摄像机还是网络摄像机，成像质量是摄像机的灵魂，是需要关注的重要指标之一。好的成像质量来自于镜头和成像器件。摄像机镜头的成像质量好坏将影响成像器件输出的信号质量。我们可以将镜头比喻成人的眼睛，而

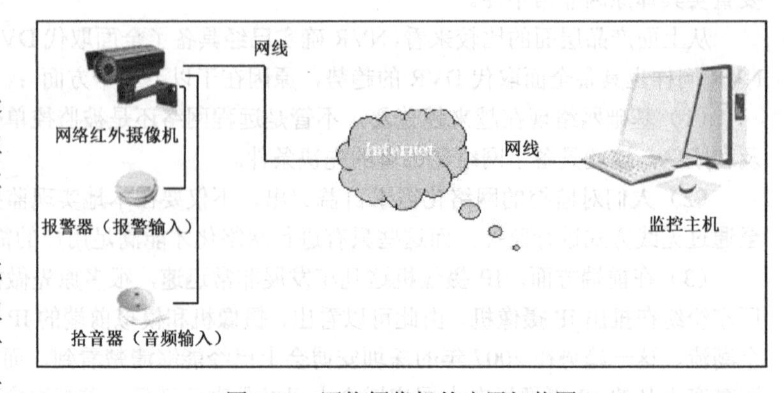

图 2-42 网络摄像机的应用拓扑图

成像器件就是视网膜。

2）镜头

镜头种类繁多，但是即使是同一类型的镜头，其成像质量也有着很大的差异，这主要是由于材质、加工精度和镜片结构的不同等因素造成的，同时也导致不同档次的镜头价格从几十元到几万元的巨大差异，比较著名的如四片三组式天塞镜头、六片四组式双高斯镜头。一个好的镜头，在分辨率、明锐度、光圈系数等方面都会有很好的表现，对各种像差的校正也比较好，但同时其价格也会高几倍甚至上百倍。

像差是影响图像质量的重要方面，常见的像差有如下六种：球差、慧差、色差、像散、场曲、畸变。因此目前常用的镜头都是由多片多组镜片加多层镀膜构成的，其目的就是为了解决像差问题，使得成像更清晰锐利、色彩逼真。而镜头各参数间是存在相互影响和制约的，例如提高镜头光圈系数将会提高部分性能同时也会加大某些像差，所以在选择摄像机时应该综合考虑自己的实际应用情况来选择适合的镜头。如果掌握了一些规律和经验，就可以使用同档次的镜头却达到更好的效果。

3）图像传感器是 CCD 还是 CMOS

CCD 和 CMOS 在制造上的主要区别是 CCD 是集成在半导体单晶材料上，而 CMOS 是集成在被称做金属氧化物的半导体材料上，工作原理没有本质的区别。

从制造工艺上说 CCD 制造工艺较复杂，只有少数几个厂商，如索尼、松下、夏普等掌握这种技术，因此 CCD 摄像机的价格会相对比较贵。事实上经过技术改造，目前 CCD 和高级 CMOS 的实际效果的差距已经非常小了。而且 CMOS 的制造成本和功耗都要低于 CCD，所以很多低档摄像头生产厂商采用普通 CMOS 感光元件作为核心组件。

成像方面，在相同像素下 CCD 的成像通透性、明锐度都很好，色彩还原、曝光可以保证基本准确。而普通 CMOS 的产品往往通透性一般，对实物的色彩还原能力偏弱，曝光也都不太好，由于自身物理特性的原因，普通 CMOS 的成像质量和 CCD 还是有一定差距的。但由于低廉的价格以及高度的整合性，因此在摄像头领域还是得到了广泛的应用。

在原理上，CMOS 的信号是以点为单位的电荷信号，而 CCD 是以行为单位的电流信号，前者更为敏感，速度也更快，更为省电。现在高级的 CMOS 并不比一般 CCD 差，但是 CMOS 工艺还不是十分成熟，普通的 CMOS 一般分辨率较低且成像质量也较差。

目前，许多低档入门型的摄像机使用廉价的低档 CMOS 芯片，成像质量比较差。普及型、高级型及专业型摄像机使用不同档次的 CCD，个别专业型或准专业型数码相机使用高级的 CMOS 芯片。代表成像技术未来发展的 X3 芯片实际也是一种 CMOS 芯片。

图像传感器又分为 1/2",1/3",1/4"。1/2 最好，目前以 1/3 和 1/4 为多。

综上所述 CCD 与 CMOS 孰优孰劣不能一概而论，但就目前而言，在监控摄像机领域中普遍使用的 CCD 芯片的摄像机成像质量要好一些。

4）有效像素

有效像素有分为 30 万、40 万、200 万不等，目前市面上以 720×576（D1 图像格式）即 40 万像素的产品为主，有些家用型的只能做到 640×480（VGA）即 30 万像素，两百万像素（D3）的目前还比较少。

5）清晰度

分为水平清晰度和垂直清晰度两种。垂直方向的清晰度受到电视制式的限制，有一个最高的限度，由于我国电视信号均为 PAL 制式，PAL 制垂直清晰度为 400 行。所以摄像机的清晰度一般是用水平清晰度表示。水平清晰度表示人眼对电视图像水平细节清晰度的量度，用电视线 TVL 表示。

目前选用黑白监控摄像机的水平清晰度一般应要求大于 500 线，彩色监控摄像机的水平清晰度一般应要求大于400线，市面上基本分为420线、480线和520线几类，线数越高，清晰度越好。

6）压缩方式

IP摄像机和视频服务器作为视频网络应用的新型产品，适应网络传输的要求也必然成为产品开发的重要因素，而这其中视频图像的技术又成为关键。在目前中国IP摄像机和视频服务器的产品市场上，各种压缩技术百花齐放，各有优势，为用户提供了很大的选择空间。

在IP视频发展的初期有相当一部分国内外IP摄像机和视频服务器都是采用JPEG、Motion-JPEG压缩技术。JPEG、M-JPEG采用的是帧内压缩方式，图像清晰、稳定，适用于视频编辑，而且可以灵活设置每路的视频清晰度和压缩帧数。另外，因其压缩后的格式可以读取单一画面，因此可以任意剪接，特别适用于安防取证的用途。但是由于其对网络带宽的要求过高，因此无法在带宽相对较窄的互联网上传输。最近几年出现了MPEG4和H.264压缩标准，而分辨率也从原来的CIF发展到了现在的300万像素超高清晰度。

但是有一点需要提醒注意，在欧美M-JPEG是司法认可的视频证据格式，而压缩效率高的MPEG-4\H.264并没有得到司法证据认可。尽管如此，MPEG-4\H.264的压缩标准还是得到了广大用户的认可和好评。

随着市场成熟程度的不断提高，IP摄像机的功能也越来越丰富，用户在明确了自己目前需要的基本功能后，就可以到市场上去对号入座寻找相应的产品了。比如说，用ADSL方式直接接入一个IP摄像机，而且这条线路不需要与任何人共享数据，那么就可以考虑使用带PPPoE、DDNS功能的IP摄像机，它可以直接连接ADSL MODEM接入互联网。又或者，我们需要一个快速球机能够通过网络远程操控，那么就要选择一个带网络功能的IP快球来实现我们的需求。

7）软件功能

众所周知，网络视频监控的易扩展性和集中管理能力正是其优势之一，这些优势依赖于网络视频信中的管理软件。网络视频监控系统中视频集中管理软件是否功能足够强大、性能稳定，这对系统项目的成功起着至关重要的作用。

同时一个视频管理软件最大支持前端的数量也体现了厂商的专业性和软件研发实力，有些软件超过16路或24路就需要收费。管理软件的界面友好度、易用性也是产品选择的重要参考因素。

（8）网络传输方式

因为视频信息已被转化成数字信号，网络摄像机的传输更加多样化和灵活。

① 双绞线（网线）传输（网络摄像机—网线—交换机/路由器）。

超五类网线 100M 超六类网线1000M。最长传输距离为100m。

② WiFi无线传输（无线网络摄像机—无线AP/无线路由器）。

2.4GB和5.8GB频段，室内和室外无线AP，功率大小为3～23DB，定向天线，全向天线。最远距离可达2km。

③ 光纤传输（光纤摄像机—光纤—光纤收发器—交换机/路由器）

多模单模光纤，最远距离可达60km。

9）供电方式

① POE供电：网线除了能同时传输视频信号、控制信号和音频信号外，也可以用来向网络摄像机提供电力。利用网线供电的方式称为POE供电。这样，大大减少了布线的工程成本。

② 太阳能供电：很多网络摄像机的厂商，正在研究利用太阳能向网络摄像机提供电力。这项技术的应用和无线摄像机组合将使视频监控变成真正的无线系统。

10）视频存储方式

网络摄像机的录像存储方式多样，这远远超越了闭路监控本地存储。

网络摄像机的录像可以通过 SD 卡和 USB 接口存储设备存储在本摄像机上。监控中心可以观看或下载摄像机上的录像。这大大减轻了网络的压力。甚至在网络摄像机上连接一个存储设备，只需接上电源和通过设置后，网络摄像机就可以为用户提供所需的监控录像。这种情况对于一些不方便布线和实时监控的用户来说，非常有意义。

通过网络，视频监控的录像可以存储在局域网或广域网上的任何一台计算机上。这对用户来说，是一个非常便利的功能，更重要的是，录像的安全性也得到了更进一步的保障。因为当某地发生盗窃时，本地监控摄像机和录像设备往往被不法分子有意破坏。

集中管理时，视频录像通常保存于专业的网络存储设备（如 NAS、IPSUN）。这些专业的网络存储设备同样可以位于网络上的任何一个地方。其优势在于稳定的运行能力和高安全性。

2.9.4 视频服务器 DVS

网络视频服务器是一种压缩、处理视音频数据的嵌入式设备，它由视音频压缩编码器、输入/输出通道、网络接口、视音频接口、RS485/RS232 串行接口、协议接口、软件接口等构成。

随着音视频编码技术的不断发展和宽带网络技术的发展，视频传输的实现变得更容易、成本更低，使得视频传输的需求日益增长，视频服务器 DVS 在视频监控系统中发挥着极为重要的作用，如图 2-43 所示。这里从网络视频服务器的概念、组成、数字音视频编码技术、网络技术以及特点等方面，对视频服务器的进行分析。

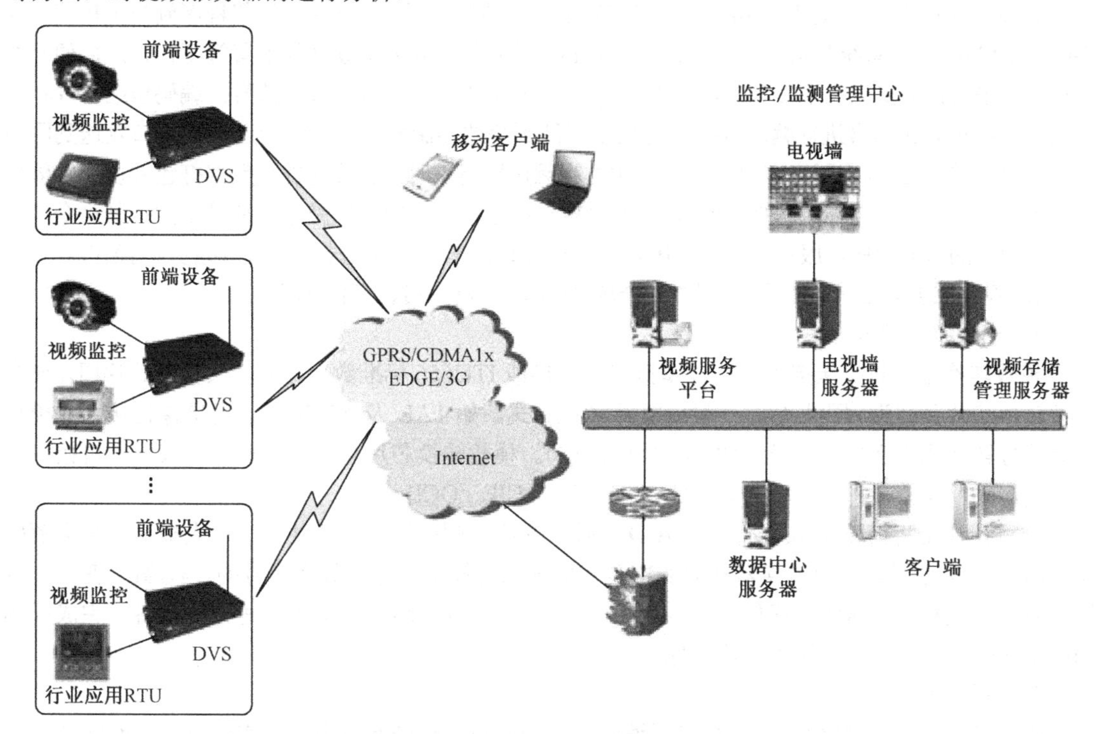

图 2-43　视频服务器 DVS 在系统中的作用

1. 视频服务器 DVS 的基本工作原理

从外部看，DVS 主要由视频输入接口、网络接口、报警输入/输出接口、音频输入/输出、用于串行数据传输或 PTZ 设备控制的串行端口、本地存储接口等构成。

从内部看，DVS 主要由 A/D 转换芯片、嵌入式处理器主控部分（芯片、Flash. SDRAM）。编码压缩模块（芯片、SDRAM）、存储器件等硬件，以及操作系统、应用软件、文件管理模块、编码压缩程序、网络协议、Web 服务等软件构成。摄像机模拟视频信号输入后，首先经模/数变换为数字信号后，通过编码压缩芯片（如 ASIC 或 DSP）进行编码压缩，然后写入 DVS 的本地缓存器件进行本地存储，或者经过网络接口发送到 NVR 进行存储与转发，进而由应用客户端进行解码显示，或由解码器解码输出到电视墙显示等。网络上用户可以直接通过客户端软件或 IE 浏览器方式对系统进行远程配置、浏览图像、PTZ 控制等操作。

2．视频服务器 DVS 的架构和工作流程

1）DVS 的架构

DVS 具有多种不同的架构方式，如编码芯片 DSP+CPU 方式、编码芯片 ASIC+CPU 方式、双 DSP 方式及 Soc 芯片方式等，但是核心是视频编码芯片及主控制芯片。

DVS 的主要组成包括模拟视频输入端口、模/数转换器件、编码压缩器件、CPU 及内存、网络接口、I/O 接口及串口等。编码器将来自摄像头的模拟视频信号经模数转换芯片转换成 YUV 格式的数字视频信号，由 DSP 芯片按相应算法（如 MPEG-4 或 H.264）压缩成图像的数据码流，然后通过 PCI 总线传给以太网接口单元，进行封装再由网卡将其送到网络上，再到达 NVR、媒体服务器、工作站或解码器。开发的应用程序经编译连接写入 Flash 中。编码器上电复位后 Flash 中的程序搬移到 SDRAM 中，系统开始运行。编码过程中的原始图像、参考帧等中间数据可存储在 SDRAM 中。

2）DVS 的工作流程

开发的应用程序写入到 Flash 中去，在 DVS 上电或复位后，从 Flash 加载程序到与主控芯片连接的 SDRAM 中，系统开始运行。首先完成对芯片的初始化和外围硬件的配置等工作，之后便开始进行图像采集，从摄像头采集到的模拟视频信号经过 A/D 转换为数字视频信号，编码压缩芯片将接收到的数字视音频信号进行编码压缩，将数据存储到缓冲存储器件中，或通过网络接口发送到网络上。当 DVS 接收到远程网络客户端用户的实时视频浏览请求时，直接将视频数据打包并以流媒体形式通过网络接口芯片传输给网络上的请求者；DVS 的主控模块同时接受客户端发来的控制命令，并发送给相应的服务程序，服务程序通过串口将命令发送给 PTZ（解码器）从而实现控制操作。

3．视频服务器 DVS 的硬件架构之模数转换和网络及串口、接口部分

1）模数转换部分

模数转换部分将摄像接入的艾合模拟信号转换成 ITU656 标准数字信号，供编码芯片用。通常模数转换芯片又称为解码芯片，一般应支持多种制式，如 PAL 及 NTSC，实现摄像机接入的模拟视频信号转换成数字并行信号（如 ITU656 标准）。模数转换芯片与编码芯片通过双向主机接口进行通信，并且支持多种分辨率，如 VGA、QVGA、CIF、QCIF、D1。

注意：通常将模/数转换器件，或 A/D 器件，又称为解码器件，这种叫法让人极易与视频解码器（Decoder）混淆。模数转换器件的实质是完成输入的模拟信号到数字信号的“模/数”变换以供给编码芯片进行编码压编；而解码器（Decoder）是与视频编码器（DVS）适应的设备，完成视频编码工作的逆向工作，即解码还原图像。

2）网络接口部分

DVS 的网络接口部分负责将编码压缩的数据流打包上传到网络中，其实现过程：网络芯片通过总线接口把主控芯片传送来的数据，通过内部 MAC 控制器对数据进行封装、上传。同时，主控芯片通过网络接收客户端发送来的控制信息，转送给相关的应用程序。

3）串行接口部分

应用程序发送来的控制信号通过串行接口发送到摄像机，实现相应的 PTZ 控制功能。一般通过 RS-485 接口标准实现对摄像头及云台的控制。

4. 网络视频服务器的特点

网络视频服务器具有传统设备所不具备的诸多特点具体有以下几项。

（1）将多通道、网络传输、录像与播放等功能简单集成网络，这点对 H264 网络型硬盘录像机而言也很容易实现，但是两种产品的基本功能不同也导致了其应用场合不同，对于模拟阶段及第一代的网络性能不好的设备而言，网络视频服务器可以提供较低成本的解决方案。

（2）网络视频服务器通过网络技术，可以在实现只要能上网的地方就可以浏览画面，采用配套的解码器则可以不需要计算机设备直接传输到电视墙等方式浏览，极大地节约了远程监控的成本。

（3）网络视频服务器的多协议支持，与计算机设备进行完美的结合，形成更大的系统集成网络，完成数字化进程。

网络视频服务器在目前视频领域中的应用主要是利用网络视频服务器构建远程监控系统。基于网络视频服务器的多通道数字传播技术具有传统的基于磁带录像机的模拟输出系统无可比拟的诸多优势，网络视频服务器采用开放式软硬件平台和标准或通用接口协议，系统扩展能力较强，能够与未来全数字、网络化、系统化、多通道资源共享等体系相衔接。是目前 CCTV 设备由模拟向数字过渡的最佳方案。而从长远来看，网络视频服务器的系统集成有巨大的潜在市场和深远的发展前景，因为从深层次来看，视频网络化、系统集成不仅仅是视频传输的问题，它代表未来视频应用的网络化和信息交互的应用发展趋势，是一种从内容上更深层次上的互动，具有广阔的发展潜力，是未来 3G、宽带业务的核心内容之一。因此可以肯定，随着数字技术和网络技术的不断发展，网络视频服务器在视频领域中的应用将有更多的延伸。

2.9.5 网络数字视频监控系统的结构

随着计算机网络技术的变革，网络视频监控技术及其应用快速发展，如表 2-7 所示。

表 2-7 网络视频应用的发展

代别 项目	第一代（模拟矩阵）	第二代（多媒体主机或 DVR）	第三代（网络视频监控）
前端	普通摄像机、高速球	同第一代	网络摄像机、网络高速球“第一代”的前端设备+网络视频接入器
传输	视频：视频电缆 控制：双绞缆 电源：电源电缆	同第一代	视频：视频电缆 控制：网线 电源：电源电缆
后端	矩阵 画面分割器 切换器 录像机（或 DVR） 监视器	多媒体控制主机或 DVR 监视器 多媒体监控系统控制软件	可上网的普通计算机 系统管理及控制软件
互联通信	仅可“一对一” 不可“互联互通”	同第一代	可以“互联互通”，通过上网在普通浏览器下即可进行，无须特殊软件支持，“想在哪看，就在哪看”
传输方式	摄像头与监控者是一对一式的传输	同第一代	摄像头与监控者是通过网络形式传输，不是一对一传输
线缆利用	一条视频线上只能传一路视频	同第一代	多路视频和控制可以在一条网线上反复用
监控主机选择	监控主机的输入/输出路数需要固定且扩容困难	同第一代	视频输入/输出路数可任意由软件设定，无须硬件扩容，十分方便

续表

代别 项目	第一代（模拟矩阵）	第二代（多媒体主机或 DVR）	第三代（网络虚拟矩阵）
视频监控输入/输出	每路输入或输出视频均需一路电缆与主机相连，导致成捆电缆进入监控室，并接入主机	同第一代	“一根网线”进主控室和主控计算机相连，即构成控制主机
增减前端摄像机	增减前后端摄像机时需重新布线	同第一代	无须在工程前认真设计监控系统，可随时增减、更改前端摄像头位置
设置分控	分控监视器需要逐一布线连接	某些 DVR 和多媒体主机可通过网络增设分控	在网络内可任意设置分控而无须再布线
实现远程监控	实现远程联网困难	可实现远程监控，但操控不方便	十分方便地实现远程联网，无须增加任何其他设备
控制协议	高速球、解码器与主机协议需一致，某些视频主机协议不公开	同第一代	网络协议是国际统一标准，不存在主机与高速球、解码器等协议兼容问题

那么相应地出现了以矩阵、DVR、全数字化视频等为核心的各种视频联网监控结构。

1．以矩阵为核心的视频联网监控结构

系统构成：视频矩阵+控制主机+DVR，如图 2-44 所示。控制主机采用简单联网协议，主要通过串口通信，部分矩阵主机支持 IP 网络。核心的实时视频联网监控功能很稳定，这是目前大系统仍采用此种方案的关键原因。

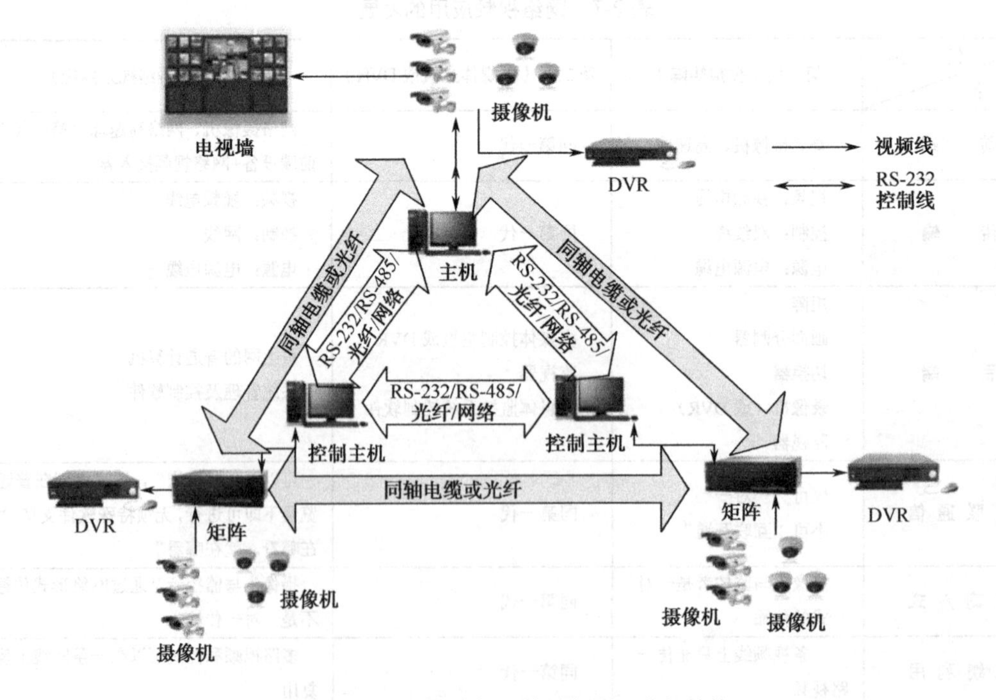

图 2-44　以矩阵为核心的视频联网监控结构

但实际上矩阵和DVR各项系统，只依赖DVR实现数字功能。因矩阵输出视频进入DVR进行独立存储，无法实现集中录像和录像资源全网共享。多点通信物理连接相当复杂，无法实现多厂家设备组网，不支持复杂权限和干线管理。虽能保证稳定性，但因功能单一且无法整合，后期扩展严重依赖于单一矩阵厂家，使用户面临两难选择。

2. 以DVR为核心的视频联网监控结构

系统构成是采用各类配置的PC插卡式DVR组成视频网，嵌入式DVR目前仍大多采用本地监控。采用Windows平台的DVR兼有矩阵、数字存储、视频联网等多项功能，可通过IP网络进行通信，如图2-45所示。

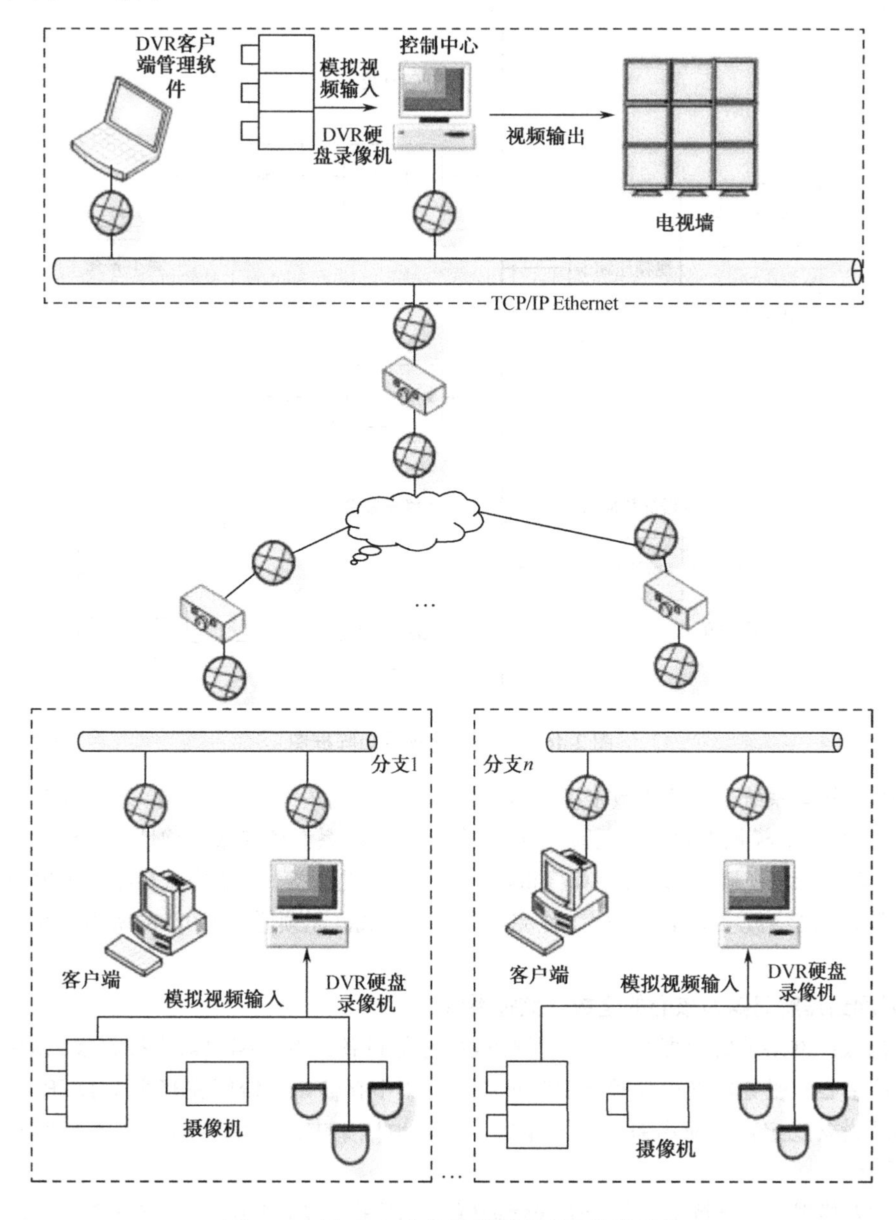

图2-45 以DVR为核心的视频联网监控结构

因硬件和开发成本低，通过大量定制开发能满足特定用户的功能要求，小型系统应用较多，但是多侧重于本地存储，体系结构上缺乏对视频联网的支持，也无干线的概念，同时安全和稳定性差，没有大型项目成功应用的案例。

3．全数字化视频矩阵（网络数字视频矩阵主机）

在 DVR 的基础上，由多块视频输入压缩卡及若干块多路视频输出卡经 PCI 总线切换而形成网络视频矩阵，它是在数字平台上实现矩阵功能，属视频监控领域的一种创新，主要完成网络视频的传输管理、切换、显示等功能，但其功能形态和市场定位目前还不够明确统一，如图 2-46 所示。

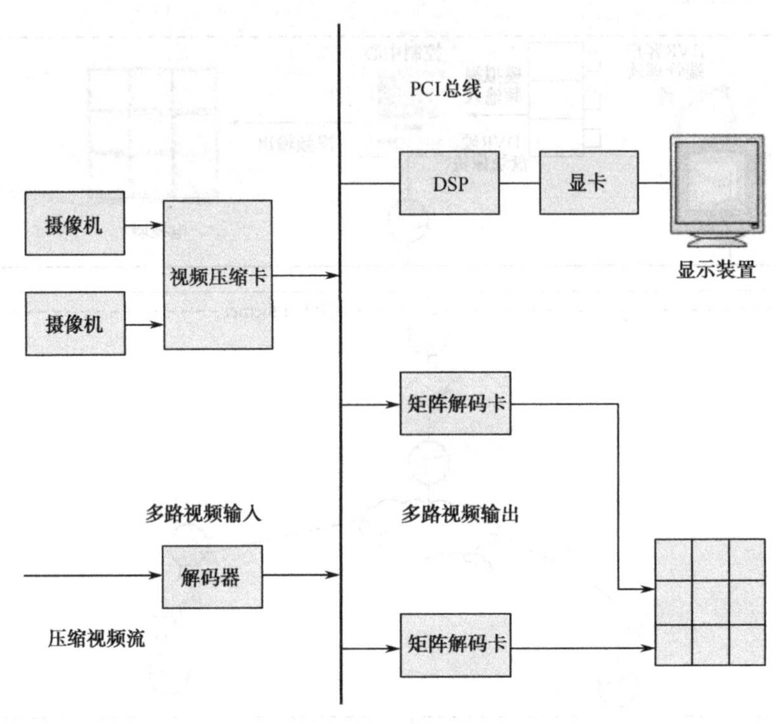

图 2-46　全数字化视频矩阵框图

网络数字矩阵系统也是解决数字视频电视墙显示应用的关键产品，它能实现 H.264 码流实时解码，并输出标准的模拟视频信号至监视器。网络数字监控系统还能很方便地在一台或多台控制主机上实现多路显示电视墙，实现数字和模拟显示系统之间的衔接，为集中式数字监控解决方案提供强有力的支持。网络数字矩阵的解码工作完全由板卡完成，无须增加 CPU 的资源，大大节省了主机资源。

4．以网络编解码器为核心的全数字监控系统

系统构成：网络编解码器+中心管理服务器+存储设备。网络编码器直接将视频编码送入 IP 网络，监控中心的服务器进行视频调度管理并进行集中存储。系统能完整实现 DVR 系统所有的功能，前端设备稳定，与应用系统容易集成，适合地域集中的局域网用户实现全数字监控，如图 2-47 所示。

但是它对模拟系统支持不足，无干线管理概念，因采用 Windows 平台的 PC 服务器做管理服务器，因而大规模联网时存在 DVR 同样的稳定性问题。

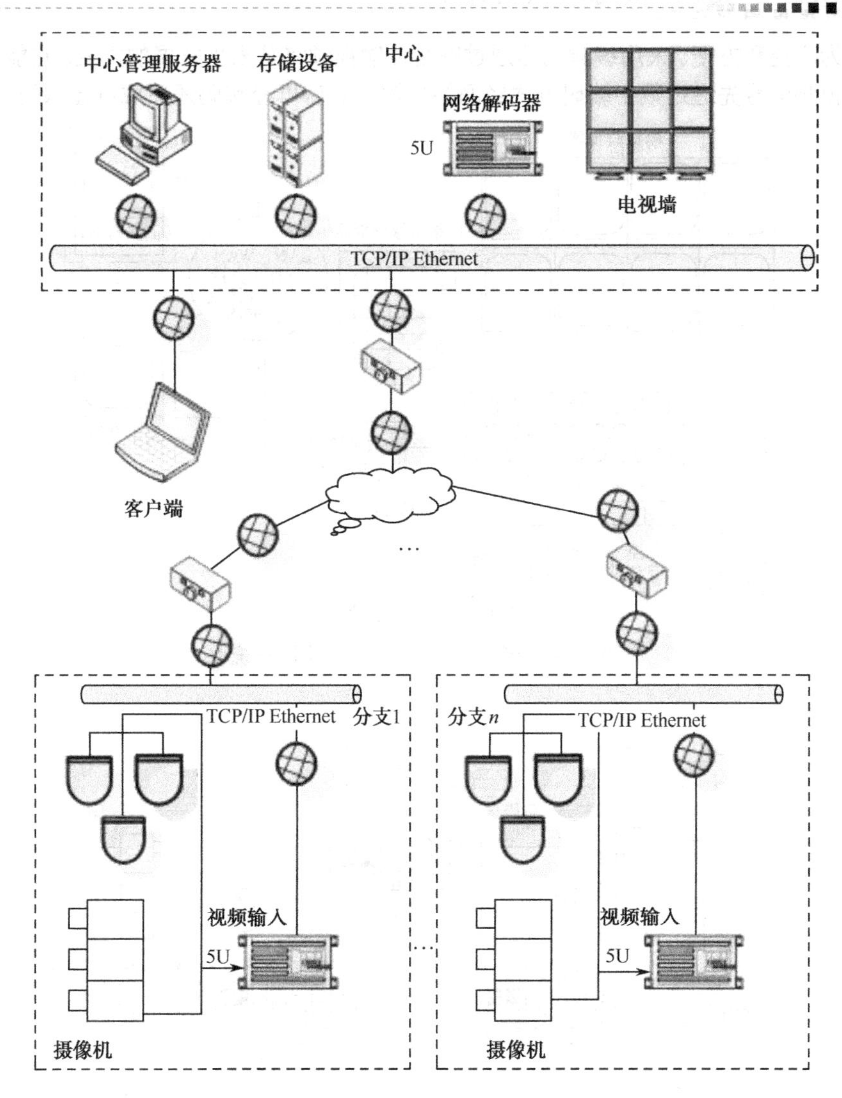

图 2-47　以网络编解码器为核心的全数字监控系统

2.9.6　安全防范系统主要联网应用形式

1．模拟加数字混合监控方案

模拟矩阵切换加硬盘录像机构成的数字加模拟混合式视频监控系统，可通过矩阵级联或通过硬盘录像机来联网，如图 2-48 所示。

硬盘录像机作为数字化监控的突出代表，在部分应用场合，目前已可替代 32 路以下、特别是 16 路的视频矩阵切换控制器，但是硬盘录像机从功能上而言，还是以“录”为主以“控”为辅并且它难以解决网络远程监控中的长时延和多路同时监控问题，此外，与模拟式切换控制器相比，其可切换的路数还有较大的差异。

其中，图像的传输仍以光纤传输为主，通过光端机，特别是采用 MPEG-2 压缩格式的数字光端机很适用于高质量的图像进行远距离的传输，如图 2-49 所示。

2．采用编解码器通过网络传输视频方案

可以形象地说，网络已经成为空气、阳光、水、食物之后人类生活的第五要素。同样，安防也离不开网络，并将越来越依赖网络。特别是在推广 IPv6 之后，每个摄像机和探测器均带地址，

将使控制更为广泛和方便。采用编解码器通过网络传输视频将是未来发展的主流。它能以数字通信为主体，将视频信号先通过数字编码方式经网络传输，之后再经解码还原成可显示的信号。

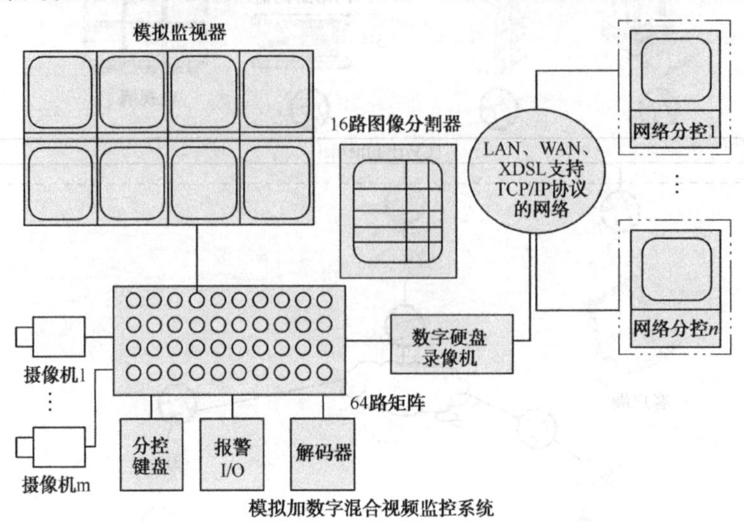

图 2-48　模拟+数字混合视频监控系统

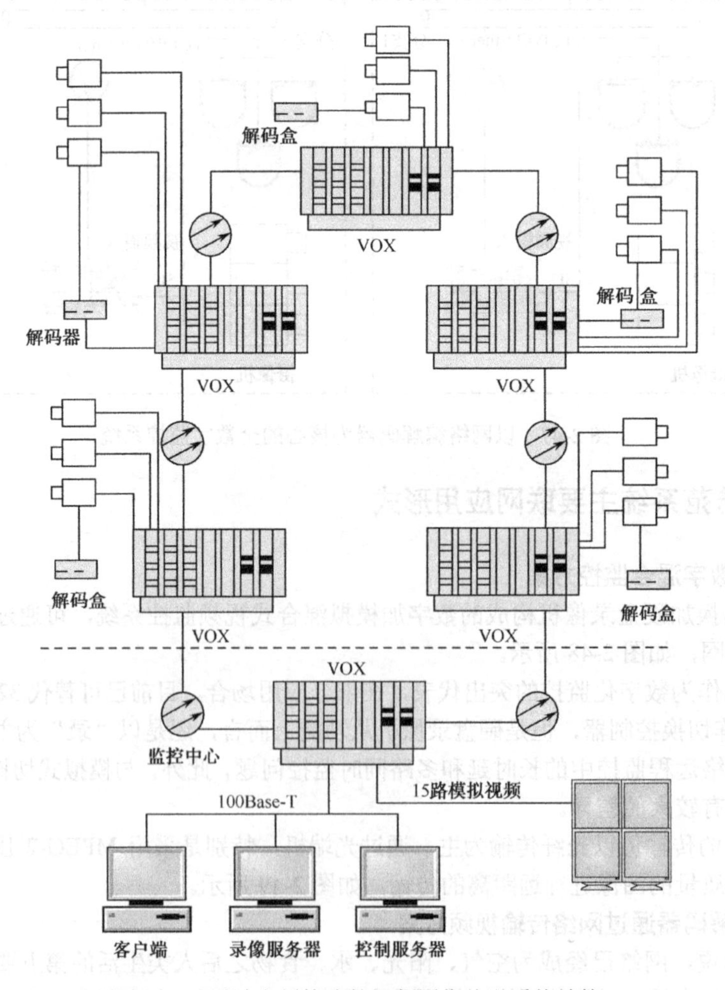

图 2-49　通过光纤构建的视频图像传送系统结构

例如，采用在雅典奥运会上监控所使用的英国公司的编解码器产品，视频图像为 MPEG-4 压缩格式，联网运行，仅有 0.1s 延时，如图 2-50 所示。

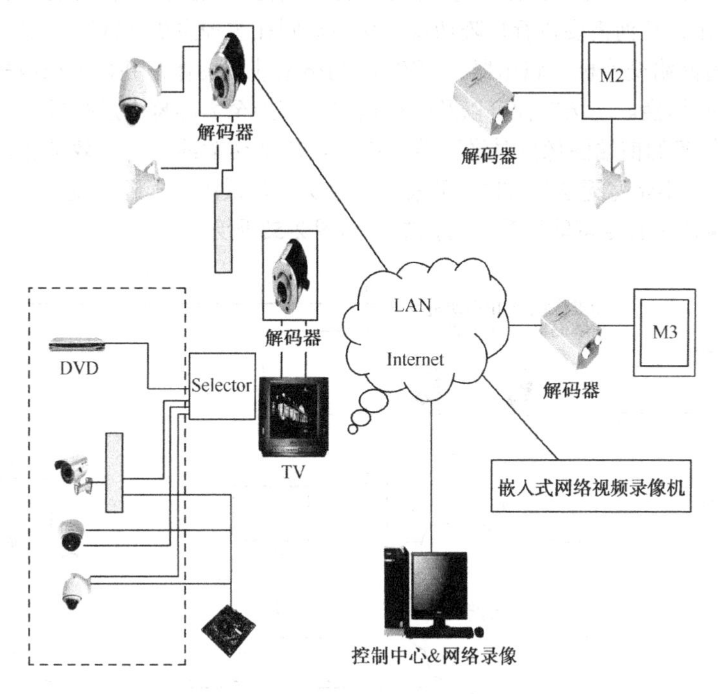

图 2-50 Indigo 公司视频编码器 VideoBridge 的系统

3. 视频服务器加交换机的组网方案

视频服务器加交换机的组网方案，如图 2-51 所示。

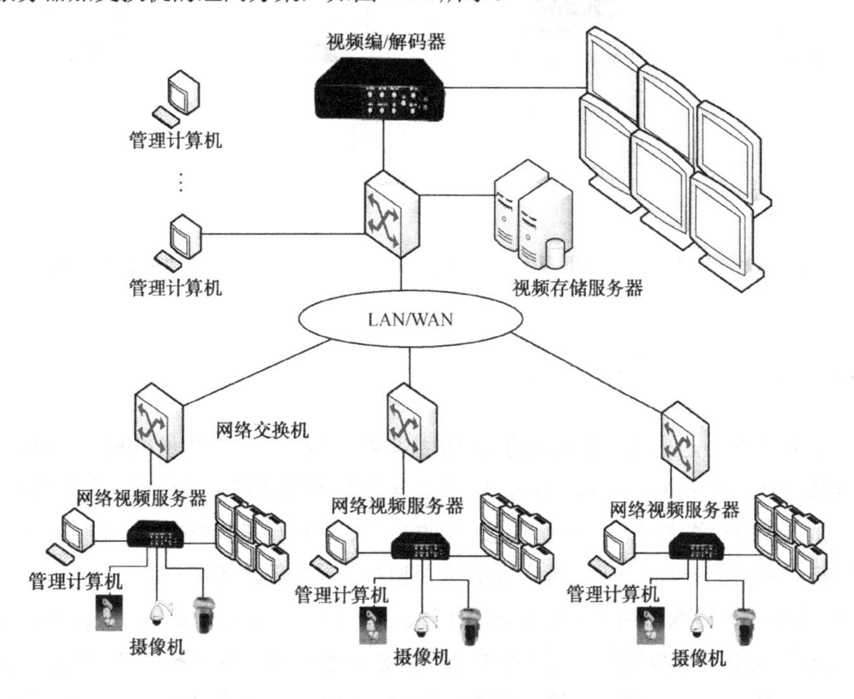

图 2-51 视频服务器+交换机的组网方案

4．应用网络摄像机及网络视频服务器直接入网的方案

在前端摄像机较多时，会受到网络资源的限制，使得网点全部图像可能难以同时在主控中心（或分控中心）显示，从而需要进行矩阵切换。切换规则在主控主机（PC）上进行设置，它可以发送请求命令，通过网络交换机、路由器、TCP/IP 网络来获取图像，并显示在电视墙或大屏幕上，完成典型的 IP 矩阵切换。现场图像可以及时被调出并切换至大屏幕上进行显示。

为了将尽可能多的前端图像同时送到监控中心，增加传输线路的有效带宽是最简单和有效的方法。而如果现有网络带宽无法增加时，可采取的办法一是采用高压缩比视频图像压缩算法的节点设备，二是对视频流进行尽可能地管理与控制，如图 2-52 所示。

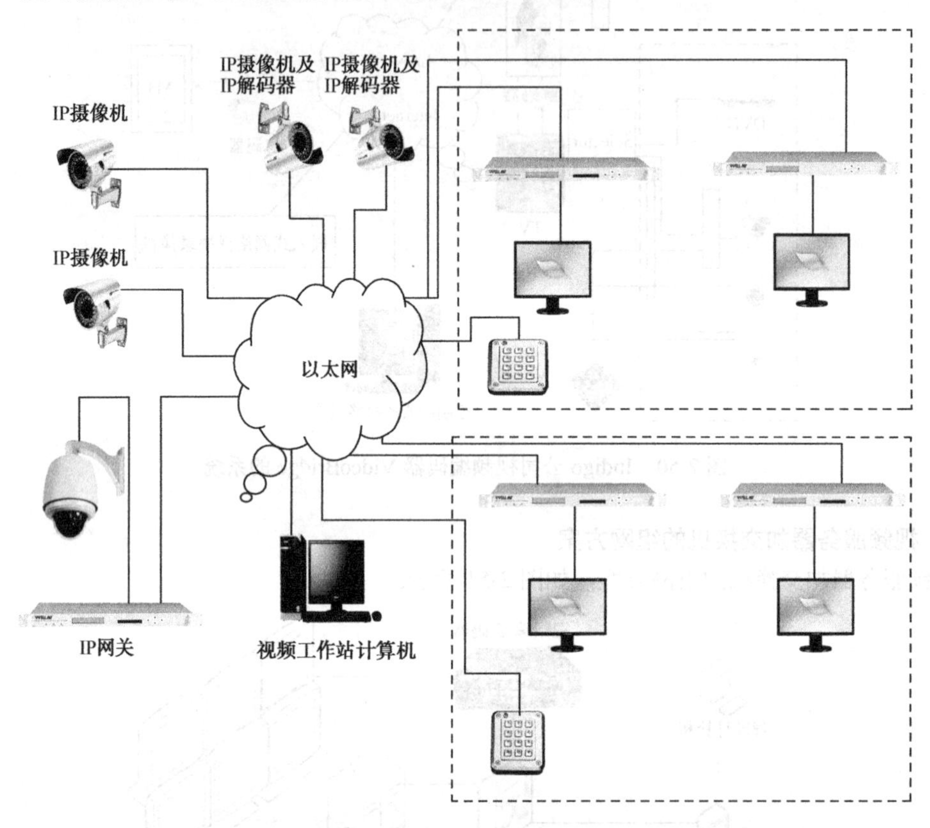

图 2-52　应用网络摄像机及网络视频服务器通过局域网的视频图像联网结构

2.10　无线视频监控系统

无线视频监控系统，是一款简单易用的远程数字监控系统，与网络摄像机配套使用，可采用有线或无线方式连接网络，易于安装部署，不需要用户额外配置专用计算机和采集录像等设备。用户可采用手机或计算机作为监控终端设备，可随时随地接收报警信息和查看监控视频。本系统具有稳定可靠、经济实用等特点，可用于防火防盗、安全护卫、人员监护、远程管理等特点。

无线监控作为一个特殊使用方式也逐渐被广大用户看好。其安装方便、灵活性强、性价比高等特性使得更多行业的监控系统采用无线监控方式，建立被监控点和监控中心之间的连接。无线监控技术已经在现代化小区、交通、运输、水利、航运、治安、消防等领域得到了广泛的应用。

2.10.1 无线视频监控系统

视频图像传输无线化打破了传统同轴电缆和光纤图像监视受制于硬件连接的不利局面，具有更强的灵活性和方便性，基于无线网络的视频监视系统应运而生。无线视频传输技术的发展已对无线移动网络的架构和协议产生了深远的影响，但由于无线信道带宽资源有限，造成了干扰因素多，而视频信号数据量大，实时性要求高等问题。

无线视频监控系统是指不用布线（线缆），利用无线电波来传输视频、声音、数据等信号的监控系统。图 2-53 所示为无线视频传输示意图，无线视频监控分为模拟微波传输和数字微波传输。

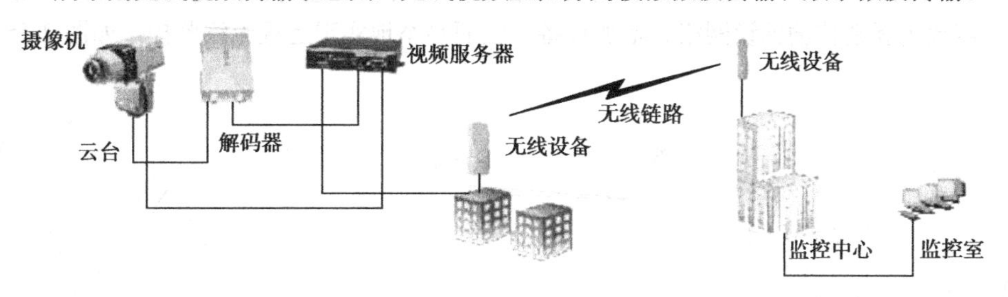

图 2-53 无线视频传输示意图

（1）模拟微波传输。

模拟微波传输就是把视频信号直接调制在微波的信道上，通过天线发射出去，监控中心通过天线接收微波信号，然后再通过微波接收机解调出原来的视频信号。如果需要控制云台镜头，就在监控中心加相应的指令控制发射机，监控前端配置相应的指令接收机，使用这种监控方式会让图像非常清晰，没有延时，没有压缩损耗，造价便宜，施工安装调试简单，适合一般监控点不是很多，需要在中继也不多的情况下使用。

（2）数字微波传输。

数字微波传输就是先把视频编码压缩，然后通过数字微波信道调制，再通过天线发射出去，接收端则相反，天线接收信号，微波解扩，视频解压缩，最后还原成模拟的视频信号，也可微波解扩后通过计算机安装相应的解码软件，用计算机软解压视频，而且计算机还支持录像、回放、管理、云台控制、报警控制等功能。这种监控方式的图像有 720×576 和 352×288 的分辨率选择，前者造价更高，视频有 0.2～0.8s 的延时，造价根据实际情况差别很大。数字微波也有一些模拟微波不可比拟的优点，它抗干扰能力强，常在监控点比较多、比较集中，环境比较复杂，需要加中继远距离传送的情况下使用，如图 2-54 所示。

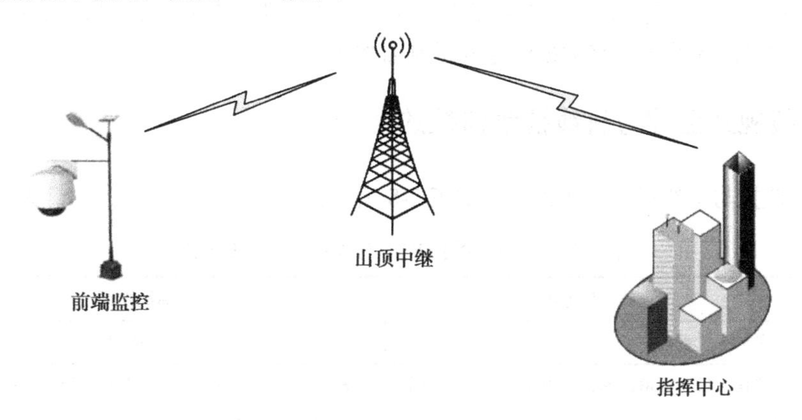

图 2-54 加中继远距离数字微波传输示意图

2.10.2 无线视频监控的优势

（1）综合成本低，性能更稳定，只需一次性投资，无须挖沟埋管，特别适合室外距离较远及已装修好的场合。在许多情况下，用户往往由于受到地理环境和工作内容的限制，如山地、港口和开阔地等特殊地理环境对有线网络、有线传输的布线工程带来极大的不便，采用有线的施工周期将很长，甚至根本无法实现。这时，采用无线视频可以摆脱线缆的束缚，有安装周期短、维护方便、扩容能力强，迅速收回成本的优点。

（2）组网灵活，可扩展性好，即插即用。管理人员可以迅速将新的无线监控点加入到现有网络中，不需要为新建传输铺设网络、增加设备，轻而易举地实现远程无线监控，如图2-55所示。

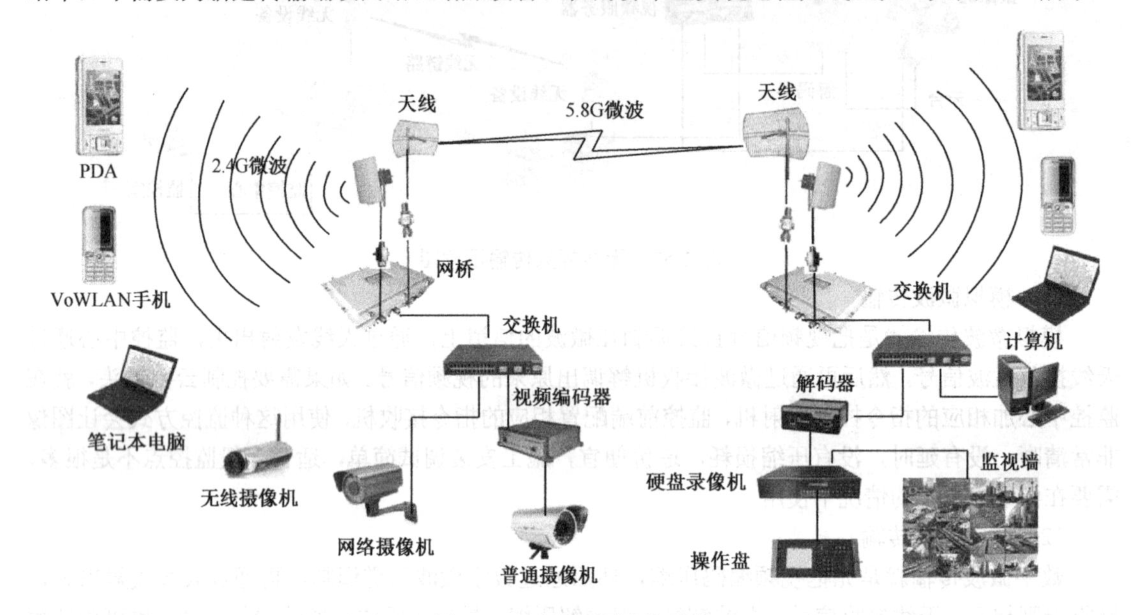

图2-55 无线视频监控系统

（3）维护费用低。无线监控维护由网络提供商维护，前端设备是即插即用、免维护的。

（4）无线监控系统是监控和无线传输技术的结合，它可以将不同地点的现场信息实时通过无线通信手段传送到无线监控中心，并且自动形成视频数据库便于日后的检索。

（5）在无线监控系统中，无线监控中心实时得到被监控点的视频信息，并且该视频信息是连续、清晰的。在无线监控点上，通常使用摄像头对现场情况进行实时采集，摄像头通过无线视频传输设备相连，并通过无线电波将数据信号发送到监控中心。

2.10.3 无线视频监控与有线视频监控的比较

无线视频监控与有线视频监控的比较如表2-8所示。

表2-8 无线视频监控与有线视频监控的比较

比 较 项 目	无线视频监控	有线视频监控
布线	完全不需要布线	布线烦琐，需要大量人力物力
扩展性	较强。只需要增加微波发射机与接收机及前端设备就可以完成	较弱。由于一些原因，原有布线所预留的端口不够用，增加新用户就会遇到重新布置线缆烦琐、施工周期长等麻烦

续表

比 较 项 目	无线视频监控	有线视频监控
衰减	全无衰减，如设备有老化现象，只需要更换老化部分的设备而不需要全套更换	由于一些原因，原有的电缆出现衰减现象而无法更换或难以更换电缆，新布线或更换工作烦琐、需大量人力物力
施工难度	施工难度低，免除了许多的不明因素，施工速度快，人力物力少，工程完成质量高	施工难度高，埋设电缆需挖坑铺管，布线时要穿线排，还有穿墙过壁及许多不明因素，如停电、水等问题使施工难度大大增加
移动性	非常高，在一些特殊情况下，前端设备只需在某一范围内移动	非常低，如要移动需再铺设电缆，费时费力，工作烦琐
成本	不需要布设线缆、安装成本非常低廉、维护成本低使得无线视频监控的整体成本比有线监控有优势	安装成本高，设备成本低，维护成本高

2.10.4　无线视频监控系统的应用

无线视频监控系统的应用范围广，主要分布在安全监控、交通监控、工业监控、家庭监控等众多领域，如图 2-56～图 2-58 所示。

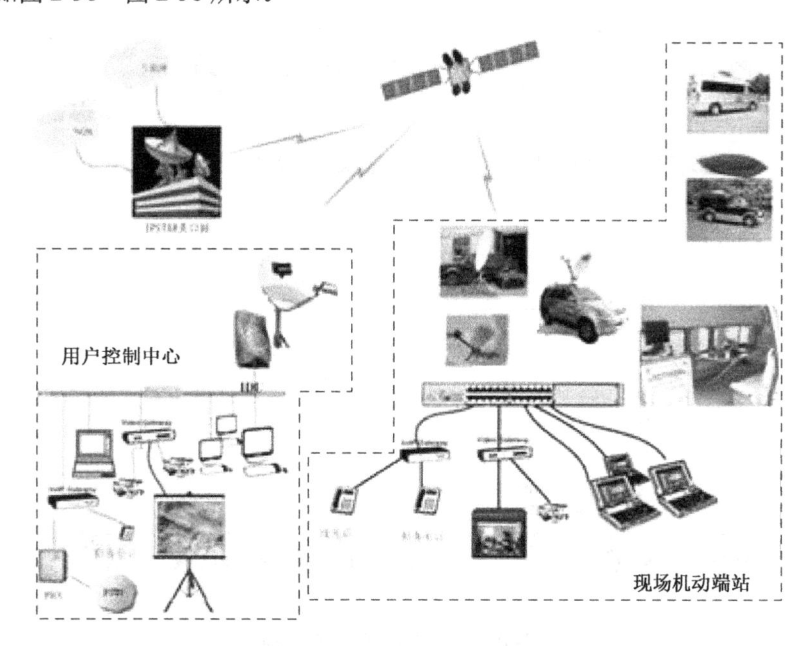

图 2-56　无线交通监控系统

（1）取款机、银行柜员、超市、工厂等无线监控。
（2）看护所、幼儿园、学校提供的远程无线监控服务。
（3）电力电站、电信基站的无人值守系统。
（4）石油、钻井、勘探等无线监控系统。
（5）智能化大厦、智能小区的无线监控系统。
（6）流水线无线监控系统，仓库无线监控系统。

图 2-57　无线环境监控系统

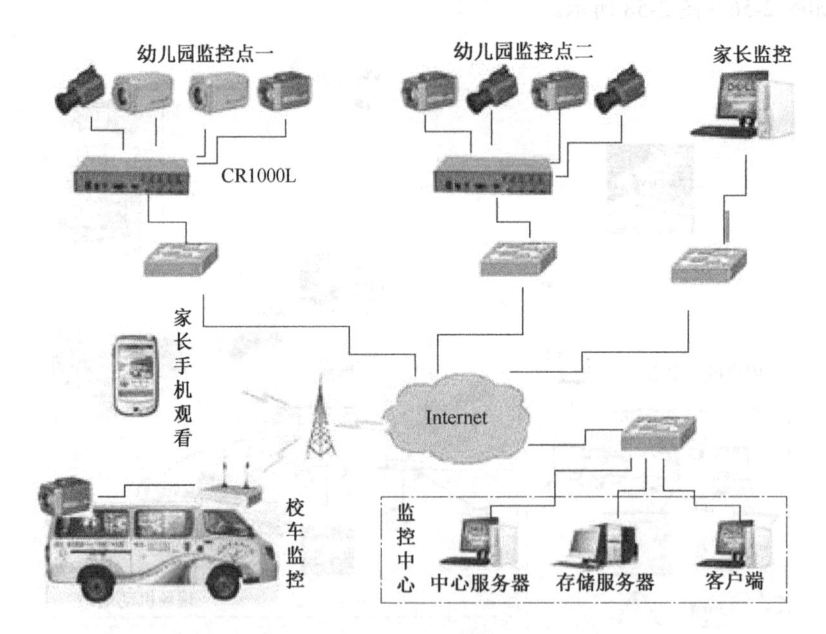

图 2-58　幼儿园无线监控系统

（7）森林、水源、河流资源的远程无线监控。

（8）户外设备的无线监理。

（9）桥梁、隧道、路口交通状况的无线监控系统。

（10）旅游景区、大型厂区、建筑工地的无线视频监控系统。

（11）森林防火无线视频监控系统。

（12）港口、码头、边防检查站的无线视频监控系统。

2.10.5 用于无线视频监控的产品

1. 11g网桥

11g 网桥在通信距离不远的条件下拥有较高的传输带宽，因此十分适合多路图像的集中传输（点对点传输），甚至可以完美传输16路或更多的图像。但多路处理能力略显不足（一点对多点传输），理想范围是1～5台以内。尽管如此，11g网桥更多用在路口、小区、厂矿、码头、货场、超市等距离不远的场合，无线网桥如图2-59所示。

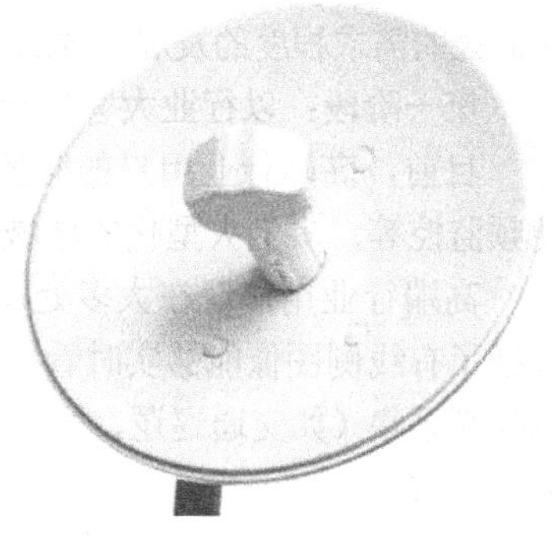

图2-59 无线网桥

2. 11b网桥

11b网桥由于受传输带宽不高的影响，适合做1对2或1对3的传输，而点对点可以做到5、6路图像的传输。此外，11b网桥还十分适合做超远距离的图像传输。针对那些位置较偏、距离较远的监控点，11g超出了传输距离，而采用11a网桥传输1、2路图像又十分不值得，因此选用11b网桥是最合理的选择。

3. 11a网桥

11a网桥具有传输距离远、传输带宽高的特点，因此十分适合那些远程、多路图像的传输，同时具备一点对多点的超强传输能力。在点对点的模式下可以传输16路以上的图像，点对多点模式下可以带64个分站的处理能力，但传输距离要依照所使用的天线情况而定。

WiMax、3G众多技术、Bluetooth等其他无线技术由于普及性、通用性不强，只在特殊环境下使用，这里不多做介绍。

无线网络技术的产生给人们的生活带来了全新的理念。自从1997年Wireless LAN（IEEE 802.11）标准确定以来，无线网络以其无须布线、灵活性强等优点迅速赢得了市场的认可。如今每天大约有25万人成为新的无线用户，截止到2002年，全球范围内的无线用户数量已经超过2亿。无线数字监控是无线网络发展至今最为广泛的应用之一。在通常情况下，被监控点和中央控制中心相距较远且位置较分散，利用传统网络布线的方式不但成本非常高，而且一旦遇到河流山脉等障碍时，有线网络更是束手无策。此时，无线网络无可比拟的优势就体现了出来，利用无线网桥技术，可以将多个被监测点与中央控制中心连接起来，且搭建迅速，可以在最短的时间内迅速建立起无线网络链路。在条件许可的情况下，利用无线网桥最远还可以支持50km以上的桥接。IEEE 802.11b/g/a的无线网络产品支持11/22/54Mb/s及更高的网络带宽，完全能够保证采用H.263、MPEG-1/2/4等格式的数字视频流稳定可靠地进行传输，达到无线视频监控的目的。

无线桥接技术利用一对无线桥接器，将两个分离的网络连接起来，并通过无线网桥进行数据传输。无线链路所能达到的11～54Mb/s的高网络带宽，完全可以保证视频流稳定持续传输。使用无线网桥，没有布线的烦恼，不破坏原有的环境和设施，施工周期短，性价比高，且扩充性强，只要增加或减少被监控点的无线桥接器，就可以完成被监控点的增加或减少。如图2-60所示。

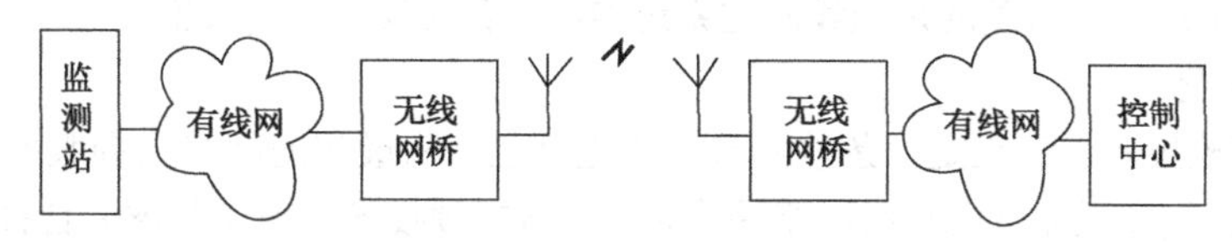

图2-60 无线桥接技术

在监控系统中，监控中心需要实时得到被监控点的视频信息，并且该视频信息必须是连续、清晰的。在被监控点，通常使用网络摄像头对现场情况进行实时采集，网络摄像头与无线桥接器设备相连，并通过由无线桥接器组成的无线网桥将数据信号发送到监控中心。

2.10.6 无线视频监控的三个重要阶段

根据近年来网络视频监控业务运营实践、无线网络视频监控技术的发展及不同用户群对无线视频监控的需求程度的发展，今后国内无线网络视频监控业务的发展将会经历以下三个阶段：

第一阶段：以行业大客户无线视频监控应用为主的行业典型应用阶段。

目前，高端行业用户的监控系统如国内的平安工程、交通的道路监控、检验检疫的电子监管视频监控等，多为大型化的城域性甚至全国性的行业视频监控系统。

高端行业用户现在大多处在建设大型视频监控项目的初期，其对监控系统的要求很高，不仅包括了有线侧图像能够实时看得清、录像存得好、云台控制等指令响应得快等，同时还增加了对无线视频采集（如交通巡逻、平安城市移动巡逻、城管移动巡逻与执法等）及移动视频观看和控制的应用要求。

由于当前能够实现盈利的运营商视频监控平台基本都处于第一阶段的行业用户上，政府、金融和电信仍是视频监控主要的应用领域，无线网络视频监控与具体行业的深度融合将成为网络视频监控市场发展的必然趋势。

第二阶段：以商业监控的创新性应用为主和部分家庭推广的小众化应用阶段。

中小型商业用户不仅是传统有线网络视频监控业务的另一个潜在的大规模用户群，也是无线网络视频监控应用的另一重要领域。这类用户是指有分布式监控访问要求的小型商店、中等规模连锁商业组织、医疗、教育机构等。由于用户具有移动性、远程移动接入及对工作效率高要求等特点，无线网络视频监控业务在该类应用中的渗透率将有较高的起点和较大的提升空间。

商业用户对无线视频监控的业务需求除了移动视频查看等基础的监控业务需求外，往往还需要监控系统与企业的业务系统相结合，比如医疗有可能会利用视频监控平台开展移动远程医疗服务（如救护车上的应急诊断与救护）、银行会利用运钞车的移动视频监控进行管控、学校会利用监控平台进行无线电化教学、无线电子监考等应用。

对商业用户来说，与自身业务结合良好的无线视频监控平台是很好的扩展业务的手段，因此运营商对商业客户的引导策略应该是搭建平台，寻找广泛的集成商共同开发面向客户的商业应用。如果电信运营商积极引导开发适应商业用户的杀手级监控应用，用户群的规模将很快得到拓展。

第三阶段：以广泛的个人和家庭应用、商业和行业应用全面开花，无线视频监控与视频的其他应用如 IPTV、视频会议和语音业务等应用相融合的大众化普遍应用阶段。

2.10.7 无线监控系统的发展方向

无线视频监控系统的发展虽然任重而道远，当它的发展路线图却清晰可见。在技术集成化、应用民用化以及主流技术的发展是无线监控系统能够真正实现跨越的关键。

1. 技术集成化

网络视频监控技术一直在走一条技术整合的道路上。从最初的网络视频服务器，到随后推出的网络一体球，直到今天非常流行的网络摄像机，网络视频技术实现了与球云台技术、摄像机技术的整合。当无线技术日益介入到视频监控领域，网络视频技术与无线技术的结合就成了一件顺理成章的事情，这同时也有助于进一步提高产品的稳定性和应用的便捷性，有利于厂商细分网络视频市场，避免同质化竞争。目前市场上支持 WiFi 的网络摄像机就是这一观点的最好佐证。预计未来支持各种无线网络类型的网络视频产品同样会在市场上争奇斗艳。

2. 应用民用化

视频监控系统正在经历由工业级应用向民用方向转变的这样一个历程。而无线应用终端的出现更推波助澜了这个过程。随着3G技术的进一步发展，每一个人手持的手机将成为一个最好的无线终端业务平台。人们可以通过手机实现无线网络监控。同时家庭无线网络也正在兴起，人们可以通过笔记本电脑借助无线路由器接入网络，快速组建HWLAN（家庭无线网络）。支持无线模式的家庭型网络摄像机将承担起家庭看护、店铺巡视等职能，使得无线监控技术进一步走进家庭用户。

3. 主流技术主导化

无线监控系统的规模应用必然离不开无线网络环境，而无线网络环境则离不开运营商的建设。随着3G网络技术的日益完善，以及伦敦奥运会上“科技奥运”理念对信息技术的推动作用，以TD为代表的第三代无线网络技术必然迅速在国内兴起。这是实现无线网络监控系统规模应用的关键。

2.11 视频监控系统面临的问题和未来

2.11.1 视频监控系统面临的问题

我国安防产业规模迅速扩大，2012年中国安防市场蓝皮书上显示，2012年安防全行业实现了16.8%的年增长，行业总产值预计可达 3240 亿元左右。而视频监控系统则占到安防电子产品比重的55%，远高于出入口控制系统、防盗报警系统及其他类别。

我国的视频监控系统经历了从第一代的模拟系统（CCTV），到第二代的数模混合系统（DVR），再到第三代以网络摄像机和视频服务器为代表的数字化监控系统三个阶段的演变。随着平安城市等安防目标的逐渐落实，简单的视频数字化管理已经无法满足需要，所以目前国内视频监控市场正处在向智能化与平台化转变的过程之中。国内智能视频监控技术目前面临的问题主要体现在以下几个方面。

1）媒体分发

目前的视频监控系统在视频媒体的分发方面普遍处理得比较简单，一般采用用户直接对网络摄像机进行访问，或通过视频服务器进行简单的媒体转发处理，而面对越来越庞大的用户群，这种媒体传送方式将会成为图像传输的瓶颈。是否具备高效的媒体分发机制将成为判断视频监控系统优劣的一项重要指标。

实际上，媒体分发是任何一个视频业务在发展到一定规模后必将面临的问题，视频监控可以与其他视频业务，比如IPTV，来共同研究视频分发的问题。未来的视频监控系统将会基于一个比较完善的媒体分发平台来传输实时视频信息与录像视频信息。

2）录像存储

目前，基于网络的视频监控系统基本上采用中心录像服务器来存储录像。中央录像服务器管理方便，安全可靠，但因为录像随时进行，数据流量大，对承载网带来很大压力。如果将录像存储边缘化，虽然可以减少视频流的数量，缓减承载网压力，但分散的录像数据将给录像的管理带来很大的麻烦，录像数据的安全性也将大大降低。由此可见，未来大量的存储需求发生的位置不可能由中心统一存储来承担，而大量的分布式、差异性存储却没有可用的技术方案。未来的视频监控系统要在录像存储方面进行合理的结构设计，才能满足实际的录像要求。

3）并发调度

目前的视频监控系统用户在一个视频监控点上一般不存在并发需求，即便批量用户可能对同一视频监控点的信息有同时调用要求，这种调用也没有差异。在未来，系统服务的使用者来源多样化并且不可控，其使用目的存在同样的情况，监控系统对于同一监控点存在着并发的冲突调用问题，因此必须考虑优先权限和分配机制。

4）计费

目前的视频监控计费模式非常单一，通常以租用为主，或者只需要考虑用户接入后使用的单一视频监控点的上传信息的时长或流量即可，其业务计费点和计费尺度无须太复杂，一般考虑简单的 RADIUS 协议即可。未来视频监控系统考虑的计费问题包括单用户对单资源的使用、单用户对多资源的使用、多用户对多资源的使用，这是单计费点和计费尺度、仅仅依靠目前的简明扼要单的计费协议所无法支持的。未来的系统应支持可灵活改变、可批量同时实施的多业务策略，支持上述各种业务策略的实时计费功能。

5）分级

目前的一些远程视频监控系统可以支持分级，但这种分级仅仅涉及内容分发的分级，对网络中其他子功能系统还是作为一级来考虑。

未来视频监控系统需要考虑的分级绝不仅仅是内容分配上的分级，因为全网中不同地区的服务提供商对于用户控制、业务管理、内容分配、运营支撑这四个层次分级要求是存在差异的，在这一点上用户控制和业务管理上分级的需求更接近会议电视系统而不是简单的点到点会话系统，需要全部重新设计。

6）业务融合

目前的远程监控不考虑与其他业务系统之间的互相调用。未来的视频监控系统将与多个其他业务系统交叉调用，不同系统之间的多层互通和资源共享是必须考虑的问题。

2.11.2 视频监控系统未来的发展

未来视频监控发展的最大特点就是网络化、数字化和智能化。

未来的视频监控管理系统与前几代的根本区别在于，不再局限于简单地完成对视频信号的处理、传输、控制，其核心在于为基于 IP 网络的多媒体信息（视频、音频、数据）提供一个综合、完备的管理控制平台。网络多媒体监控系统以网络为依托，以数字视频的压缩、传输、存储和播放为核心，以智能实用的图像分析为特色，并将报警系统、门禁系统整合到一个使用平台上。它引发了视频监控行业的一次技术革命，迅速受到了安防行业和用户的关注。目前，网络多媒体监控管理系统已广泛用于多媒体视讯调度指挥、网络视频监控和会议、多媒体网上直播、网络教学、远程医疗等各个方面。网络多媒体监控系统由网络多媒体监控管理平台和前端信息采集设备组成，其核心是网络多媒体监控管理平台。该平台集计算机网络、通信、视频处理、流媒体和自动化技术于一身，是视频、音频、数据和图示一体化的解决方案，兼具网络视频监控、视频会议、视频直播等功能，具有超大规模组网能力，是构建于 LAN/Internet 网络之上、支持多种传输方式的综合多媒体业务管理平台，其应用已远远超出监控本身所涵盖的内容。网络多媒体监控系统的特点在此前的视频监控系统虽然实现了从模拟到数字直至支持 IP 网络的传输，但前端设备功能单一，管理系统相对简单，已难以完成目前监控网络的不断扩大及日益复杂的功能需求，网络多媒体监控管理系统由此应运而生，其特点主要体现在多媒体应用中的数字化、网络化、智能化、系统化及超大规模组网能力。

数字化根本上改变了模拟视频监控系统从信息采集、数据处理、传输到系统控制方式和结构形式。数字化最主要的优点在于视频流编解码和数字传输。高性能的视频压缩技术为视频监控提供了高质量、高压缩比的视频，提高了视频传输效率，降低对带宽要求，减小视频存储空间。智能化从20世纪90年代中期开始，卡耐基梅隆大学（CMU）和麻省理工学院（MIT）的视觉监控重大项目VSAM（Visual Surveil-lance and Monitoring）以及其他科研机构的研究成果，推动了智能视频监控系统的发展。智能视频监控改变了传统视频监控的被动接收感受模式，可以主动地对监控现场的视频进行分析，有效地解决了在海量的视频数据中快速搜索到目标的图像，并将安防操作人员从繁杂而枯燥的“盯屏幕”任务中解放出来。

智能化是一个与时俱进的概念，在不同的时期和不同的技术条件下有着不同的含义。智能化可以说是自动化的最高境界，即实现自主的优化调节和有效、协调的互动。视频监控系统的智能化可以理解为实现真实的图像探测，实现图像信息和各种特征的自动识别，实现系统联动机构和相关系统之间准确、有效、协调的互动。智能化的监控系统不是分别、孤立地观察图像，而是全面地从图像之间的相关性和变化过程去分析和预测事件的趋势，从而实现真实的视频探测、多维视频探测等目标。要求从图像静态识别向动态分析过渡，从空间和时间两方面提取特征，实现目标的自动识别。通过图像的分析，对不同目标的运动趋势做出预测和统计，作为相关自动化系统的参考数据。所有这些都已有初步应用，但受到应用环境的限制，还有待完善和提高。

思考题与习题

一、选择题

1. 视频监控系统一般由摄像子系统、（　　）、控制子系统和显示记录子系统四个主要部分组成。

A．显示器　　B．图像传输子系统　　C．气象检测系统　　D．录像子系统

2. 视频监控系统中，存储硬盘的一个重要的性能指标是（　　）。

A．存取速度　　B．容量大小　　C．频率　　D．价格的高低

3. 我国视频图像的传输采用的方式是（　　）。

A．光纤　　B．卫星　　C．微波　　D．ADSL

4. 摄像机到硬盘录像机的连接线缆不包括（　　）。

A．电源线　　B．视频线　　C．双绞线　　D．控制线

5. 云台的作用是（　　）。

A．承载摄像机转动　　B．天文观测台

C．遮阳台　　D．监控中心

6. 图像分辨率是指（　　）。

A．每英寸图像上像素点的数量　　B．图像的格式

C．图像的大小　　D．图像的颜色

7. 监控主机系统病毒防护包括使用杀毒软件、（　　）、不轻易打开不明电子邮件的附件、对软件先杀毒后安装等。

A．不看电影　　B．不使用电子邮件

C．慎用U盘等移动存储介质　　D．不上网

8. 视频监控设备发生异常状况时，应及时通报公司设备专管员。下列（　　）情况不属于设备的故障情况。

A．异常发热　　B．画面抖动　　C．异常噪声　　D．散发异味

9. 摄像机是监控系统的核心部分，其主要功能是把光信号转换成（　　）。

A．视频信号　　B．频率信号　　C．声音信号　　D．电信号

10. 在监控室，需要对摄像机的变焦镜头、（　　）和防护罩进行遥控。

A．能见度检测器　B．电动云台　C．状态检测器　D．气象监测器

11．为看清远处的状况，监控系统应选用（　　）镜头。

A．广角镜头　B．中焦镜头　C．长焦镜头　D．针孔镜头

12．视频监控系统日常的保养工作不包括（　　）。

A．定期对视频线缆进行连通性测试

B．定期对视频镜头灰尘、蜘蛛丝进行清扫

C．定期分析监视画面场景覆盖情况，及时调整视频点监控区域

D．定期用刷子对主板、接插件、机箱及机箱风扇等进行除尘

13．在线缆传输中，同轴电缆和铜缆作为传输视频信号的主要线缆，应合理规划选型。300m以内的视频信号传输距离，推荐选用SYV-75-5型同轴电缆，若为内部近距离30m以内的视频设备间互联，推荐选用SYV-75-3型同轴电缆，传输距离比较远，300m以上的我们应该选用（　　）。

A．SYV-75-5　B．光纤　C．SYV-75-3　D．屏蔽电源线

14．硬盘录像机（DVR）是监控系统中不可缺少的监控设备，它的主要用途是（　　）。

A．画面切换　B．报警记录

C．图像保存、显示输出和云台控制　D．图像传输

15．硬盘录像机（DVR）是一种专用的监控设备，在日常使用中应该注意的事项不包括（　　）。

A．DVR上不能放置有液体的容器（例如水杯）

B．DVR应放置在通风良好的地方

C．DVR应注意防尘防潮，避免内部电路短路

D．DVR设备可以根据需要随意更改安装位置

16．以下关于云台的描述中，正确的是（　　）。

A．云台可控制摄像机的镜头焦距

B．云台转动方向由解码器指令决定

C．轻型云台安装时可不考虑防震措施

D．云台预置数据位信息存储在客户端的软件系统或矩阵中

17．以下关于云台地址的描述中，哪一项是错误的（　　）。

A．在同一工程中，多个云台地址可以相同

B．在同一矩阵控制下的多个云台地址可以相同

C．在统一编码器下控制的多个云台地址必须不同

D．云台地址拨码是按照二进制原则编码

二、问答题

1．监控系统由哪几大部分组成，说明各自的功能。

2．简要说明摄像机的分类。

3．光纤视频传输系统的环节有哪几个？

4．简述电视制式。

5．简述监控系统的控制方式。

6．试比较无线视频监控与有线视频监控的异同点。

三、计算题

1．一个170cm的人，在1500m处，如果用1/2″的摄像机，需要在监视器上满屏，则需配套镜头的焦距为多少？

2．反过来，一个170cm的人，在1500m处，如果用1/2″的摄像机，焦距为500mm的镜头，所成的像在监视器上的比例为多少？

第3章

入侵报警系统设计与实施

建筑安全防范系统一般包括入侵报警系统（或称防盗报警系统）、视频监控系统（或称电视监控 CCTV 系统）、出入口控制系统（或称门禁系统）、巡更系统、汽车库（场）管理系统（或称汽车出入管理系统）、楼宇对讲系统等子系统。

入侵报警系统是安全防范自动化系统的一个子系统。它应能根据建筑物的安全技术防范管理的需要，对设防区域的非法侵入、盗窃、破坏和抢劫等，进行实时有效的探测和报警，并应有报警复核的功能。系统一般由周界防护、建筑物内区域、空间防护和实物目标防护等部分单独或组合构成。系统的前端设备为各种类型的入侵探测器（传感器）；信号传输方式有无线传输和有线传输，有线传输又可采用专线传输和电话线传输；系统终端显示、控制、通信设备可采用报警控制器，也可设置报警中心控制台，报警控制器能接收各种性能的报警输入信息。

3.1 入侵报警系统概述

入侵报警技术是传感技术、电子技术、通信技术、计算机技术及现代光学技术相结合的综合性应用技术，应用于探测非法入侵和防止盗窃行为。在任何需要防范的地方均可利用各种不同类型的探测器构成点、线、面、空间等警戒区，并可将它们交织在一起形成多层次、全方位的交叉防范体系，一旦有不法分子入侵或是发生其他异常情况，即可发出声光报警信号，并显示报警部位。GA/T368—2001《入侵报警系统技术要求》将入侵报警系统定义为：用于探测设防区域的非法入侵行为并发出报警信号的电子系统或网络。入侵报警系统广泛应用于银行、金融部门、博物馆、办公楼、研发部门、企业重要车间、写字楼、酒店、仓库等重要区域。

1. 入侵报警系统的定义

防盗入侵报警系统是指利用先进的科技手段，将所需安全防范的场所构成看不见的警戒区，一旦有非法入侵者进入警戒区时即可发出声、光报警并可指出报警地点、时间等。入侵报警系统是一种应用最广泛的安全防范技术手段，它可以长时间连续不断地处于戒备状态，对非法入侵进行探测，忠实地看守着门窗、房间或贵重物品，一旦有人靠近、通过或触动，就会发出报警。

2. 入侵报警系统的设计要素

在 GB50348—2004 中，即《安全防范工程技术规范》中已规范化地定义了入侵报警系统（Intruder Alarm System），并且列为安全防范系统首要和最基本的一个子系统，明确规定了它的设计要素是：系统应能根据被防护对象的使用功能及安全防范管理的要求，对设防区域的非法入侵、盗窃、破坏和抢劫等进行实时有效的探测与报警。高风险防护对象的入侵报警系统应有报警复核功能。系统不得有漏报警，误报警率应符合工程合同书的要求。

在功能设计方面，该规范具体规定：入侵报警系统应根据各类建、构筑物（群）安全防范的管理要求和环境条件，根据总体和局部纵深防护的原则，分别或综合设置防护对象的周界防护、内（外）区域或空间防护、重点实物目标防护系统。系统的前端应按需要积极选择、安装各类入侵探测设备，构成点、线、面、空间或其组合的综合防护系统。应能显示和记录报警部位和有关警情数据，并能提供与其他子系统联动的控制接口信号等。

从以上叙述可见，入侵（防盗）报警系统虽然目前在安防系统中并非是投资份额最大的系统，但却是分布最广和最重要的基础子系统。在与视频安防监控和出入口（门禁）控制系统的联动中，入侵报警都担当了前哨的角色。因而在三种主流的系统集成模式中，以报警主机为核心的集成，也是备受重视的系统构建方式。随着全国各地平安城市建设进程的推动，以城市联网报警与监控为主要系统建设目标的巨大应用需求必将促进入侵报警系统的长足发展和进一步的提高，并且形成快速增长的市场前景。

3．现代防盗入侵报警技术的历史发展

现代防盗入侵报警技术是人们在与犯罪分子作斗争的过程中，不断发展、完善起来的。早期的犯罪分子直接进入盗窃或犯罪场所进行盗窃及破坏活动，针对这类盗窃破坏方式，科研人员研制出开关式防盗报警探测器，这种报警器结构简单，安装使用方便，可以安装在门、窗、保险框及抽屉上或贵重物品下面，当犯罪分子打开门窗、抽屉或取走贵重物品时，就会引起开关状态的改变，触发报警器产生报警。但是随着时间的推移，有些犯罪分子了解了开关报警器的原理，因此作案时不从门窗进入，而是挖墙打洞进入室内，为了有效地对付这类犯罪方式，人们研制出玻璃破碎报警器和振动报警器，当犯罪分子试图打碎门窗玻璃或在墙上挖洞进入室内时，就会引起玻璃破碎报警器或振动报警器产生报警。再后来，人们发现有的盗贼利用某些场所（如博物馆、商店等）白天向人们开放的机会，采用白天躲在这些场所的某些隐蔽角落，晚上闭馆关门后再出来作案的方式，第二天开门后再偷偷溜走。为了对付这种盗贼，科研人员研制出空间移动报警器（超声波报警器、微波报警器、被动红外报警器、视频报警器等），空间移动报警器的特点是：只要所警戒的空间有人活动就会触发报警。空间移动报警器的研制成功是防盗报警技术的一大进步，早期的空间移动报警器是单技术报警器，其最大的缺点是易受环境干扰的影响产生误报警，为了克服单技术报警器误报率较高的缺点，1973 年日本首先提出双技术报警器的设想，但是真正研制出实用的双技术报警器是在 20 世纪 80 年代。双技术报警器是将两种不同的探测技术结合在一起，当两者都感应到目标才会发出报警信号，如果仅其中一种探测技术发现目标则不会报警。双技术报警器利用两种不同的探测技术同时对防范场所进行探测，它发挥了不同探测技术的长处，克服了彼此的缺点，使双技术报警器的误报率大为降低，可靠性大大提高。目前应用最多的是微波/被动红外双技术报警器。近年来报警领域里的一项最大成果是数字视频报警器的研制成功，数字视频报警器是随着数字电路技术、计算机技术和电视技术的发展而出现的一种新式报警器，它集电视监控与报警技术于一体，具有监视、报警、复核和图像记录取证等多种功能，是当前一种最为先进的报警器。

早期的防盗报警器主要用于室内，随着报警技术的不断发展和完善，现在人们已研制出多种可用于室外作为周界防范的报警器，如主动红外报警器、激光报警器、微波报警器、电场感应报警器、驻极体电缆报警器、泄漏电缆报警器等。它们各有特点，适合在不同环境条件下使用，对防范场所的周界起报警探测的作用。

4．防盗入侵报警技术的智能化发展趋势

目前，在安防报警系统中所使用的探测器的弊端是其探测方式主要是探测环境物理量和状态的变化，这种探测方式从本质上不具备识别探测目标的视频监控能力。因此，安防报警监控系统会因为某些意外的情况或受环境因素的影响而触发，从而发生误报警。为此，安防报警系统的入侵探测器采用了多个探测元、多技术复合探测及智能化的数据分析等方法，这些确实使探测器的性能和功能有了很大的提高，也降低了误报警，但这并未从根本上解决问题。所以，对于风险等级和防护级别较高的场合，安防报警系统必须采用多种不同探测技术组成入侵探测系统来克服或减少由于某些意外的情况或受环境因素的影响而发生误报警，同时加装音频和视频复核装置，当系统报警时，启动音频和视频复核装置工作，对报警防区进行声音和视频图像的复核。

安防系统的智能化可以理解为：实现真实的探测，实现图像信息和各种特征（各种定义的特征、不同的载体、生物特征）的自动识别，系统联动机构和相关系统之间准确、有效、协调的互动。智能化是探测技术的发展趋势和主要课题。实现真实探测是探测技术始终追求的目标和研究的方向，由于原理的局限，通常探测器的探测结果真实性很差，再加上多种干扰因素的存在，探测系统的误报警率曾经很高。当时解决这个问题主要是采用报警评价技术，如利用电视来观察报警现场，判断是否是真实的报警。同时，人们努力从多个方面入手提高探测的真实性，这就是智能化报警的发展之路。这些研究取得了一定的成果，在一定程度上改善了误报警率高的问题。已经产品化并得到应用的主要有以下几个方面。

（1）探测元结构的改进。

典型的是被动红外探测器的探测元结构。多元红外探测器利用不同元的几何位置差与光学系统（菲涅耳镜（组））的光学调制作用的配合，产生抵制干扰的作用。以双元为例：由于两个元的几何位置的差异，在其接收来自同一个运动的目标的热辐射能量时，就会出现一个幅度差（接收能量的大小）和相位差（时间上的顺序）。将两个元的输出做差分处理就可以提高探测的灵敏度。同时，由于环境因素的干扰（主要是背景温度的变化）对于两个元来讲是相同的，因而没有差分的输出，也就起到了抵制作用。目前市场上的高档被动红外探测器有双元（两个探测元）、四元（四个探测元）和双 S 元（四个不规则探测元）几种，是高安全要求系统的主要选择。由于制造技术的限制，产品主要来自国外，价格也比较高。

（2）探测技术的组合。

将两种不同原理的探测技术组合起来，使其性能上互补，这是有效的方法，即所谓的双鉴探测器。它的出现是探测技术发展的一个重要阶段，是探测器智能化的开始，也成为当前高档入侵探测器的主流产品。微波/被动红外成为了应用最多的双技术探测器。目前市场上有一种三鉴技术之说，它把探测器信号的智能处理作为一鉴，并不是三种探测技术的组合，其实还是双鉴探测器。

（3）探测器的智能化。

由于微处理器和 DSP 技术的进步，使得许多电子设备都带有 CPM 单元，可以进行信号的智能化处理。探测器的智能化主要形式有：探测信号的处理不再是简单地设定一个阈值，即当探测信号超过时就产生报警，而采用脉冲计数（被动红外）、时间延迟（主动红外、微波等）等方法，判断探测器的自适应设计，其报警阈值可以随环境因素的变化而自适应调节，它提高了探测的环境适应性和抑制干扰的能力。探测信号的智能分析中能量的分析和频率的分析是两种主要方法。

（4）新的探测原理和探测技术的研究。

目前，在安防系统中应用的探测设备主要还是探测环境物理量和状态的变化。这种探测方式从本质上不具备识别探测目标的能力。因此，伴随而来的误报警问题一直在困扰着安防系统。采用多探测元、多技术复合探测及智能化的数据分析，确实使探测器的性能和功能有了很大的提高，也降低了误报警，但是并未从根本上解决问题。

以目标分析为基础的探测是直接对目标进行识别的技术，它是以图像技术或特征识别技术为基础的，是一种有效的探测手段。我们知道，在监视器上观察图像就是最基本和原始的探测方式，如能对图像进行动态分析，实现运动的识别、目标的识别（自动的识别），构成多维的探测，视频技术将是真实的空间探测手段，是不需要复核或与复核为一体的探测手段。

目前已有多种视频探测设备得到了应用，如大多数数字视频记录设备带有运动探测功能，各种图像内容分析软件都实现了入侵探测功能。可以预见，视频技术将会从原理和形态上改变探测设备的面貌，是智能化报警的主要方向，应引起我们的关注。

3.2 入侵报警系统的组成

GA/T368—2001《入侵报警系统技术要求》将入侵报警系统定义为用于探测设防区域的非法入侵行为并发出报警信号的电子系统或网络。

3.2.1 入侵报警系统的组成

一个完整的报警系统通常由入侵探测器、传输系统及报警控制器三大部分组成，如图 3-1 和图 3-2 所示分别为报警系统组成框图和报警系统结构框图。

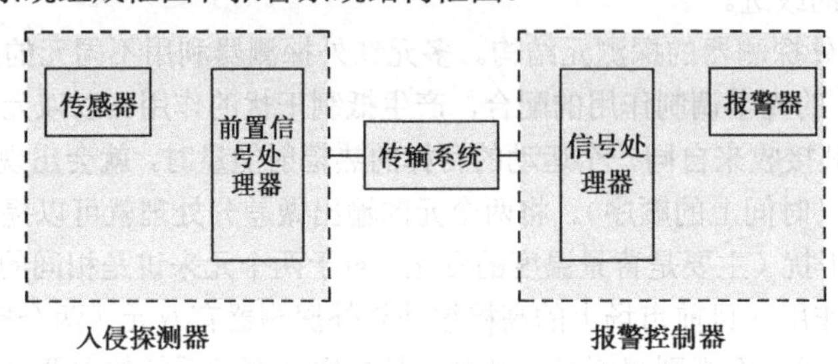

图 3-1 报警系统组成框图

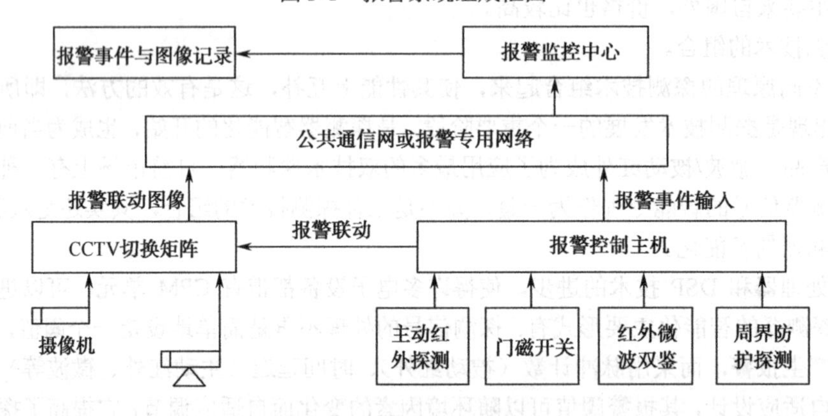

图 3-2 报警系统结构框图

1. 入侵探测器

入侵探测器是报警系统的前端设备，安装在需要防范的场所，通过探测场所状态或某种物理参数的变化来发现入侵者，并发出报警触发电信号通过传输系统送给报警控制器。入侵探测器是整个报警系统的关键部分，它在很大程度上决定着报警系统的性能指标，如探测范围、探测灵敏度、误报率、漏报率等。

入侵探测器的种类繁多，功能各有不同。根据探测范围大小，入侵探测器有点、线、面、空间及周界控制型；根据探测的物理量来划分，入侵探测器有开关、振动、微波、超声波、红外线等多种类型。一个大型的防盗报警系统一般需要多个入侵探测器，将不同种类的探测器互相配合应用，可以使报警系统性能更加完善，可靠性更高，发挥出更大的效力。

探测器作为传感探测装置，用来探测入侵者的入侵行为及各种异常情况。在各种各样的智能建筑和普通建筑物中需要安全防范的场所很多。这些场所根据实际情况也有各种各样的安全防范目的和要求。因此，需要有各种各样的报警探测器，以满足不同的安全防范要求。

根据实际现场环境和服务设施的安全防范要求，合理地选择和安装各种报警探测器，才能较好地达到安全防范的目的。当选择和安装的报警探测器不合适时，有可能出现安全防范的漏洞，达不到安全防范的严密性，给入侵者造成可乘之机，从而给安全防范工作带来不应有的损失。

报警探测器要求具有防拆、防破坏功能。当报警探测器受到破坏、人为将其传输线短路或断路及试图非法打开其防护罩时，均应能产生报警信号输出。另外报警探测器还应具有一定的抗干扰措施，以防止各种误报现象的发生，例如，防宠物和小动物骚扰、防因环境条件变化而产生的误报干扰等。

报警探测器的灵敏度和可靠性是相互影响的。合理选择报警探测器的探测灵敏度和采用不同的抗外界干扰的措施，可以提高报警探测器的性能。采用不同的抗干扰措施，决定了报警探测器在不同环境下的使用性能。了解各种报警探测器的性能和特点，根据不同使用环境，合理配置不同的报警探测器是防盗报警系统的关键环节。

2．传输系统

报警传输系统是指具有报警信号传输作用的电子装置和信号传输通道。入侵探测器发现入侵行为之后产生的报警触发电信号，要由传输系统传递给报警控制器；而报警控制器对入侵探测器发出的各种控制信号（如探测器布防、撤防等）及探测器需要的电源也要传输给探测器。报警信号的传输方式可以分为有线传输和无线传输两类，有线传输又包括专用线传输、电话线传输、电力线传输等。

3．报警控制器

报警控制器是整个报警系统的核心设备，其作用是接收入侵探测器输出的报警触发电信号，显示报警状态，发出声、光报警、指示出入侵发生的部位并对入侵探测器进行功能控制（如布防、撤防等）。

报警控制器安装在值班室中，平时值班人员直接接触的就是报警控制器，报警控制器是报警系统的核心设备的主机。报警控制器种类很多，但目前无明确的分类标准。简单的报警控制器仅能控制几路探测器，功能也较少；复杂的报警控制器可以控制几十路甚至几百路探测器，且功能完善。

目前先进的报警控制可以以声、光、数字或图像的形式显示状态、报警地点、报警时间等，当需要记录时，可以自动打印、录音、录像或存储等。先进的报警控制器还具有其他若干功能和防破坏功能，如系统正常状态自检，故障报警，密码开关机，遥控操作，对传输线断路、短路报警，电源欠压报警，防入侵探测器外壳拆卸报警等。

3.2.2 入侵报警系统的主要技术指标

如前所述入侵报警系统由入侵探测器、传输系统和报警控制器三部分组成，因此入侵报警系统的性能指标就必须考虑这三部分，另外设备连接的可靠性程度、设备受环境因素的影响，均是设备能否发挥正常功能的关键，所以报警系统的性能指标要从系统的角度综合考虑各设备指标及它们的相关性和协调性。

1．探测范围

探测范围即探测器所防范的区域，又称工作范围。点探测器的工作范围是一个点，如磁开关探测器。线探测器的工作范围是一条线，如主动红外线探测器，它的工作范围有 50m、100m、150m 等。面探测器的工作范围是一个面，如某型号的振动探测器工作范围是半径 10m 的圆。空间探测器的工作范围是一立体空间，目前主要有两种形式的空间探测器，一是工作范围充满整个防范空间，如声控探测器、次声控探测器等；而另一种是不能充满整个防范空间的探测器，这种探测器的工作范围常用最大工作距离、水平角、垂直角表示，如某型号的被动红外探测器的工作范围是最大工作距离 15m、水平角 102°、垂直角 42.5°。微波/被动红外线双技术探测器、微波多普勒探测器等都属于这类空间探测器。

探测器的工作范围与系统的工作范围有时会不一样，因为电压的波动、系统的使用环境及使用年限等都可能对探测器的探测范围产生影响。例如，电压波动超出了设备正常工作的要求值，就可能出现探测范围的加大或缩小；埋入地下的振动探测器（地音探测器），受填埋介质（土壤、水泥等）的性质影响也很大。又如，若相对湿度超出了声控探测器的工作要求值，其探测范围就可能加大或缩小。

有些探测器的探测范围是可以适当调节的。例如，微波多普勒探测器，使用中应适当调节工作范围，既不能超过防护范围（易误报警），又不能小于防护范围（可能造成漏报警）。

2．灵敏度

探测灵敏度是指探测器对入侵信号的响应能力。空间探测器的灵敏度一般按下列方法调节：以正常着装人体为参考目标，双臂交叉在胸前，以 0.3～3m/s 的任意速度在探测区内横向（此时灵敏度最高）行走，连续运动不到三步，探测器应产生报警状态。对于线探测器，如主动红外探测器，其设计的最短遮光时间（灵敏度）多是 40～700ms，在墙上端使用时，一般是将最短遮光时间调至 700ms 附近，以减少误报警；当用红外光束构成电子篱笆时，就应将最短遮光时间调至 40ms，即最高灵敏度。在实际系统中灵敏度也会受设备使用年限、环境因素、电压波动等的影响。

3．可靠性

1）平均无故障工作时间

某类产品出现两次故障时间间隔的平均值，称为平均无故障工作时间。按国家标准《入侵探测器第 1 部分：通用要求》GB10408.1—2000 规定，在正常工作条件下探测器设计的平均无故障工作时间（MTBF）至少为 60 000h；《防盗报警器控制器通用技术》GB12663—2001 规定，在正常条件下防盗报警控制器平均无故障工作时间（MTBF）分为Ⅰ、Ⅱ、Ⅲ三级，Ⅰ级 5000h、Ⅱ级 20 000h、Ⅲ级 60 000h，产品指标不应低于Ⅰ级要求。质量合格的产品在平均无故障工作时间内其功能、指标一般都是比较稳定的，如果工作年限超过了平均无故障工作时间，其故障率以及各项功能指标将无保证。

2）探测率、漏报率和误报率

在实际工作中人们往往用探测率、漏报率和误报率来衡量入侵报警系统的可靠性。

（1）探测率：出现危险情况而报警的次数与出现危险情况次数的比值，用下式表示

$$探测率=\frac{因出现危险情况而报警次数}{出现危险情况次数}\times 100\%$$

（2）漏报率：出现危险情况而未报警的次数与出现危险情况次数的比值，用下式表示

$$漏报率=出现危险情况未报警次数/出现危险情况次数\times 100\%$$

可见，探测率与漏报率之和为 1。这就是说探测率越高，漏报率越低，反之亦然。

（3）误报率：《安全防范工程技术规范》GB50348—2004 将误报警定义为由于意外触动手动报警器装置、自动报警装置对为设计的报警状态做出响应、部件的错误动作或损坏、人为的误操作等。误报率是误报警次数与报警总数的比值，用下式表示

$$误报率=\frac{误报警次数}{报警总数}\times 100\%$$

4．防破坏保护要求

入侵探测器及报警控制器应装有防拆开关，当打开外壳时应输出报警信号或故障信号。当

系统的信号线路发生断路、短路或并接其他负载时，应发出报警信号或故障信号。

5. 供电及备用电要求

入侵报警系统宜采用集中供电方式，探测器优选12V直流电源。当电源电压在额定值的±10%范围内变化时，入侵探测器及报警控制器均应正常工作，且性能指标符合要求。使用交流电源供电的系统应根据相应标准和实际需要配有备用电源，当交流电源断电时应能自己切换到备用电源供电，交流电恢复后又可对备用电源充电。

6. 稳定性与耐久性要求

入侵报警系统在正常气候环境下，连续工作 7 天，其灵敏度和探测范围的变化不应超过±10%。入侵报警系统在额定电压和额定负载电流下进行警戒、报警和复位，循环6000次，应无电故障或机械的故障，也不应有器件损坏或触点黏连现象。

3.3 入侵探测器

3.3.1 探测器的分类

探测器的种类很多，分类方式也很多，常用的分类方式有以下几种。

1. 按传感器种类划分

按传感器种类即是按探测的物理量来划分，探测器可分为磁开关探测器、振动探测器、声控探测器、被动红外探测器、主动红外探测器、微波探测器、电场探测器、激光探测器等。

2. 按探测器的工作方式划分

（1）主动式探测器。

工作时探测器中的发射传感器向防范现场发射某种形式的能量，在接收方传感器上形成稳定变化的信号分布。一旦有入侵物破坏稳定的接收信号，探测器就产生报警信号，并通过信道传送回报警主机，如主动红外对射探测器、激光探测器。

（2）被动式探测器。

工作时探测器本身不向防范现场发射能量，而是依靠接收自然界的能量在探测器的接收传感器上形成稳定的变化信号，当危险情况出现时，稳定变化的信号被破坏，形成携有报警信息的探测信号，经处理产生报警信号，如被动红外双鉴探测器、振动探测器。

3. 按警戒范围划分

（1）点式控制探测器。

其警戒的范围可视为一个点，当这个点的警戒状态被破坏时，即发出报警信号，如磁开关探测器。

（2）线控制式探测器。

其警戒的范围是一条线，当这条线的警戒状态被破坏时，即发出报警信号，如激光探测器。

（3）面控制式探测器。

其警戒的范围是一个面，当这个面的任一点警戒状态被破坏时，即发出报警信号，如振动探测器。

（4）空间控制式探测器。

其警戒的范围是一个空间，当这个空间的任一处警戒状态被破坏时，即发出报警信号，如被动红外探测器。

4．按信道划分

按探测器信号传输的信道可将探测器分为有线探测器和无线探测器。探测器和报警控制器之间采用有线方式连接的为有线探测器，采用无线电波传输报警信号的为无线探测器。

5．按应用环境划分

按应用场合可分为室内探测器和室外探测器。室外探测器根据温度、湿度的不同也有不同的选择，如在我国南方和北方环境不同，探测器的选择也不同。

3.3.2 磁开关探测器

1．结构与工作原理

磁开关由开关盒（核心部件是干簧管）和磁铁盒构成，当磁铁盒相对于开关盒移开至一定距离时，能引起开关状态发生变化，有关控制电路发出报警信号，这种装置称为磁开关入侵探测器，俗称磁开关或门磁，如图 3-3 所示为这种探测器的示意图。

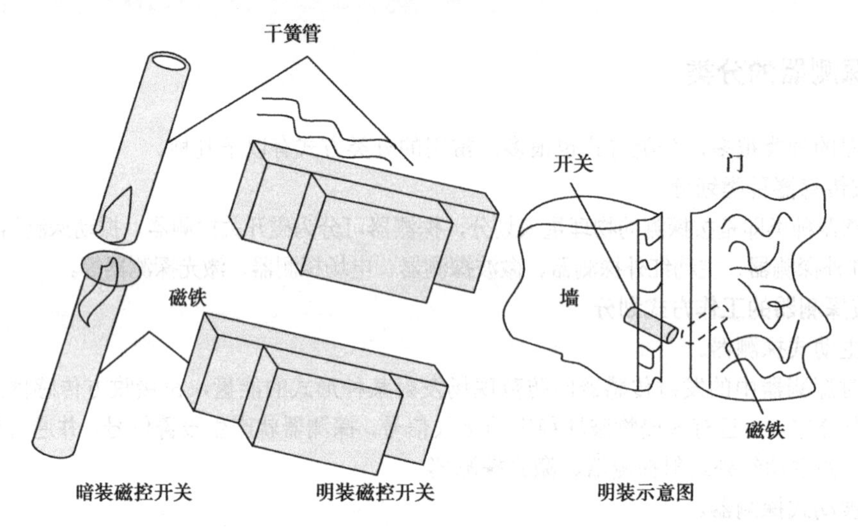

图 3-3 磁开关入侵探测器的示意图

磁铁盒是内装永久磁铁的盒体部件，其中干簧管是磁开关入侵探测器的核心元件。防盗系统中主要使用常开式干簧管（H 型）和常闭式干簧管（D 型）。干簧管由弹簧片与玻璃管烧结而成，其中弹簧片用铁镍合金做成，具有很好的弹性，且极易磁化和退磁，玻璃管内充惰性气体，防止触点氧化。弹簧片上的触点镀金、银、铑等贵重金属，以减小接触电阻。两触点间隙很小，吸合、释放的时间一般在 1ms 左右，吸合次数（寿命）可达 10^8 次以上。

常开式干簧管（H 型）的弹簧片烧结在玻璃管两端（做成开关盒时，为接线方便引线从盒的一端或底部引出），在永久磁铁的作用下，两触点产生异性磁极，由于异性磁极的相互吸引两触点闭合，形成警戒状态。一旦磁铁远离干簧管，即门、窗被打开，两触点立即退磁，在弹簧片弹力的作用下，触点分开，系统报警。常闭式干簧管（D 型）两弹簧片烧结在玻璃管一端，在永久磁铁作用下，两触点产生同性磁极，相互排斥，两触点分开，形成警戒状态。一旦磁铁远离干簧管，门、窗被打开，触点立即退磁，在弹簧片弹力作用下，触点闭合，系统报警。以上即为磁开关入侵探测器的工作原理。

2．磁开关入侵探测器应用技术

（1）磁开关的选择。首先根据报警控制器的报警状态（是开路报警还是闭路报警）选择相应的磁控开关。其次根据人员流动大小选择不同安装方式的磁控开关。人员流量大的场合，如商场、博物馆等宜选择暗装磁控开关，可有效防止犯罪分子盗窃前的破坏；人员流量小的场合，如家庭宜选用明装磁控开关，可减少施工量。最后根据磁开关分隔间隙进行选择，磁开关按分隔间隙将产品分为A、B、C三类，间隙分别大于20mm、40mm、60mm，使用者根据门、窗缝隙的大小选择不同的产品。最后还要考虑磁控开关的隐蔽性，尽量根据门窗的质地及颜色来选择。

（2）注意事项。磁开关入侵探测器是点式控制探测器，这就意味着该警戒点不被触动，系统就不会报警，所以误报警很少，可靠性高。但是如果犯罪分子是破门、破窗而入不触动警戒点的话，此时也不会报警，磁控开关就显得无能为力了。在使用过程中门、窗未固定好，在刮风的情况下，门、窗的晃动会造成误报警；不要将任何产生磁场的物体或仪器设备靠近磁控开关，否则会影响系统的正常工作；定期进行检查，防止门、窗变形造成系统的误报或使用不正常。

3.3.3 主动红外入侵探测器

1. 工作原理

主动红外入侵探测器由主动红外发射机和主动红外接收机组成，当发射机与接收机之间的红外光束被完全遮断或按给定百分比遮断时就产生报警，工作原理如图3-4所示。

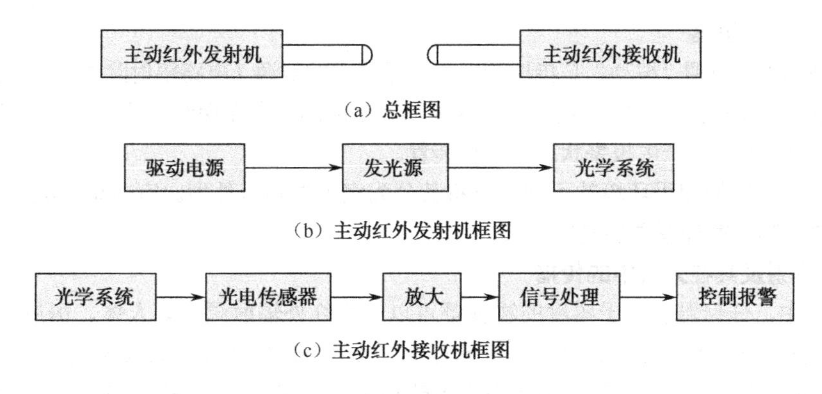

图3-4 主动红外入侵探测器的工作原理

主动红外发射机通常采用红外发光二极管作为光源。该二极管的主要优点是体积小、质量轻、寿命长，交直流均可使用，并可用晶体管和集成电路直接驱动。主动红外发射机所发红外光束有一定发散角，如图3-5所示。

从图中可以看出由于光束的发散角，发射机和接收机距离越远接收端光束的覆盖面就越大，单光束红外入侵探测器容易受外界的干扰而误报警，小鸟、落叶等遮挡特别容易造成误报。目前除单光束红外入侵探测器外，还有双光束、四光束、多光束红外入侵报警探测器，当入侵物遮挡双光束（四光束）全部或按设定遮挡百分比的时候才报警，提高报警准确率。

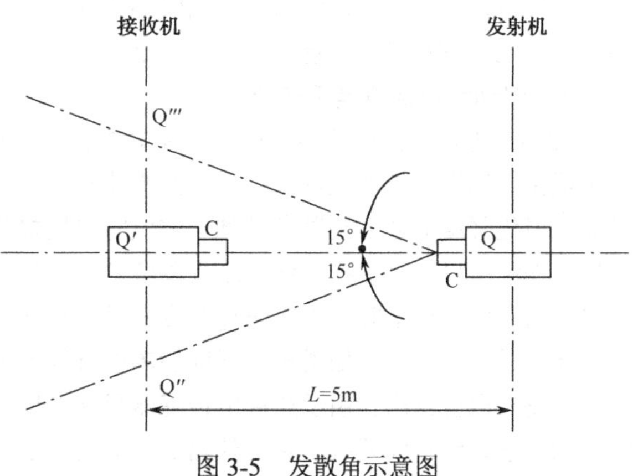

图3-5 发散角示意图

2. 设备选用

（1）根据室内、室外使用来选择。室外

入侵报警探测器对防水、防潮等要求比室内入侵报警探测器要高得多，并且在发射机和接收机探测距离上，室外入侵报警探测器要比室内入侵报警探测器留有的余量大得多。

（2）根据防范现场最低、最高温度和持续时间选择主动红外入侵探测器。

（3）主动红外入侵探测器受雾的影响严重，在探测距离选择上要留出 20%以上的余量，以减少气候变化引起的误报警。多雾地区、风沙较大地区室外不宜使用主动红外入侵探测器。

（4）在空旷、围墙或屋顶上使用室外主动红外探测器时应选择具有避雷功能的设备。

3. 安装使用

（1）发射机与接收机之间的红外光束要对准，否则较强烈的振动或是风速较大时会引起误报警。

（2）在围墙上安装的时候，应让光束距墙壁 25～30cm，并适当伪装发射机和接收机。

（3）多组探测器同时使用时，需将频率调至不同，以免互相干扰导致系统的误报警。

（4）警戒光束附近不能有遮挡物，如树的枝叶等，避免刮风时树枝摇动造成系统的误报警。

（5）主动红外接收机尽量避免长时间的阳光照射，否则会引起误报警。

（6）主动红外入侵探测器作周界防范时，在恶劣天气下容易产生误报，应加强人员防范。

3.3.4 被动红外探测器

1. 被动红外探测器

在探测技术中，所谓“被动”是指探测器本身无能量发射源（电路辐射除外），只靠接收自然界中物质的辐射能量完成探测目的。被动红外探测器就是能感应人在探测器覆盖区域内移动引起接收到的红外辐射电平变化而产生报警状态的一种装置。

按被动红外探测器使用环境的不同，可将其分为室内型和室外型。室内型有吸顶式、壁挂式、幕帘式、楼道式等；室外型主要是壁挂式。

2. 红外辐射及其在大气中的传播

在自然界中，任何温度高于零度的物体都可以视为红外辐射源，如人体、房屋、桌椅板凳、车辆等。物体的温度越高，辐射红外线的波长越短；反之，辐射红外线的波长越长。设人体表面温度为36℃，根据维恩位移定律 $T\lambda_m=b$，式中 T 为热力学温度，λ_m 为辐射峰值波长，$b=2.897\times10^{-3}$mk，计算得$\lambda_m=b/T=2.897\times10^{-3}/(273+36)$，$\lambda_m\approx9.4\mu m$ 属中红外波段（波长在 3～25μm 为中红外波段）。不同波段的红外辐射在大气中传播时被吸收和散射的程度不同。一般将在大气中传播时衰减很小的红外辐射称为“大气窗口”波长。1～2.5μm、3～5μm 和 8～14μm 的红外辐射易于在大气中传播，即“大气窗口”波长。人体的红外辐射约为 9.4μm，属于 8～14μm“大气窗口”波光范围之内。正因如此，红外探测技术才能得以顺利实施。

3. 被动红外探测器工作原理

被动红外探测器的核心组件是热释电传感器，其主体是薄片铁电材料，该材料在外加电场的作用下极化，当撤去外加电场时，仍保持极化状态，称为自发极化。自发极化强度与温度有关，温度升高，极化强度降低，当温度升到一定值时自发极化强度突然消失，这时的温度称为居里点温度。在居里点温度以下，根据极化强度与温度的关系制造成热释电传感器。当一定强度的红外线辐射到已极化的铁电材料上时，引起薄片温度上升、极化强度降低，表面极化电荷减少，这部分电荷经放大器转变成输出电压。如果相同强度的辐射继续照射，铁电材料温度稳定在某一点上，不再释放电荷，即没有电压输出。由于热释电传感器只在温度升降过程中才有电压信号输出，所以被动红外探测器的光学系统不仅要有汇聚红外辐射的能力，还应让汇聚在热释电传感器上辐射的热量有升降变化，以保证被动红外探测器在有人入侵时有电压信号输出。在数字化被动红外探测器中，热释电传感器输出的微弱电信号直接输入到一个功能强大的微处理器上，所有信号转换、放大、滤波等都在一个处理芯片内进行，从而提高了被动红外探测器的可靠性。

4．被动红外探测器的应用

（1）无论室内使用的被动红外探测器，还是室外使用的被动红外探测器，当防范现场的温度或探测器附近的温度接近人体温度时，探测器的灵敏度都会急剧下降，可能导致系统漏报。解决这一问题的办法首先是选择具有自动温度补偿功能的探测器（当防范现场温度接近人体温度时，探测器灵敏度会自动升高），其次是安装其他探测器共同警戒。

（2）被动红外探测器中热释电传感器有单元、双元、四元等形式，热释电传感器的性能决定了被动红外探测器的性能。其中单元的灵敏度较高，易产生误报警；双元较单元的误报警少；四元被称为防宠物型，一般都能抑制 20kg 以下宠物引起的误报警。但需注意的是，在重要防范部位不能单独使用该探测器（也包括其他类型的防宠物探测器），因为这种探测器在犯罪分子匍匐接近防范目标时可能产生漏报警。

（3）根据防范区域的大小和形状合理选择被动红外探测器。如图 3-6 所示绘出了几种不同光学结构被动红外探测器的警戒范围图。

（4）电磁波的干扰（主要指频率高于 100MHz 的电磁波）引起系统的误报警一直是一个比较难解决的问题，在工程施工前宜测量现场电磁波场强度，选择适合的探测器。现市场销售的被动红外探测器抗电磁场干扰从几伏/米到几十伏/米，具有极大的选择余地。另外，安装位置也很重要，要将探测器安装在电磁场较弱的地方，以此减少电磁干扰引起的误报警。

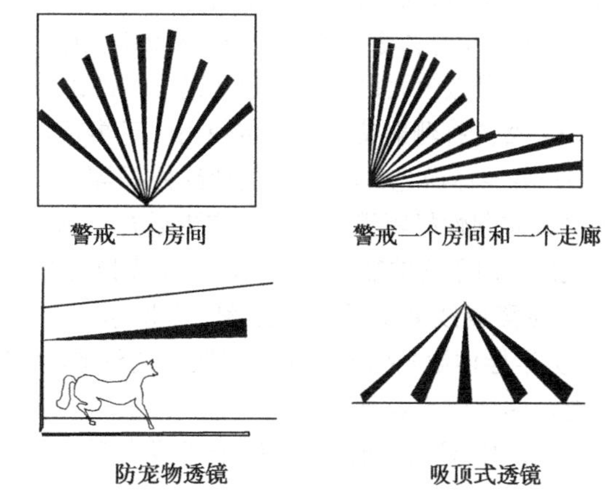

图 3-6　几种不同光学结构被动红外探测器的警戒范围图

（5）吸顶式被动红外探测器应安装在重点防范部位正上方的天花板上，其探测范围应满足探测区边缘大于 5m 的要求；壁挂式被动红外探测器安装高度在 2.2～2.4m，并让其视场和可能入侵方向成 90° 角，以获取最大灵敏度。

（6）无论使用什么类型的被动红外探测器，背景都不能有较强热辐射的变化，如不能正对白炽灯、暖气、火炉、冷冻设备等，也不能对着可能移动的物体。

（7）红外辐射穿透性差，所以，在警戒区内不能有任何障碍物，否则将造成探测“盲区”。同时也要防止犯罪分子遮挡探测器。为此，设计者可选用防遮挡型的被动红外探测器，或者采用探测器之间交叉保护的安装方式，均可达到防遮挡目的。

3.3.5　其他探测器

1．半导体激光探测器

激光探测器与主动红外探测器在组成结构及外形上基本一样，所不同的是用激光光源和激光接收器取代了主动红外探测器中的红外发光二极管和红外光接收器。由于激光有方向性好、亮度高等突出优点，使得激光探测器在探测器距离、稳定性等方面均超过主动红外探测器。

（1）半导体激光器工作原理

半导体激光器的工作物质是半导体。当 P 型半导体和 N 型半导体采用特殊工艺连接在一起时，两者交界处就会形成PN结。为了在PN结处产生激光，采用通常的P型、N型半导体材料掺杂是不行的，必须使其杂质浓度增高，即重掺杂。例如，杂质浓度在 $1\times10^{18}\sim1\times10^{19}/m^3$，在这种重掺杂的PN结内，在正向偏压作用下，其导带和价带之间即可实现粒子数反转，并和价带中的空穴相复合，在这一过程中，电子放出多余能量，便产生自发辐射光子。自发辐射光子的方向各不同，为了获得单色性和方向性好的激光，必须有一光学谐振腔。在半导体激光器中，谐振腔是用单晶半导体两个互相平行的解理面做反射镜而构成的。自发辐射的光子一旦产生，大部分光子立刻穿出PN结，但也有一些光子在谐振腔的轴线方向运动，这些光子在谐振腔中来回反射，反复通过重掺杂的PN结，激发出更多新的同样的光子，造成雪崩式放大，使受激辐射占绝对优势，形成激光输出。

（2）半导体激光器与其他激光器的比较。

① 体积小，质量轻，结构简单坚固。

② 效率高，半导体激光器可以直接用电流激励或调制。

半导体激光器与其他激光器（主要指氦—氖激光器）相比较，缺点是单色性差。在一般激光器中，量子跃迁发生在离散的能级之间，而在半导体激光器中，跃迁发生在材料的能带之间，这就决定了半导体激光器的单色性比较差。在室温时，谱线宽度约几十埃。

③ 由于半导体激光器体积小，有源区很薄（不到 1μm），所以半导体激光器的发射角要比普通激光器的发散角大得多，也就是说方向性比普通激光器差。

（3）激光探测器特点和安装使用注意事项。

① 半导体激光探测器较主动红外探测器具有亮度高、方向性好等优点，所以它更适合于远距离警戒之用。由于它的能量集中，可以在光路中加反射镜，使警戒线多次反射，如图3-7所示。

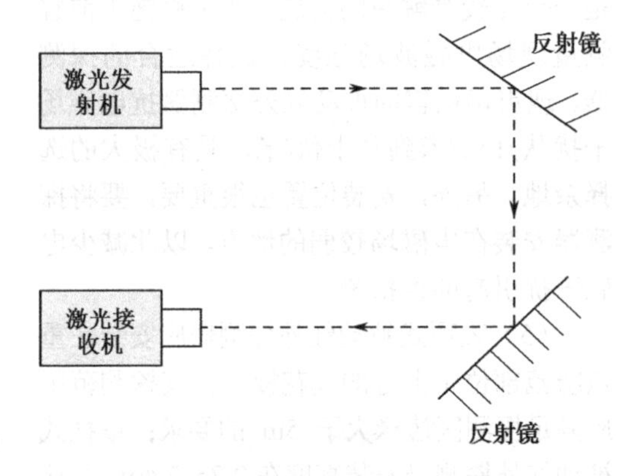

图3-7　用反射镜封锁场地示意图

② 半导体激光探测器波长在红外光范围，属不可见光，因此便于隐蔽使用。

③ 采用脉冲调制技术，抗干扰能力强，稳定性好。

④ 在室外使用时要注意周围环境，如有树、杂草等遮挡红外线或是风吹起的废纸等遮挡红外光束，系统都要产生误报警。

⑤ 半导体激光探测器所发生的红外光束和主动红外探测器所发生的红外光束，均受气候影响较大，特别是雾、雪、雨等天气，易产生误报警。此时应加强其他防范措施。

2. 微波红外探测器

1）微波多普勒型入侵报警探测器

微波多普勒型入侵报警探测器是一种室内使用的主动式探测器，根据多普勒效应，实现对运动目标的探测。

（1）微波多普勒型入侵报警探测器工作原理。

所谓多普勒效应就是这样一种物理现象：当一列鸣笛的火车向你驶来时，你会感觉到笛声的刺耳；若鸣笛的火车远离你而去，你会觉得笛声发闷。这实际是一种频率的变化过程。设火车静止时笛声的频率是 f_0，那么火车向你驶来时你听到的笛声频率就是 f_0+f_d，即频率升高了；火车远离你而去，你听到笛声的频率是 f_0-f_d，即频率降低了。这种物理现象同样适用于电磁波。

在微波多普勒型探测器中，探测器既发射电磁波，也接收电磁波。若发射频率为 f_0，遇固定物体反射后，探测器接收到的频率还是 f_0；若遇朝向探测器运动的物体的反射，接收到的频率就是

f_0+f_d；若遇背离探测器运动的物体的反射，接收到频率就是f_0-f_d。归纳这两种情况，可将探测器接收频率表示为$f=f_0\pm f_d$，式中，f_d为多普勒频移，由多普勒效应公式推得：$f_d=2v_r f_0/c$。上式中，v_r为入侵者的径向运动速度，f_0为探测器发射频率，c为电磁波传播速度。微波多普勒型入侵探测器就是通过探测入侵者的径向运动速度（即由此产生的多普勒频移）实现报警的，其原理框图如图3-8所示。

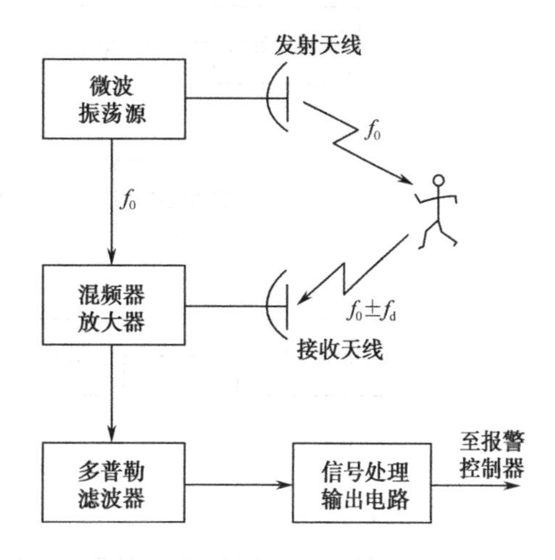

图3-8 微波多普勒型入侵报警探测器的原理框图

（2）微波多普勒型探测器特点及使用注意事项。

微波是一种波长很短的电磁波，其波长范围一般为1cm～1m。微波与物体互相作用时，最显著的特点是它的穿透性和反射性，即遇非金属物质（如木材、玻璃、塑料等）有一定的穿透能力，遇金属物质有一定的反射能力。结合微波的这一特点，微波多普勒型探测器的使用注意事项如下。

① 微波多普勒型探测器应正对可能入侵的方向安装，以获得最大的探测灵敏度。

② 不要将探测器对准窗户等易被微波穿透的部位，以防止防范区以外的物体运动引起探测器的误报警。

③ 防范区内的金属物体（如铁皮柜等）对微波的反射能力很强，有时反射波仍能穿透玻璃等非金属物质，引起探测器的误报警，再者金属物体背后是探测盲区，要防止漏报警。

④ 不要将探测器对准运动或可能运动的物体（如门帘、排气扇等），否则这些物体可能成为运动目标引起误报警。

⑤ 不要将探测器对准日光灯、水银灯等气体放电源。因为灯内运动气体易引起误报警，再者这种灯闪烁时会产生100Hz左右的调制信号，这与人体运动时产生的多普勒频移相近，容易引起误报警。

⑥ 多台微波多普勒探测器在同一室内使用时，应将各自发射频率调制成不同频率，以免相互干扰而产生误报警。

2）微波场探测器

（1）微波场探测器的工作原理。

微波多普勒探测器一般用于室内，而微波场探测器较多用于室外。微波场探测器采用微波发射机与微波接收机分置的形式，在它们之间形成稳定分布的微波场，一旦有目标侵入，微波场遭破坏，系统便发出报警信号，如图3-9所示。微波场探测器由微波发射机发射微波信号，经空间传播，并由微波接收机接收。在正常情况下，接收终端不产生报警信号。当有目标穿过微波场时，接收机接收到微波信号的变化，系统发出报警信号。微波场探测器在发射机与接收机之间形成的微波场，通常有0.5～2m宽、2～4m高，长达几十甚至上百米，就好像一堵又高又厚的墙，故而又称“微波墙探测器”。

（2）微波场探测器的特点和安装使用注意事项。

① 微波场探测器是靠发射机与接收机之间的微波场变化实现报警的。因此它与入侵者速度无关，无论是行走，还是跑步，还是爬行，只要进入了微波场探测区域都能报警。

② 微波传输受天气（如雨、雪、雾等）影响很小，一般微波场探测器都采用了环境检测技术，所以这种探测器有“全天候探测器”之称，特别适用于室外周界报警之用。

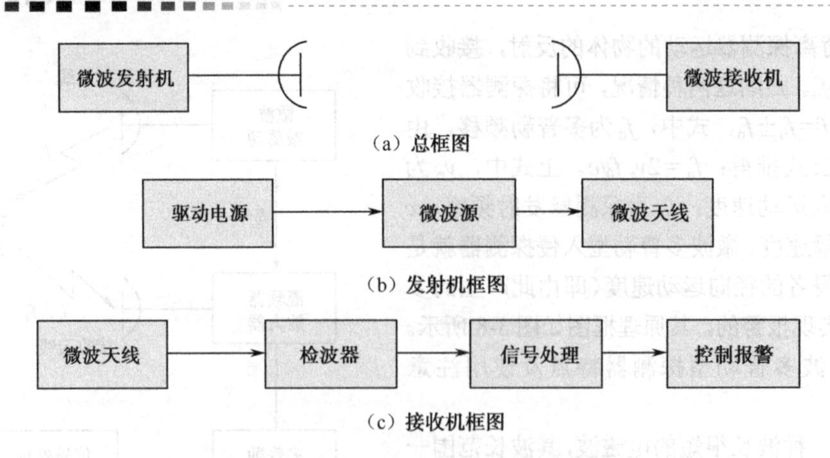

（a）总框图

（b）发射机框图

（c）接收机框图

图 3-9 微波场探测器的工作原理图

③ 由于微波对非金属物质的穿透性较好，所以可将探测器隐蔽使用。

④ 使用微波场探测器的现场地形不能有大的起伏，否则会出现探测盲区，造成系统的漏报警。

⑤ 在微波场区不能有可能运动的物体，如灌木、杂草等，以免引起系统的误报警。

⑥ 多台一起使用时，应将各自发射频率调至不同，以避免相互干扰而造成的误报警。

3．微波/被动红外双技术探测器

1）微波/被动红外双技术探测器

将微波探测技术与被动红外探测技术组合在一起构成微波/被动红外双技术探测器，又称双鉴探测器。这种双技术探测器将两个探测单元的探测信号共同送入“与门”电路去触发报警。“与门”电路的特点是只有当两个输入端同时为“1”（高电平）时输出才为“1”（高电平）。换句话说，只限于当两探测单元同时探测到入侵信号时，才可能发出报警。如图 3-10 所示为这种探测器的原理框图。

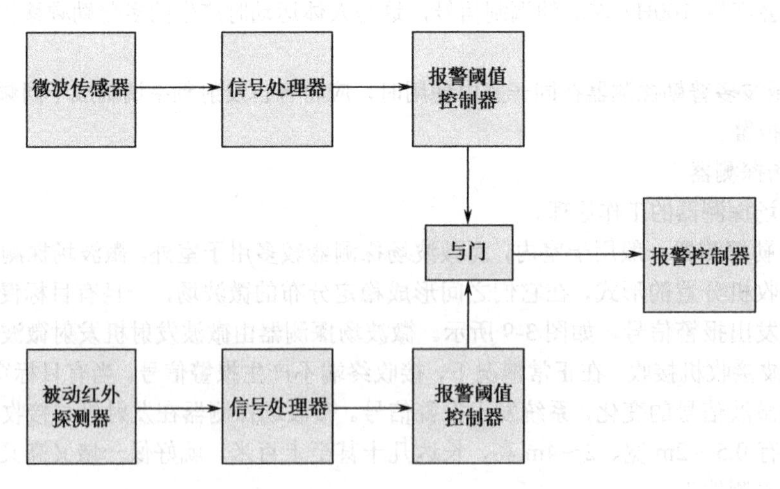

图 3-10 微波/被动红外双技术探测器原理框图

双技术探测器的应用，克服了单技术探测器的缺点，减少了误报警，提高了报警系统的可靠性。如前所述，微波对非金属物质具有一定的穿透性，防范区以外（室外）走动的人可能引起微波多普勒型探测器的误报警；但室外人体的红外辐射不会引起被动红外探测器的误报警，也自然不会引起微波/被动红外双技术探测器的误报警；又如强光干扰能引起被动红外探测器的误报警，但它不会引起微波/被动红外双技术探测器的误报警……总之，微波/被动红外双技术探测器，无论是较被动红外探测器，还是较微波多普勒型探测器，在防止误报警方面都有了质的提高。曾有人做过统计，微波/被动红外双技术探测器的误报率是其他技术探测器的1/421。在此低误报率的基础上，科技人员又对其做了一系列的改进工作，增加了许多新的技术，使这种探测器性能更可靠，成为目前安防领域中应用最多的一种探测器。

2）进一步提高微波/被动红外双技术探测器性能所采取的技术

（1）IFT技术。

IFT技术即双边浮动阈值技术。普通双技术探测器的触发阈值是固定的，而IFT技术的触发阈值是浮动的。如检测的信号频率在0.1～10Hz范围内，即人体引起的信号，则触发阈值。固定在某一数值，一旦超出此值即报警，若检测的频率不在此范围，则视为干扰信号，触发阈值将随干扰信号的峰值自动调节，这样就不会引发报警信号，显然，采用IFT技术可以进一步减少误报警。

（2）微处理器智能分析技术。

普通的双技术探测器在红外与微波两种探测技术都探测到目标时发出报警信号，这种处理方式在微波受到了干扰的情况下还是容易引起误报警的。而采用微处理技术，不仅能分析由两种探测技术探测到的波形，而且还可以对这两个信号之间的时间关系进行分析，即根据红外与微波触发的时间间隔判断情景，只有在触发红外探测器后再触发微波探测器才会引发报警。因此，微波起到了对红外探测进一步确认的作用。通过调节脉冲计数，使红外探测器灵敏度适合，可以减少老鼠、蝙蝠等引起的误报警。

微处理器信号分析技术是将计算机单晶片用于微处理器中，在计算机晶片中，存储上万种模拟入侵者的信号，并进行编程处理。当任何一种可能触发红外和微波探测器的信号被探测到之后，经过数码转换处理，将其传送到微处理器，在微处理器中，这些信号与计算机单晶片中所储存的模拟入侵者信号档案进行比较，如果与计算机单晶片中所存储的信号相同或相近，微处理器经判断后就会发出报警信号，否则就不报警。

另外，内置微处理器后，还可以用自适应式探测门限处理技术。其工作原理是微处理器对防范现场的信号进行分析，对输入的信号进行模拟—数字转换处理，自动调节探测门限，以屏蔽各种噪声干扰源，使探测器能够准确地识别人体入侵与噪声信号，从而提高抗误报警能力。例如，微处理器可在非常短的时间内对某些固定噪声源，如风扇、空调等产生的带有重复尖峰值的信号进行分析，经淡化后而不产生误报警。对某些低能量的没有明显峰值的干扰信号经分析判断后，将报警的临界值提高，以减少突发干扰信号可能触发的误报警。

（3）采用K-波段微波技术。

K-波段是比 X-波段频率更高的微波。普通微波/被动红外双技术探测器使用的微波频率多在10.525GHz附近，而K波段的微波频率范围是24.1～24.2GHz。

K-波段微波和X-波段微波受到墙壁和窗户阻挡后的典型衰减值如表3-1所示。

表3-1 K-波段微波和X-波段微波受到墙壁和窗户阻挡后的典型衰减值

阻挡物 波段	微波信号被实体墙阻挡	微波信号被窗户阻挡
X-波段	85%	20%
K-波段	96%	60%

显然 K-波段的微波被墙壁、玻璃等阻挡的衰减值较 X-波段微波高得多，所以采用 K-波段的

微波/被动红外双技术探测器主要优点如下。

① 容易将微波信号限制在室内。室外移动目标，如人体、汽车等，就不易引起室内 K-波段微波探测器或微波/被动红外双技术探测器的误报警。

② 当调节 K-波段微波的探测灵敏度时，微波视区形状始终保持不变。

为了提高微波/被动红外双技术探测器的可靠性，除上述的主要技术之外，还有双电子温度补偿技术、菲涅耳透镜掺杂技术、热释电传感器的交叉组合技术、防宠物干扰技术、抗射频干扰技术、电子滤波技术等。

3）微波/被动红外双技术探测器的特点及安装使用注意事项

（1）微波/被动红外双技术探测器由于采用双技术鉴别加之智能化等技术的应用，使其在误报警方面远低于单技术探测器。

（2）要使微波/被动红外双技术探测器处于最佳工作状态，最好是将壁挂式双技术探测器的安装方向（探测器透镜法线方向）与可能的入侵方向成 135° 角。如果实际情况不允许 135° 角安装，应当优先考虑被动红外单元的灵敏度。

（3）吸顶式微波/被动红外双技术探测器应安装在重点防护部位的正上方，且水平安装；楼道式微波/被动红外探测器的安装方向应沿楼道走向安装。

（4）不要将探测器对着窗户或对着加热器安装，以避免阳光或加热器内扇叶转动可能引起的误报警。

（5）在老鼠、蝙蝠可能出没的地方，应选用具有智能化功能的微波/被动红外双技术探测器，以减少误报警。

（6）在重点防护部位不能单独使用防宠物型微波/被动红外双技术探测器，以防系统的漏报警。

4．振动探测器

在探测范围内能对入侵者引起的机械振动冲击信号产生报警的装置称为振动入侵探测器。

1）电动式振动入侵探测器

电动式振动入侵探测器由永久磁铁、线圈、弹簧、壳体等组成，如图 3-11 所示。

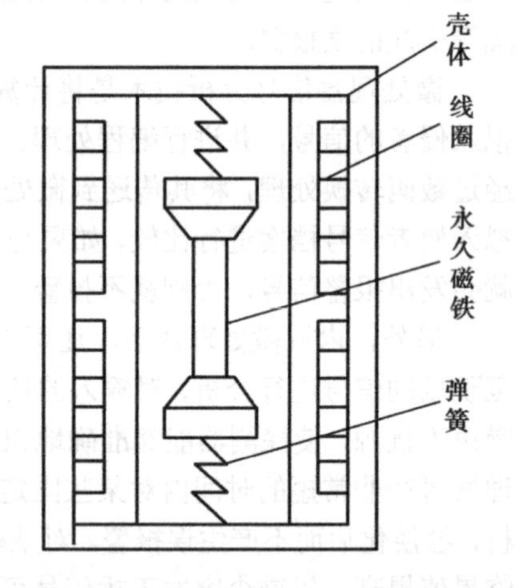

图 3-11　电动式振动入侵探测器结构图

在使用中，探测器外壳与被测物体刚性连接。当有入侵行为发生时，被测物体（如地面）与探测器外壳（线圈）一起产生微振动，由于永久磁铁与外界非刚性连接，于是线圈与永久铁磁间就产生了相对运动，即产生感应电流。提取这一变化电流并处理，即可产生报警信息。电动式振动探测器在室外使用时可以构成地面周界报警系统，用来探测入侵者在地面上走动引起的低频振动信号，因此，通常又称这种探测器为地音探测器。

电动式振动入侵探测器的主要特点和安装使用注意事项如下。

（1）电动式振动入侵探测器应埋入地下 5～10cm 深处，且将周围松土夯实。

（2）不能将振动物体（如电冰箱）移至装有振动探测器的防范区域，否则会引起系统的误报警。

（3）在室外使用电动式振动探测器（地音探测器），特别是泥土地，在雨季（土质松软）和冬季（土质冻结）时，探测器灵敏度均有明显下降，使用者应采取其他警戒措施。

（4）电动式振动探测器的永久磁铁和线圈之间易磨损，一般每隔半年要检查一次，在潮湿处使用时检查时间还应缩短。

（5）探测器的灵敏度调节可按下述方法进行：试验者在探测范围内以每秒一步（约 0.7m/s）的速度行走，行进三步系统应报警。如此反复三次。

2）电磁感应式振动电缆探测器

电磁感应式振动电缆探测器的断面结构如图 3-12 所示。

从断面图可以看出，电缆的主体部分是充有永久磁性的韧性磁性材料，且两边是异性磁极相对，在两相对的异性磁极之间有活动导线，当导线在磁场中发生切割磁力线的运动时，导线中就有感应电流产生，提取这一变化的电信号，经处理后可以实现报警。

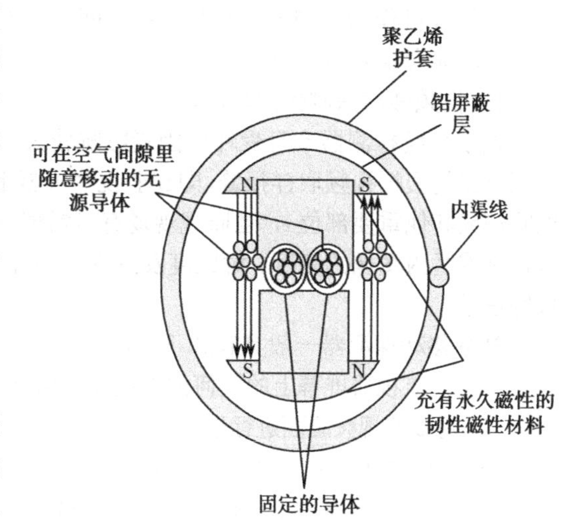

图 3-12 电磁感应式振动电缆探测器的断面结构

电磁感应式振动电缆探测器的主要特点和安装使用要点如下。

（1）振动电缆安装简便，可安装在防护栏、防护网或墙上，也可埋入地下使用。

（2）电磁感应式振动电缆探测器属被动式探测器，无发射源、阻燃、防爆，十分适合在易燃易爆的仓库、油库、武器弹药库等不宜直接接入电源的场所安装。

（3）振动电缆使用时不受地形地貌的限制，对气候的适应性很强，可在室外较恶劣的自然环境和高、低温环境下正常工作。

（4）从技术指标上说，振动电缆的控制主机可控制多个区域，每个区域的电缆长度可达 1000m。但实际中，若以 1000m 长的周界划分区域，会因警戒区太长，报警后不能很快确定入侵者的位置，延误后期的行动。所以，只要条件许可，应多划分几个探测区段，即尽量缩短每个区域所控制的电缆长度。

（5）有些电磁感应式振动电缆还具有监听功能。当周界屏障受到钳剪、撞击、攀爬等破坏而引起机械振动时，探测器在发生报警信号的同时还可监听现场的声音。

3）压电晶体振动探测器

压电晶体是一种特殊的晶体，它可将施压其上的机械作用力转化为相应大小的电压信号，此电压信号的频率及振幅与机械振动的频率及振幅成正比。利用压电晶体的压电效应可以制成应用范围很广的压电晶体振动探测器。

压电晶体振动探测器大多采用压电陶瓷做传感器。压电陶瓷在沿极化方向（取 Z 轴）受力时，在垂直于极化方向的上下两个镀有电极的表面上出现正、负电荷，其电荷量（电量）与作用力 F 成正比。压电陶瓷除具有压电性外，还有热释电性能，也可以用来制作热释电传感器。另外有一些材料，如聚二氟乙烯、聚氯乙烯等也具有压电陶瓷的性质，用它们制成的压电薄膜，具有柔软、不易破碎等优点，是一种很有发展前途的新型压电材料。压电晶体振动探测器，在室内使用时可用来探测墙壁、天花板以及玻璃破碎时所产生的振动信号。例如，将压电陶瓷振动探测器贴在玻璃上，可用来探测划刻玻璃时产生的振动信号，将此信号送入信号处理电路（如高通放大电路等）后，即可发出报警信号。在室外使用时可以将其固定在栅网的桩柱上，以探测入侵者在地面上行走时产生的压力变化，并产生报警。

4）电子或全面振动探测器

这种探测器可以探测爆炸、锤击、钻孔、电锯钢筋等引发的振动信号，但对在防范区内人员的正常走动不会引起误报警。它包含了对振动频率、振动周期和振幅的分析，从而能有效地探测出各种非法举动产生的振动信号，还能抑制环境干扰。这种探测器一般保护范围（半径）是3～4m，最大可达14m（与传播介质及振动方向有关），一般是5级灵敏度可调，以适用不同环境。该探测器适用于银行金库、文物库房等。

5．视频移动探测器

以摄像机作为探测器，监听防护空间，当被探测目标入侵时，可发报警并启动报警联动装置的系统，称为视频移动探测器。

1）视频移动探测器的功能。

由于传统探测器本身受环境因素影响较大，因此误报警问题一直不能得到彻底解决。视频移动探测器是根据视频取样报警，即在监视器屏幕上根据图像内容任意开辟警戒区（如画面上的门窗、保险箱或其他重要部位），当监视现场有异常情况发生时（如灯光、火情、烟雾、物体移动等），均可使警戒区内图像的亮度、对比度及图像内容等产生变化，当这一变化超过报警阈值时，即可发出报警信号。

视频移动探测器一般具有如下功能

（1）在监视器屏幕上的任何位置设置视频警戒区，并任意设定各警戒区是否处于激活状态。

（2）对多路视频画面进行报警布防，并在警情发生时自动切换到报警那一路或多路摄像机画面上。

（3）与计算机连接，通过管理软件完成对报警信息的统计、查阅、打印及其他控制操作。

（4）与多个报警中心联网，实现多级报警。

（5）具有防误码纠错技术和较强的抗干扰能力。

（6）除用于视频移动检测外，也用于视频计数系统及速度测量。

（7）具有防破坏报警功能，即当摄像机电源或视频线缆被切断时，系统发出声光报警信号。

（8）视频移动探测器一般均具有检查自身工作是否正常的功能，即自检功能。

（9）视频移动探测器连续工作168h不应出现误报警和漏报警。

（10）环境照度缓慢变化不会产生误报警。

2）模拟式视频移动探测器

模拟式视频移动探测器组成框图如图3-13所示。

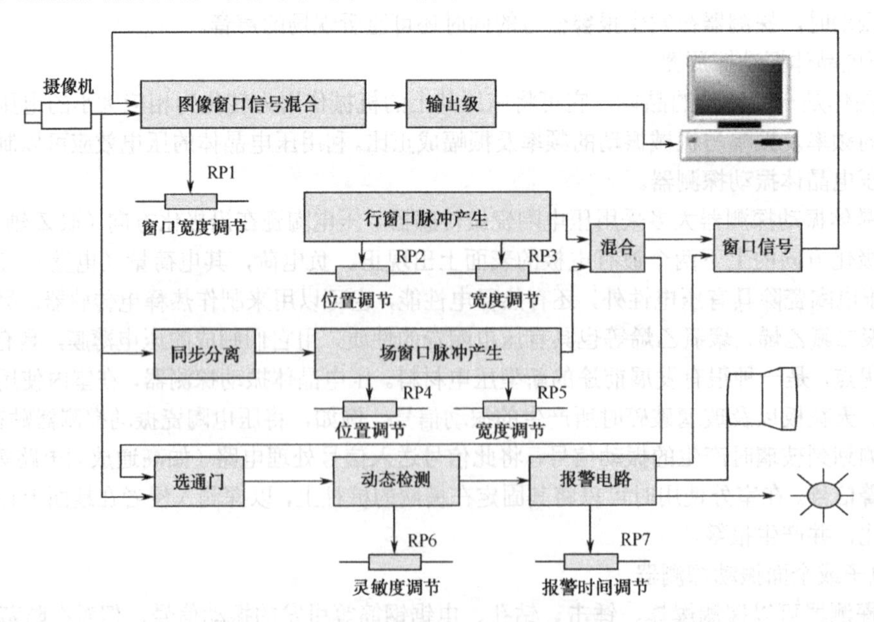

图3-13　模拟式视频移动探测器组成框图

由图3-13可见，摄像机输出的全电视信号分成三路，其中一路与窗口信号混合，放大后直接送到监视器，因此监视器屏幕上显示的图像将会出现一个或几个长方形报警区，在此区域内图像亮度要比区域外图像亮度稍暗些（其亮度可通过窗口亮度调节旋钮进行调节）。摄像机输出的第二路信号经行、场同步脉冲分离后进入窗口脉冲电路。窗口脉冲电路由行、场同步信号推动，分别产生行、场窗口脉冲，再合并成窗口选通脉冲。窗口选通脉冲从摄像机输出的第三路全电视信号中选出窗口范围内的图像信号，送到动态检测电路进行检测。当窗口内图像有对比度变化时，动态检测电路输出一个脉冲，触发报警电路工作。报警信号也分成三路：一路激励扬声器发声；一路使红灯闪烁；最后一路叠加在窗口选通脉冲上，与摄像机的全电视信号混合，则监视器屏幕上警戒区窗口内的图像也会不停地闪动。

3）数字式视频移动探测器

这类探测器以单片机为核心部件，包括系统硬件和软件两部分。

数字式视频移动探测器将摄像机摄取的正常情况下的图像信号进行数字处理后存储起来，然后与实时摄取的并经过数字化处理的图像信号进行比较分析，其变化如果超过了预先设定的报警阈值即可发生报警。这种探测器还可根据被保护目标的大小、运动方向、运动速度等设定报警阈值，并有较高的可靠性。数字式视频移动探测器较模拟式探测器有如下优越性。

（1）根据目标的大小确定报警阈值。其原理是在监视器屏幕上、下设定两个警戒区，如果被探测目标出现在一个警戒区时，系统不报警，只有当目标同时出现在两个警戒区时，才能出发报警。

（2）根据目标运动方向确定报警阈值。其原理是在监视器屏幕左、右设定警戒区，只有当被探测目标先出现在左警戒区，再出现在右警戒区中时，报警才被触发；如果方向相反，则不会触发，而且只需调换警戒区，就能轻易地改变追踪方向。

（3）根据目标运动速度确定报警阈值。其原理是在监视器屏幕上设定警戒区，只要被探测目标出现在警戒区任意一侧，而超过设定时间（一般 0.1～10s 可调）还未出现在警戒区另一侧，即触发报警。

（4）根据目标运动方向和运动速度确定报警阈值。在监视器屏幕上同时设定方向和速度两个阈值，第一种情况是运动目标在设定时间内先出现在左警戒区，后出现在右警戒区（或反向设置），即可触发报警；第二种情况是运动目标在设定时间内经过左警戒区，而未经过右警戒区（或反向设置），系统报警。

数字式视频移动探测器陆续应用在繁华街道的交通管理以及监视监狱、看守所等方面。

4）视频移动探测器特点及使用注意事项

（1）视频移动探测器将视频监控技术与报警技术结合在一起，构成与门关系，只要防范现场出现危险情况即可自动报警，并启动录像设备录下现场情况。

（2）依靠视频移动探测器判别现场有无异常情况，极大地减轻了值班人员的视觉疲劳，提高监控效率。

（3）由于视频移动探测器是报警与监控相结合的系统，一旦发生报警，值班人员即可通过监视器辨别真伪。

（4）一般的视频移动探测器对照度变化（如开灯、用手电照射防范区等）比较敏感，使用中应注意避免由此产生的误报警；在繁华街道使用时由于人流过大也容易产生误报警。

（5）适当调整摄像机镜头光圈，使之在正常照明条件下，监视器上图像的白色部分欠饱和，且有足够的对比度，否则可能会产生漏报警。

6．声探测器

当被探测目标入侵防范区域时，总会发生一定的声响，如说话、走动声、撬锁声等。能响应这些由空气传播的声音，并进入报警状态的装置称为声探测器。在报警系统中声探测器又常作为报警复核装置（监听头）使用。

声探测器的核心部件是驻极体声电传感器（话筒）。

（1）驻极体话筒。

驻极体是一种准永久带电的介电材料，这种材料和永久磁铁有许多相似之处。将永久磁铁分割成两部分，无论怎样分割，得到的仍然是具有N极和S极的磁铁，这就是磁铁的N、S极不可分割性。若把驻极体分割成两部分，总有两个相对的表面带有等量异号的电荷。驻极体和人工磁铁一样，也能用人工方法获得。目前所用驻极体话筒的基本元件“驻极体箔”多是在聚四氟乙烯绝缘薄膜上采用了特殊的充电处理，使两个相对表面带有等量异号的电荷，而且这种电荷能长时间储存在驻极体箔上。

在制作驻极体话筒时，先将驻极体箔的表面金属化，如蒸镀上金属材料，再将其张紧在金属环上，形成振动膜。将这种振动膜固定在驻极体话筒内壁上，做前电极。用另一块金属板以大约几十微米的微小间距和振动膜平行放置，作为后电极，前后电极构成平行板电容器。根据静电感应原理，驻极体箔分别在金属膜和金属板上感应出电荷。

在声波作用下，驻极体箔（振动膜）产生振动，平行板电容器两极板间的距离d也随之变化，变化的频率与声波的频率一致。根据平行板电容器两极板之间的电压V、电场强度E和间距d的关系$V=Ed$，可知两极板间电压也随声波的频率而变化，通过外电路提取这一变化的电压信号，即可完成声电转换。驻极体话筒在20～15 000Hz的音频范围内有恒定的灵敏度，且有体积小、重量轻、经久耐用等优点。

（2）声控探测器基本原理。

声控探测器是由声音传感器、前置音频放大器两部分组成。其中声音传感器多用驻极体话筒。驻极体话筒将声音信号转变成相应的电信号后，经前置音频放大器和信道传至报警控制器中。若将报警控制面板开关拨到“监听”位置，即可听到现场声音，保安人员可根据声音的特征（连续走动声、撬锁声等）做出判断和处理，如图3-14所示。

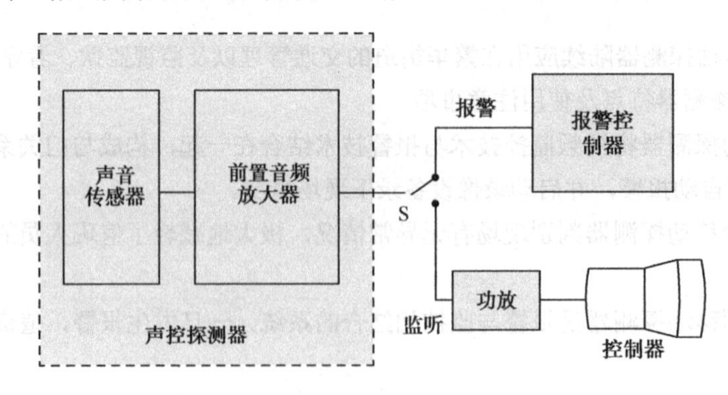

图3-14　声控报警器原理框图

（3）声控探测器的特点和安装使用的注意事项。

① 声控探测器的特点：结构简单、价格低廉、体积小（一般只有大拇指大小）、安装方便。

可直接听到走动、说话等声音，目前多用做报警复核。

② 安装使用注意事项如下。

- 声控探测器对音频范围内的干扰一般无能为力。雷声、风声、室外杂乱声、公路上的噪声等都可能进入探测器引起误报警。因此，一般不单独使用声控探测器。
- 安装声控探测器的监听头时，要尽量靠近被保护目标。同时注意声学环境变化对监听的影响，如地毯、厚窗帘等对声波的吸收很大，若防范区域声学环境有变化时，应调节灵敏度以达到最佳监听效果。

3.4 入侵报警系统的传输

3.4.1 入侵报警系统的组建模式

入侵报警系统的组建模式按用户需求的不同，可有多种组建模式。根据系统传输方式的不同，将入侵报警系统的组建模式分为以下四种基本模式。

1. 分线制

各探测器、紧急报警装置通过多芯电缆与报警主机之间一对一相连，其中一个防区内的紧急报警装置不得大于4个，如图3-15所示。

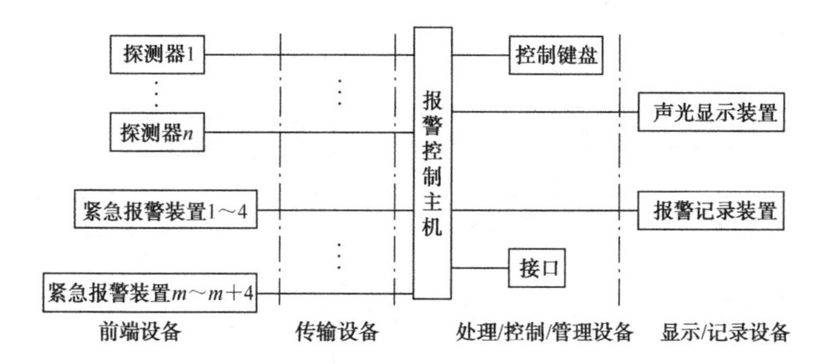

图3-15 分线制模式示意图

2. 总线制

各探测器、紧急报警装置通过相应的编址模块及报警总线传输设备与报警主机相连，其中一个防区内的紧急报警装置不得大于4个，如图3-16所示。

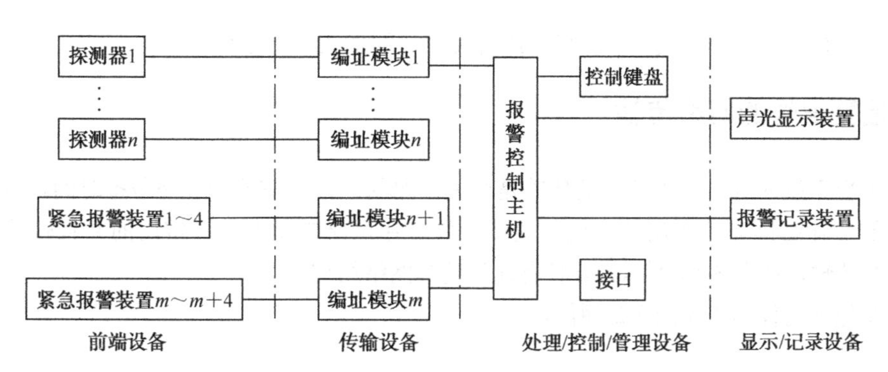

图3-16 总线制模式示意图

3．无线制

各探测器、紧急报警装置通过相应的无线设备与报警控制主机通信，其中一个防区内的紧急报警装置不得大于 4 个，如图 3-17 所示。

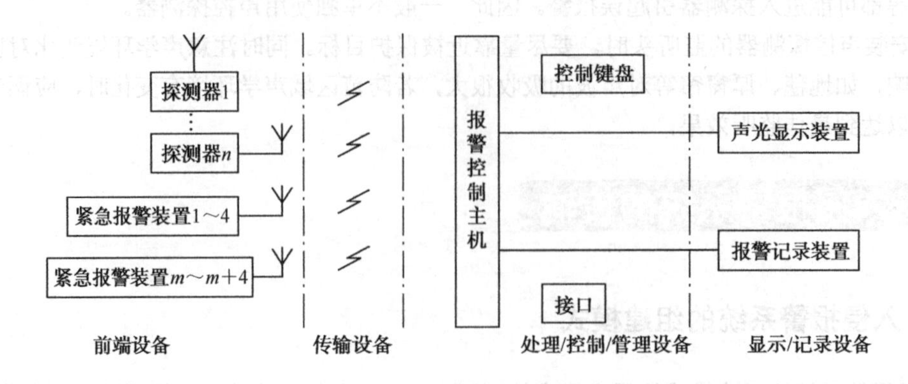

图 3-17　无线制模式示意图

4．公共网络

各探测器、紧急报警装置通过网络传输接入设备，与报警主机采用公共网络相连。公共网络可以是有线网络，也可以是有线—无线—有线网络。其中一个防区内的紧急报警装置不得大于 4 个，如图 3-18 所示。

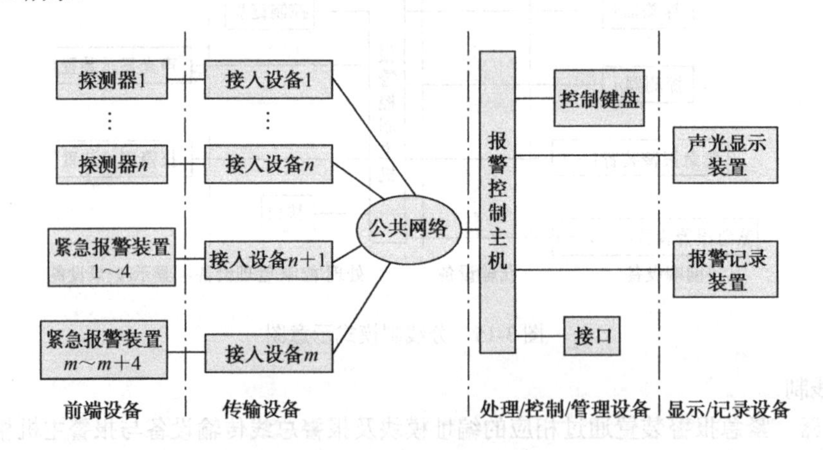

图 3-18　公共网络模式示意图

以上四种模式可以单独使用，也可以组合使用，即形成组合系统。

3.4.2　报警信号的网络传输

对于报警系统而言，报警信号的传输是至关重要的。报警需要分秒必争抢时间，这就决定了报警信号的传输必须充分利用公众电信网或报警专用网络的机制。最常用的并且较经济的方式是以电话线传输，如图 3-19 所示为几种有线传输的网络结构。

报警图像的远程调用如图 3-20 所示。

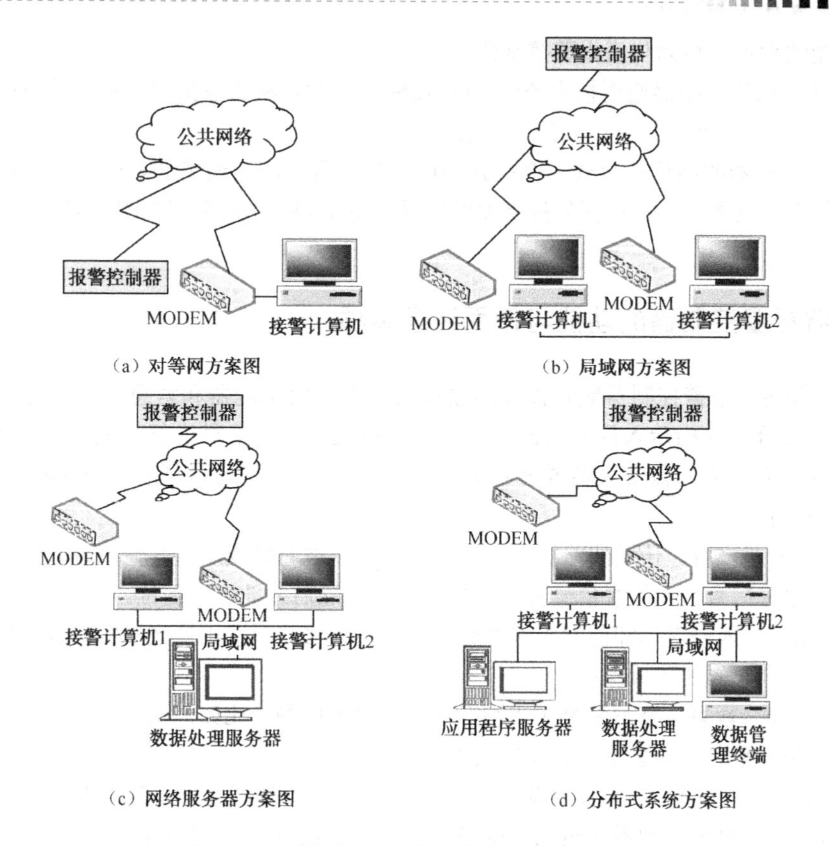

图 3-19　报警信号几种有线传输的网络结构

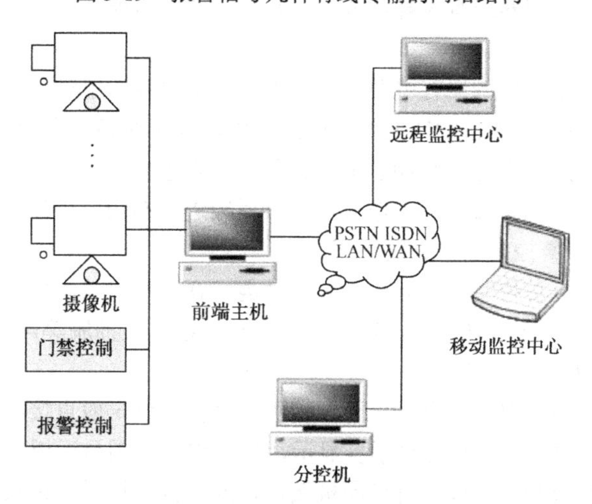

图 3-20　报警图像的远程调用

3.5　报警控制

3.5.1　防盗报警控制器的基本形式

在入侵报警系统中，实施警戒设置、警戒解除，判断、测试、指示、传送报警信息以及完成某些控制功能的设备，称为防盗报警控制器。

国家标准《报警控制器通用技术条件》GB12663—2001 将防盗报警控制器的防护级别由低到高划分为A、B、C三级，其中C级的功能最全。

防盗报警控制器的结构有台式、壁挂式和柜式等。目前应用最多的是壁挂式。防盗报警控制器所能连接的探测器数目为防盗报警控制器的容量，有 8 路、16 路、32 路、64 路、128 路、256 路等。

3.5.2 防盗报警控制器的功能与使用注意事项

（1）入侵报警。报警控制器能直接或间接接收来自入侵探测器和紧急报警装置发出的报警信号，发出声光报警，并指示入侵发生部位。此时值班人员应对信号进行处理，如监听、监视等，确认有人入侵，立即告知保安人员或公安机关出现场。若确认是误报警，则将报警信号复位。

（2）防破坏报警。

① 短路、断路报警。传输线路被人破坏，如短路、被剪断或连接其他负载时，报警控制器应立即发出声光报警信号，此报警信号直至报警原因被排除后才能实现复位。

② 防拆报警。入侵者拆卸前端探测器时，报警控制器立即发出声光报警，这种报警不受警戒状态影响，提供全天候的防拆保护。

③ 紧急报警。紧急报警不受警戒状态影响，随时可报警。比如，入侵者闯入禁区时，现场工作人员可巧妙使用紧急报警装置，通知保安人员。

④ 延时报警。可实现 0～40s 可调的进入延迟报警及 100s 固定外出延迟报警。

⑤ 欠压报警。报警控制器在电源电压等于或小于额定电压的 80%时，应产生欠压报警。

⑥ 自检功能。报警控制器应有报警系统工作是否正常的自检功能。值班人员可通过手动自检或程序自检。

⑦ 电源转换功能。报警控制器有电源转换装置，当主电源断电时，能自动转换到备用电源供电；当主电源恢复供电时，又能自动转换到主电源供电，并可对备用电源自动充电。

⑧ 环境适应能力。报警控制器在温度-10～55℃，相对湿度不大于 95%时均能正常工作。

⑨ 布防与撤防功能。当警戒现场工作人员下班后应进行布防，现场工作人员上班时应撤防。这种布防与撤防在有些报警控制器中分区进行。

⑩ 声音复核功能。报警控制器均有声音复核功能，在不能确认报警真伪时，将“报警/监听”开关拨至监听位置，即可听到现场声音，若有连续走动、撬、拉抽屉等声音，说明确有入侵发生，应马上报知保安及公安人员出现场。

⑪ 报警部位显示功能。对于小容量报警控制器，报警部位一般直接显示在报警面板上（指示灯闪烁）；对于大容量报警控制器可用显示屏显示，也可作为地图显示板显示。

⑫ 记录功能。大型报警器一般都有打印机接口，连接打印机后可记录下报警时间、地点和报警种类等。

⑬ 通信功能。大型报警控制器一般都留有通信接口，可直接与电话线连接，遇有紧急情况可自动拨通电话。

⑭ 联动功能。报警后，可自动启动摄像机、灯光、录像机等设备实现报警、摄像、录像。

3.5.3 防盗报警控制器实例

安定宝公司生产的 VISTA—120 报警控制器，有 9 个基础四线制防区，可扩充多达 128 个防区，划分为 7 个用户级别，记录 224 宗事件。来自报警探头的所有报警信号，连入 VISTA—120 报警主机后，主机计算机就可监控、显示、处理这些报警信号，并可控制一路或多路继电器进行灯光、录像、警号等控制，实现报警联动功能。主机可以通过密码对任何一个防区进行布防和撤防，并联入 110 报警系统。防盗控制主机 VISTA—120 能通过其串口模块 4100SM 联动 CCTV 系统，下面简单介绍一下具体的功能指标。

（1）防区特性。

① 9 个可编程基础四线制防区，3 个键盘紧急按钮，挟持防区。

② 防区可设置响应时间 10ms 或 350ms。

③ 防区可扩展到最多 128 个防区，可以使用无线或总线扩展。

（2）控制性能。

① 可以划分成 8 个子系统及 3 个公共子系统，相当于 8 台相对独立的主机计算机。

② 可选择使用 4146 布防撤防开锁或无线按钮控制。

③ 4285 电话接口模块（VIP）使之可以通过电话进行系统遥控。

④ 224 宗事件记录，可通过遥控编程下载或直接从键盘上查看。

⑤ 150 个 7 级用户密码。

（3）通信性能—内置拨号器，可存储 2～4 个电话号码，报警时自动拨号通告定制的电话、手机或呼机，具有 RS-232 串口通信能力。

（4）通信格式—有 ADEMCO 3+1/4+1/4+2，ADEMCO4+2 特快，Radionics/SES－COA 3+1/4+1/4+2，ADEMCO CONTACT ID。

（5）电气性能—12V DC、750mA、过流保护，12VDC7AH 蓄电池备份输出。

（6）输出性能—报警输出 12V DC/2A，最多支持 96 个继电器输出。

（7）计算机遥控编程—使用 4130PC（DOS 版）或 COMPASS（Windows 版）遥控编程软件。

（8）门禁控制—可以与 PASSPIONT 门禁系统互相控制，自身也具有简单的门禁功能。

（9）时间表控制功能—可以实现时间调度表自动控制功能。

（10）报警控制键盘—采用安定宝 6139 控制键盘，有两行 32 个可变字符显示，可为每一个防区编制描述符，软按键，具有背光显示及声音提示，内置发生器和状态指示灯，用于下载时显示下载信息。

（11）报警管理软件—VISTA—120 报警主机通过管理软件，由计算机对报警主机实时监控。通过软件的设置，可以任意设置防区类型，单独旁路、禁用防区，自定义任意数量的报警区域（包括公共区域），每个区域可包含任意数量的报警点，可按时间监控和操作各区域的布防撤防、报警点等，也可控制旁路报警点，还可以把主机防区设置为巡更及执行巡更操作。

思考题与习题

1. 入侵报警系统由哪几部分组成，说明各自的功能。
2. 简述探测器的分类。
3. 阐述微波红外探测器的工作原理。
4. 阐述报警图像远程调用的工作原理。

第4章

出入口控制系统设计与实施

管理建筑物内人员、车辆出入门的系统被称为出入口控制系统，有时也被称为门禁控制系统，是安全防范系统中的一个应用非常普遍的子系统，是确保智能建筑安全、可靠的重要系统。

出入口控制系统（Access Control System，ACS）是利用自定义符识别或/和模式识别技术对出入口目标进行识别并控制出入口执行机构启闭的电子系统或网络。出入口控制系统采用主动的方法，从加强日常事务管理入手，对出入口实现自动控制与管理，并能快速进行判断。对符合条件的出入请求予以放行，对不符合条件的出入请求予以拒绝，并发出报警信息。同时它还能全方位地记录出入及报警信息。

4.1 出入口控制技术概述

出入口控制系统（Access Control System）的技术内容包括自动控制、探测、图像、声音、特征识别及各类锁具、安全门、锁定装置等联动机构，可以说涵盖了安防系统的所有要素。特征载体、读识装置和锁定机构是构成出入口控制系统的三个基本要素。

1. 特征载体

特征载体，或称为出入凭证。出入口控制系统是对人流、物流、信息流进行管理和控制的系统。因此，系统首先要能对它们进行身份的确认，并确定其出入行为的合法性。这就要通过一种方法赋予它们一个身份与权限的标志，称为特征载体，它载有的身份和权限的信息就是特征。在出入口控制系统中可以利用的特征载体很多。机械锁的钥匙就是一种特征载体，其“齿形”就是特征。而磁卡、IC卡等特征载体则要与持有者（人或物）一同使用，才可防止冒用问题。“生物特征”能够从持有者自身选取具有唯一性和稳定性的特征，作为表示身份的信息，其特征载体自然就是持有人。

当前控制出入门的凭证有卡片、密码和生物特征三大类。

（1）卡片读取式门禁控制系统，也称为刷卡机，应用最为普遍，依卡片工作方式的不同，可受理的卡片类别有磁卡、维根卡、集成电路智能卡等接触式卡和非接触式卡两大类。其特点是以各类卡片作为信息输入源，经读出装置判别后决定是否允许持卡人出入，最新的技术是采用单线协议的碰触式识别钮（iButton），也称为TM识别钮，可靠性最高。

（2）密码输入方式是将通过固定式键盘或乱序键盘（Scramble PAD）输入的代码与系统中预先存储的代码相比较，两者一致则开门。

（3）生物特征识别系统包括指纹、掌纹、脸面、视网膜图、声音识别、签名、DNA等多种识别方式，具有唯一性的特点。

2. 读识装置

读识装置，是与特征载体进行信息交换的设备。它以适当的方式从特征载体读取持有人身份和权限的信息，以此识别持有者的身份和判别其行为（出入请求）的合法性。

电子读识装置的识别过程：将读取的特征信息转换为电子数据，然后与存储在存储器装置中的数据进行对比，实现身份的确认和权限的认证，这一过程又称为“特征识别”。

3．锁定机构

锁定机构，即锁具。出入口控制系统只有加上适当的锁定机构才具有实用性。当读取装置确认了持有者的身份和权限后，要使合法者能够顺畅地出入，并有效地阻止非法者的请求。不同形式的锁定机构就构成了各种不同出入口控制系统，或者说实现了出入口控制技术的不同应用。锁定机构如果是一个门，系统控制的是门的启闭，就是“门禁”系统。

出入口控制系统的安全性包括抗冲击强度，即抗拒机械力的破坏，这个性能主要是由系统的锁定机构决定的。门禁系统的锁定机构常用的是电控锁，它的特征载体主要是各种信息卡，门的启闭则是由电磁力控制的。

4.2 出入口控制系统的原理与功能

出入口控制系统采用主动的方法，从加强日常事务管理入手，对出入口实现自动控制与管理，并能快速进行判断。对符合条件的出入请求予以放行，对不符合条件的出入请求予以拒绝，并发出报警信息。同时它还能全方位地记录出入及报警信息。

4.2.1 系统原理

出入口控制就是对出入口的管理，该系统控制各类人员的出入以及它们在相关区域的行动，通常也被称为出入口控制系统。其控制的原理是：按照人的活动范围，预先制作出各种层次的卡，或预定密码。在相关的大门出入口、金库门、档案室门、电梯门等处安装识别设备，用户持有效卡或密码方能通过或进入。由识别设备接收人员信息，经解码后送控制器判断，如果符合，门锁被开启，否则报警。

出入口控制是一个系统概念，整个出入口控制系统由卡片、读卡器、控制器、锁具（磁力锁、电插锁、阴极锁等）、按钮、电源、线缆、控制软件及门磁开关等设备组成。在出入口控制系统的硬件中，读卡器和控制器是关键设备。针对不同的设备，按不同的依据选择。

出入口控制系统包括三个层次的设备。底层是直接与人员打交道的设备：有识别设备、电子门锁、出口按钮、闭门器、报警传感器和报警喇叭等；控制器接收底层设备发来的有关人员的信息，通过通信网络同计算机连接起来就组成了整个建筑的出入口系统；计算机装有出入口系统的管理软件，向它们发送控制命令，对它们进行设置，接收其发来的信息，完成系统中所有信息的分析与处理。

出入口控制的主要目的是对重要的通行口、出门口通道、电梯进行出入监视和控制。该系统可以控制人员的出入，还能控制人员在楼内及其相关区域的行动。每个用户持有一个独立的卡或密码。对已授权的人员，凭有效的卡片、代码或生物特征，允许其进入；对未授权人员将拒绝其入内。可以用程序预先设置任何一个人进入的优先权。对某时间段内人员的出入状况，某人的出入情况，在场人员名单等资料实时统计、查询和打印输出。系统所有的活动都可以用打印机或计算机记录下来。

4.2.2 出入口控制系统功能

1．基本功能

（1）可依照用户的使用权限设置在什么日期，什么时间，可通过哪些门。对所有门均可在软件中设定门的开启时间、重锁时间以及每天的固定常开时间。

（2）对进入系统管理区域的人所处位置以及进入该区域的次数做详细的实时记录。当有人非法闯入或某个门被强迫打开，系统可以实时记录并报警。

（3）可与报警系统联动，产生防盗报警后，系统可立即封锁相关的门。

（4）可与闭路监视系统（CCTV）系统联动，当产生报警的同时，系统可联动视频录像或切换矩阵主机监视报警画面。

（5）出入口系统可与消防系统（FA）联动，在发生火灾时，打开所有或预先设定的门。

（6）系统还可控制电梯、保温、通风、紧急广播、空气调节和照明等系统。

（7）系统可按用户要求在现有的基础上扩充其他子系统，如人事考勤管理、巡查、消费（食堂、餐厅收费）管理和停车管理子系统，内部医疗、自动售货、资料借阅等子系统，充分发挥一卡多用功能。各应用子系统自成管理体系，同时通过网络互联，成为一个完整的一卡通管理系统。这种应用方式既满足各个职能管理的独立性，又保证用户整体管理的一致性。

2．管理功能

（1）对通道进出权限的管理。

① 进出通道的权限就是对每个通道设置哪些人可以进出，哪些人不能进出。

② 进出通道的方式就是对可以进出该通道的人进行进出方式的授权，进出方式通常有密码、读卡（生物识别）、读卡（生物识别）+密码三种方式。

③ 进出通道的时段就是设置可以进出该通道的人在什么时间范围内可以进出。

（2）实时监控功能：系统管理人员可以通过计算机实时查看每个门区人员的进出情况（同时可有照片显示）、每个门区的状态（包括门的开关，各种非正常状态报警等）；也可以在紧急状态打开或关闭所有的门区。

（3）出入记录查询功能：系统可储存所有的进出记录、状态记录，可按不同的查询条件查询，配备相应考勤软件可实现考勤、出入口一卡通。

（4）异常报警功能：在异常情况下可以实现计算机报警或报警器报警，如非法侵入、门超时未关等。

根据系统的不同，出入口系统还可以实现以下一些特殊功能。

（5）反潜回功能：就是持卡人必须依照预先设定好的路线进出，否则下一通道刷卡无效。本功能是防止持卡人尾随别人进入。

（6）防尾随功能：就是持卡人必须关上刚进入的门才能打开下一个门。本功能与反潜回实现的功能一样，只是方式不同。

（7）消防报警监控联动功能：在出现火警时出入口系统可以自动打开所有电子锁让里面的人随时逃生。与监控联动通常是指监控系统自动当有人刷卡时（有效/无效）录下当时的情况，同时也将出入口系统出现警报时的情况录下来。

（8）网络管理监控功能：大多数出入口系统只能用一台计算机管理，而具有此项功能的系统则可以在网络上任何一个授权的位置对整个系统进行设置监控查询管理，也可以通过 Internet 进行网上异地设置管理监控查询。

（9）逻辑开门功能：简单地说就是同一个门需要几个人同时刷卡（或其他方式）才能打开电控门锁。

（10）电梯控制系统：就是在电梯内部安装读卡器，用户通过读卡对电梯进行控制，无须按任何按钮。

3．出入口系统的技术功能一览

（1）脱机运行功能。控制器有存储功能，保存有用户资料，用户刷卡开门时将记录保存。不需要计算机控制 24h 运行。

（2）设定进出门的权限。对每个出入口进行设置，确定哪些卡可以进出。

（3）设定每张卡进出门的时段。设置每个出入口上每张卡在什么时间范围内可以进出。

（4）主动上传功能。监控时计算机不需要扫描，而控制器主动上传信号，保证刷卡。开关门等发生的动作在0.2s内反映到屏幕上，异常情况时同时报警。

（5）实时监控功能。系统管理人员可以通过监控计算机实时查看每个门人员的进出情况、每个门的状态（包括门的开关，各种非正常状态报警等）。紧急情况发生时会打开某一个门或所有的门。

（6）出入记录查询功能。系统可储存所有的进出记录、状态记录，可按不同的查询条件查询。可将开门的数据转为考勤数据、巡查数据，这样，无须考勤机、巡查机就能考勤、巡查。

（7）异常报警功能。当门打开时间过长，非法闯入、门锁被破坏等情况出现时，可以实现计算机报警。另输出报警信号供防盗系统用。

（8）消防报警监控联动功能。在出现火警时出入口系统可以由火警系统传来的信号打开门。与监控联动通常是指监控系统自动当有人刷卡时（有效/无效）录下当时的情况，同时也将出入口系统出现警报时的情况录下来。

（9）网络管理监控功能。出入口系统通常由一台计算机管理，具有此项功能的系统则可以在网络上任何一台有网络管理出入口软件的计算机上对整个系统进行设置、监控、查询、管理。

（10）TCP / IP协议网络传输功能。出入口控制可通过TCP / IP协议在宽带网上与出入口控制系统管理计算机通信，实现计算机对出入口控制的管理。

（11）控制器可控制两个读卡器或更多读卡天线防拆开关，实现防撬，还可以连接多种品牌的射频卡读卡机。通过韦根接口与不同品牌等一起使用，以适应用户对各种读卡机的不同选择。

（12）每个门均可独立控制，并可接出门按钮、门磁等，同时接收各种传感器的开关信号输入，在触发后由指定继电器发出报警控制信号。

（13）每张卡在每个出入口控制上可以进行独立的设定，每天可设三个开门时段，可设置每周有效开门日，可满足用户在门控时间上的较高要求。

4.3 出入口控制系统的结构

4.3.1 出入口控制系统的基本组成结构

出入口控制系统的基本组成结构如图4-1所示，出入口控制系统有单出入口和多出入口控制之分，其组成结构分别如图4-2和图4-3所示，出入口控制系统的组成部分大多具有独用性，要将不同厂家生产的产品连接起来相当困难，甚至不可能。但在未来网络技术下，则是可以做到互联的。TCP/IP协议能在单一的支持数据中包含图像和声音的数据，而且速度很快，所以是理想的技术支持。市场需求决定了未来占领市场的将会是开放的系统，是门禁与网络的完美结合。在同一个以太网中，不同厂家生产的门锁、控制器、报警单元、数据库等都可以彼此连接起来。

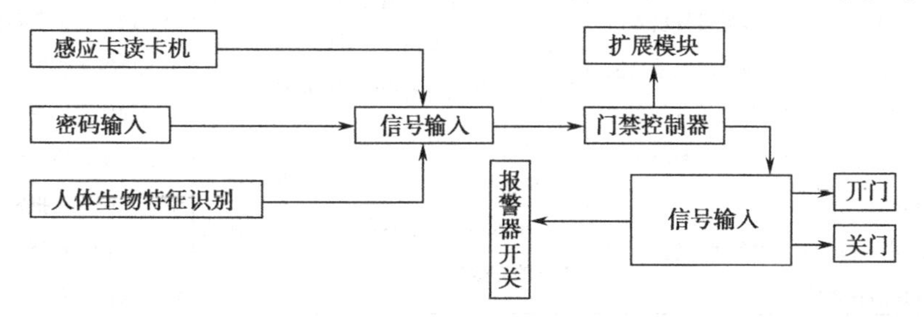

图4-1 出入口控制系统的基本组成结构

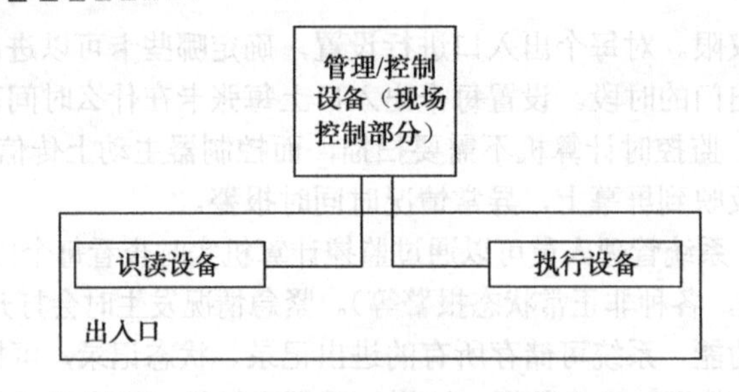

图 4-2　单出入口控制设备组成结构

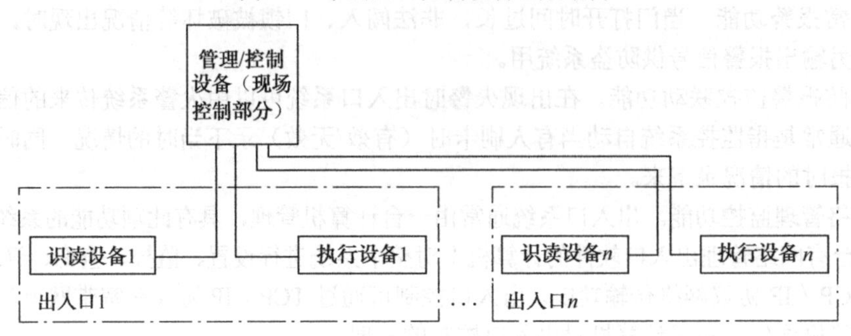

图 4-3　多出入口控制设备组成结构

因此，出入口控制系统的发展将会越来越多地与网络技术紧密相连，网络技术会让出入口控制系统更成熟、更实用，功能更全面。出入口控制系统主要涉及安全学和数据管理学两门科学。安全学的内容包含持卡人的身份识别、授权、定位和门控等；数据管理学则指对持卡人数据资料库以及进出、报警等事件的管理。

为了复核出入口控制系统发生的报警，出入口控制系统可与视频监控的联动实现集成联动，主要用于有效刷卡的卡像核实、无效刷卡、无效进入级别、无效时区、防反传、防跟随、防重入、无效进入/退出、发生报警等情况，更可取的是采用摄像机的视频移动检测报警功能。

4.3.2　出入口控制系统的分类

《智能建筑设计标准》中对出入口控制系统的分类要求如表 4-1 所示。

表 4-1　出入口控制系统的分类要求

系　统	甲 级 标 准	乙 级 标 准	丙 级 标 准
出入口控制系统	1．应根据建筑物安全技术防范的要求，对楼内（外）通行门、出入口、通道、重要办公室门等处设置出入口控制装置。系统应对被设防区域的位置、通过对象及通过时间等进行实时控制和设定多级程序控制。系统应有报警功能。 2．出入口识别装置和执行机构应保证操作的有效性。	1．应根据建筑物安全技术防范的要求，对楼内（外）通行门、出入口、通道、重要办公室门等处设置出入口控制装置。系统应对被设防区域的位置、通过对象及通过时间等进行实时控制和设定多级程序控制。系统应有报警功能。 2．出入口识别装置和执行机构应保证操作的有效性。	1．应根据建筑物安全技术防范的要求，对楼内（外）通行门、出入口、通道、重要办公室门等处设置出入口控制装置。系统应对被设防区域的位置、通过对象及通过时间等进行实时控制和设定多级程序控制。系统应有报警功能。 2．出入口识别装置和执行机构应保证操作的有效性。

续表

系　　统	甲级标准	乙级标准	丙级标准
出入口控制系统	3．系统的信息处理装置应能对系统的有关信息自动记录、打印、储存，并有防篡改和防销毁等措施。 4．出入口控制系统应自成网络，独立运行。应与闭路电视监控系统、入侵报警系统联动；应能与火灾自动报警系统联动。 5．应能与安全技术防范系统中央监控室联网，实现中央监控室对出入口进行多级控制和集中管理	3.系统的信息处理装置应能对系统的有关信息自动记录、打印、储存，并有防篡改和防销毁等措施。 4.出入口控制系统应自成网络，独立运行。应与闭路电视监控系统、入侵报警系统联动；应能与火灾自动报警系统联动。 5.应能与安全技术防范系统中央监控室联网，满足中央监控室对出入口控制系统进行集中管理和控制的有关要求	3．系统的信息处理装置应能对系统的有关信息自动记录、打印、储存，并有防篡改和防销毁等措施。 4．出入口控制系统应与闭路电视监控系统、入侵报警系统联动；应能与火灾自动报警系统联动。 5．应能向管理中心提供决策所需的主要信息

按出入口控制系统联网方式划分为总线制、环线制、单级网、多级网四种，分别如图4-4～图4-7所示。

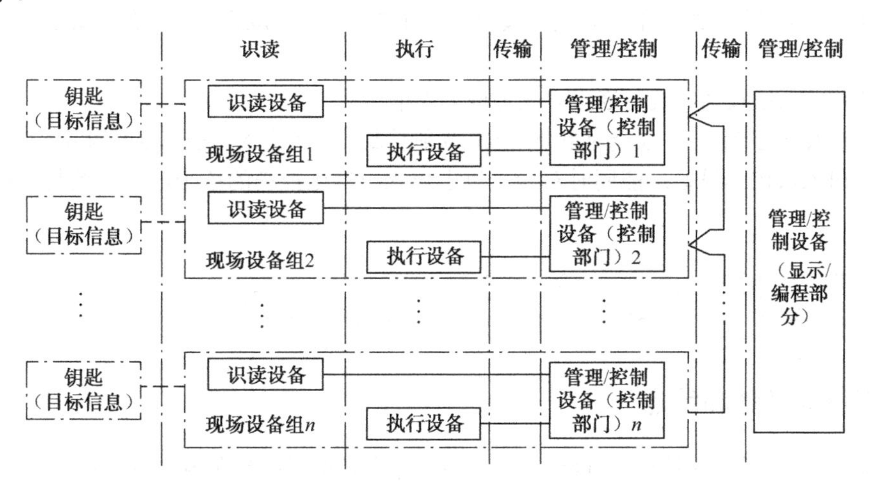

图4-4　总线制系统组成

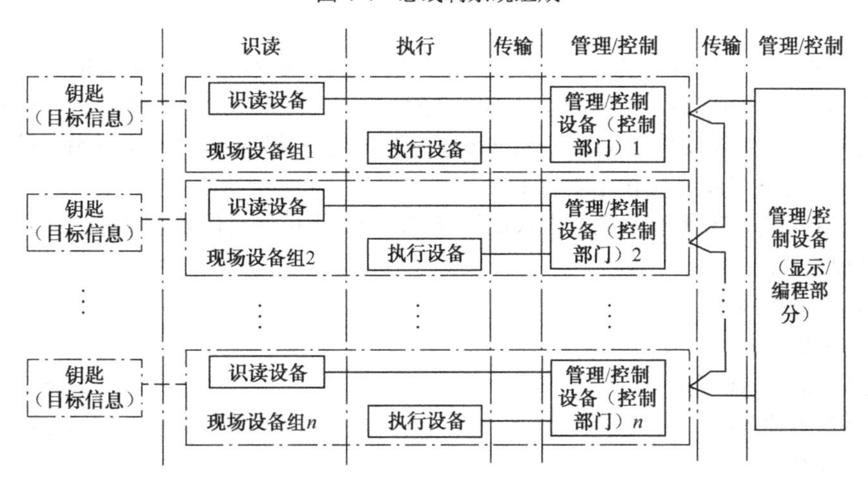

图4-5　环线制系统组成

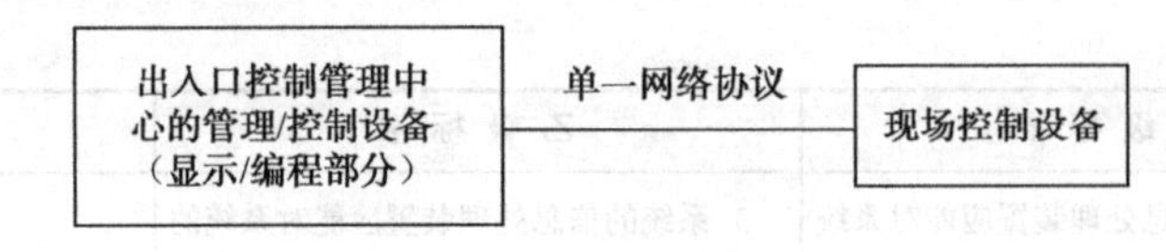

图 4-6　单级网系统组成

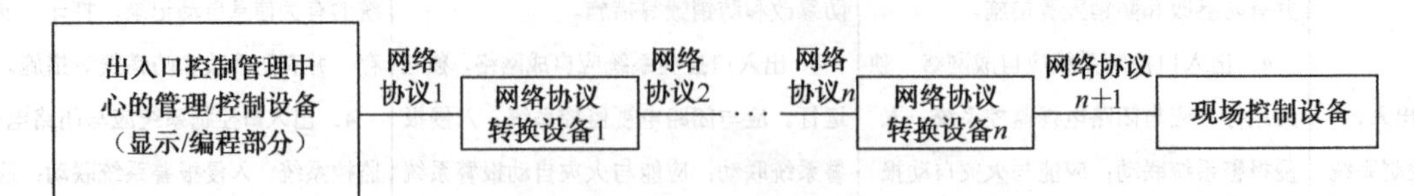

图 4-7　多级网系统组成

出入口控制系统按其硬件构成模式可分为以下形式：

（1）一体型：出入口控制系统的各个组成部分通过内部连接、组合或集成在一起，实现出入控制的所有功能。

（2）分体型：出人口控制系统的各个组成部分，在结构上有分开的部分，也有通过不同方式组合的部分。分开部分与组合部分之间通过电子、机电等手段连成为一个系统，实现出入口控制的所有功能。

出入口控制系统按现场设备连接方式可分为以下形式

（1）单出入口控制设备：仅能对单个出入口实施控制的单个出入口控制器所构成的控制设备。

（2）多出入口控制设备：能同时对两个以上出入口实施控制的单个出入口控制器所构成的控制设备。

4.4　出入口控制系统的锁具及其设计原则

4.4.1　锁具的类型和特点

锁具类型主要包括阳极锁、阴极锁、剪力锁、电力式推把锁等在内的电控锁；以 12V DC 或 24V AC 供电并在加电时上锁的电磁锁；以 12V DC 或 24V AC 供电并在加电时开锁、无电时上锁的电击锁等。

锁具运行机制的设计非常重要。对于诸如电影院等公共场合，应设计成失电时可逃生的出入机制（Fail—Safe），此时应采用电磁锁，以保证人员的逃生安全；而对于诸如银行、机房等机要部门，则应设计为失电时保安机制（Fail—Secure），即失电时锁具处于锁住状态以确保财产和设备的安全，等待来电时开门或者需用钥匙开门。

与出入口控制系统相配套的还有出入口的管理法则，需根据具体要求设计，可采用的出入口管理法则主要包括：

① 进出双向控制；

② 双重密码控制；

③ 双人同时出入法则；

④ 出入次数控制；

⑤ 缺席法则。

图 4-8　阴极锁

阴极锁

阴极锁，即锁口凹陷下去的锁具，如图 4-8 所示；阳极锁就是锁舌伸出来的锁，如图 4-9 所示，这是阴和阳的区别。阴极锁有通电开锁型的也有断电开锁型的，同样，阳极锁也有这两种，它们应该根据实际应用场合来选择锁的类型及开锁方式，一般而言，阴极锁应用于单向开门的场合，阳极锁应用于双向开门场合。阴极锁必须配套锁舌才可以完成锁门和开锁工作，而阳极锁一般都配套有锁口，其锁舌可以配合锁口。

适用于办公室木门、家用防盗铁门，特别适用于带用阳极机械锁，且又不希望拆除的门体，当然阴极锁也可以选配相匹配的阳极机械锁。

阳极锁

阳极锁适用于家用防盗铁门、单元通道铁门，也可用于金库、档案库铁门。可选配机械钥匙，大多属于常闭型。

磁力锁

磁力锁，如图 4-10 所示，适用于通道性质的玻璃门或铁门。属于常开型，完全符合通道门体消防规范，即一旦发生火灾，门锁断电打开，避免发生人员无法及时离开的情况。单元门、办公区通道门等大多采用磁力锁。

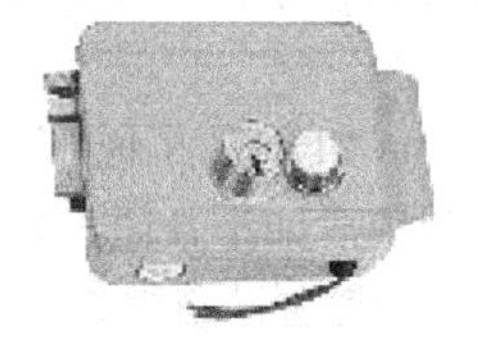

图 4-9　阳极锁

图 4-10　磁力锁

内开或外开：即开门方向。玻璃门大多属于外开，而铁门内开和外开都有。内开或外开将导致磁力锁锁体不同，同时安装方式也不相同，所以在选择磁力锁时一定要确定门是内开还是外开。

电插锁

电插锁是断电开锁，如图 4-11 所示。锁舌是圆柱状，不是由电机带动的。平时有 12V 供电，锁舌在磁力作用下伸出锁体（约 2cm 长）锁住门，开锁信号使 12V 供电断开后，磁力消失，锁舌缩回锁体，门打开，人进入后，12V 供电恢复约 5s 延迟后（延迟时间可在锁体电路板上通过跳码块调节），锁舌在磁力作用下又伸出锁住门。电插锁有 2 线 5 线 8 线制三种，8 线制有三根线检测门开闭状态，三根线检测锁状态。

电插锁适用于办公室木门、玻璃门，大多属常开型，完全符合通道门体消防规范。电插锁和磁力锁是门禁系统中主要采用的锁体。

灵性锁

灵性锁是通电开锁的电锁，如图 4-12 所示，应用于具有保安要求的场合，如财务室、经理室等小型小户场合；断电开锁的单锁应用于公共通道，进出人流较多的场合，方便在异常情况下人员的疏散逃生。

至于铁门和木门应该选择什么锁，这就要根据门的应用场合来决定了，如大门外的铁门，应该考虑使用防水型的磁力锁，室内铁门应该使用电插锁，最好不要使用阴极锁，因为铁门的热胀冷缩会影响到锁舌和阴极锁的配合间隙。也可选用磁力锁，因为磁力锁对间隙的变化影响不大。

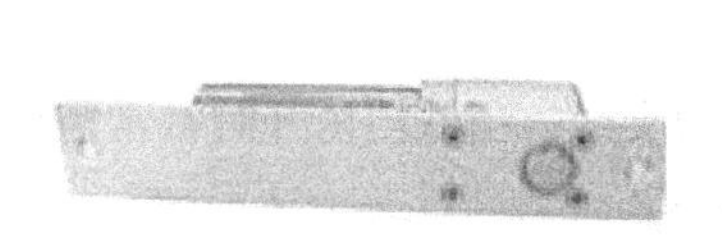

图 4-11　电插锁

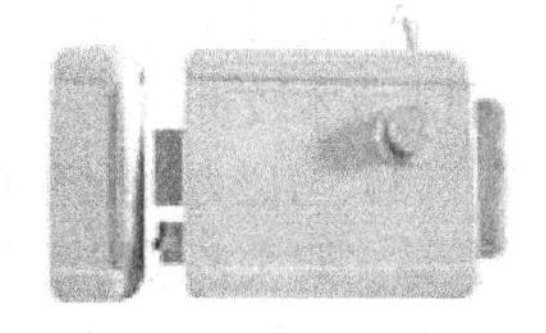

图 4-12　灵性锁

灵性锁是根据楼宇电控门的工作原理，结合电控锁和磁力锁的优点，克服了它们的缺点而开发的新产品，灵性锁与电控锁和磁力锁相比较，它的性能更加的完善、优点更加明显。同时价格也高于普通电锁。因此它一般应用于有高安全要求的场合。其优点主要体现在以下几点：

（1）无方向——无须辨别开门方向，左右内外开门，都能通用。（方便购锁和减少库存量）

（2）耗电省——耗电量仅相当于电控锁的1/5，电控锁3A，磁力锁断电开门，常耗电0.27A。而灵性锁的开锁瞬间电流小于0.5A，降低了门禁及对讲主机的耗电量。

（3）无碰撞——关门无碰撞，降低了闭门器的选择要求（不一定用65kg的闭门器，可自由选择适合该门的闭门器），解决了楼宇门因闭门器力量过大而产生的门体碰撞声，使门更不容易变形，延长了门体的使用寿命。

（4）声音轻——关门自动上锁，无噪声，解决了因电控锁本身而产生的噪声。

（5）寿命长——使用寿命可达35万次。其内部齿轮是采用工程塑料，相当于钢的的特性，门磁开关可达200万次。

（6）摩擦小——灵性锁能装任何楼宇门，而且锁舌的工作磨损几乎为零，电控锁是靠压力来工作的，对锁舌的摩擦力比较大。

（7）声音提示——开锁提示音（如开锁后不开门，锁具能自动提示开门）。

（8）自动检测锁舌状态——开锁后如不开门，延时15s后自动重新上锁；开门后如人为把锁舌伸出能自动回位，提升了安全性，增强防盗性，体现了该锁的智能性。

（9）安装方便——固定安装孔和电控锁一样，方便用户安装；接线四个端子，两根电源线，两根楼宇开锁线。

（10）适应性强——宽电压12V～18VDC，更适应可视对讲的使用（可与任何门禁和楼宇对讲主机配套）。

（11）新标准——锁舌的流线型设计是根据公安部最新标准电控锁锁舌长20mm，也是国内唯一一种符合该项新标准的锁具。因而提高了防撬性，安全性。

（12）美观——灵性锁的表面黑珍珠色更适合电控门。

所以智能灵性锁能使楼宇门更加灵性化、智能化、人性化，选择智能灵性锁是您的楼宇门的最佳选择。

电控锁安装辅件

电控锁安装大多数情况都必须选用一些辅件，用户在选择电控锁时应明确描述具体的门体情况和安装要求。以下具体介绍几种电控锁安装可能用到的辅件（图4-13）。

（1）与电插锁配套的下门夹：当玻璃门体没有边框时必须选用下门夹。下门夹一般都采用铝合金材料，直接夹在门体玻璃上。

（2）与电插锁配套的上、下门夹：当玻璃门体上下都是无边框的玻璃时，就必须选用上、下门夹。由于上门夹要求将电插锁体包起来固定在玻璃上，要求上门夹质量要非常好，且体积较大，一般都采用不锈钢材料。同时下门夹必须选用与上门夹相匹配的，与单独采用的下门夹不同。上、下门夹成本较贵。

图4-13　电控锁安装辅件

（3）与磁力锁配套的L型支架：当铁门内开时常常需要选配L型支架。该支架大多采用铝合金材料。

（4）与磁力锁配套的U型支架：当玻璃门体无边框时必须选用U型支架，该支架大多采用铝合金材料。

（5）与阴极锁配套的阳极锁体：这种锁体一般为机械防盗锁，锁舌要求不能为方舌。

4.4.2　如何选用锁具

1．选择的类型

要配什么样的锁，取决于安装在什么样的门上。双开（可内开也可外开）玻璃门最好用电插锁，公司内部的单开（只能内开或者只能外开）木门最好是用磁力锁，磁力锁也称电磁锁。磁力锁锁体安装在门框上部。国外磁力锁的使用要多于电插锁，磁力锁的稳定性也要高于电插锁，不过电插锁的安全性更高。电锁口是安装在门侧和球形锁等机械锁配合使用的，安全性要低很多，而且布线不方便，不过价格便宜一些。小区用最好是购买磁力锁和电控锁，电控锁噪声比较大，一般楼宇对讲配的都是电控锁，现在也有静音电控锁产品。用什么锁都要注意防雨，锁具一般采用铁质材料，容易生锈。市场上有一种停电关的电插锁，这种锁能满足客户停电后门依然关闭的要求，但是不符合消防要求，验收时可能通不过，而且其对门框的厚度是有要求的，安装起来会有意想不到的麻烦，所以并不常用。

2．电插锁选购常识

首先，锁面要有金属光泽，不能有明显的划伤，待机电流300mA左右，动作电流要低于900mA。长时间通电后，表面略热，但不至于烫手。电插锁弹起的力度要充分，压下去后锁头能自动弹起而有力，最好能进行4000次通断测试，如果，发现过程中锁头无力，或者弹起不到位，或者弹不起来，视为不合格。有些工程商问：是选购两线的还是多线的电插锁呢？是这样的，多线的电插锁是带单片机控制的，电锁的运行电流受单片机智能控制，锁体不会太热，而且具备延时控制功能和门磁检测功能；延时控制功能可以适应地弹簧不好的门使用，门磁监控功能可以为控制器提供门开闭状态的实时监控功能。虽然这些功能你未必用到，但是有单片机控制的电锁和无单片机控制的电锁品质和稳定性的档次是不在一个层次上的。所以建议您不必省一点点钱，两线的电插锁，内部结构非常简单，只是一个电流驱动电磁线圈的机构，工作电流大，发热严重到一定时候会损坏电锁。

3．电磁锁选购常识

外观要精致，表面不能有明显划伤或者锈迹，磁力锁的关键是要看它的耐拉力；这个需要专业的设备才能测量出来，所以只有安装好后，用手突然用力的方式拉一拉，拉不开视为正常，但是要注意安装电磁锁锁体吸合要吻合，吸铁不要安装得过紧，否则会影响耐拉力。

在选配锁具时，首先要先分清90°开门（单向开门）和180°开门（双向开门）两种情况，180°开门的肯定使用电插锁，90°开门的可以使用磁力锁、电控锁、阴极锁、玻璃门夹锁、电插锁等。闭门器是根据门的重量决定的，门的重量是由门的体积及材质决定的。支架是根据美观、安全及方便性选择的。

4．磁力锁鉴别

标准性的合格磁力锁，一般都提供12V和24V两种输入电压（单线圈和双线圈之差），它们通过跳线来进行选择、切换。判断一把磁力锁的优劣，有以下几种方式：

（1）看电路板。

劣质的磁力锁从电路板即可判断出来，劣质的磁力锁电路板印刷粗糙、布局异常简单，没有使用压敏电阻（也就是突波器，一般有两个），且只有一组电压输入。

（2）测电阻。

先把磁力锁的12V及24V的切换跳线拔掉（注意：无须通电），一般均有4个接线柱（跳线处），测其红、黑两条线，电阻在50Ω左右的为佳。

（3）通电后测电流数值。

把磁力锁通12V电压后测其电流值，与标注值相符者为佳。280kg（600磅）的磁力锁一般在400～450mA的为佳，若小于450mA就不够拉力；若通24V电压时，其标注值或实际值应为200mA。

（4）绝缘值。

标准合格的磁力锁其锁体的绝缘值应为无穷大为好，具体数值应在50MΩ以上；具体测试位置为截钢片与锁体输出线（任一条）。

（5）截钢片的垂直度。

截钢片原则上要尽量减少用手触摸或沾有污迹，合格的磁力锁截钢片的垂直度及平行度越标准越好。截钢片电镀的好坏要以截钢片上有无氧化痕迹为标准。

（6）灌胶检查。

磁力锁的胶体不能出现气泡，应平坦整齐，无裂痕，角度方正。

（7）截钢片距离。

主要关注截钢片的厚度应在 0.35mm 为最佳，目前市面上较多都是使用 0.5mm 的截钢片；锁体上截钢片的排列越紧密越好，注意：观察截钢片的排列当中不要出现渗胶现象。

（8）无残磁。

一般磁力锁的锁片采用纯铁制造，但大部分的锁片为 99%的纯铁，所以要具备去残磁功能，装有凸出的橡胶垫，起到缓冲作用，有防残磁装置的锁会降低 35kg 左右的拉力；若采用 99.9%纯铁的产品，无须防残磁装置即可基本上排除残磁的产生，而且拉力充足。

（9）4007 二极管。

特指不指示灯及信号输出的锁具，一般会在锁的电源正负极处加上此二极管晶体，此番处理明显表露锁具的材料不过关，在此做的一些保护工作，如防止正负极接错或冲击门禁机等。

（10）锁体外壳的工艺处理。

锁体外壳一般采用氧化拉丝或氧化喷砂，尤以氧化喷砂，细砂为优。拉丝整齐、喷钞均匀，外壳钢体切割面平整。

（11）高低压。

低压时，锁具仍然能工作，但拉力降低；高压时锁体会发烫，此时应注意温升的情况，温升超过 20° 的为劣品，一般在 1h 内即可得出温升数据。

（12）酸度测试。

用弱酸涂在锁体截钢片上，好的锁体 45min 后才会发生氧化，而差的一般在 15min 即出现氧化。另外可以将锁体泡在水中，24h 内发黑的为劣品。

（13）光洁度。

把小水滴滴在锁体截钢片上，观察其流动是否顺畅，是否拖泥带水，顺畅者其光洁度为优。

（14）锁体电镀。

注意关注锁体边角位置的电镀质量，出现皱纹、发暗者为锁体电镀不过关。

（15）输出线。

两芯的为无信号输出电锁，五芯的为带门位侦测输出。

4.5 传输系统

4.5.1 门禁控制系统的通信接口

门禁控制器可以支持多种联网的通信方式，如 RS-232、RS-485 或 TCP/IP 等，在不同情况下使用各种联网的方式，以实现全国甚至于全球范围内的系统联网。为了门禁系统整体安全性的考虑，通信必须能够以加密的方式传输，加密位数一般不少于 64 位。

门禁控制系统中的通信接口主要分为两类。

1．串行通信接口标准 RS-423/RS-422/RS-485

在数据通信、计算机网络以及分布式工业控制系统中，经常采用串行通信来达到信息交换的目的。无论是完整的七层 OSI 模型，还是简化的三层（或四层）工业局域网络，其第一层均为物理层。RS-232C、RS-423、RS-422 及 RS-485 既是物理层的协议标准，也是串行通信接口的电气标准。

RS-232C 于 1969 年由美国电子工业协会（EIA）公布后，在全世界范围内得到了广泛的应用。该标准定义了数据终端设备（DTE）和数据通信设备（DCE）之间串行接口传输的接口信息。计算机接口与数据终端设备（DTE）同等看待，从这个角度定义数据流的方向（发送或接收）。近距离串行通信时，可以不使用调制解调器（Modem），此时则从计算机接口的角度定义信息流的方向（发送或接收）。远距离串行通信必须使用 Modem，因而成本较高。在分布式控制系统和工业局域网络中，常常遇到传输距离介于近距离（小于 2km）和远距离（大于 2km）之间的情况，这时 RS-232C 不能采用，而使用 Modem 也不合算，因而需要新的串行通信接口标准。

1977 年 EIA 制定了新标准 RS-449，它定义了在 RS-232C 中所没有的十种电路功能，可以支持较高的数据传送速率、较远的传输距离，提供平衡电路改进接口的电气特性，规定用 37 引脚连接器。RS-423/422（全双工）是 RS-449 标准的子集，RS-485（半双工）则是 RS-422 的延伸。平衡驱动器的两个输出端分别为+V 和–V，故差分接收器的输入信号两者之间不共地，这样既可削弱干扰的影响，又可获得更长的传输距离及允许更大的信号衰减。采用 RS-422 标准，其位速率可达 10Mb/s。

2．TCP/IP 网络通信接口

此类网络基本结构如图 4-14 所示，在这种结构中，布线是很重要的一个环节。

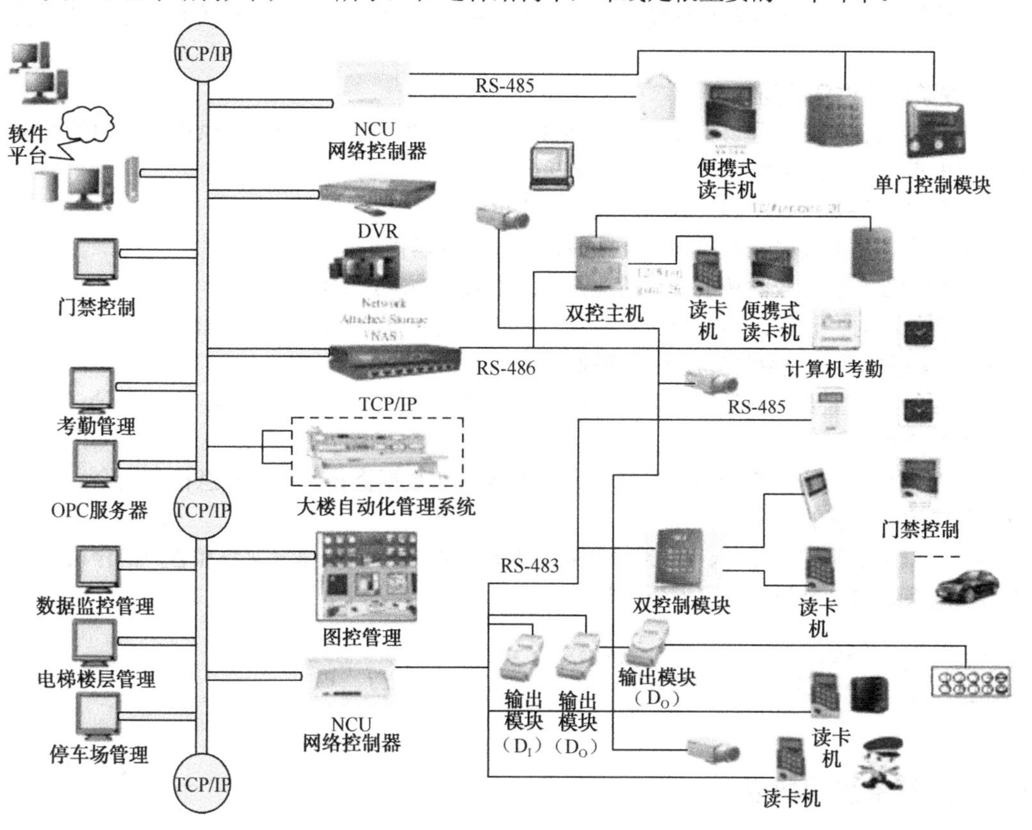

图 4-14　网络门禁控制系统及其接口

4.5.2 传输布线的操作要求

1．布线时应注意的问题

（1）电缆的安装应符合 IEEE 电气安装线缆敷设规范和国家、行业的相关规定。

（2）应根据选择的出入口产品厂商的要求选择符合规定的产品。

（3）室内布线时不仅要求安全可靠而且要使线路布置合理、整齐、安装牢固。

（4）布线时应尽量避免导线有接头。非接头不可的，其接头必须采用压线或焊接。导线连接和分支处不应受机械力的作用。

（5）使用的导线，其额定电压应不大于线路的工作电压；导线的绝缘应符合线路的安装方式和敷设的环境条件以及导线对机械强度的要求。

（6）布线在建筑内安装要保持水平或垂直。布线应加套管（塑料或铁管，按室内布线的技术要求选配），天花板上可装软管或 PVC 管，但需固定稳妥、美观。

（7）信号线不能与大功率电力线平行，更不能穿在同一管内。如因环境所限，要走平行线，则要远离 50cm 以上。

（8）报警控制箱的交流电源应单独走线，不能与信号线和低压直流电源线穿在同一管内，交流电源线的安装应符合电器安装要求。

（9）报警控制箱到天花板的走线要求加套管埋入墙内或用铁管加以保护，以提高防盗系统的防破坏性能。

（10）布线时应区分电源线、通信线、信号线。其中电源线的线径足够粗，采用多股导线；信号线和通信线采用五类或六类双绞线，环境要求较高时可采用屏蔽双绞线。布线时注意强、弱电分开走线。

2．安装时应注意的问题

（1）电源要保证功率足够，尽量使用线性电源，门锁和控制器应分开供电。电源的安装尽可能靠近用电设备，以避免受到干扰和传输损耗。

（2）门禁系统要注意安装位置的选取，防止电磁干扰。

（3）读卡器不要安装在金属物体上，最好通过控制器供电。

（4）控制器应放于较隐蔽或安全的地方，防止人为的恶意破坏。

（5）锁连接时，锁的两端要反接二极管，最好将锁的电源和控制器的电源分开。

3．门禁控制系统应用时应注意的问题

（1）控制器等重要设备不但必须要有放置的物理场所如专用柜，而且要有 IP 地址，便于管理及故障时的查找。

（2）在操作网络安防系统时，容易受到黑客攻击和数据盗窃。必须注意信息安全，防止数据危及出入口控制系统的安全。

（3）在安装前确定域账号、IP 地址和带宽要求。准确的高通信量次数和客户的停机维护对于出入口控制系统的安全和功能也十分重要。

4.6 门禁控制系统的设计

4.6.1 门禁系统的构成

门禁系统由控制器、读卡器、卡片、出入口控制系统软件管理单元、电源、电锁等设备组成，如图 4-15 所示。

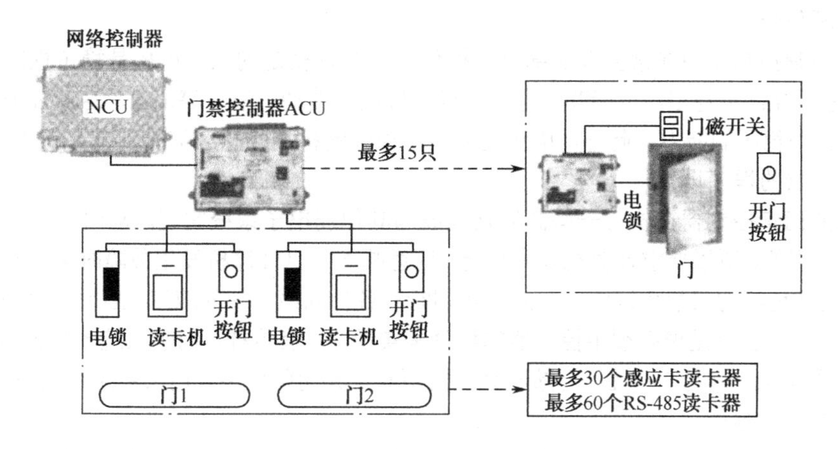

图 4-15 门禁系统的基本组成

1．门禁控制器

影响门禁控制器的安全性、稳定性、可靠性的因素很多，通常表现在以下几个方面。

（1）控制器的分布。

控制器必须放置在专门的弱电间或设备间内集中管理，控制器与读卡器之间具有远距离信号传输的能力，不能使用通用的韦根协议，因为韦根协议只能传输几十米的距离，这样就要求门禁控制器必须与读卡器就近放置，大大不利于控制器的管理和安全保障。设计良好的控制器与读卡器之前的距离应不小于 1200m，RS-485 总线的通信方式；控制器与控制器之间的距离也应不小于 1200m，RS-485 总线的通信方式。

（2）控制器的防破坏措施。

控制器机箱必须具有一定的防砸、防撬、防爆、防火、防腐蚀的能力，尽可能阻止各种非法破坏事件的发生。

（3）控制器的电源供应。

控制器本身必须带有 UPS 系统，在外部的电源无法供电时，至少能够让门禁控制器继续工作几个小时，以防止有人切断电源从而导致门禁瘫痪事件。

（4）控制器的报警能力。

控制器必须具有各种即时报警的能力，如电源、UPS 等设备的故障提示，机箱被打开的警告信息以及通信或线路故障等。

（5）开关量信号的处理。

门禁系统中许多信号会以开关量的方式输出，如门磁信号和出门按钮信号等，由于开关量信号只有短路和开路两种状态，所以很容易遭到利用和破坏，会大大降低门禁系统整体的安全性，因此门禁控制器不能直接使用开关量信号。将开关量信号加以转换再传输能提高安全性，如转换成 TTL 电平信号或数字量信号等。

（6）结构设计。

门禁控制器的整体结构设计是非常重要的，应尽量避免使用插槽式的扩展板，以防长时间使用后氧化引起的接触不良；使用可靠的接插件，方便接线并且牢固可靠；元器件的分布和线路走向应合理，减少干扰，同时增强抗干扰能力；机箱布局合理，增强整体的散热效果。门禁控制器是一个特殊的控制设备，必须强调稳定性和可靠性，够用且稳定的门禁控制器才是好的控制器，不应该一味追求使用最新的技术和元件。控制器的处理速度也不是越快就越好，也不是门数越集中就越好。

（7）电源部分。

电源是门禁控制器中非常重要的部分，提供给元器件稳定的工作电压是稳定性的必要前提，但220V的电压经常不稳定，可能存在电压过低、过高、波动、浪涌等现象，这就需要电源部分具有良好的滤波和稳压的能力。此外，电源还需要有很强的抗高频感应信号、抗雷击等抗干扰能力。

（8）控制器的程序设计。

相当多的门禁控制器在执行一些高级功能或与其他弱电子系统实现联动时，是完全依赖计算机及软件来实现的，所以要求计算机非常稳定，这意味着一旦计算机发生故障时会导致整个系统失灵或瘫痪。设计良好的门禁系统中所有的逻辑判断和各种高级功能的应用，必须依赖门禁控制器的硬件系统来完成，也就是说必须由控制器的程序来实现，只有这样，门禁系统才是最可靠的，并且也有最快的系统响应速度，而且不会随着系统的不断扩大而降低整个门禁系统的响应速度和性能。

（9）继电器的容量。

门禁控制器的输出是由继电器控制的，控制器工作时，继电器要频繁地开合，而每次开合时都有一个瞬时电流通过，如果继电器容量太小，瞬时电流有可能超过继电器的容量，很快会损坏继电器。一般情况下，继电器容量应大于电锁峰值电流3倍以上。另外继电器的输出端通常是接电锁等大电流的电感性设备，瞬间的通断会产生反馈电源的冲击，所以输出端宜有压敏电阻或者反向二极管等元器件予以保护。

（10）控制器的保护。

门禁控制器的元器件的工作电压一般为5V，如果电压超过5V就会损坏元器件，而使控制器不能工作。这就要求控制器的所有输入/输出口都有动态电压保护，以免外界可能的大电压加载到控制器上而损坏元器件。另外，控制器的读卡器输入电路还需要具有防错和防浪涌的保护措施，良好的保护可以使得即使电源接在读卡器数据端都不会烧坏电路，通过防浪涌动态电压保护可以避免因为读卡器质量问题影响到控制器的正常运行。

2．电锁与执行单元

电锁与执行单元部分包括各种电子锁具、挡车器等控制设备，这些设备应具有动作灵敏、执行可靠、良好的防潮、防腐性能并具有足够的机械强度和防破坏的能力。电子锁具按工作原理的差异，具体可以分为电插锁、磁力锁、阴极锁、阳极锁和剪力锁等，可以满足各种木门、玻璃门、金属门的安装需要。每种电子锁具在安全性、方便性和可靠性上各有差异，也有自己的特点，需要根据具体的实际情况来选择合适的电子锁具。

电子锁具的选配首先需要考虑门的情况，双开（可内开也可外开）玻璃门最好用电插锁，公司内部的单开（只能内开或者只能外开）木门最好是用磁力锁。磁力锁也称电磁锁，虽然其锁体安装在门框上部，不是隐藏安装，不甚美观，但磁力锁的实际使用要多于电插锁，磁力锁的稳定性也要高于电插锁，不过电插锁的安全性要更高一些。电锁口是安装在门侧和球形锁等机械锁配合使用的，安全性要低很多，而且布线不方便，不过价格便宜。住宅小区用户最好是选用磁力锁和电控锁，电控锁噪声比较大，一般楼宇对讲系统配备的都是电控锁，但现在也有一种静音电控锁可以选用。不管用什么锁具都要注意防雨、防生锈。

（1）电插锁的基本选购方法。

锁面要有金属光泽，不能有明显的伤痕，待机电流为300mA左右，动作电流要低于900mA，长时间通电后，表面略热，但不至于烫手。电插锁弹起的力度要充分，压下去后锁头能自动弹起而有力。最好能进行4000次通断测试，如果发现过程中锁头无力，或者弹起不到位，或者弹不起来，视为不合格。

工程商常会问是选购两线的还是多线的电插锁。一般多线的电插锁是带单片机控制的，电锁的运行电流受单片机智能控制，锁体不会太热，而且具备延时控制功能和门磁监控功能。延时控制功能可以适用于地弹簧不好的门使用，门磁监控功能可以为控制器提供门开闭状态的实时监控功能。虽然这些功能未必用到，但是有单片机控制的电锁和无单片机控制的电锁品质和稳定性的差别很大。两线的电插锁，内部结构非常简单，工作电流大，发热严重到一定程度会损坏电锁，因此不建议采用。

（2）磁力锁的基本选购方法。

磁力锁外观要精致，表面不能有明显划伤或者锈迹。磁力锁的关键是耐拉力，这需要专业的设备才能测量出来，但安装好后以突然用力的方式用手拉一拉，拉不开视为正常，但是要注意安装磁力锁锁体时吸合要适当，吸铁不要安装得过紧，否则会影响耐拉力。此外，锁具运行机制的选择非常重要。

① 断电关门（送电开门，Fail—Secure）机制。正常闭门情形下，锁体并未通电，而呈现“锁门”状态，经由外接的控制系统（例如刷卡机、读卡机）对锁进行通电时，内部的机体动作，从而完成“开门”的状态，如阴极锁。这种断电关门机制适用于诸如银行、机房等机要部门，使失电时锁具处于锁住状态以确保财产和设备的安全，等待来电时开门或者需要钥匙开门。

② 断电开门（送电关门，Fail—Safe）机制。正常闭门情形下，锁体持续通电，而呈现“锁门”状态，经由外接的控制系统（例如刷卡机、读卡机）对锁进行断电时，内部的机体动作，从而完成“开门”的状态，如磁力锁。对于诸如电影院等公共场合，应设计成断电时可逃生的出入机制，以保障人员的逃生安全。

③ 断电开门机制和断电关门机制的选择。断电开门符合消防法规，大多火灾发生的原因都是电线走火，火灾现场的热度可以使五金门锁的机件融化而无法开门逃生，使许多人在火场中因门锁无法打开逃生而葬身火海，断电开门的好处是一旦电线走火而引发停电时，通道的防烟门将会动作，除阻绝烟雾扩散外，人也可以轻易地开门逃生。断电闭门机制则适用于金库等一些财产保险性较高的门禁场合，此时可以用电子机械锁和阴极锁一起搭配使用，一旦人员有危险时，还是可以使用旋钮或钥匙开门。

（3）电锁安装常见问题。

门锁安装完后门无法正常开关，这是大多数人遇到的问题，然而，真正的原因大多不是锁的问题（或许少部分是人为安装的疏失），而是门地弹簧的品质问题。简单地说，假设一个门重 120 磅，该装多少磅数的地弹簧？或许你会说，120 磅或是更大的磅数，但是有些产品开始使用时问题不大，长时间使用后，门无法归位、门回归速度变慢、门下垂严重等问题都日渐浮现。因此，安装双向锁时，一定要根据门的定位，选择合适的地弹簧。

安装电控锁时应该注意门的方向（如内开或外开）、材质（金属门、玻璃门、木门等）、间距、大小、数量、用途及是否有特殊要求等。

另外，锁体在断电后依然残留磁力，会造成门无法打开，这是很危险的事情，因此要注意残磁的影响，避免发生危难事件时防烟门无法关闭或是逃生门无法打开的情况造成生命财产的损失。

3．传感与报警单元

传感与报警单元部分包括各种传感器、探测器和按钮等设备，最常用的就是门磁和出门按钮，应具有一定的防机械性创伤措施。这些设备全部都是采用开关量的方式输出信号，设计良好的门禁系统可以将门磁报警信号与出门按钮信号进行加密或转换，如转换成 TTL 电平信号或数字量信号。同时，门禁系统还可以监测出以下报警状态：报警、短路、安全、开路、请求退出、噪声、干扰、屏蔽、设备断路、防拆等状态，可防止人为对开关量报警信号的屏蔽和破坏，以提高门禁系统的安全性。另外，门禁系统都应该对报警线路具有实时的检测能力。

传感部分的大致组成如下：

（1）出门按钮—是按一下打开门的设备，适用于对出门无限制的情况；

（2）门磁—用于检测门的安全/开关状态等；

（3）电源—整个系统的供电设备，分为普通和后备式（带蓄电池的）两种；

（4）遥控开关—作为紧急情况下进出门使用；

（5）玻璃破碎报警器—作为意外情况下开门使用。

4. 管理与设置单元

管理与设置单元部分主要指门禁系统的管理软件，管理软件可以运行在 Windows 2000、Windows 2003 和 Windows XP 等环境中，支持客户端/服务器的工作模式，并且可以对不同的用户进行可操作功能的授权和管理。管理软件应该使用 Microsoft 公司的 SQL 等大型数据库，具有良好的可开发性和集成能力。管理软件应该具有设备管理、人事信息管理、证章打印、用户授权、操作员权限管理、报警信息管理、事件浏览、电子地图等功能。随着智能化大厦应用的不断深入，“一卡通系统”作为一个新的需求逐渐被提出，门禁、考勤管理子系统就是它的一个具体应用。

门禁、考勤管理子系统是现代商业大厦不可或缺的组成部分，它既可以树立公司、大厦或机关办公室规范化管理的形象，提高管理档次，同时又可以规范内部的管理体制。感应卡技术的诞生使一张感应卡就可以代替所有的大门钥匙，且具有不同的通过权限，授权持卡人进入其职责范围内可以进入的门。所有的进出情况在计算机里都有记录，便于针对具体事情的发生时间进行查询，落实责任。其可以实现如下主要功能。

（1）基于计算机的编程。

操作员依据自己的操作权限在控制主机上进行各种设定，如开门/关门，查看某一被控制区域的门状态情况，授权卡或删除卡等。考勤应有任意排班、病事假管理、加班管理等功能，并根据客户需要打印出报表。

（2）卡片使用模式。

系统可采用非接触 ID 感应卡，每张卡具有唯一性，不可复制，保密性极高。

（3）出入口控制系统。

可任意对卡片的使用时间、使用地点进行设定，不属于此等级的持卡者被禁止访问，对非法进入行为系统会报警，有多种时间可供选择。

（4）实时监控功能。

门的状态和动作，都可实时反映在控制的计算机中，如门打开/关闭、哪个人、什么时间、什么地点等。门开时间超过设定值时，系统会报警。

（5）记录存储功能。

所有读卡资料均有计算机记录，便于在发生事故后及时查询。在脱机情况下，门禁控制应能保持数据 7 万余条；在掉电的情况下，数据能保持 90 天。

（6）顺序处理功能。

任何警报信号发生或指定状态改变时，自动执行一连串顺序控制指令。

（7）双向管制系统。

支持双向管制，特殊门户双向均需读卡，只读一次，卡会失效。此功能既可防止卡片的后传，又可实时反映该场所实际人员情况。

（8）多级操作权限密码设定系统。

软件针对不同级别的操作人员分配多级别的操作权限，输入不同的密码可进入不同的控制界面。

（9）密码功能。

系统除了可以单独用卡进门以外，对特殊门户，可通过采用带密码（读卡器实现读卡加密码开门的双重保安功能）或者使用超级密码方式进门（8位超级密码，使用键盘输入，不用读卡可开门），保证对高安全性场所的控制。

4.6.2 安全管理子系统

门禁系统在安全管理方面需要实现智能卡与保安监控系统联动，实现安防一体化的功能。这主要由安全管理子系统来完成。

1．刷卡联动抓拍系统

主要实现门禁系统和DVR系统的联动，可以设定刷卡开门的同时根据预先设定的条件进行抓拍现场图像，并可以比较显示照片，避免非法持有者冒充进入。可将非法卡计入报警日志，并可灵活设置各种刷卡情况的联动动作。

2．刷卡联动录像

可以设定刷卡开门的同时根据预先设定的条件进行录像，同时录像文件的路径保存在系统软件的进出报表中和该条刷卡记录的绑定；双击该条刷卡记录即可回放该段录像文件。

3．实时监控

电子地图提供直接视频监控功能，能够直接监视门禁区现场状态，甚至于在电子地图上能够直接控制云台、镜头等设备，将监控特性完全嵌入了电子地图中，并提供即时抓拍、录像功能。

4．报警切换

非法刷卡可以直接切换该门对应视频通道的视频信号，使管理者可以在第一时间看到现场的具体情况，并根据实际情况消警或启动其他报警设备。

5．视频确认功能

当有人员刷卡后，前端摄像机会自动将图像传回主控室，主控室人员可在确认后控制大门的打开或关闭。

4.6.3 巡更管理子系统

作为安全管理的一个延伸，保安人员的巡更管理同样是保障建筑物安全的不可或缺的条件，该系统需要的功能应该包括以下几点。

（1）以IC卡作为巡更牌，由控制中心计算机软件编排巡更班次、时间间隔、线路走向，有效地管理巡更员的巡视活动，增强保安防范措施。

（2）软件设定巡更时间要求、线路要求、次数要求，通过发行巡更点（位置信息）、巡更牌，记录巡更员身份、编号并授予巡更活动的权限。

（3）巡更员带巡更牌按规定时间及线路要求巡视，将巡更牌在巡更点前晃动，便可记录巡更员的日期、时间、地点及相关信息。若不按正常规程巡视，则记录无效。查对核实后，即视作失职。控制管理中心随时查询、整理、备份相关信息，对失盗失职进行有效分析。

（4）可随时或者定时提取各巡更员的巡更记录。

（5）计算机对采集回来的数据进行整理、存档，自动生成分类记录、报表并打印。管理人员可以在计算机中实时、非实时地查询保安人员的巡逻情况。

4.6.4 现金流及刷卡消费管理子系统

与门禁系统相配套的还有现金流及刷卡消费管理子系统。现金流管理可以与银行的金融卡系统联网，满足以下几点。

1．对公、对私客户资料管理

实现个人客户资料的建档及管理、不良客户管理；根据客户信息统计存款量；客户资料全行共享，建立"客户中心"的业务模式；商户资料管理、设备资料管理、商户回扣率的设置；商户交易量统计、商户积分资料统计。

2．卡管理

（1）卡资料管理：实现卡资料的录入、查询、修改、删除等功能。

（2）卡状态管理：实现开卡（批量/单张）、制卡（批量/单张）、发卡（批量/单张）、挂失/解卡、止付/解付、冻结/解冻、换卡、销卡、有效期管理等功能。

（3）卡密码管理：密钥管理，卡密码的生成、挂失、修改。

（4）消费积分的配置、设定、累计、清除等。

（5）支付名单管理：生成、删除、下发；对账单随时查询、打印；月末批量打印。

3．一卡通交易

实现人民币活期、整存整取、零存整取、通知存款、教育储蓄、存本取息等多储种，实现外币活期、整存整取交易；实现公司卡账务处理。

4．物流管理子系统

现在比较流行物流管理的方法是使用电子标签，它可以记录每一件物品的进出档案，便于对物品进行跟踪管理。实施时只需将特殊的智能卡嵌入物品，经过读卡器确认后，就可以将物品信息出入数据库，轻松实现物流管理。随着智能卡技术的不断发展，它在商业领域将会有越来越多的应用。

4.7 感应卡自动识别出入口控制系统

出入口控制系统的另一种形式即为感应卡自动识别系统。所用的卡片有接触式和非接触式两类。接触式卡必须与读卡机实际触碰，而非接触式卡则可借助于卡内的感应天线，使读卡机以感应方式读取卡内资料。两者比较如表4-2所示。非接触式卡统称为感应卡，又分为射频感应卡和Mifare智能卡两种。

表4-2 接触式卡与非接触式卡比较

	接 触 式 卡	非接触式卡
存储器	最高可达32KB	最高只有8KB
安全性	高	较低
成本	低	2倍于接触式卡
读取速度	2～3s	150～200μs
使用寿命	1万次读取	10万次读取

4.7.1 感应卡自动识别系统概述

感应式出入口控制系统利用射频等感应辨识技术，感应距离为40～300cm。

感应卡（Proximity Card）的内部结构大致相同，都是由一个电感线圈L、谐振电路和IC芯片组成。IC芯片是感应卡中存储识别号码的数据的核心元件，被封装在一块3mm×6mm或4mm×8mm的超薄电路基片上，最低启动工作电压为2～3V，最大工作电流为2μA，芯片内设置有限压开关功能，当芯片在强力电磁场内产生感应电压超过5～7V时，限压开关打开，对过电压进行泄放，因此卡片不会有电气损坏。天线用来发射和接收电磁波，收发信息的电感线圈L由极细的自黏漆包线在专用设备上制成脱胎线圈。感应卡将射频识别技术和IC卡结合起来，解决了无源（卡中无电源）和免接触的难题，是电子器件领域的一项重大突破。

1．感应卡自动识别系统发展历程与趋势

（1）低频卡系统（Low Frequency）。

低频是指125kHz和134kHz这样的频率。大部分卡属于被动式，读卡距离相对较长，通常可达2～3m，在穿透性方面很优秀，功耗低。但由于其读取的速度慢，可发送的数据量非常小，一次性发送的数据包更少，因此这种频率不适合在卡片中存储大量的数据，也不适合同时读取多个卡片，多带有读/写功能。

这类感应卡包含一个可以连接到数据库的ID号码，它并不存储某个应用中的数据或数值。安全领域和门禁控制系统是低频技术最大的应用场合。HID公司开发了自己的125kHz感应技术。

（2）13.56MHz的Mifare卡。

ID技术的第二次浪潮是13.56MHz的Mifare卡，它包含了首批非接触式智能卡。主要的制造商包括Legic和Texas Instruments。

Mifare卡最大的优势是有较强的安全性，如RF加密、随机号码生成以及多变的密钥，使得非接触式智能卡难以被复制。每个单独的客户都有唯一的鉴定密钥，使得即使是简单的Wiegand格式卡也具有高度的安全性。

非接触式智能卡可以存储多达127种不同应用的数据，包括生物识别数据、本地处理的门禁控制PIN编码、电子付费充值信息、图书馆或设备检验信息等。

高频或13.56MHz最初是一种过渡性应用。这些读卡器比低频读卡器需要更多的能量，它们还可以通过近场磁耦合进行通信。这种频率的标志通常是被动式的，读取距离相对较短，一般为2～5cm，但读取速度相对较慢，这一频率常为带有敏感信息的多应用卡的理想选择。尽管具有先进的功能，但高频卡和读卡器的成本却相对较低。其新的发展方向是，带有能够对温度、压力，甚至生物或化学危险性产生感应的传感器。

（3）符合ISO标准的卡。

第三次浪潮包括ISO14443A、ISO14443B和ISO15693。在这三种ISO技术中，ISO14443A和ISO14443B被认为是感应式技术，适合要求更快数据传输的场合，但读/写距离常在5cm以内，ISO15693几乎可以实现ISO14443A的所有功能，但具有更短的读/写距离，读/写距离可达1cm，常被认为是接近式技术。

所有这三种技术都已经集成到非接触式智能卡中。比如，Legic卡支持ISO14443A、ISO15693和Legic RF标准。

非接触卡国际标准分为Type-A和Type-B两种。Mifare卡符合ISO14443-Type-A标准，Type-A标准是先有卡，后有标准。以MOTOROLA为首的一些芯片厂家又制定出ISO14443-Type- B标准，然后根据 Type-B 标准去研制卡芯片。目前，Type-B 标准的卡还没有大规模应用。Type-B 标准的卡主要是非接触 CPU 卡，Type-A 也有 CPU 卡，如 Mifare 的 Mifare pro 卡。

Legic 技术与 Mifare 技术是目前国际上具有代表性的两大感应卡技术。Legic 是由瑞士 KABA 公司提供的感应式 IC 卡读/写技术，Mifare 是由 Philips 公司提供的感应式 IC 卡读/写技术。这两种技术都采用 13.56MHz 的近距离非接触式 IC 卡通信频率标准，其读/写速度和读/写距离是相同的；在通信安全上均采用符合 ISO9798 国际标准的三次互感校验技术，以对卡和读/写设置的合法性进行相互校验；在数据通信上均采用 DSA 算法对通信数据进行加密，以确保卡上的数据不被非法修改。但在安装性保障上，Legic 技术是由开发公司向用户承诺负责的，而 Mifare 技术是由用户自行承担的。

（4）超高频卡（Ultra—High—Frequency，UHF）。

低频和高频读卡器的性能受到金属物的影响，而不是湿度（比如人体），而且读卡器是无方向性的，这使得读卡器对卡片的定向性要求并不严格。

同时，UHF 卡（433kHz～2.4GHz）一般适用于长距离范围，停车场、物品跟踪、停车场控制、工厂和供应链管理等，包括由 Walmart 和美国国防部规定的第二代标签。UHF 标签可以是被动式的，也可以是主动式的（使用电池）。主动式标签可以达到数百米的距离范围（取决于频率和地方性法规）。

利用防冲突（Anti-collision）技术，可在同一个无线频率域内读取多个标签。UHF 标签的读取速度非常高，使得它们成为汽车电子收费系统的完美选择。虽然 UHF 标签可以处理大量的数据量，但由于安全的原因，并不适合在长距离作用的卡片中储存个人信息。UHF 频率的功率限制在世界各地都不相同，不过，433MHz 正在为全球所普遍接受。

2．射频感应卡自动识别系统

（1）射频感应卡。

射频（Radio Frequency，RF）感应卡也称为接近卡和非接触式 IC 卡，可两面感读，记录进出的时间和场所。感应卡非接触、防水、防污、能用于潮湿恶劣环境。使用时无须有刷卡动作，且感应速度快可节省识别时间，大大方便了人们的操作使用。感应卡片上用来储存资料的 IC 芯片不容易仿造，即使频繁地读/写也不必担心接触不良或资料丢失，并且具有隐秘性，现已成为门禁控制市场的主流产品之一。

感应卡电路在很短的时间内将天线上接收的电波经由滤波电路转换成直流电源，再经过直流升压电路提升为芯片的工作电压，以推动芯片将烧在内部存储器中的 ID 号码读出，再以 FSK 调制方式把资料依次载入电波中，同时依照程序的方式加入一些随机检查码。最后，通过驱动电路将标识码由天线发射出去，持续工作到感应卡脱离读卡机的电磁场感应范围为止。

射频感应卡的一种工作方式是根据发射和接收频率的不同来进行识别的，一般接收频率都是发射频率的 1/2。例如，美国西屋公司产品的发射频率为 140kHz、全双工工作，接收频率为 70kHz，当感应卡进入感应范围内马上发射回返信号，而此回返信号是和激发电磁场同时存在的，这两组电磁场的频率偏差量可保持在一定的范围内，不论感应卡存在于何种环境之中，都可以维持良好的效果。大部分制造商都采用这种设计来制造射频标识码（RFID）辨识系统。

（2）射频感应式读卡机。

读卡机用于对感应卡数据的读取，目前多采用一致性较好的专用读卡模块来处理，其内含发射与接收天线、发射电路、接收电路、滤波放大电路、解释电路和通信接口等设备。其工作方式是由发射电路通过发射天线提供一组水滴状的激发磁场，如果感应卡进入激发磁场的范围，感应卡就会马上开始动作，利用激发磁场反射有内部编码的回返信号，接收天线收到此信号便将编码内容解码出来，同时核查此编码是否正确，如果编码正确，则由通信接口送出提供给控制器使用。射频感应卡读卡机的产品参数如表4-3所示。

表4-3 射频感应式读卡机的产品参数

公司名	MOTOROLA		HID	
读卡机型号	ASR-603	ASR-620	ProxPro	MaxiProx
工作频率	125/62.5kHz	125/62.5kHz	125kHz	125kHz
读出范围	12.7cm	71cm	14～23cm	46～61cm
电源	4～16VDC	12～24VDC	10～28.5VDC	14～28.5VDC
电流	64mA	1A	100～160mA	1.5A
输出	ABA Tradk2，Weigand	ABA Tradk2，Weigand	ABA Tradk2，Weigand	ABA Tradk2，Weigand
尺寸	11.4cm×4.3cm×2.15cm	28.4cm×28.4cm×4.6cm	12.7cm×12.7cm×2.54cm	30.5cm×30.5cm×2.54cm

3. Mifare智能卡自动识别

（1）Mifare智能卡。

Mifare是Philips Electronics 公司所拥有的13.56MHz非接触式辨识技术，以独特的32位编程，与众不同之处是具备执行升幂和降幂的排序功能，简化资料读取的过程。Mifare 智能卡遵循ISO14443标准Type-A，是目前较为广泛应用的系统。Mifare智能卡的标准读卡距离是2.5～10cm，一张Mifare卡有16个固定分隔的区块，除第一个区块用做卡片本身使用外，其余的15个区块可用来储存资料，最多可提供15种不同的应用，从而具备一卡多用的特点。但Mifare卡的资料是不能加密的。

Philips公司的Mifare芯片主要由天线、高速射频接口、ASIC专用集成电路三部分组成。天线是只有四组绕线的线圈，很适合封装到卡片中，它相当于LC串联谐振电路，在读卡机固定频率电磁波的激励下产生共振，从而为卡工作提供电源。高速射频接口对天线接收信号中产生的电压进行整流和稳压，并具有时钟发生信号和复位上电等功能。射频接口还调制、解调从读/写设备传输到非接触式IC卡的数据和从IC卡传输到读/写设备的数据。ASIC专用集成电路由数字控制单元和8KB的EEPROM组成。数字控制单元包括防碰撞、密码校验、控制与算数单元、EEPROM接口、编程模式检查五部分。

EEPROM分为16个扇区，每个扇区由4块（块0、块1、块2、块3）组成，除第0扇区的块0用于存放厂商代码不可更改外，每个扇区的块0、块1、块2为数据块，用于存放数据。每个扇区的块3为控制块，包括密码A、存取控制、密码B。每个扇区的密码和存取控制都是独立的，可以根据实际需要设定各自的密码和存取控制，因此一张卡可以同时运用在16个不同的系统中，即一卡多用。

（2）Mifare智能卡门禁读卡系统。

Mifare 智能卡门禁读卡系统的感应原理是利用读卡机产生的电磁场，激发感应卡内的编程芯片，编程芯片经激发产生的电能量将一射频电波负载的一组识别码（标识码 ID）传回读卡机，读卡机将信号模组放大后传至解码器。解码器运用模/数转换电路将此信号模组转换成数字型，再经解码后通过通信接口以串行传输方式和主计算机通信连接，完成感应识别功能。Mifare卡和射频感应卡的区别如表4-4所示。

表 4-4　Mifare 卡和射频感应卡的区别

	Mifare 卡	射频感应卡
可读范围	1～4in	3～30in
读取频率	13.56MHz	125kHz
资料储存容量	8KB	8bits
应用区分	16 个不同应用	1 个单独应用
规　格	开放性规格	专利规格

智能卡除 Mifare 卡外，还有 Legic 卡应用也较多，Legic 卡的优点是可加密，读卡距离较远，有 8～15cm 和 50～60cm 可供选择，而且每个分区可在 2～225 个字节间自由选择，应用起来比较灵活，卡和模块双向多重验证，抗干扰能力更强，可用于安全性要求比 Mifare 卡更高的场合。

目前已出现了双频率的卡片产品，这种卡包含了 125kHz 和 13.56MHz Mifare 的芯片和天线，当与 125kHz 的读卡机并用时，它可提供较长的可读感应范围，并有 Mifare 13.56MHz 频率的附加的弹性设计来辅助。

4.7.2　典型的出入口控制系统

根据出入口控制系统原理，西屋公司推出了典型的门禁系统的组网基本结构。

美国西屋公司（原名 WSE，现名 NexWarch）的安防门禁系统由门禁系统控制器 ACU（含门禁、报警、巡更信息）、主控计算机、系统管理与联动、视频矩阵切换器等构成，同时还提供一套基于 Windows 2000 操作系统的安防门禁管理软件 NexSentry Manager。

（1）门禁控制器（Access Control Unit，ACU）。有 STARI 和 STARII 联网型两种型号，均可支持键盘、读卡器、安全警报检测、继电器控制输出，通过 RS-232 可与主控计算机相连，通过 RS-485 与外部设备相连，通过 LAN 可与 PC 或服务器连接。

（2）输入/输出 MIRO 板（Monitor Input Relay Output）。

（3）数字感应卡 Nexkey 及智能 IC/ID 复合卡 Smartkey。

（4）数字感应式读卡器 DigiReader 以及 V-pass 指纹读卡器。

（5）NSM 安防管理系统。NexSentry Manager 是一套基于 Microsoft Windows 2000 操作系统的安防门禁管理系统，所以有直观的图形化界面，易于学习且使用简单。同时，可以使监控人员从服务器或客户端的位置监视或控制整个系统中分布于不同位置的门禁设备。它有强大的交互式电子地图功能，用 CAD/CAM 或其他图形软件所做的地图使你可以直观地看到系统中每个设备的现有情况。操作者只需要简单地按下地图上的图标就可以控制系统中的任意设备。

NexSentry Manager 包括以下标准组件：门禁控制窗口、系统监视窗口、数据库管理窗口、数据报告窗口和地图窗口。一个操作者可以同时执行这些窗口功能，并可同时执行其他的系统操作，例如文字处理或程序备份。NexSentry Manager 也支持基于 NexSentry 图像方案的照片识别技术、支持基本的网络协议（TCP/IP，PPP，IPX/SPX，NETBIOS），使得 NexSentry 图像方案和 NexSentry Manager 门禁管理系统可集成在现有的计算机网络中。支持基本的数据库 SQL 和 ODBC，允许 NexSentry Manager 和 NexSentry 图像方案系统共享数据库。NexSentry Manager 可与 NexSentry STAR 系列、NexSentry4100 系列和 ALTO818SC 控制器相结合，并且支持多种门禁控制技术，包括数字式感应识别、模拟式感应识别、磁条识别、键盘输入识别、智能卡识别和生物识别技术等。

（6）Pro-Watch 安防综合管理软件。

Pro-Watch 具有如下独特功能特点。

① 基于多任务、多用户的 Pro-Watch，拥有强大的网络功能。

② Pro-Watch 需要 Windows 2000 和 SQL 2000 Standard Edition 或 SQL 2000 Standard Edition SP3。

③ 系统核心数据库采用多用户的关系型数据库，支持开放式数据库互联技术。

④ 可在整个保安网络环境中实现集中的系统管理和远程控制、诊断；提供多达 30 个功能包作为选件，用于支持保安系统各子系统，来实现系统的联动和控制。

⑤ 可使用交互式动态电子地图，可导入 CAD/CAM、BMP、JPEG 等多种图形文件格式。

⑥ 具有强大的事件处理能力，系统中所有操作和相关事件都留有完整的日志便于后期检查和追踪。

⑦ 可采用集中分析和远程控制方式。

⑧ 可实现账户、密码的分级安全管理和权限控制；即时上传、下载变化的数据。

⑨ 可通过事先的优先级设定来确定报警事件处理程序和终端管理级别。

⑩ 系统提供了高级的报表编辑工具，允许用户自行制定各种报表，并可通过动态报表书写器来定义保安管理系统的数据库字段。

⑪ 可通过网络时间协议（NTP）对全网的设备实现时间同步。

⑫ 具有第三方编程语言接口以实现定制系统的开发。

4.8 人体生物特征识别门禁系统

门禁系统的实现从最初的钥匙、密码、接触式 IC 卡到现今流行的感应卡，其所要实现的目标是更安全、更方便。传统的身份识别方式存在着诸多不足，它是根据人们知道的内容（如密码）或持有的物品（如身份证、卡、钥匙等）来确定其身份。但是，钥匙可以被复制，密码可以被破解，智能卡也可以被盗取。因此，内容的遗忘或泄露，物品的丢失或复制都使其难以保证身份确认结果的唯一性和可靠性。而利用人体一些唯一的和不变的生物特征来进行身份识别，将能克服传统方法带来的不足，是门禁系统发展的最终目标。

从开门方式上说，用钥匙开门是用“你拥有的东西（something you have)”，用密码开门是用“你知道的东西（something you know)”，而用生物特征识别开门则是用“你的一部分（something you are)”。人体生物特征识别系统是以人体生物特征作为辨识条件，有着“人各有异、终身不变”和“随身携带”的特点，因此具有无法仿冒与借用、不怕遗失、不用携带、不会遗忘，有个体特征独特性、唯一性、安全性的特点，适用于高度机密性场所的安全保护。

4.8.1 人体生物特征识别系统的种类

1. 指纹比对识别—最易实现的门禁系统

指纹识别系统是以生物测量技术为基础，利用人类的生物特征—指纹来鉴别用户的身份。19 世纪初人们就发现了指纹的唯一性和不变性，即人的指纹有两个重要特征：一个是两个不同手指的指纹纹脊的式样（Ridges Patten）不同，另一个是指纹纹脊的式样终身不变。指纹是每个人所特有的东西，即使是双胞胎，两人指纹相同的概率也小于十亿分之一，而且在不受损伤的条件下，一生都不会有变化。由于指纹的特殊特性，因此指纹识别具有高度的保密性和不可复制性。指纹识别主要包括活体指纹图像获取、提取指纹特征和指纹比对三部分。其用途很广，包括门禁控制、网络安全、金融和商业零售等。

每个指纹一般都有70～150个基本特征点，从概率学角度而言，在两枚指纹中只要有12～13个特征点吻合，就可以认定为是同一指纹。而且，一个人的十个指纹皆不相同，因此，可以方便地利用多个指纹来做复合式识别，从而极大地提高指纹识别的可靠性。指纹识别系统典型的指标如表4-5所示。

表4-5　指纹识别系统的指标

	V-FLEX	V-PROX	V-PASS
说　明	独立设备，执行注册、验证功能，可存储4000个指纹；安装在任何韦根接口（Wiegand）读卡器旁边，为现有门禁系统添加双重验证	使用卡和指纹匹配来确定持卡人的身份。双重验证来自于组合了指纹识别OmniTek或HID感应读卡器的集成方案	门禁系统中的指纹识别安装在一个独立的识别机器中。V-Pass提供单触式指纹识别，根据已授权的指纹模板来确定用户身份的合法性
尺　寸	130mm×50mm×65.5mm		
通　信	数据/时钟	支持RS-232、RS-485、Wiegand入/出的尾线连接	
登记时间	小于3s		
识别时间	N/A	N/A	对于100模板的数据库，小于1s
误辨率（EER）	0.1%	0.1%	N/A
错误接受率	可调整	可调整	固定
错误拒绝率	可调整	可调整	0.1%
自定义功能	打开/关闭声音，外部LED控制（三色：红/黄/绿）		
验证时间	对于所有识别器，小于1s		
模板数量	每个装置4000	每个装置4000	最佳存储100个，最多200个
模板大小	348字节	348字节	2352字节
待机电流	在12V时为0.15A		在12V时为0.20A
工作电流	在12V时为0.25A		
电　压	7～24VDC		

法国SAGEM公司的Morpho Access指纹门禁控制系统是500dpi的光学指纹扫描仪，最大数据库容量为48000人，验证时间小于1s，识别时间小于2s（3000人数据库时），认假率（FAR）小于0.0001%，接口标准有WIEGAND、DATA/CLOCK、RS-232/RS-485、以太网，可支持Mifare非接触式读卡器。

美国Identix公司以指纹识别作为基础的指纹门禁产品Fingerscan V2.0使用Identicator公司的ADSafe生物测定技术，输出门锁控制信号。使用时只需在面板的键盘上或无接触式读卡器上输入你的ID号码，同时扫描一下你的指纹，即可控制门的打开。指纹登录为单次抓拍，典型需时5s，指纹特征大小典型值由RS-485、RS-232、TTLI/O、维根卡I/O传送，也能通过以太网或拨号调制解调器以300～56kb/s的速率传送。门控包括锁控输出、Tamper Switch、3路辅助输出、4路辅助输入，读卡机输入可选维根（Wiegand）卡、HID卡、磁卡、条码卡，电源为12V DC，质量为2磅，尺寸为7″×7″×3.5″。

2．掌形比对—未来走遍全世界的护照

（1）掌形识别系统简介。

掌形识别技术是美国GARRETT博士，经过多年的生物特征识别技术实验后首创的。他发现人类手掌的立体形状，就如同指纹一样，是每个人都互不相同的可以作为身份确认的识别特征，依靠这种唯一性，我们就可以把一个人与他的掌形对应起来，通过对他的掌形和预先保存的掌形进行比较，可以验证他的真实身份。

一个优秀的生物识别系统要求能实时、迅速、有效地完成其识别过程。所有的生物识别系统都包括以下几个处理过程：采集、解码、比对和匹配。掌形识别处理也一样，它包括掌形图像采集、掌形图像处理特征提取、特征值的比对与匹配等过程。使用掌形识别的优点在于可靠、方便与易于接受。

（2）掌形识别的基本原理（图4-16）。

掌形识别系统是通过使用者独一无二的手掌特征来确认其身份。手掌特征是指手的大小和形状。它包括长度、宽度、厚度以及手掌和除大拇指之外的其余四个手指的表面特征。首先，掌形识别系统必须获取手掌的三维图像，然后经过图像分析确定每个手指的长度、手指不同部位的宽度以及靠近指节的表面和手指的厚度。总而言之，从图像分析可得到90多个掌形的测量数据。

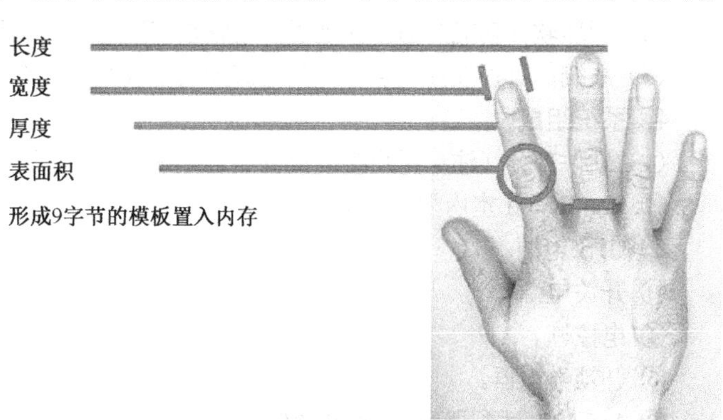

图4-16 掌形识别

接着，这些数据被进一步分析得出手掌独一无二的特征。从而转换成9字节的模板进行比较。这些独一无二的特征一般来说，中指是最长的手指。但如果图像表明中指比其他的手指短，那么掌形识别系统就会将此当做手掌一个非常特殊的特征。这个特征很少见，因此系统就将此作为该人比较模板的一个重点对比因素。

当系统新设置一个人的信息时，将建立一个模板，连同其身份号码一起存入内存。这些模板是作为将来确认某人身份的参考模板之用的。当人们使用该系统时，要输入其身份号码。两模板与身份号码一起传输到掌形识别系统的比较内存。使用者将手放在上面，系统就产生该手的模板。这个模板再与参考模板进行比较确定两者的吻合度。比较结果被称为“得分”。两者之间的差别越大，“得分”越高。反之亦然。差别越小，“得分”越低。如果最终“得分”比设定的拒绝分数极限低，那么使用者身份被确认。反之，使用者被拒绝进入。

（3）掌形取像的技术及特点。

掌形机采用IR+CCD成像技术。这与通过普通的摄像机类似，红外线与电视遥控器相似，红外线照在手掌上（手掌是由32000个像素组成的），CCD图像排列系统获取手掌的三维图像（包括每个手指的长度、手指不同部位的宽度以及靠近指节的表面和手指的厚度）。

一般采用生物特征识别技术的产品，容易受外在环境欠佳（如灰尘、油污等）或生理状况改变的影响，而造成识别率的不稳定。手掌立体几何特征的稳定性极高，不易受外在环境的影响而改变。

3．系统概述

优秀成熟的生物识别门禁系统能够做到实时、迅速、有效地完成其识别过程。所有的生物识别系统都包括以下几个处理过程：采集、解码、匹配和比对。掌形识别处理也一样，它包括掌形图像采集、掌形图像特征点提取、特征值的匹配与比对等过程。一般采用生物特征识别技术的产品在此过程中，容易受外界环境欠佳（如灰尘、油污等）或生理状况改变的影响，而造成识别率的不稳定。由于人体手掌几何立体特征的稳定性极高，不易受外界环境的影响而改变，所以使用掌形识别的优点就在于它的性能可靠、功能全面、操作方便、易于接受。

鉴于掌形识别系统的上述优点，在国内外重要场所已有众多成功应用的案例。在实际使用中的优势体现在以下几个方面：

（1）适用于重要部门的内部安全保障体系。

① 通过生物识别唯一性的特点，明确了管理人员的责任。

② 通过人员授权限制，有效避免了不管理的混乱。

③ 通过查阅历史记录的存档，做到了有据可查。

（2）系统运行稳定维修量低。

（3）操作简单易懂，能适应中低计算机操作水平用户的需要。

（4）管理软件功能全面，保证了门禁管理制度的贯彻执行。

（5）系统的可扩展性较强，与其他监控设备或系统配合可实现客户更广泛的需求。

4．系统组成

（1）硬件部分（注：用户必须提供能运行 Windows 操作系统的非网络终端 PC 一台）。

① HandKeyII 室内型掌形机。

② UPS 电源。

③ 开关电源。

④ 电控锁。

⑤ 开锁继电器。

⑥ 485/422 适配器或 TCP/IP 通信器。

⑦ 电缆。

⑧ 控制器。

⑨ 信号延时器。

⑩ 语音声光提示器。

⑪ 开门按钮。

掌形验证，没有控制权限的人员不予进入，有权限的员工，给予进出，并记录对应人员的 ID 号和进门的时间，通过计算机联网的数据采集，生成人员进出记录报表，供有关人员的查询。

（2）软件部分。HandKey 掌形识别门禁软件。

（3）工作原理示意图（图 4-17）。

5．视网膜识别与虹膜识别

（1）视网膜识别。

视网膜的血管路径与指纹一样为个人所有，如果视网膜不受损的话，从 3 岁起就终身不变。此外，每个人的血管路径差异很大，外观看不出来，所以被复制的机会很小。市售装置是使用微弱的近红外线来检查视网膜的路径。这种方法由于在不是生物活体时无法反应，因此不可能伪造。但是在眼底出血、白内障、戴眼镜的状态下也无法辨识比照。在误判率百万分之一高精度下，个人资料 92 位，登记 1500 枚时，识别时间在 5s 以下，误判率为零。

在技术上，基于可变灵敏度光检测单元（Variable Sensitivity Photodetection Cell，VSPC）的人体视网膜芯片已经诞生，以其可完成影像感知、模式匹配、边缘探测、二维到一维的摄影等多种影像处理。还出现了像素值 128×128、352×288 的二维空间滤波芯片，芯片功耗 15mW（约为 CCD 芯片的 1/10）和人体视网膜摄像机。

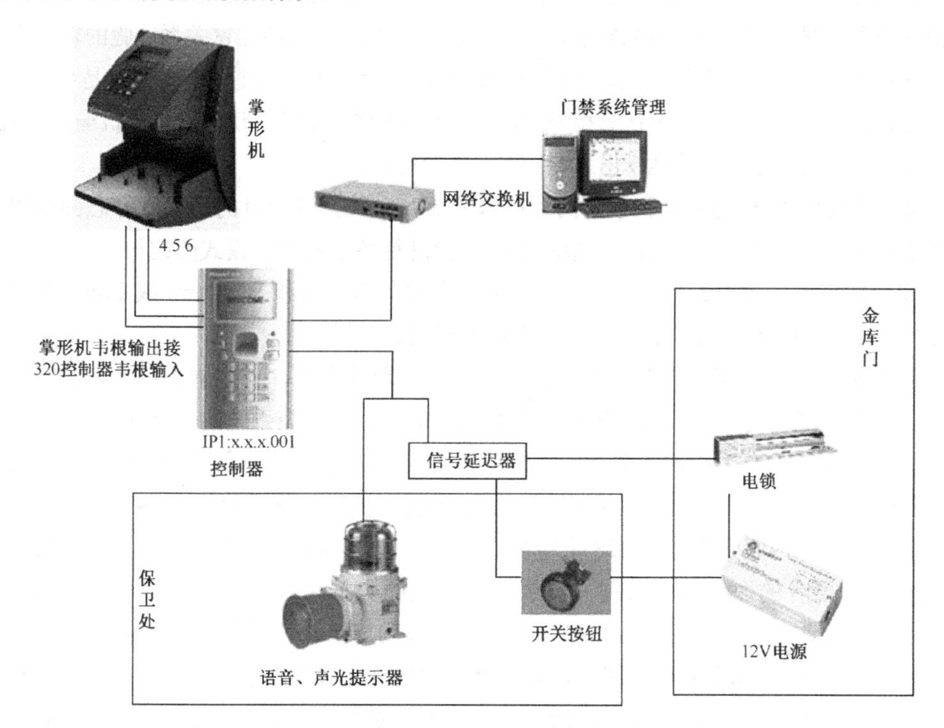

图 4-17 工作原理示意图

（2）虹膜识别。

眼睛虹彩路径与视网膜一样为个人所特有，出生第二年左右就终身不变。虹彩不同于视网膜，它存在于眼的表面（角膜的下部），是瞳孔周围的有色环形薄膜，眼球的颜色由虹膜所含的色素决定，所以不受眼球内部疾病等影响。另外，与摄像机距离 1m 左右拍摄，此时的阻碍非常少。在这方面新推出的产品，个人资料 256 位，可达误判率十万分之一以下的高精确度。在眼睛上贴眼球相片的伪造者，也会在眼线转动测试中被排除。

目前，很多生产虹膜识别设备的厂商，都是以 1993 年 John Daugman 博士的专利和研究为基础的，在直径 11mm 的虹膜上，Daugman 的算法用 3、4 个字节的数据来表示每平方毫米的虹膜信息。这样，一个虹膜约有 266 个量化特征点。而一般的生物识别技术只有 13～60 个特征点。在算法和人类眼部特征允许的情况下，通过 Daugman 算法可获得 173 个二进制自由度的独立特征点，这在生物识别技术中，所获得特征点的数量是相当大的。虹膜识别技术将虹膜的可视特征转换成一个 512 个字节的 Iris Code（虹膜代码）。这个代码模块被存储下来以便为实际的识别所用。

由于虹膜代码（Iris Code）是通过复杂的运算获得的，并能提供数量较多的特征点，所以虹膜识别技术是精确度最高的生物识别技术，具体描述如下。

① 人类中产生相同虹膜的概率是 1∶1078。

② 误识别率为 1∶1 200 000。

③ 两个不同的虹膜产生相同的 Iris Code（虹膜代码）的可能性是 1∶1052。

6. 手掌静脉识别

手掌静脉生物识别技术目前正在兴起，包括手掌静脉识别（Palm Vein）、手背静脉识别（Palm Vein）和手指静脉识别（Palm Vein）。

7. 人脸识别

人们只要看上某人一眼，往往就能描述出其特征，足见脸面的识别信息最丰富。人脸最有效的分辨部位有眼、鼻、口、眉、脸的轮廓，头、下巴、脸颊的形状和位置关系，脸的轮廓阴影等都可利用，它有“非侵犯系统”的优点，可用在公共场合对特定人士的主动搜寻，也是今后用于电子商务认证方面的利器之一，各国都在竞相努力，并已经开始在ATM自动取款机、机场的登机控制、司法移民及警察机构、巴以加沙地带出入口控制系统等应用。

人脸识别包含人脸检测和人脸识别两个技术环节。人脸检测的目的是确定静态图像中人脸的位置、大小和数量，而人脸识别则是对检测到的人脸进行特征提取、模式匹配与识别。

用于安全防范的人像辨识机产品是以一台或多台服务器主机和Windows或Linux操作系统为平台的专用机，分为二维人像辨识机和三维人像辨识机。

人脸识别系统主要应用于人员身份的认证，但从实用性考虑，一要解决环境光线对识别带来的影响，二要能防范利用照片或视频播放来作假的可能性，以提高系统的安全性。

人脸识别出入口控制系统产品如韩国福斯特面部特征识别系统，采用生物识别技术中最方便、安全、最易被接受的面部识别技术。面部特征是人固有的特征，具有相对唯一性和稳定性。系统通过采集使用者面部以两眼为中心的128个特征点，转换成512KB的数据存储在服务器数据库中，使用时将实际使用者的面部图像数据与已录入计算机的数据进行快速地检索对比，然后进行符合或不符合的认证。福斯特人面识别门禁系统具有无须物理接触、不会被伪装蒙骗、高达99.98%的识别率、低于0.5s的识别时间等优点，能准确、快捷地完成身份鉴别和验证任务，并极大限度地避免伪造、假冒等现象的发生。它集门禁、人事考勤、巡更等众多功能于一身，且有强大可扩展功能。

4.8.2 出入口控制系统识别方式比较

出入口控制系统识别方式比较如表4-6所示。

表4-6 出入口控制系统识别方式比较

特点	感应卡	普通键盘	乱序键盘	指纹仪	掌型仪	语音识别	虹膜识别	面像识别
使用的方便性	需要随身携带感应卡	无须携带任何东西	无须携带任何东西	无须携带任何东西	无须携带任何东西	无须携带任何东西	无须携带任何东西	无须携带任何东西
操作的易用性	使用简单	一般	一般	一般	一般	一般	一般	一般
识别的准确程度	高	高	高	不高	不高	不高	不高	不高
安全性能	一般	差	好	一般	一般	一般	一般	一般
是否容易被复制或获得	较难	很容易	很难	较难	较难	较容易	很难	很难
被复制后的更改能力	可以更换卡片	可以更换密码	更换密码	如果10个手指均被复制，则无法更换	无法更换	可以更换录音，但不方便	无法更换	无法更换
是否支持胁迫	不支持	支持	支持	少量产品支持	不支持	不支持	不支持	不支持

价格比较	便宜	便宜	较便宜	贵	贵	贵	很贵	很贵

4.8.3 常用人体生物特征识读设备的安装设计要点

出入口控制系统常用人体生物特征识读设备的安装设计要点如表 4-7 所示。

表 4-7 常用人体生物特征识读设备的安装设计要点参考表

序号	名 称	应 用 场 所	主 要 特 点	安装设计要点	适宜工作环境和条件	不适宜工作环境和条件
1	指纹识读设备	人员出入口	① 1∶n 的系统不需由编码识读方式辅助操作，当目标数多时识别速度及误报率的综合指标下降； ② 1∶1 的系统需编码识读方式辅助操作，识别速度及误报率的综合指标不随目标数多少而变化； ③ 操作时需人体接触识读设备，需人体配合的程度较高	① 用于人员通道门，宜安装于适合人手配合操作，距地面 1.2～1.4m 处； ② 当采用的识读设备，其人体生物特征信息的存储单元位于防护面时，应考虑该设备被非法拆除时数据的安全性； ③ 当采用的适度设备，其人体生物特征信息的存储在目标携带的介质内时，应考虑该介质如被伪造而带来的安全性影响	建筑物内安装；使用环境应满足产品选用的不同传感器所要求的使用环境要求	因为操作时需人体接触识读设备，不适宜安装在医院等容易引起交叉感染的场所
2	掌形识读设备	人员出入口				
3	虹膜识读设备	人员出入口	操作时不需人体接触识读设备，需人体配合的程度较高	用于人员通道门，宜安装于适合人眼部配合操作，距地面 1.5～1.7m 处	环境亮度适宜，变化不大的场所	环境亮度变化大的场所，背光较强的地方
4	面部识别设备	人员出入口	操作时不需人体接触识读设备，需人体配合的程度较低	安装位置应便于摄取面部图像的设备能以最大面积、最小失真地获得人脸正面图像		

4.9 无线门禁系统

常规的门禁系统都是采用有线方式，但由于受到安装场所的限制，经常会在有些场所不能敷设线缆。无线门禁系统则打破了上述限制。

现在市面比较关注的应用于门禁系统的无线方式有以下几种：

（1）微功率无线 485 方案：传输距离在几百米以内，虽然成本较低，因为微功率的无线传输国家没有太大的政策限制，使用也比较泛滥，遥控器防盗器等很多设备都采用了微功率的方案，使得某个区域容易收到其他信号的干扰很多而通信不稳定，由于传输距离太短不容易在大型项目上应用。

（2）无线数传电台（中大功率无线 485）方案：传输距离可以达几公里。受无线电管理的国家政策制约，如果合法使用，需要缴纳高昂的年费，用于门禁成本太高。如果不合法使用，容易被查处和罚款，并会被勒令停止使用。

（3）短信方式：传输数据量小，容易丢失，通信不稳定。实时性也不好。

（4）GPRS 和 CDMA：只要手机信号覆盖到的地方就可以联网，信号还比较稳定，但是由于其要缴纳年费，而且接入设备较贵，从一千多元到数千元不等。一般只适合移动电信运营商自己使用。短距离传输，无线跳转方式：用支持 100m（空旷距离。有墙的障碍距离会大幅度缩水）芯片设计，控制器即是收发设备，又是向下一台设备发送数据的中转设备。这个方案只有一两个厂家在尝试，笔者认为无法解决跨度较大的无线传输，门和门之间距离超过 100m 就不行了（如果有墙更短），如果一台控制器出问题，则会影响到整个网络的通信，而查找故障时相当不方便。频繁地信号中转使得通信的稳定性堪忧。无线路由器方案是采用 TCP 控制器，无线路由器和无线接收设备，成本只有数百元，但是 2.4GB 的传输距离虽然比较稳定，但是传输距离很短，空旷距离最大为 100m，如果有墙，则缩短得很厉害，所以这个方案也没有太大实用价值。期待无线路由器的传输距离技术突破才有可能有一定的应用前景。

它主要具有以下特点。

（1）无线门禁的发射/接收机可非常容易和灵活地实现门禁控制器之间的 RS-485 通信，通过网络进行远程控制和传输信息，为用户提供了一种安全门禁系统的解决方案。它安装施工容易、方便，特别适用于布线费用昂贵、施工困难或根本不能布线的场合。

（2）无线门禁系统允许在同一个网络中包含有线和无线两种通信方式，用户可选择其中之一或混合使用。

（3）915MHz 和 2.4GHz 频点是全球通用的，无须申请可直接使用。

（4）不加天线使用 915MHz 时，门禁控制器之间的无线通信距离可达 91m，使用 2.4GHz 通信距离可达 55m。选择扩展天线还能适当地增加通信距离或者穿透某些特殊的建筑材料，外加天线通信距离可达到 150～300m。

（5）在不受干扰的情况下，无线发射/接收机在工作范围内能使门禁控制器良好地通信。两个相邻门禁系统之间可使用不同的工作频率，如 915MHz 与 2.4GHz，而互不干扰。

（6）控制器之间可使用无线、有线 RS-485 混合通信。

（7）有通信强度指示器，便于安装调试。

无线门禁系统的典型产品有 DDS 公司的 KWX 系列产品、以色列 EL3000 公司的 Infinity 等。

4.10 RFID 开放式门禁系统

RFID 技术，即射频识别技术（Radio Frequency Identification），近年来发展十分迅速，不仅在门禁、停车场等一卡通领域，而且在物流管理与控制方面的应用也越来越广泛。2004 年颁布的国际标准 ISO/IEC15693-2 针对 RFID 技术在物流应用中的问题提出了统一的标准，如将智能标签（Smart Label）的工作频率规定在 13.56MHz 等。

RFID 射频识别技术，也是“数字化安防”的技术核心，是对管理与监控对象（目标）的数字化。出入口控制技术是对多种技术的集合，运用了现代科技的诸多最新成果，只有那些采用开放式设计的出入口控制系统，才能在日新月异的科技浪潮中保持领先的地位。

1. RFID 开放式门禁系统的概念

开放式门禁系统的推出，主要针对目前市场上“开放式”通道管理的需求，如在一些特定的场所，考虑到通过人员身份的特殊性，如果采用近距离持卡、刷卡进出模式，在礼节和实施性上都是不可取的。

开放式门禁系统并不需要用电锁关门来控制出入，此时可以适当降低安全度，来达到快速通过和检测验证的目的。开放式门禁系统做到了开放式人性化管理、一卡或多卡（多人或多物）快速通过验证，而在出入一些实行进出管制的房间，其卡可同时使用于传统的刷卡门禁系统。

开放性门禁系统贴近 ISO/IEC5693-2 对 RFID 技术在物流领域应用的统一国际标准。使用符合 ISO15693 最新国际标准的 13.56MHz 高频 IC 卡射频识别技术，符合国内一卡通系统发展的需求，真正做到集物品管理、开放式身份识别、传统刷卡于一体的“一卡”、“一线”、“一库”的一卡通系统。

2．RFID 开放式门禁系统的应用

RFID 开放式门禁系统的推出将解决大数量人流快速通过的问题，同时视频图像联动接入，保安可对出入人员进行实时监控，实现人工图像比对。同时可配合面部识别系统等高科技手段，实现系统图像自动比对报警，对人流快速通过进行验证管理。RFID 开放式门禁系统在物流中的应用，可进行物品跟踪管理、仓储管理。

3．RFID 开放式门禁系统的组成

在实际的应用中，为达到更加安全的使用效果，RFID 开放式门禁系统的应用往往包含了开放式与非开放式门禁系统的综合应用。其中 RFID 开放式门禁系统主要包括 RFID 电子标签部分、识读天线部分、视频接入图像比对验证部分、管理软件控制四个部分以及基于 LAN/WAN 的远程控制软件。

4．RFID 开放式门禁系统的开发要求

（1）识读部分。其开发必须满足以下条件：

① 开放式通道距离必须不小于 80cm；

② 识读速度非常快，识读速度应不大于 0.28s；

③ 能同时进行多人和多物品电子标签的识别，识别数量应不小于 50 张/s。

（2）管理与控制部分。其开发必须满足以下条件：

① 出入目标的授权管理，对出入目标的访问级别、出入目标可出入的次数等进行控制。

② 出入口目标的出入行为鉴别及核准，把从识别子系统传来的信息与预先存储、设定的信息进行比较、判断，对符合要求的出入行为予以放行，其开发需求必须满足多标签、多任务的协同处理。出入口控制系统与日常工作紧密结合，一方面是为了满足对出入口安全的需要，另一方面，更是为了满足人们日常管理工作的需要。安全技术防范工作只做到被动报警、事后分析是远远不够的，还必须加强日常的管理工作。日常管理工作的好坏也是影响安全防范工作的重要方面。

开放式出入口控制系统不是孤立存在的，它与所处的建筑环境密切相关，在满足其特定功能的同时，应完全兼容传统的安全防范系统，只有这样才能达到预定的安防管理需要。由于出入口控制系统与日常工作的联系非常紧密，从而对系统的可靠性有更高的要求，尤其是开放式通道，在没有故障的同时，如何控制其出入人员的合法性非常重要。对于开放式出入口控制系统来说，还应考虑网络系统设计和使用的方便性、应用的灵活性及功能的扩展性。

4.11 停车场管理系统的设计

随着大型商场、购物超市、居住小区不断地发展以及人民生活的普遍提高，停车场管理的需求日益增大，停车场管理系统的设计也越来越复杂。

4.11.1 停车场管理系统的主要设备

停车场管理系统的主要设备有以下几项：

（1）停车场系统管理软件。

（2）服务器。

（3）监控计算机。

（4）停车场主控制器。

（5）停车场辅控制器。

（6）发卡机。

（7）电子显示屏。

（8）自动吞/吐卡机。

（9）自动道闸。

（10）图像捕捉系统。

（11）区位引导系统。

1．出入口控制主机

出入口控制主机是集微机自动识别技术和现代安全管理措施为一体，它涉及电子、机械、光学、计算机、通信技术等诸多新技术，它是解决小区或车库出入口实现安全防范管理的有效措施。是整个停车场管理系统的关键外部设备。主要包括机箱、IC卡读/写器、电子显示屏、语音提示、对讲系统、入口自动出卡机，如图4-18所示。

2．智能自动道闸

智能自动道闸安装在停车场的出入口处，距控制机3m左右距离。由箱体、电动机、离合器、机械传动部分、栏杆、电子控制等部分组成，集磁、电、机械控制于一体的机电一体化产品，如图4-19所示。

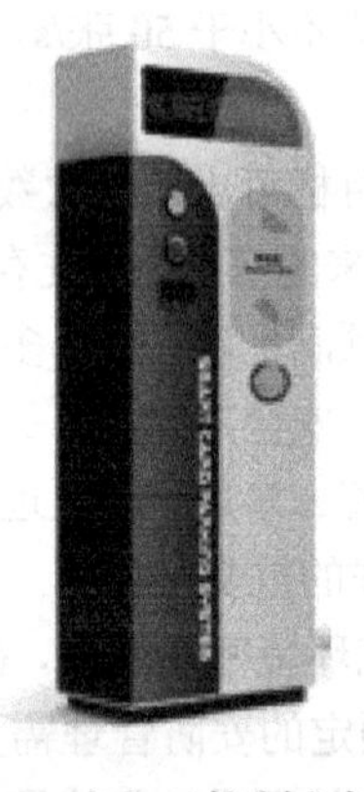

图4-18 出入口控制主机

图4-19 智能自动道闸

道闸标准功能有以下几项：

（1）摆杆轴上离合，停电手动快速起杆，来电自动复位。

（2）一体机芯结构，压缩弹簧可避免弹簧拉断而引起的事故。

（3）控制起、落、停杆：线控、遥控可选。

（4）自带闸杆遇阻返回功能：在落杆过程中遇到一定的阻力，就转为起杆；如起杆过程中遇到一定的阻力就停止。

（5）红外线防砸（需配对射装置）：在落杆过程中如果对射被截断就转为起杆。

（6）地感接口：此接口输入的信号为无源开关信号，只要把地感的输出信号线接到“地感信号”端子即可。如地感被正常安装后，在落杆过程中有车辆压在地感线圈上时，就转为起杆，如车未离开线圈，按任何键都不响应落杆，但车辆离开线圈后，杆自动落下。

（7）IC卡接口：本控制器提供起杆、落杆接口。短接“起杆”和“公共”响应起杆、短接“落杆”和“公共”响应落杆。用户可连接IC卡系统。

（8）红绿灯接口（220VAC）：起杆到位时为绿灯，其他位置时为红灯。（第一次通电时，无论杆在什么位置都为红灯，须起杆依次复位后才能正常显示）。

（9）起杆到位输出：本控制器在起杆到位时输出 12V 的电平信号，驱动电流最 100mA，用户可根据需要使用。

3. 车辆检测器简介

车辆检测器装于控道闸控制板上，体积小，安装简易（直接插入即可），它采用了先进的数模转化技术，抗干扰能力强，不怕任何恶劣环境；它含内置式灵敏度调节，通过面板上的拨码开关，还能检测高底盘大卡车或拖挂车；它具有独特的防砸车功能，还具有检测车辆计数等功能；外置车辆检测显示，使维护工作人员一目了然，便于适当调整，如图 4-20 所示。

车辆检测器工作原理如下：

车辆经过地面下的通电线圈后，致使闭合线圈磁通量发生变化，再根据磁通量的变化量进行侦测，以致车压到地感线圈时发出存在脉冲，车过地感后，发出检测信号。

（1）有车方可取临时卡、读卡（固定车）；

（2）记录出、入场车辆数；

（3）控制道闸的自动降落，全功能逻辑判断；确保不发生误动作，防止砸车现象；

（4）以数字量逻辑判断代替传统的模拟量开关判断，确保判断的准确性；

（5）全天候性能设计，排除外界环境变化对系统的影响（天气、使用时间变化等）；

（6）感应灵敏度可灵活调节，在检测器上有一拨码开关可供调节，也确保了客户对不同车辆的判别要求；

（7）快速反应设计，适应大车流量的运行系统；

（8）智能逻辑判断，确保各类复杂组合的判断。

4.11.2 图像对比系统组成

系统主要由高清晰度带背景光补偿摄像机、自动光圈镜头、防护罩、室外支架、聚光灯、视频捕获卡、图像处理软件等组成，如图 4-21 所示。

图 4-20 车辆检测器

图 4-21 图像对比系统

（1）摄像机采用高清晰度，便于尽可能分辨车牌号码，背景光补偿是为了减少太阳光和聚光灯对图像产生的不平衡影响；抓拍入、出场车辆图像，供管理人员对比，加强保管安全、防盗。减小收费操作员配置数（摄像机，可按甲方要求配置各种不同档次的）。

（2）镜头采用自动光圈，便于图像信号自动调节图像的亮度，为了扩大摄像的范围采用广角型光圈镜头（镜头可按实际距离选择）。

（3）聚光灯用在夜晚或当环境光线太暗时，提供摄像照明用。

（4）室外护罩带加热器、风扇、雨刮，在气温太高时风扇自动打开，气温太低时加热器自动打开，下雨天或雾、雪天可以控制雨刮运动，与汽车的挡风玻璃前的雨刮功能一样。

图像对比系统功能如下。

（1）效率高：杜绝人工记录车型、车牌、读/写时间发生的错误，提高车辆出入的车流速度。

（2）防盗车：图像对比与IC卡配合使用，彻底达到防盗车的目的。

（3）防止资金流失：进出图像存档，杜绝了谎报免费车辆。

（4）“一卡一车”：严密控制持卡者进出停车场的行为，符合“一卡一车”。

4.11.3 停车场系统管理软件

（1）双保险功能：当控制硬件出故障时，可通过出口计算机进行在场卡出场收费；等控制硬件修复后，各种数据再恢复得到PLC控制系统，进行软硬件数据同步。

（2）采用了计算机控制和数据处理技术，自动化程度高，控制准确。

（3）软件操作界面美观，可由客户自由更改图案，更有人性化，并具有换肤功能，统性能稳定，使用可靠。

（4）采用计算机网络和收费软件相结合的方法，防止了非法的修改和越权查阅资料。

（5）管理计算机和各个收费计算机可以实现实时通信，并且管理计算机具有外接接口，网络扩展性强。

（6）操作员可以于任意一台计算机监控整个系统的运行情况。

（7）使用了目前较为先进的C/S体系结构，既可以应用于小型的一进一出停车场系统，也可以应用于大型的多进多出车场系统，在具备了该网络数据库本身所特有的强大数据管理功能的同时又给用户提供了较为人性化的易于使用的用户界面，安装、调试、维护简单方便，易于更换及检修。

（8）灵活的权限管理：停车场系统中的权限可以由管理员进行细化，然后分配到不同的操作员手中，保证每个操作员只能在其限定的职责范围内工作，保证了系统的安全性。

（9）强大的查询报表功能：可设置不同的查询条件，查询数据。

（10）强大挂失及恢复挂失功能，当您的卡丢失时可直接到管理处进行挂即可，就是别人拿了您的卡也不能读卡，当您又找回您的卡也只需要到管理处解挂即可。

4.11.4 停车场卡

停车场卡主要采用感应卡片。感应卡片的优点：采用目前最先进的集成电路卡，代表着一种崭新的信息处理方法；设备无接触具有防水、防磁、抗静电、无磨损、使用寿命长等特点；保密性好，唯一性好。

（1）操作卡（管理卡、系统卡）：操作卡又称系统卡或管理卡，是停车场管理系统的收费操作管理人员的上岗凭证。收费操作员在上岗时持该卡在停车场管理系统中登记后才能使用本系统，而且只能在操作人员的权限内工作。

（2）月卡（月租卡、年租卡）：月租卡又称月保卡或年卡，是停车场管理系统授权发行的一种智能卡，由长期使用指定停车场的车主申请并经管理部门审核批准，通过智能卡发行系统发行。该卡按月或一定时期内交纳停车费用并在有效的时间段内使用该停车场停车。

（3）临时卡：是停车场管理系统授权发行的一种智能卡，是临时或持无效卡（非本系统使用卡过期的月租卡、储值金额不足的储值卡）的车主到该停车场停车时的出入凭证。车主在停车场停车发生的停车费用必须支付现金，并在出场时将卡交回停车场收费处。

（4）储值卡：是停车场管理系统授权发行的一种智能卡，卡上储备了一定的金额。车主在停车场停车所发生的停车费用在卡上限额范围内进行消费并予以扣除。

4.11.5 车辆进出场流程设计

1. 进场流程（图4-22）

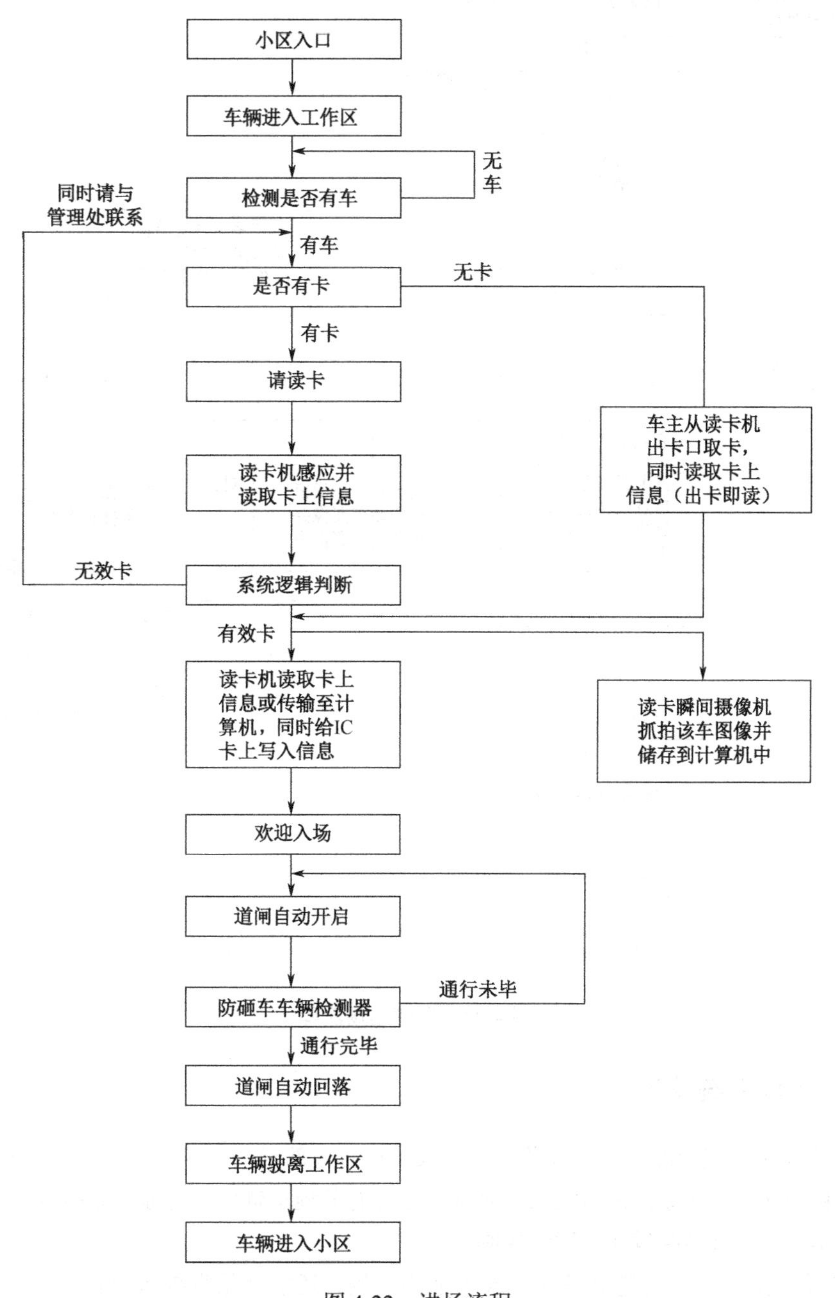

图4-22 进场流程

2. 车辆出场流程（图 4-23）

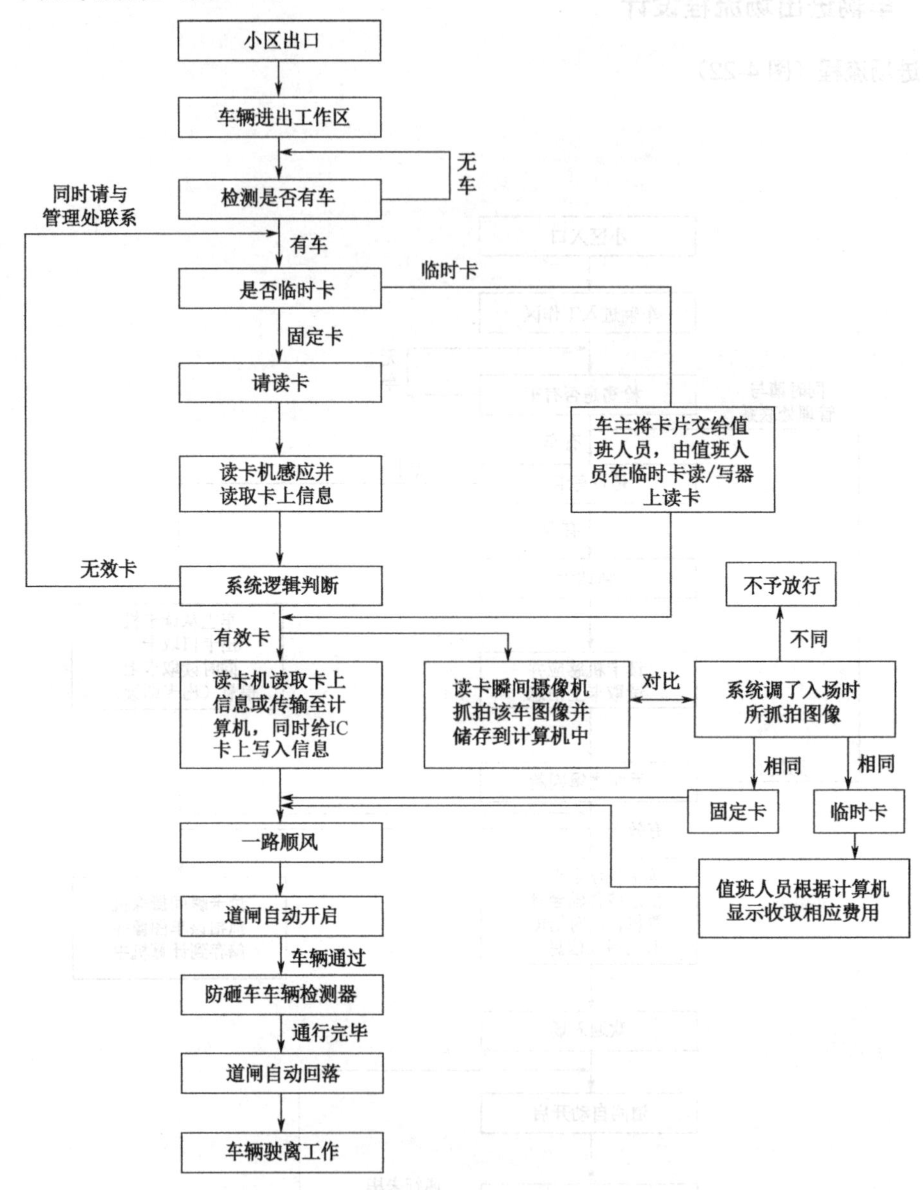

图 4-23 车辆出场流程

4.11.6 停车场系统管理

停车场系统可实现智能化停车管理，内部人员持有内部卡（车辆）出入停车场，外部人员凭临时卡进出停车场，由子系统后台记录、查询，进行有效地车辆出入管理，如图 4-24 所示。该系统可实现与消防、安保监控等系统联动控制。

用户仅凭一张智能卡就能够任意出入各个停车场，还能够根据要求输出相关资料、文件或报表。外部临时车辆在出停车场时完成系统收费及临时卡片回收。系统主要功能包括以下几个方面。

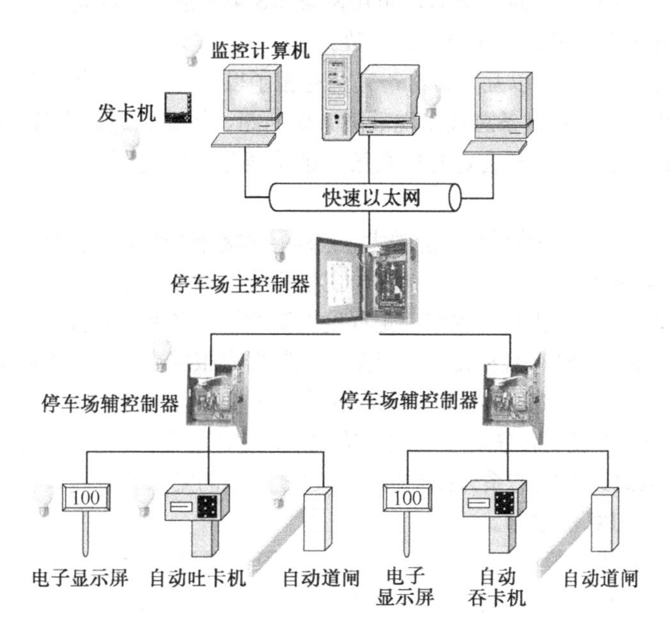

图 4-24　停车场管理系统示意图

（1）车辆须凭有效卡片出入停车场。

（2）长期用户车辆实行办理内部卡片（远距离卡），不停车快速出入停车场。

（3）外部车辆在车场入口吐卡系统处按键取临时卡，出入停车场。

（4）可以实现在使用非法卡片、设备遭遇破坏等意外时报警。

（5）可以实现临时车辆收费管理。

（6）车辆图像比对功能。

（7）车辆满位显示。

4.12　出入口控制系统的技术发展方向

1．有关出入口控制系统的新技术不断推出

随着出入口控制系统技术的不断发展，很多新技术的应用也层出不穷，很多公司推出了功能更强大的产品。

（1）Tyco 公司推出了多频和多协议门禁控制读卡器。此种新型读卡器，支持多种频率、技术和加密协议，可以读取多种 13.56MHz 智能卡序列号、Mifare 加密扇区及最普通的 125kHz 感应卡。可为用户提供一个简单、经济的门禁系统升级改造解决方案—将感应卡系统转化为智能卡系统，或者在原有系统中同时使用感应卡和智能卡。多技术读卡器有门框式、标准型及带键盘读卡器可供选择。适合室内和室外使用，具有防破坏开关，有双线 RS-485，可配置 Wiegand 输出。

（2）DDS 公司推出了具有双总线功能的系列产品。该产品主要是针对现在门禁系统面临的诸如通信备份、信息传输速度、全局联动等问题而提出的全新解决方案，还将 32 位加密技术应用到门禁系统的通信中，大幅提升了系统的安全性。

基于双总线功能和加密技术的门禁系统通信有如下特点。

① 硬件特点。以门禁控制器（TPL5）和升级的报警控制器（DS216）产品为例，都设计了两

个独立的 RS-485 通信接口。现场安装时，可用两条 RS-485 通信电缆将控制器连接到门禁管理软件，管理软件可以灵活定义每条总线的工作参数。

② 通信设备。两条总线可以互为备份，完全克服了以往环路方式的缺陷。平时第一条总线通过轮询的方式完成通信，一旦这条总线出现故障（如断路、短路、通信设备故障等），系统会自动切换到第二条总线进行通信，同时会定时检查第一条总线是否恢复，如恢复系统即自行切换回第一条总线。

③ 报警事件上传。由于门禁系统功能强大，前端控制器智能度高，因此将报警系统纳入门禁系统一起管理的应用已经被市场所接受。但是由于门禁系统一般使用轮询的方式进行数据传输，报警事件信息的上传速度一直是个困扰，也在一定程度上制约了门禁系统中报警管理功能的应用。双总线结构中的第二条总线平时没有数据传输，当某个控制器有报警事件时，控制器会通过第二条总线直接将事件信息上传到管理计算机，信息显示和联动的速度将大大提升。

④ 脱离 PC 的全局联动。传统的全局联动需要管理 PC 的支持，一旦在 PC 关机或死机时，这些联动将不能执行。双总线方案的系列控制器均可通过系统的第二条总线直接向总线上的其他控制器发送联动指令，无须 PC 的参与。

（3）通信加密。对于一般的门禁系统，不良分子可以通过监听的方式获得控制器的空盒子指令，还可以向门禁控制器发送响应指令来破坏系统。将 32 位加密通信技术应用到系统中，且这些加密密钥是由用户自行定义的，非法的入侵将被拒绝。

（4）读卡器向 TCP/IP 输出发展。读卡器主要是读取卡片中的数据与生物特征信息，并将这些信息传送到门禁控制器。容量的增加、保密性的提升、功能的拓展、网络化的发展将是读卡器在很长一段时间内的发展方向。同时在功能上要求能脱网运行，存储容量要足够大，能提供进出双向控制，具有胁迫码报警功能、日志功能与设置功能等。

随着整个安防行业朝网络化发展，读卡器在不远的将来应该有直接 TCP/IP 输出的网络型产品，从而使目前的韦根格式输出型读卡器的产品垄断地位受到冲击。

（5）控制器的网络化将会普及。门禁控制器是门禁系统的核心部分，其功能相当于计算机的 CPU，负责整个系统的输入/输出信息的处理和储存、控制等。门禁控制器性能的好坏直接影响着系统的稳定，而系统的稳定性直接影响着客户的生命财产安全。当前，门禁控制器的网络化、集成化更加普及，其中最关键的就是门禁控制器如何实现网络化、集成化的应用。但应用的前提是要有确保网络应用安全性的保障措施。

门禁控制器的系列产品中已有直接输出是 TCP/IP 协议的网络版门禁控制器，而不是 RS-485 输出的后再通过转换器转成 TCP/IP 的协议输出，这说明门禁行业网络化的趋势越加明显。同时，与 RS-485 输出门禁产品相比，TCP/IP 的网络版门禁控制器布线更简洁方便、易于操作，并且节约线材使用成本，具有网络功能，更容易实现局域网内部控制或利用因特网技术实现运行控制。但同时也应考虑其安全性和稳定性的要求。价格合理的联网型门禁控制系统将会抵消嵌入式门禁系统的价格优势。

（6）门禁软件和一卡通的作用会越来越冲突。随着人们对生活质量要求的提高，如何有效地控制人员的出入成了一个新的课题。同时，对停车场、巡更、考勤、消费等各分系统的集成应用提出了要求。门禁软件负责门禁系统的监控、管理、查询等工作。管理人员可通过调整扩展完成巡更、考勤、人员定位等功能。门禁软件一般都具有和防盗报警、监控系统进行联动的功能，并在考勤、会议签到、POS 机消费、停车场管理等一卡通功能上做更周全的考虑。

一卡通系统通常有四个环节，即智能卡、读/写终端、计算机及网络。智能卡应有读/写功能，有足够的存储空间，并可分成若干个区域，每个区域可实现一种用途。同时，智能卡必须具有绝对的安全性。读/写终端包含各种读卡器或读/写控制器，可根据不同的场所，选择不同的读/写终端，同时读/写器也应具有良好的可靠性和安全性。通常情况下基于 Pentium 的 PC 即可运行 Windows 98 或 Winnows NT。网络可根据用户现有的网络情况、地理位置及一卡通信息流的计划做出选择。

（7）RFID 标准尚待建立。我国的 RFID 尚未制定出标准，国际上也是三大 RFID 标准体系并立，有国际标准化组织制定的标准体系，是通用性的 RFID 标准；有以美国为首的 EPCglobal 制定的 RFID 标准体系，是面向物流供应链的应用标准；还有日本 UID 等标准化组织制定的 RFID 标准体系。

这三个标准都按照 RFID 的工作频率分为多个部分。在这些频段中，以 13.56MHz 频段的产品最为成熟，而处于 860～960MHz UHF 频段的产品因为工作距离远和最有可能成为全球通用的频段，最受重视，发展最快。

2. 出入口控制技术产品应用前景和发展趋势

（1）产品数字化、智能化、网络化。

产品数字化、智能化、网络化是出入口控制技术产品发展的趋势，而各个子系统之间的相互集成、兼容将越来越受到关注，进而更多的综合保安或信息化管理平台型系统越来越多，继而相应的管理平台软件的内涵也会越来越丰富，功能越来越强大。为了满足用户对安全防范的多样性和管理的统一性、方便性的要求，无论是监控系统集成报警系统，还是门禁系统集成报警系统或是对讲系统集成门禁系统都将成为可能。

（2）产业集中化，产品标准化。

与前几年安防市场上群雄纷争、品牌众多、竞争多元的格局相比，今后，随着市场份额逐渐被前几家企业占领，形成垄断地位，安防市场的集中度越来越明显，产品的标准化程度也会越来越高，这在一些较为成熟的产品领域，如 DVR、摄像机领域表现更加突显。据统计，2008 年，中国安防市场上产值过亿元的安防企业达到 80 家左右，而 DVR 企业中，前两位厂家几乎占据了 60% 左右的市场份额，行业集中度明显提高。随着当前 DVR 产品技术的越来越成熟，规模化效应更加突显，行业的领头企业以更低的制造成本、更大的市场占有率将逐渐淘汰掉其他小企业。“强者越强，弱者更弱”将表现得更明显。

除了 DVR 之外，将来出入口控制系统等产品也一定呈现出大规模制造的趋势。行业的集中度会越来越高，几家大公司会逐渐垄断市场，从而以低价、量大和低成本等优势，在市场上越做越好。是出入口控制系统市场发展到一定阶段后，产业集中化、产品成熟化和标准化的必然结果。

（3）技术整合加速，系统级产品受青睐。

以前安防厂商大多以提供单一优势产品为主，例如 DVR 厂家提供和宣传 DVR 产品，快球厂商重点突显快球，而门禁系统厂商则展示门禁。目前，国内厂商及国际品牌都加速进行产品和技术整合，以出入口控制系统方案供应商的身份出现，除了提供出入口控制技术的核心产品之外，企业还提供与出入口控制技术融合的更为丰富产品与技术。如 GE、三星电子、HONEYWELL 等国际厂商也一改以往突显单一产品的风格，以各行业解决方案供应商的身份出现在公众视野中。随着国际化的进行，出入口控制领域将全面迈向整合阶段。

（4）产品民用化、透明化。

随着安防产品及其技术越来越被用户所熟悉和了解，出入口控制技术与产品逐渐走向了民用化和透明化。一方面，在大型场馆或重要场所的出入口招标建设中，许多用户专门引进了许多熟悉相关技术或产品的技术人员或管理人员，并成立了诸如自动化管理办公室、IT 部、信息化管理办公室等专门管理机构，来负责安防出入口控制系统方案的制定、产品的选型，甚至还能够根据产品的功能、性能进行专业选择；另一方面，随着国内出入口控制产品市场激励竞争和国外先进出入口控制技术与产品的引入，出入口控制产品的市场价格也越来越趋于透明。

目前，政府逐渐加大了对出入口市场的推动推动力，使得出入口控制技术正逐步走向民用化，其产品也逐渐走向规模化、标准化，并形成一定的格局和商业模式；同时，也由单一产品供应商向整体解决方案商及民用安防服务商转型。

思考题与习题

1. 简述出入口控制系统的三个基本要素。
2. 绘制出入口控制系统的基本组成结构。
3. 出入口控制系统联网方式有哪几种？简述其方式及组成结构。
4. 出入口管理法则主要包括哪几种？
5. 分析门禁控制系统的设计要点。
6. 简述感应卡自动识别系统发展历程与趋势。
7. 人体生物特征识别系统主要有哪些？
8. 简述 RFID 开放式门禁系统的组成。

第5章

安全防范系统电源及防雷接地系统设计与实施

数字安防工程中所有的子系统，如视频监控、出入口控制、周界防范、入侵报警、防爆安检等系统都需要提供电源并且要考虑防雷接地的问题。因此，如何设计与实施电源系统及防雷接地系统是关系到安全防范系统能否正常使用不可或缺的重要部分。

5.1 安全防范系统电源设计与实施

安全防范系统使用的电源有很多种，一般设备使用的类型有AC220V、AC24V和DC12V三种，有的特殊设备也会使用特殊的电源，因设备电源的类别较多，我们在使用的时候一定要确定设备使用电源的类别，否则会造成设备的损坏。

5.1.1 安全防范系统的接入电源

在数字安防系统中所有的设备都是需要提供电源才能工作的，不管是使用市电还是UPS电源都由配电房来提供电源，配电房提供的是AC380V或AC220V的电源，市电使用220V就从配电房引出220V电源；通过UPS供电的系统，也是从配电房引出380V或220V，接入UPS主机，然后通过UPS主机或变压设备来满足安防设备的需要，配电房提供的电源主要有以下几种。

1．常用的供电制式

（1）TN-S系统被称为三相五线供电制，这种供电方式有三根相线、一根中性线N及一根保护线PE共5根线，但仅有一根保护线PE接地，用电设备的外露导电部分用导线接到PE线上。

在建筑物内设有独立变配电所时进线采用此制式。其优点是中性线N线是带电的，而PE线在正常工作时不带电，因此设备外露部分不呈现对地电压，有事故发生时，容易切断电源，比较安全但费用较贵。由于PE线上不呈现电流，有较强的电磁适应性，因此适用于数据处理、精密检测装置等供电系统。TN-S系统可以作为智能建筑的接地系统。

（2）TN-C系统被称为三相四线制，它将系统中性线N与保护接地PE合并成一根PEN线。这种接地系统对接地故障灵敏度高，线路经济简单。在一般情况下，如选用合适的开关保护装置和有足够的导线截面，也能达到安全要求，但它只适用于三相负荷较平衡的场所。在智能建筑内，单相负荷所占比重较大，难以实现三相负荷平衡，PEN线的不平衡电流加上线路中存在着的由于荧光灯、晶闸管（可控硅）等设备引起的高次谐波电流，在非故障情况下，会在中性线N上叠加，使中性线N电压波动，且电流时大时小极不稳定，造成中性点接地电位不稳定漂移，不断会使与PEN线连接的设备外壳带电，对人身安全构成威胁，而且也难以取到一个合适的电位基准点，使得精密电子仪器无法准确可靠运行。因此TN-C系统不能作为智能建筑的接地系统。

（3）TN-C-S 系统被称为四线半系统，它由 TN-C 和 TN-S 两个系统结合而成。第一部分是进入建筑物电源的 TN-C 四线系统，第二部分是 TN-S 五线系统，分界点在建筑物电源进户处，即为 N 线与 PE 线的分开处，分开后不再合并，在此处做重复接地。其作用是在发生接地故障时减少接触电压，并在 PEN 断线时减少中性点漂移引起的三相电压不平衡，从而在一定程度上减轻了对用电设备的损害和变压器不对称运行引起的危害。这种系统兼有 TN-C 系统的价格便宜和 TN-C 系统的安全可靠、电磁适应比较强的特点，常用于线路末端环境较差的场所或有数据处理设备的供电系统，是智能建筑供电较理想的选择。

（4）TT 系统。TT 系统为三相四线接地系统。该系统常用于建筑物供电来自公共电网的地方。TT 系统的特点是中性线 N 与保护接地线 PE 无一点电气连接，即中性点接地与 PE 线接地是分开的。该系统在正常运行时，不管三相负荷是否平衡，在中性线 N 带电的情况下，PE 线不会带电。只有单相接地故障时，由于保护接地灵敏度低，故障不能及时切断，设备外壳才可能带电。正常运行时的 TT 系统类似于 TN-S 系统，也能获得人与物的安全性和取得合格的基准接地电位。随着大容量漏电保护器的出现，该系统也会越来越多地作为智能型建筑物的接地系统使用。从目前的情况来看，由于公共电网的电源质量不高，难以满足智能化设备的要求，所以 TT 系统很少被智能化大楼采用。

（5）IT 系统。IT 系统是三相三线式接地系统。该系统变压器中性点不接地或经阻抗接地，无中性线 N，只有线电压（380V），无相电压（220V），保护接地线 PE 各自独立接地。该系统的优点是当一相接地时，不会使外壳带有较大的故障电流，系统可以照常运行。缺点是不能配出中性线 N。因此它是不适用于拥有大量单相设备的智能化大楼的。

2．安全防范系统的供电实施

（1）宜采用两路独立电源供电，并在末端自动切换。

（2）系统设备应进行分类，把 DC 12V、AC 24V、AC 220V 用电设备分类，统筹考虑系统供电。

（3）根据设备分类，配置相应的电源设备用电源装置。系统前端设备视工程实际情况，可由监控中心集中供电，也可本地供电。

（4）UPS 主电源和备用电源应有足够容量。使用 UPS 供电的安防系统应根据入侵报警系统、视频安防监控系统、出入口控制系统等的不同供电消耗，按总系统额定功率的 1.5 倍设置主电源容量。应根据管理工作对主电源断电后系统防范功能的要求，选择配置持续工作时间符合管理要求的备用电源。

（5）电源质量应满足下列要求，如表 5-1 所示。

稳态电压偏移不大于±2%（A 级）。

稳态频率偏移不大于±0.2Hz（A 级）。

电压波形畸变率不大于 5%（A 级）。

允许断电持续时间为 0～4ms（A 级）。

当不能满足上述要求时，应采用稳频稳压、不间断电源供电或备用发电等措施。安全防范系统的监控中心应设置专用配电箱，配电箱的配出回路应留有裕量。在安防系统中，电源干扰的类型及典型起因如表 5-2 所示。

表 5-1　电源质量分级表

	A 极	B 极	C 极
稳态电压偏移范围（%）	±2%	±5%	+7%～-13%
稳态频率偏移范围（Hz）	±0.2	±0.55	±1
电压波形畸变率（%）	3～5	5～8	8～10
允许断电持续时间（ms）	0～4	4～200	200～1500

表5-2 电源干扰的类型及典型起因

序号	干扰的类型	典型起因
1	跌落	雷击，重载接通，电网电压低下
2	失电	恶劣的气候，变压器故障，其他原因故障
3	频率偏移	发电机不稳定，区域性电网故障
4	电器噪声	雷达，无线电信号，电力公司和工业设备的飞弧，转换器和逆变器
5	浪涌	突然减轻负载，变压器的抽头不恰当
6	谐波失真	整流，开关负载，开关型电源，调速驱动
7	瞬变	雷击，电源线负载设备的切换，功率因数补偿电容的切换，空载电动机的断开

5.1.2 安全防范系统使用的电源

安防系统设备使用的电源，按电源供应类别来分有市电供电、UPS 系统供电和发电机供电，根据不同的环境使用不同的电源，在设备要求不是很高的环境下可以直接使用市电，但在供电质量不好或停电的情况下安防设备会损坏或停止工作，目前已经较少使用，代以市电和 UPS 电源配合使用居多；在中大型安防系统里面电源基本使用 UPS 系统供电，在要求比较高的环境下多以 UPS 和发电机配合使用来提供电源。

1．市电供电

市电即我们所说的交流电（AC），交流电的成分包含电压、电流、频率三种，其频率可分为 50Hz 与 60Hz 两种，电压分布为 100～220V，一般使用 220V。在数字安防系统中功率较大，不是很重要的设备采用市电来供电，大型电视墙功率较大如使用 UPS 电源供电投资太大，一般采用市电供电，市电供电也是最普通、最廉价的一种电源供应方式。

2．不间断电源供电（Uninterruptible Power Supply，UPS）

随着数字安防技术的不断发展，各行各业对安防行业的防范要求不断提高，特别是重要部门对安防系统要求 24h 防范，UPS 电源也就显得尤为重要了，它可以保障数字安防系统在停电之后继续工作一段时间以使用户能够紧急存盘，不至于使设备因停电而影响工作或丢失数据。它在数字安防系统主要起到两个作用：一是应急使用，防止突然断电导致安防设备失去防范功效而影响正常工作，给设备造成损害；二是消除市电上的电涌、瞬间高电压、瞬间低电压、电线噪声和频率偏移等“电源污染”，改善电源质量，为数字安防系统提供高质量的电源。目前中、大型数字安防系统都配有 UPS 系统。安防管理计算机、数字安防设备的使用与不断发展，使得作为直接关系到数字安防硬件能否安全运行的一个重要因素—电源质量的可靠性应当成为企业首要考虑的问题。UPS 主要用于给安防管理计算机、数字视频网络设备、存储设备、光端机设备、周界设备、出入口控制设备及其他安防电子设备提供不间断的电力供应。目前使用较多的 UPS 根据工作方式可分为以下两类。

（1）离线式不间断电源供电系统。

又称为后备式 UPS，当市电正常供电时，直接供应给负载使用，与此同时有一回路经充电回路对电池组充电。此时若市电的电压不稳定或市电发生异常，则 UPS 内部会切换到变流器，由变流器提供稳定的电力给负载使用，大部分此类产品的输出波形为方波或阶梯波，也适用于计算机的电源。后备式 UPS 主要由充电器、蓄电池、逆变器和变压器抽头调压式稳压电源四部分组成。后备式 UPS 的工作原理如图 5-1 所示。后备式 UPS 具有电路简单、成本低、可靠性高的优点，但是其输出的电压稳定精度差，市电掉电时负载供电有一段时间的中断。另外受切换电流和动作时间的限制，输出功率一般较小，一般后备式正弦波输出 UPS 的容量在 2kVA 以下，后备式方波输出 UPS 容量在 1kVA 以下。

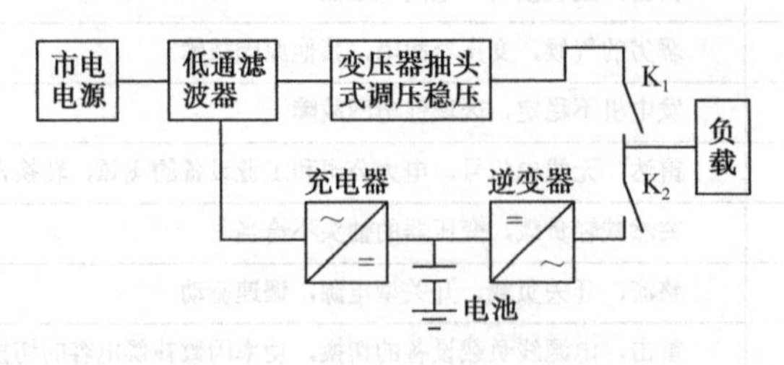

图 5-1　后备式 UPS 的工作原理

（2）在线式不间断电源供电系统。

当市电正常供电时，市电经滤波回路及突波吸收回路后，分为两个回路同时动作，一是经由充电回路对电池组充电，二则是经整流回路，作为变流器的输入，再经过变流器的转换提供净化过的交流电力给负载使用。此时若市电发生异常，则变流器的输入改由电池组来供应，变流器持续提供电力，达到完全不断电。由此可知，在线式不间断供电系统的输出完全由变流器来供应，不论市电电力品质如何，其输出均是稳定且纯净的。目前大多数项目选用的是在线式不间断电源。在线式 UPS 又称串联调整式 UPS，目前绝大多数大中型 UPS 都是在线式的。在线式 UPS 一般由整流器、充电器、蓄电池组和逆变器等部分组成，其原理框图如图 5-2 所示。

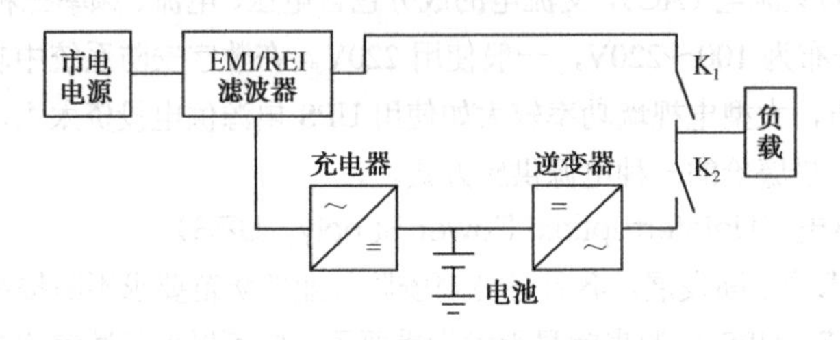

图 5-2　在线式 UPS 的原理框图

在线式 UPS 的特点有以下 4 项：

① 不论市电正常与否，负载都由逆变器供电，所以当市电发生故障的瞬间，UPS 的输出电压不会产生任何间断；

② 由于 UPS 逆变器采用高频 SPWM 调制和输出波形的反馈控制，可以向负载提供电压稳定度高、波形畸变小、频率稳定以及动态响应速度快的高质量电能；

③ 全部负载功率都由逆变器提供，输出能力受限制；

④ 整流器和逆变器承担全部负载功率，整机效率比较低。

3．发电机供电

在很多中、大型数字安防系统中，根据防范的区域及行业的特殊性，对电源提出了更高的要求，不仅配置了 UPS 系统，还配置了发电机系统，如银行金融安防系统、医院安防系统、科研机构安防系统、政府安防系统、大型企业安防系统等。发电机系统是在停电时先使用 UPS 电源，UPS 电池快耗尽还没有市电供电的情况下启动发电机来对 UPS 主机进行供电，让 UPS 能够持续为整个安防系统供电。

5.1.3 安全防范系统电源的结构

数字安防系统 UPS 电源由三部分组成，UPS 电源系统如图 5-3 所示。

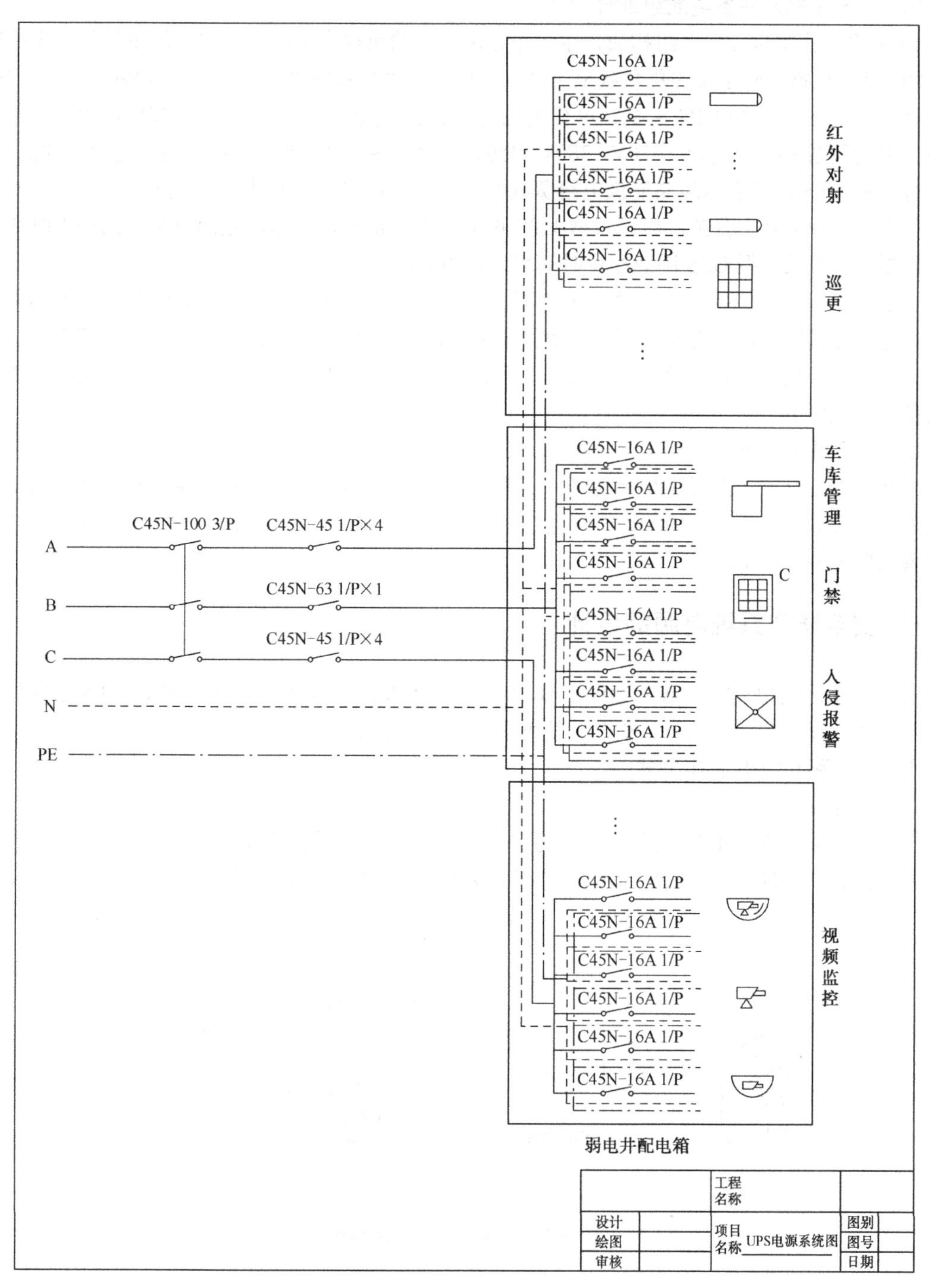

图 5-3 UPS 电源系统

1．UPS 进线部分

UPS 进线由配电房低压配电柜引入，引入三相五线或四线到 UPS 机房进配电箱，再引入到 UPS 主机。引入线缆根据 UPS 主机的功率来选择线缆线径。

2．UPS 主机及后备电池组部分

UPS 系统由主机和电池组构成，主机根据所承担的负载来选择，目前市场主机的功率范围为 1～800kVA，根据安防系统的总负载来选择。一般中、大型系统主机使用几十 kVA 居多，主机分为单相 UPS 主机和三相 UPS 主机，单相主机使用在小型系统中，只能提供 220V 电源，三相主机使用在中大型系统中，可提供 220V、380V 电源，一般配备两台主机，一用一备或是两台并机使用。

停电后 UPS 是依靠电池储能供电给负载的，标准型 UPS 本身机内自带电池，在停电后一般可继续供电几分钟至几十分钟，而长效型 UPS 配有外置电池组，可以满足用户长时间停电时继续供电的需要，一般长效型 UPS 满载配置时间可达数小时以上。

一般长效型 UPS 备用时间主要受电池成本、安装空间大小以及电池回充时间等因素的限制。一般在电力环境较差，停电较为频繁的地区采用 UPS 与发电机配合供电的方式。当停电时，先由 UPS 电池供电一段时间，如停电时间较长，可以启动备用发电机对 UPS 继续供电，当市电恢复时再切换到市电供电。

3．UPS 输出部分

输出部分由传输电缆及配电箱组成，三相 UPS 主机要求后端的负载尽量三相平衡，这就要求后端的三相负载尽量要分布均匀。传输电缆把 UPS 电源从 UPS 机房输送到弱电井，安防系统的各种设备在弱电井中取电。

5.1.4　安全防范系统电源的设计

按设备使用类型划分为 AC 220V、AC 24V、DC 12V、DC 15V 等几种，都是 UPS 系统供电后再变压，达到设备的需要电压。整个系统可采用集中供电和分散供电来为设备提供电源。

1．安防系统 UPS 供电方式

（1）集中供电。

集中供电是指在把 UPS 电源送到弱电井后，根据设备的要求通过开关电源或变压设备在弱电井里面转换成 AC 24V、DC 12V、DC 15V 等可用电源，再由设备根据其要求到弱电井配电箱取电，如图 5-4 所示。

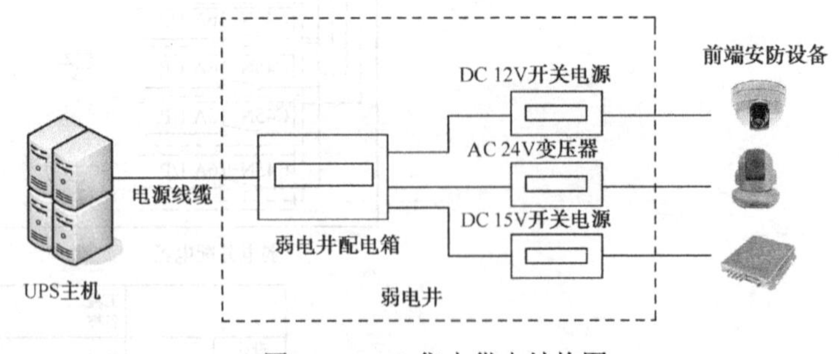

图 5-4　UPS 集中供电结构图

（2）分散供电。

分散供电是 UPS 电源送到弱电井后进弱电井的配电箱，各安防设备需要直接取电的可根据设备的要求通过开关电源或变压设备在前端设备现场转换成 AC 24V、DC 12V、DC 15V 等可用电源，如图 5-5 所示。

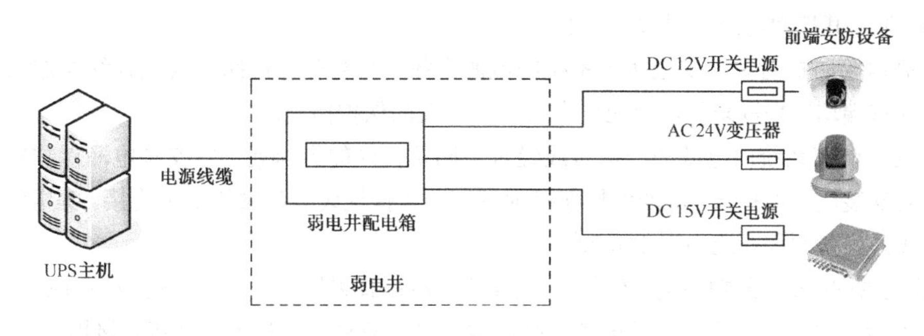

图 5-5　UPS 分散供电结构图

2. UPS 主机的选择

（1）输入/输出功率因数、输入电压范围、输入谐波因数、传导性电磁场干扰大小等指标。UPS 输出能力即 UPS 的输出功率因数，一般为 0.7（小容量 1～10kVA UPS），而新型的 UPS 则为 0.8，有的新产品具有更高的输出功率因数。

（2）UPS 可靠性的指标 MTBF（平均无故障时间）在 5 万小时以上为好。输入电压频率范围是否宽广、是否有超强防雷击能力、抗电磁干扰能力是否通过认证等均是选用 UPS 时需要着重考虑的功能指标。

（3）用电量大或集中供电的场合，应选择大容量三相 UPS，并考虑是否有输出短路保护、可否接受 100%不平衡负载、具有隔离变压器、可做热备份、多国语言图形化 LCD 显示、可进行远端监控、有超强监控软件、可自动寻呼、自动发 E-mail。

（4）长延时供电 UPS 需以满载考虑配置高质量、足够能量的电池及 UPS 本身是否具有超强充电电流来使外加的电池在短时间内充满电。UPS 要有输出短路保护、超强过载能力、全时间防雷击。

5.2 安全防范系统接地设计与实施

智能建筑多属于一级负荷，应按一级防雷建筑物的保护措施设计，接闪器采用针带组合接闪器，避雷带采用 25mm×4mm 镀锌扁钢在屋顶组成不大于 10m×10m 的网格，该网格与屋面金属构件做电器连接，与大楼柱头钢筋做电器连接，引下线利用柱头中钢筋、圈梁钢筋、楼层钢筋与防雷系统连接，外墙面所有金属构件也应与防雷系统连接，柱头钢筋与接地体连接，组成具有多层屏蔽的笼形防雷体系。这样不仅可以有效防止雷击损坏楼内设备，而且还能防止外来电磁干扰。

5.2.1 安全防范系统的防雷与接地设计

各类防雷接地装置的工频接地电阻应根据落雷时的反击条件来确定。防雷装置如与电器设备的工作接地合用一个总的接地网时，接地电阻应符合其最小值要求。

1. 防雷与接地设计要求

（1）建于山区、旷野的安全防范系统或前端设备装于塔顶或电缆端高于附近建筑物的安全防范系统，应按现行国家标准 GB50057《建筑物防雷设计规定》的要求设置避雷保护装置。

（2）建于建筑物内的安全防范系统，其防雷设计应采用等电位连接与共用接地系统的设计原则并满足现行国家标准 GB50343《建筑物电子信息系统防雷技术规范》的要求。

（3）安全防范系统的接地母线应采用铜质线，接地端子应有地线符号标记，接地电阻不得大于 4Ω；建造在野外的安全防范系统，其接地电阻不得大于 10Ω；在高山岩石的土壤电阻率大于 2000Ω・m 时，其接地电阻不得大于 20Ω。

（4）高风险防护对象的安全防范系统的电源系统、信号传输线路、天线馈线及进入监控室的架空电缆入室端均应采取防雷电感应过电压、过电流的保护措施。

（5）安全防范系统的电源线、信号线经过不同防雷区的界面处，宜安装电涌保护器；系统的重要设备应安装电涌保护器。电涌保护器接地端和防雷接地装置应做等电位连接。等电位连接带应采用铜质线，其截面积不应小于 $16mm^2$。

（6）监控中心内应设置接地汇流排，汇流环或汇流排宜采用裸铜线，其截面积不应小于 $35mm^2$。

（7）不得在建筑物层顶上敷设电缆，必须敷设时，应穿金属管进行屏蔽并接地。

（8）架空电缆吊线的两端和架空电缆线路中的金属管道应接地。

（9）光缆传输系统中，每个光端机外壳应接地；光端加强芯、架空光缆接续护套应接地。

2. 防雷具体设计要求

监控系统的防雷接地应与系统的交流工作接地、直流工作接地、安全保护接地共用一组接地装置，接地电阻不得大于 1Ω。

（1）前端设备的防雷。前端设备中安装在室内的设备一般不会遭受直击雷击，但必须考虑防止雷电过电压对设备的侵害，对室外的设备则同时必须考虑防止直击雷击。

前端设备的摄像机应置于接闪器（避雷针或其他接闪导体）有效保护范围之内。当摄像机独立架设时，避雷针最好距摄像机 3～4m 的距离。为防止电磁感应，沿电线杆引上的摄像机电源线和信号线应穿在金属管内以达到屏蔽作用，屏蔽金属管的两端均应接地。

为防止雷电波沿线路侵入前端设备，应在设备前的每条线路，如 DC 24V 或 AC 220V 电源线、视频线、信号控制线上加装合适的避雷器。

（2）传输路线的防雷。室外摄像机的电源可从终端设备处引入，也可从监视点附近的电源引入。

传输部分的线路在城市郊区、乡村敷设时，可采用直埋敷设方式。直埋敷设方式防雷效果最佳。但当条件不允许时，可采用通信管道或架空方式，但架空线最容易遭受雷击，为避免首尾端设备损坏，架空线传输时应在每一杆上做接地处理，架空线缆的吊线和架空线缆线路中的金属管道均应接地。

（3）终端设备的防雷。在 CCTV 系统中，监控室的防雷最为重要，应从直击雷防护、雷电波侵入、等电位连接和电涌保护多方面进行。监控室所在建筑物应有防直击雷的避雷针、避雷带或避雷网。

（4）闭路监视机房的等电位连接。监控室内应设置一等电位连接母线（或金属板），该等电位连接母线应与建筑物防雷接地、PE 线、设备保护地、防静电地等连接到一起防止危险的电位差。各种电涌保护器（避雷器）的接地线应以最直和最短的距离与等电位连接母线进行电气连接。

（5）GB50198—1994《民用闭路监视电视系统工程技术规范》对闭路监视系统的接地要求。

① 防雷接地装置宜与电气设备接地装置和埋地金属管道相连，当不相连时，两者间的距离不宜小于 20m。

② 系统采用专用接地装置时，其接地电阻不得大于 4Ω，采用综合接地网时，其接地电阻不得大于 1Ω。

③ 防雷接地应与交流工作接地、直流工作接地、安全保护接地共用一组接地装置，接地装置的接地电阻值必须按接入设备中要求的最小值确定。

④ 接地装置应利用建筑物的自然接地体，当自然接地体的接地电阻达不到要求时必须增加人工接地体。

⑤ 防雷器的分级标准如表 5-3 所示。

表 5-3 IEC 标准中规定防雷器分级的各项技术参数

级　别	波　形	通 流 量	安 装 位 置	电压保护水平
第一级	10/350μs	15kA	进线端	≤4.0kV
第二级	8/20μs	7kA	分配端	≤2.5kV
第三级	8/20μs	3kA	设备端	≤1.5kV

3．接地装置的形状选择及雷电泄放措施

（1）接地装置的组成包括引下线、接地母线、汇流排、垂直接地体和水平接地体等。其中，垂直接地体和水平接地体通常称为地网，地网的接地电阻值达到设计要求是十分重要的。例如，可采用热镀锌角钢（50mm×50mm×5mm×2000mm）作为垂直接地体，深埋 0.8m，垂直接地体之间的距离为 4～6m，水平接地体采用热镀锌扁钢（40mm×4mm）。

（2）通常利用直击雷防护设施（针）和侧击雷防护设施（金属塔体）能有效地泄走大部分雷电能量。建筑内的等电位连接措施为二次感应雷电能量泄放提供了便利的通道。屏蔽、隔离、合理布线是防雷电波入侵的有效手段。

4．雷电防护区划分

依据 GB50057—1994（2000 版），雷电防护区分为以下几个部分。

（1）LPZOA 直接雷非防护区。本区内的各类物体完全暴露在外部防雷装置的保护范围之外，都可能遭到直接雷击，本区内的电磁场未得到任何屏蔽衰减，属完全暴露的不设防区。

（2）LPZOM 直接雷防护区。本区内的各类物体处在外部防雷装置保护范围之内，应不可能遭到大于所选滚球半径相对应的雷电电流的直接雷击，但本区内电磁场未得到任何衰减，属充分暴露的直接雷防护区。

（3）LPZ1 第一屏蔽防护区。本区内的各类物体不可能遭到直接雷击，流经各类导体的雷击电流已经分流，由于建筑物的屏蔽措施，本区内的电磁场强度得到初步的衰减。

（4）LPZn+1 后续屏蔽防雷区。为进一步减小所导引的雷电流及电磁场强度而导入的后续防护区，一般指建筑物内专设的屏蔽室或设备屏蔽外壳等。

5．智能建筑防雷设备配置

智能建筑防雷分为两部分：信号防雷和电源防雷。

（1）信号防雷如图 5-6 所示。网络交换机、网络路由器、安防监控控制设备、监控存储、门禁设备、入侵报警设备、车管设备等智能化设备配备信号电涌保护器，在各种信号进入设备之前进行防护，如图 5-6 所示的 XDB25、XRJ45、XC31、TKH、D3M 等系列均为信号电涌保护器；BZ 系列为雷电接闪器；CNF 系列为天馈电涌保护器。

（2）电源防雷。

如图 5-7 所示，在所有设备电源线进配电箱前配置电源防雷保护器对设备进行防雷保护，使设备使用安全的电源，避免雷击通过电源对设备造成损害。电源防雷保护器根据功能分三级，总配电箱前为一级防雷，分配电箱前为二级，设备前为三级，一般做到一级和二级电源防雷就可以了，非常贵重和精密的设备做到三级。

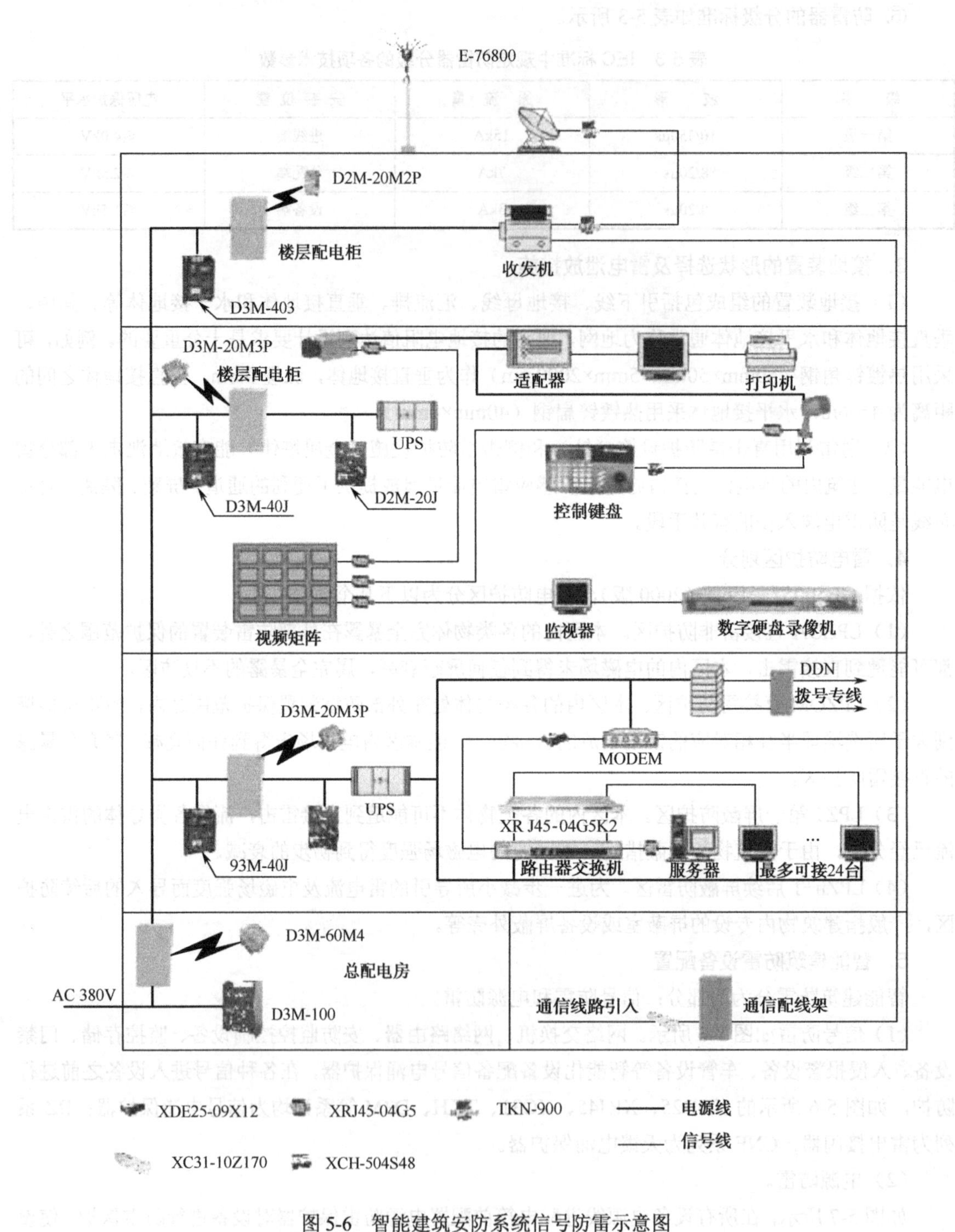
E-76800
D2M-20M2P
楼层配电柜
收发机
D3M-403
D3M-20M3P
楼层配电柜
适配器
打印机
UPS
D3M-40J
D2M-20J
控制键盘
视频矩阵
监视器
数字硬盘录像机
DDN
拨号专线
D3M-20M3P
MODEM
UPS
XR J45-04G5K2
93M-40J
路由器交换机
服务器
最多可接24台
D3M-60M4
总配电房
AC 380V
D3M-100
通信线路引入
通信配线架
XDE25-09X12
XRJ45-04G5
TKN-900
电源线
信号线
XC31-10Z170
XCH-504S48

图 5-6　智能建筑安防系统信号防雷示意图

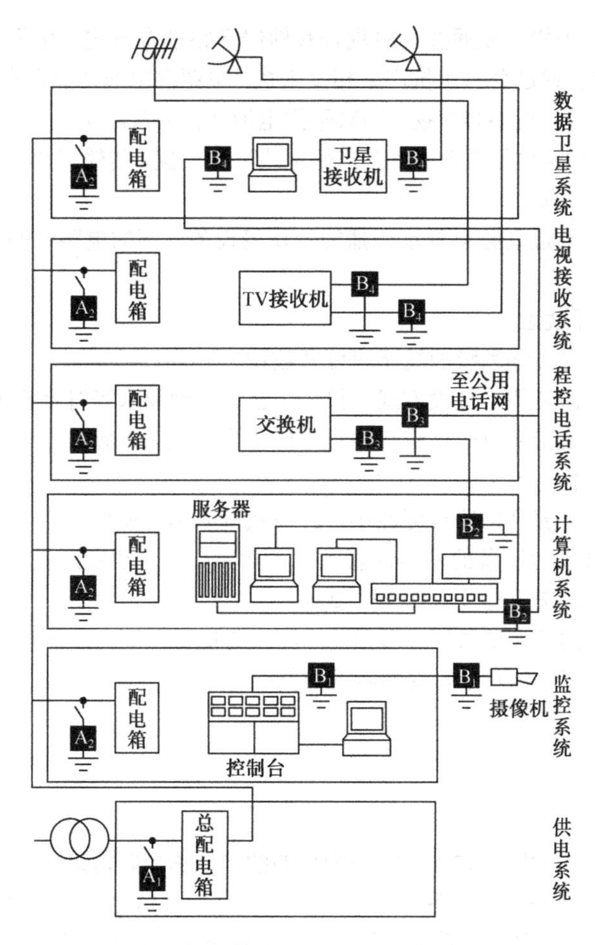

图 5-7 智能建筑电源防雷示意图

5.2.2 安全防范系统的电磁兼容性设计

电磁兼容是指设备或系统在其电磁环境中能正常工作且不对该环境中任何事物构成不能承受的电磁干扰的能力。电磁环境则由空间、时间和频率三要素组成。

安全防范系统所用设备的电磁兼容性设计，应符合电磁兼容试验和测量技术系列标准的规定。试验的等级根据实际需要，在设计文件中确定。线缆的电磁兼容设计应符合有关标准、规范的要求。

1. 电磁干扰源分析

（1）电磁干扰源主要有自然环境中的电磁噪声和人为外界干扰信号。电磁噪声是不带任何信息的杂散电磁场。常见的有由大气中的雷电、太阳磁暴、风尘、地岩应力等各种原因引起的静电积聚与放电；电力设备中的感性负荷切断及连通时产生的瞬变脉冲噪声；各种电器产生的电弧、电火花等。信息技术设备的工作信号都是数字脉冲信号，由频谱分析理论可知，脉冲信号前沿越陡峭及脉冲频率越高，其包含的高次谐波及高频能量就越大，就会对外发射电磁能量。设备内的元器件、线路板轨线及连接线等都会对外发射电磁干扰。

无线电通信、广播电视、雷达等系统发射出的电磁波信号，相对于外部系统而言是一种无用信号，对其他电子设备也是一种干扰。

（2）干扰的导入途径。电磁干扰的传输途径主要有通过传输线路和空间辐射两种方式。

在传输线路方面，干扰主要通过共阻耦合和地线环路耦合方式产生影响。当电子设备或元件共用电源或地线时，就会通过公共阻抗产生相互干扰。电源内阻或地线自身的电阻值很小，但其包含分布电感，在高频时其电抗不容忽视。高频干扰电流会在公共阻抗上产生干扰电压，叠加到其他电路上。两设备之间的地电位不同时，就会产生地线环路干扰。传输线路分布范围较大的仪表控制系统均应注意防止这类干扰。

空间辐射干扰多是通过高频电磁场传播的，仪表设备内部的电路之间和设备系统之间都会产生这类干扰。

2．传输线路的防干扰设计

（1）电力系统与信号传输系统的线路应分开敷设。

（2）信号电缆的屏蔽性能、敷设方式、接头工艺、接地要求等符合相关标准的规定。

（3）当电梯厢内安装摄像机时，应有防止电梯电力电缆对视频信号电缆产生干扰的措施。

3．防电磁干扰设计

（1）系统所用设备外壳开口应尽可能小，开口数量应尽可能少。

（2）系统中的无线发射设备的电磁辐射频率、功率，非无线发射设备对外的杂散电磁辐射功率均应符合国家现行有关法规与技术标准的要求。

（3）除控制电磁辐射外，要采用屏蔽措施，将电磁能量限制在所规定的空间里，阻止其传播，再就是控制受影响的距离，以及缩短受影响的时间。

5.2.3　建筑物接地

1．防雷接地

为把雷电流迅速导入大地，防止以雷击为目的的接地称为防雷接地。

智能化楼宇内有大量的电子设备与布线系统，如通信自动化系统、火灾报警及消防联动控制系统、楼宇自动化系统、保安监控系统、办公自动化系统、闭路电视系统等，以及它们相应的布线系统。从已建成的大楼看，大楼的各层顶板、底板、侧墙、吊顶内几乎被各种布线布满。这些电子设备及布线系统一般均属于耐压等级低、防干扰要求高、最怕受到雷击的部分。不管是直击、串击、反击都会使电子设备受到不同程度的损坏或严重干扰。因此对智能化楼宇的防雷接地设计必须严密、可靠。智能化楼宇的所有功能接地，必须以防雷接地系统为基础并建立严密、完整的防雷结构。

智能建筑多属于一级负荷，应按一级防雷建筑物的保护措施设计，接闪器采用针带组合接闪器，避雷带采用25mm×4mm镀锌扁钢，在屋顶组成不大于10m×10m的网格，该网格与屋面金属构件做电气连接，与大楼柱头钢筋做电气连接，引下线利用柱头中钢筋、圈梁钢筋、楼层钢筋与防雷系统连接，外墙面所有金属构件也应与防雷系统连接，柱头钢筋与接地体连接，组成具有多层屏蔽的笼形防雷体系。这样不仅可以有效防止雷击损坏楼内设备，而且还能防止外来的电磁干扰。

各类防雷接地装置的工频接地电阻，一般应根据落雷时的反击条件来确定。防雷装置如与电气设备的工作接地合用一个总的接地网时，接地电阻应符合其最小值要求。

2．交流工作接地

将电力系统中的某一点，直接或经特殊设备（如阻抗，电阻等）与大地做金属连接，称为工作接地。

工作接地主要指的是变压器的中性点或中性线（N线）接地。N线必须用铜芯绝缘线。在配电中存在辅助等电位接线端子，等电位接线端子一般均在箱柜内。必须注意，该接线端子不能外露；不能与其他接地系统，如直流接地、屏蔽接地、防静电接地等混接；也不能与PE线连接。

在高压系统里，采用中性点接地方式可使接地继电保护准确动作并消除单相电弧接地过电压。

中性点接地可以防止零序电压偏移，保持三相电压基本平衡，这对于低压系统很有意义，可以方便使用单相电源。

3．安全保护接地

安全保护接地就是将电气设备不带电的金属部分与接地体之间做良好的金属连接，即将大楼内的用电设备以及设备附近的一些金属构件，用PE线连接起来，但严禁将PE线与N线连接。

在智能化楼宇内，要求安全保护接地的设备非常多，有强电设备、弱电设备及一些非带电导电设备与构件，均必须采取安全保护接地措施。当没有做安全保护接地的电气设备的绝缘损坏时，其外壳有可能带电。如果人体触及此电气设备的外壳就可能被电击伤或造成生命危险。在中性点直接接地的电力系统中，接地短路电流经人身、大地流回中性点；在中性点非直接接地的电力系统中，接地电流经人体流入大地，并经线路对地构成通路，这两种情况都能造成人身触电。

如果装有接地装置的电气设备的绝缘损坏使外壳带电时，接地短路电流将同时沿着接地体和人体两条通路流过，$I_d=I_{d'}+I_R$，我们知道，在一个并联电路中，通过每条支路的电流值与电阻的大小成反比，式中：I_d—接地回路中的电流总值，$I_{d'}$—沿接地体流过的电流，I_R—流经人体的电流，R—人体的电阻，r_d—接地装置的接地电阻。由上式可以看出，接地电阻越小，流经人体的电流越小，通常人体电阻要比接地电阻大数百倍，经过人体的电流也比流过接地体的电流小数百倍。当接地电阻极小时，流过人体的电流几乎等于零，即$I_d \approx I_{d'}$。实际上，由于接地电阻很小，接地短路电流流过时所产生的压降很小，所以设备外壳对大地的电压是不高的。人站在大地上去碰触设备的外壳时，人体所承受的电压很低，不会有危险。

加装保护接地装置并且降低它的接地电阻，不仅是保障智能建筑电气系统安全有效运行的有效措施，也是保障非智能建筑内设备及人身安全的必要手段。

4．直流接地

在一幢智能化楼宇内，包含有大量的计算机、通信设备和带有计算机的大楼自动化设备。这些电子设备在进行输入信息、传输信息、转换能量、放大信号、逻辑动作、输出信息等一系列过程中都是通过微电位或微电流快速进行的，且设备之间常要通过互联网进行工作。因此为了使其准确性高，稳定性好，除了需要有一个稳定的供电电源外，还必须具备一个稳定的基准电位。可采用较大截面的绝缘铜芯线作为引线，一端直接与基准电位连接，另一端供电子设备直流接地。该引线不宜与PE线连接，严禁与N线连接。

5．屏蔽接地与防静电接地

在智能化楼宇内，电磁兼容设计是非常重要的，为了避免所用设备的机能障碍，避免甚至会出现的设备损坏，构成布线系统的设备应当能够防止内部自身传导和外来干扰。这些干扰的产生或是因为导线之间的耦合现象，或是因为电容效应或电感效应。其主要来源是超高电压、大功率辐射电磁场、自然雷击和静电放电，这些现象会对设计用来发送或接收很高传输频率的设备产生很大的干扰。因此对这些设备及其布线必须采取保护措施，免受来自各种方面的干扰。屏蔽及正确接地是防止电磁干扰的最佳保护方法。可将设备外壳与PE线连接，导线的屏蔽接地要求屏蔽管路两端与PE线可靠连接，室内屏蔽也应多点与PE线可靠连接。防静电干扰也很重要。在洁净、干燥的房间内，人的行走、移动设备、各自摩擦均会产生大量静电。例如，在相对湿度为10%～20%的环境中人的走步可以积聚3.5万伏的静电电压，如果没有良好的接地，不仅会产生对电子设备的干扰，甚至会将设备芯片击坏。将带静电物体或有可能产生静电的物体（非绝缘体）通过导体与大地构成电气回路的接地称为防静电接地。防静电接地要求在洁净干燥环境中，所有设备外壳及室内（包括地坪）设施必须均与PE线多点可靠连接。

智能建筑的接地装置的接地电阻越小越好，独立的防雷保护接地电阻应不大于10Ω；独立的安全保护接地电阻应不大于4Ω；独立的交流工作接地电阻应不大于4Ω；独立的直流工作接地电阻应不大于 4Ω；防静电接地电阻一般要求不大于 100Ω。独立接地结构图如图 5-8 所示。

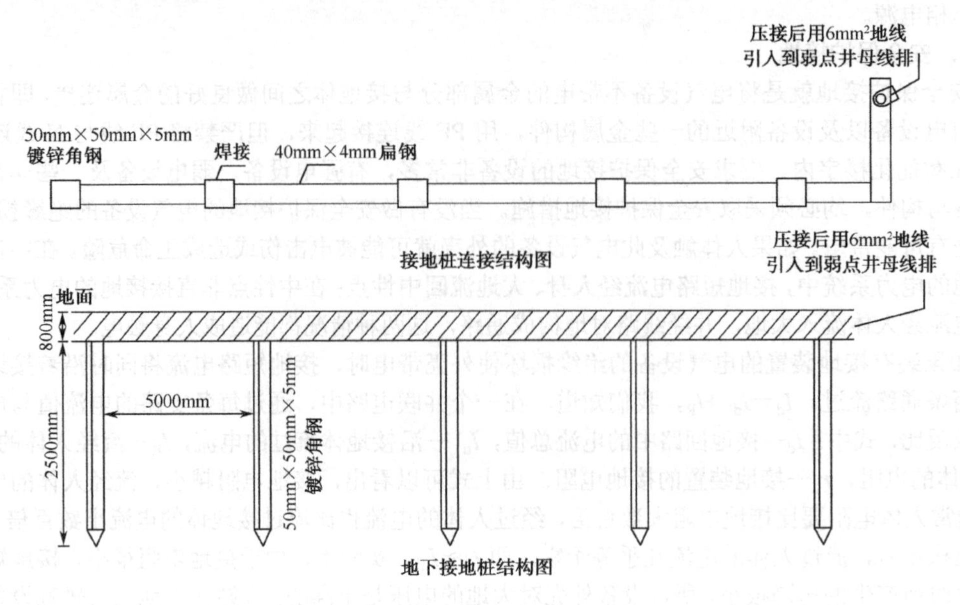

图 5-8　独立接地结构图

智能化楼宇的供电接地系统宜采用 TN-S 系统，按规范宜采用一个总的共同接地装置，即统一接地体。统一接地体为接地电位基准点，由此分别引出各种功能接地引线，利用总等电位和辅助等电位的方式组成一个完整的统一接地系统。通常情况下，统一接地系统可利用大楼的桩基钢筋，并用 40mm×4mm 镀锌扁钢将其连成一体，作为自然接地体。根据规范，该系统与防雷接地系统共用，其接地电阻应不大于 1Ω。若达不到要求，必须增加人工接地体或采用化学降阻法，使接地电阻不大于 1Ω。

在变配电所内设置总等电位铜排，该铜排一端通过构造柱或底板上的钢筋与统一接地体连接，另一端通过不同的连接端子分别与交流工作接地系统中的中性线连接，与需要做安全保护接地的各设备连接，与防雷系统连接，与需要做直流接地的电子设备的绝缘铜芯接地线连接。在智能大厦中，因为系统采用计算机参与管理或使用计算机作为工作工具，所以其接地系统宜采用单点接地并宜采取等电位措施。单点接地是指保护接地、工作接地、直流接地在设备上相互分开，各自成为独立系统。可从机柜引出三个相互绝缘的接地端子，再由引线引到总等电位铜排上共同接地。不允许把三种接地连接在一起，再用引线接到总等电位铜排上。实际上这是混合接地，这种接法既不安全又会产生干扰，现在的规范是不允许的。

思考题与习题

1．简述常用电源的制式。

2．安防系统的供电有哪三种，并简述各种供电方式的优势。

3．试画出 UPS 电源的系统结构图。

4．安防系统 UPS 供电有哪两种形式？试画出结构图。

5．UPS 的选择需要考虑哪些因素？

6．简述防雷接地的设计要求。

7．简述建筑接地有哪些?

8．试画出“E”型独立接地系统结构图。

第6章

安全防范系统集成设计

"系统集成是智能建筑的关键。智能建筑业主的需要是智能建筑业的需要，也是智能建筑物业管理的需要。"《智能建筑设计标准》强调了甲级智能建筑标准："必须具有各智能化系统的集成。接口应标准化、规范化，实现各智能化系统之间信息交换。"因此，"系统集成是智能建筑的核心"，这一观念已成为建筑领域专业人士的共识。在以往的建筑中无法将各子系统集成在一起，无法共享一些必要的信息，无法实现非常必要的跨系统的功能联动，无法对整个系统进行统一的监视和管理。安全防范系统集成通过自身的集成网络系统向各个子系统提供接口，真正实现对各子系统进行统一的监测、控制和管理，实现跨子系统的联动。

6.1 安全防范系统的集成技术

安全防范系统中的子系统比较多，在小型安防项目中也许只有一个子系统，而在中大型安防项目中可能有两个、三个甚至更多个子系统。在子系统较多的安防工程中，安防要求也是较高的。如一个系统报警还不能确认危险情况发生，我们是通过与其他子系统共同操作来准确判定危险情况发生的，然后发出相应的控制指令，使该区域的人和环境达到安全，因此在中大型项目中，子系统和子系统之间的联动应用就比较重要了。网络安防系统中子系统之间的联动就组成了安全防范系统的集成。安全防范系统与其他子系统实现集成后，无论信息点和受控点是否在一个子系统内都可以建立联动关系。这种跨系统的控制流程，大大提高了建筑物的自动化水平。例如，当有人上班进入办公室，用智能卡开门时，楼宇自控系统将办公室的灯光、空调自动打开，保安系统立刻对工作区撤防，门禁、考勤系统能够记录上下班的人员和时间，同时 CCTV 系统也可由摄像机记录人员出入的情况。当建筑物发生火灾报警时，楼宇自控系统关闭相关空调电源，门禁系统打开房门的电磁锁，CCTV 系统将火警画面切换给主管人员和相关领导，同时停车场系统打开栅栏机，尽快疏散车辆。这些事件的综合处理，在各自独立的系统中是不可能实现的，而在集成系统中却可以按实际需要设置后得到实现，这就极大提高了整体的集成管理水平。

6.1.1 安全防范系统的联动控制

在安全防范工程中，每个子系统不但相对独立，而且各子系统相互之间有联动控制，联动控制属于中大型安防系统的基本集成，它对于保障系统的有效运行以及提升防范的准确率是必不可少的。

1. 门禁与相应子系统的联动

门禁与相应子系统的联动要求如表 6-1 所示。

表 6-1　门禁与相应子系统的联动要求

<table>
<tr><th colspan="2">联 动 信 号</th><th>联动子系统</th><th>联 动 描 述</th></tr>
<tr><td rowspan="9">门禁系统报警</td><td rowspan="5">发生</td><td rowspan="4">监控子系统</td><td>关联摄像机转到报警区域</td></tr>
<tr><td>报警显示器显示报警图像</td></tr>
<tr><td>保卫部门多媒体显示报警和处理报警</td></tr>
<tr><td>用录像机进行报警录像</td></tr>
<tr><td>电梯系统</td><td>由门禁系统完成按允许的方向和楼层打开电梯门</td></tr>
<tr><td rowspan="4">消除</td><td rowspan="3">监控子系统</td><td>报警显示器报警图像消除</td></tr>
<tr><td>保卫部门多媒体工作站报警信息消除</td></tr>
<tr><td>用录像机停止报警录像</td></tr>
<tr><td>电梯系统</td><td>由门禁系统完成恢复正常信号</td></tr>
</table>

2. 周界报警与相应子系统的联动

周界报警与相应子系统的联动要求如表 6-2 所示。

表 6-2　周界报警与相应子系统的联动要求

<table>
<tr><th colspan="2">联 动 信 号</th><th>联动子系统</th><th>联 动 描 述</th></tr>
<tr><td rowspan="14">周界报警</td><td rowspan="7">发生</td><td rowspan="4">监控子系统</td><td>关联摄像机转到报警区域</td></tr>
<tr><td>报警显示器显示报警图像</td></tr>
<tr><td>保卫部门多媒体显示报警和处理报警</td></tr>
<tr><td>用录像机进行报警录像</td></tr>
<tr><td>门禁子系统</td><td>按规则进行通道控制</td></tr>
<tr><td rowspan="2">周界报警子系统</td><td>由周界完成照明控制打开</td></tr>
<tr><td>由周界完成广播控制打开</td></tr>
<tr><td rowspan="7">消除</td><td rowspan="3">监控子系统</td><td>报警显示器报警图像消除</td></tr>
<tr><td>保卫部门多媒体工作站报警信息消除</td></tr>
<tr><td>用录像机停止报警录像</td></tr>
<tr><td>门禁子系统</td><td>通道控制恢复正常</td></tr>
<tr><td rowspan="2">周界报警子系统</td><td>照明控制关闭</td></tr>
<tr><td>广播控制关闭</td></tr>
</table>

3. 消防报警与相应子系统的联动

消防报警与相应子系统的联动要求如表 6-3 所示。

表 6-3　消防报警与相应子系统的联动要求

<table>
<tr><th colspan="2">联 动 信 号</th><th>联动子系统</th><th>联 动 描 述</th></tr>
<tr><td rowspan="6">消防报警</td><td rowspan="6">发生</td><td rowspan="4">监控子系统</td><td>关联摄像机转到报警区域</td></tr>
<tr><td>报警显示器显示报警图像</td></tr>
<tr><td>保卫部门多媒体显示报警和处理报警</td></tr>
<tr><td>录像机进行报警录像</td></tr>
<tr><td rowspan="2">门禁子系统</td><td>由门禁系统完成打开消防通道</td></tr>
<tr><td>由门禁系统完成打开相应区域全部门禁</td></tr>
<tr><td rowspan="5">消防报警</td><td rowspan="5">消除</td><td rowspan="3">监控子系统</td><td>报警显示器报警图像消除</td></tr>
<tr><td>保卫部门多媒体工作站报警信息消除</td></tr>
<tr><td>录像机停止报警录像</td></tr>
<tr><td rowspan="2">门禁子系统</td><td>由门禁系统完成关闭消防通道</td></tr>
<tr><td>由门禁系统完成恢复相应区域全部门禁</td></tr>
</table>

6.1.2 安全防范子系统间的联动控制关系

1. 门禁控制子系统与视频监控子系统的联动控制

门禁报警信息与现场相关区域摄像机间联动控制，如非法闯入、打开门时间过长、无效卡刷卡等通过软件联动的设置，应驱动视频监控子系统对应的摄像头进行联动监控。视频联动采用本地网络的软件联动，实现视频和出入口控制系统共用门禁软件控制。由门禁系统软件提供报警联动设置，视频系统执行，从而实现视频和出入口控制的视频监控联动。

门禁控制子系统与视频监控子系统联动控制示意如图 6-1 所示。

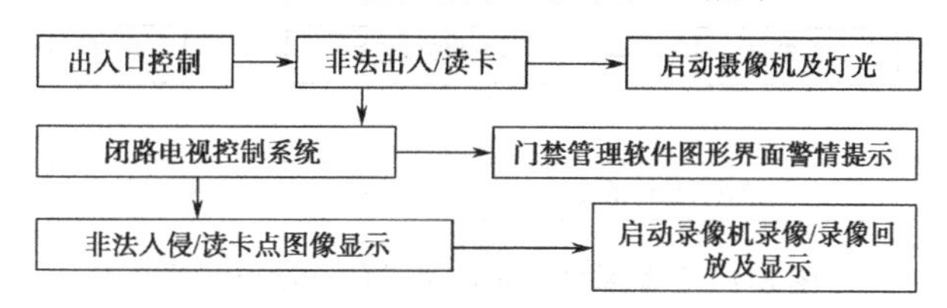

图 6-1 门禁控制子系统与视频监控子系统的联动控制

刷卡与视频监控摄录像的联动系统如图 6-2 所示。

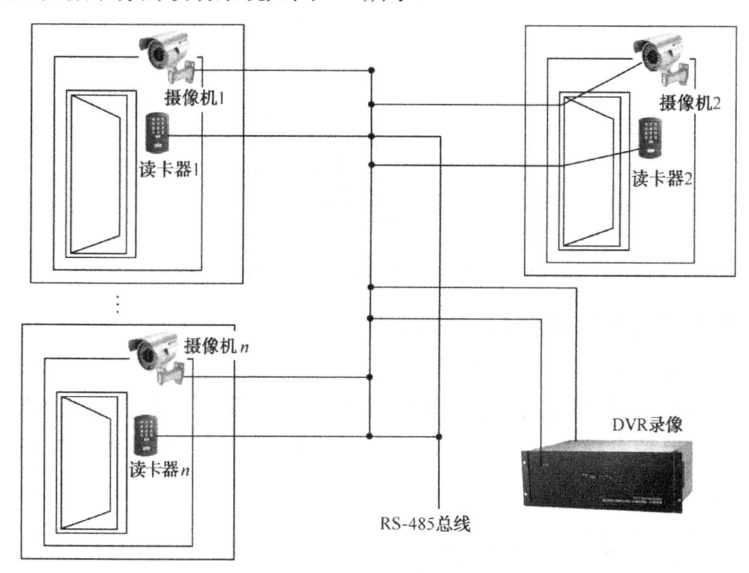

图 6-2 刷卡与视频监控摄录像的联动系统

2. 门禁控制系统与入侵报警系统的联动控制

当入侵报警信号上传到管理中心时，通过门禁管理软件联动门禁子系统的电控锁，封锁报警区域，如图 6-3 所示。

3. 门禁系统与消防系统的联动控制

消防联动采用各楼层消防火警报警信号直接控制该楼层电源断电方式，实现发生火情时自动开锁并向中心报警的功能。系统采用各楼层锁电源和控制电源分离，并使用不同的电压等级（控制部分为 DC 24V，锁电源为 DC 12V），消防控制设备的火警信号接入继电器控制回路中，由控制器控制接触器，并发送火警信号到安防系统中心门禁控制器主机报警，由接触器立即切断电源，便于人员的逃生；同时该消防门锁接入控制器的控制回路，在必要时可以由授权人通过中心软件远程开锁，利于大宗货物的运输，而不影响消防设备，联动控制的原理示意图如图 6-4 和图 6-5 所示。

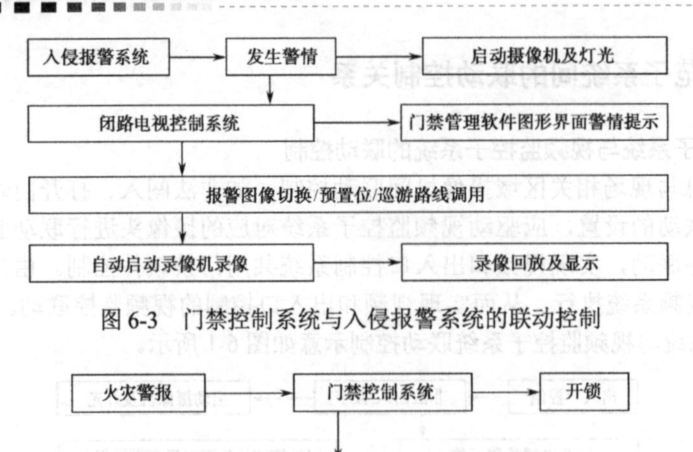

图 6-3　门禁控制系统与入侵报警系统的联动控制

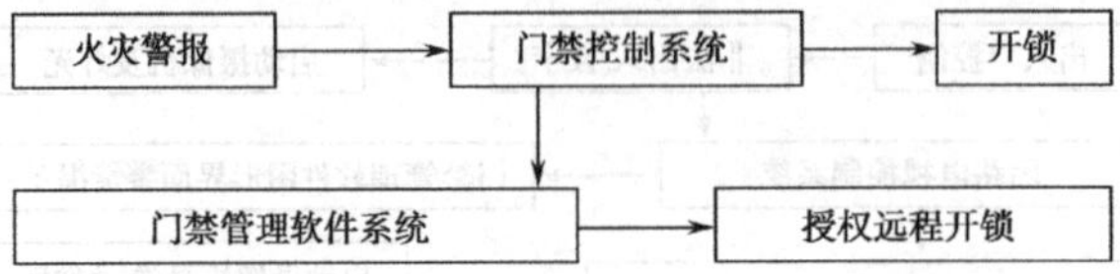

图 6-4　门禁系统与消防系统的联动控制关系

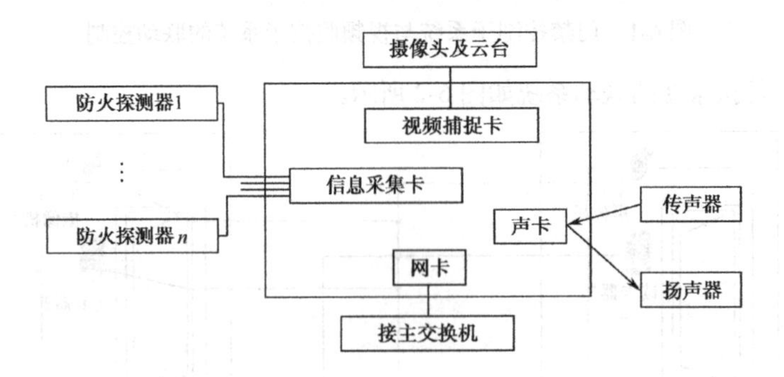

图 6-5　门禁系统与消防系统的联动过程

4．安防系统与建筑设备监控系统的联动控制

门禁管理软件已为大部分建筑设备监控系统开放了协议，建筑设备监控系统可把这部分开放协议作为模块集成到自己的管理软件中，当有警情发生时，门禁管理软件会把入侵报警系统的输出信号传送到建筑设备监控系统中，进而打开相关区域的灯光照明与视频监控系统联动录像，如图 6-6 和图 6-7 所示。

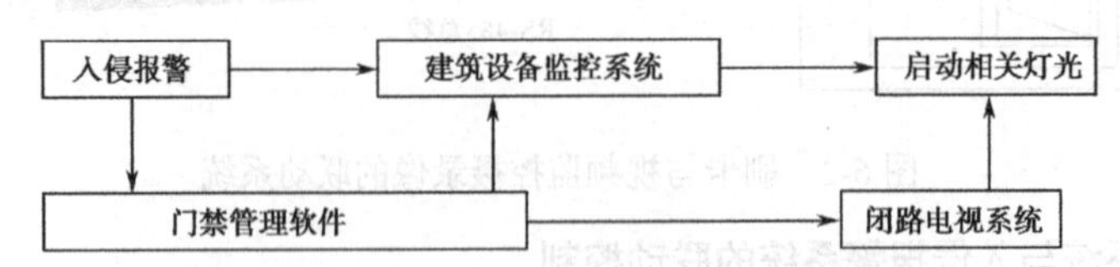

图 6-6　安防系统与建筑设备监控系统的联动控制关系

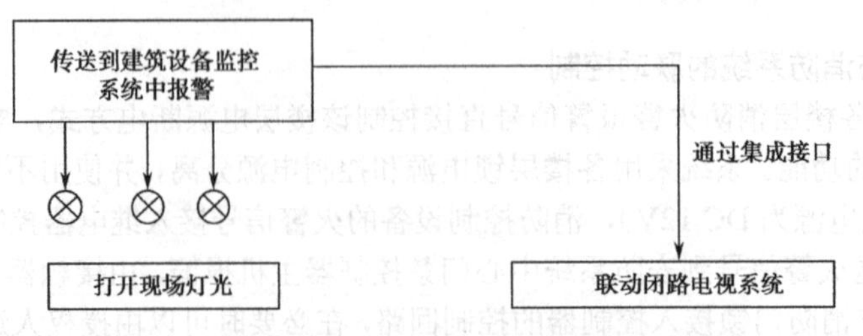

图 6-7　安防系统与建筑设备监控系统的联动过程

5. 门禁控制系统与电梯控制的接口

门禁管理软件具备与电梯控制的接口，授权用户可通过刷卡方式进出，非授权用户无法进入特定楼层，从而保证这些区域未经授权，其他人无法进入，保证该区域人员的安全，如图 6-8 所示。

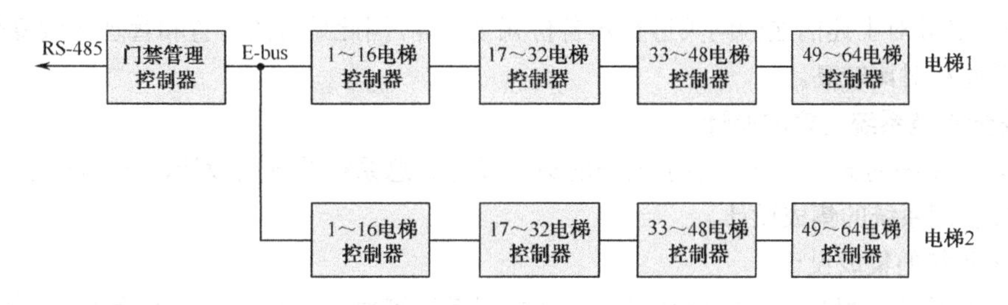

图 6-8 门禁控制系统与电梯的联动控制

6.1.3 安全防范系统的集成控制、设计及实现途径

1. 安全防范系统中的集成控制

安全防范系统由三大子系统（视频监控、入侵报警、门禁控制）集成而成。安防系统与智能建筑系统间的融合，也有仅实现联动的初级集成、能实现系统整合的中级集成、可实现业务融合的高级集成三个层次。安全防范系统的集成必须具备的条件，一是被集成系统间要有硬件接口，二是有可供集成的软件平台。安防集成系统有时也被称为综合保安管理系统，其集成结构如图 6-9 所示。

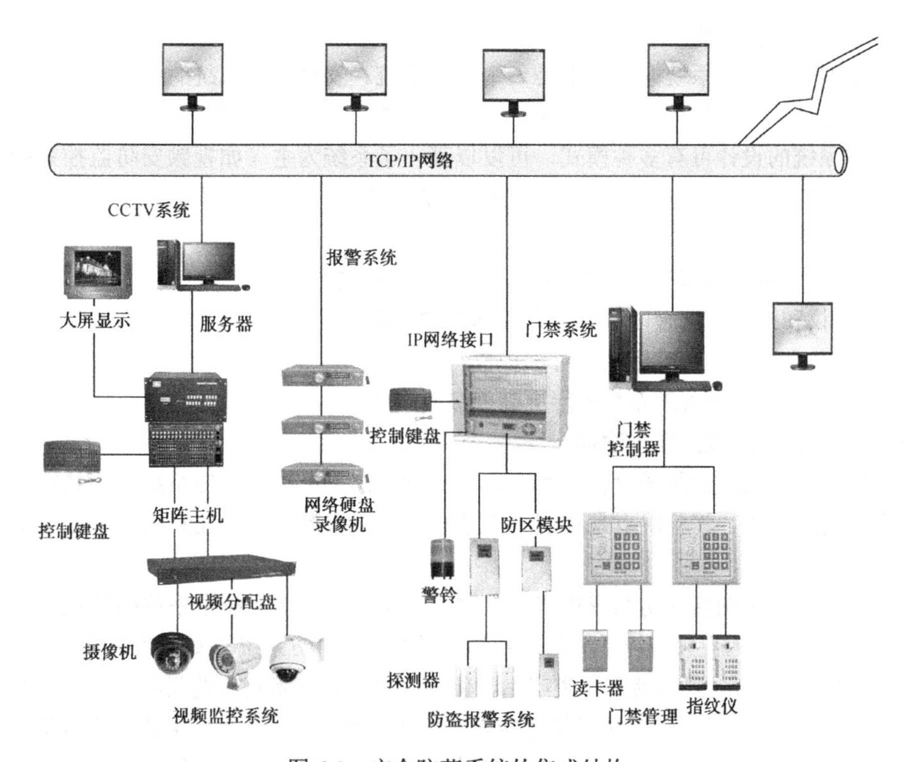

图 6-9 安全防范系统的集成结构

安全防范系统的构成主要分为防盗报警、视频监控和出入口管理三个功能模块。就传统的安防系统的系统构成而言，这三个功能模块具有极大的独立性，各自具有中央控制器和控制显示器，彼此间的数据交换通过各功能模块间的硬件接口实现；同时，相对于中央管理系统的系统集成，各个功能模块同时通过各自与中央管理系统的硬件接口实现信息上传和数据下载。为确保通信的安全性和稳定性，必须对上述的通信网关进行热备份冗余设计，因此系统的配置和管理比较复杂和烦琐，系统的效费比相对比较高。

2．安全防范系统的集成设计

安全防范系统的集成设计包括子系统的集成设计、总系统的集成设计，必要时还应考虑总系统与上一级管理系统的集成设计。

（1）子系统的集成设计。

入侵报警系统、视频安防监控系统、门禁控制系统等独立子系统的集成设计，是指它们各自主系统对其分系统的集成，如大型多级报警网络系统的设计，应考虑一级网络对二级网络的集成与管理，二级网络应考虑对三级网络的集成与管理等，大型视频安防监控系统的设计应考虑控制中心（主控）对各分中心（分控）的集成与管理等。

各子系统间的联动或组合设计应符合下列规定。

① 根据安全管理的要求，门禁控制系统必须考虑与消防报警系统的联动，以保证在火灾情况下的紧急逃生。

② 根据实际需要，电子巡查系统可与门禁控制系统或入侵报警系统进行联动或组合，门禁控制系统可与入侵报警系统或视频安防监控系统联动或组合，入侵报警系统可与视频安防监控系统或门禁控制系统联动或组合等。

（2）总系统的集成设计。

一个完整的安全防范系统，通常都是一个集成系统。安全防范系统的集成设计，主要是指其安全管理系统的设计。

安全管理系统的设计可有多种模式，可以以某一子系统为主（如视频安防监控系统）进行总系统集成设计，也可采用其他模式进行总系统的集成设计。不论采用何种方式，安全管理系统的设计应满足下列要求：

① 有相应的信息处理和控制/管理能力，有相应容量的数据库；

② 通信协议和接口应符合国家现行有关标准的规定；

③ 系统应具有可靠性、容错性和可维护性；

④ 系统应能与上一级管理系统进行更高一级的集成。

3．安全防范系统的集成实现途径

当前，安全防范系统的集成途径多种多样，最常规的是以视频监控系统或门禁控制系统为平台进行的系统延伸集成，其着眼点是实现视频监控、入侵报警、门禁控制三大子系统的集成，如图 6-10 所示。

也有的消防公司试图将安防系统集成在其中，特别是在消防系统中采用摄像机做双波段火焰探测器时，即可同时作为视频监控系统的信号源，可以实现消防系统与安防系统的二合一。如最近被 GE 公司收购的 Edward 公司就有此类产品，但因受到现行技术规范的限制，该方式在我国应用的可能性不大。另外，由于安防系统仅是智能建筑的子系统之一，因此采用智能建筑集成管理系统来对其进行集成是合情合理的，再者安防系统一般均具有网络接口，因此通过网络来对其进行集成也是合理的途径。

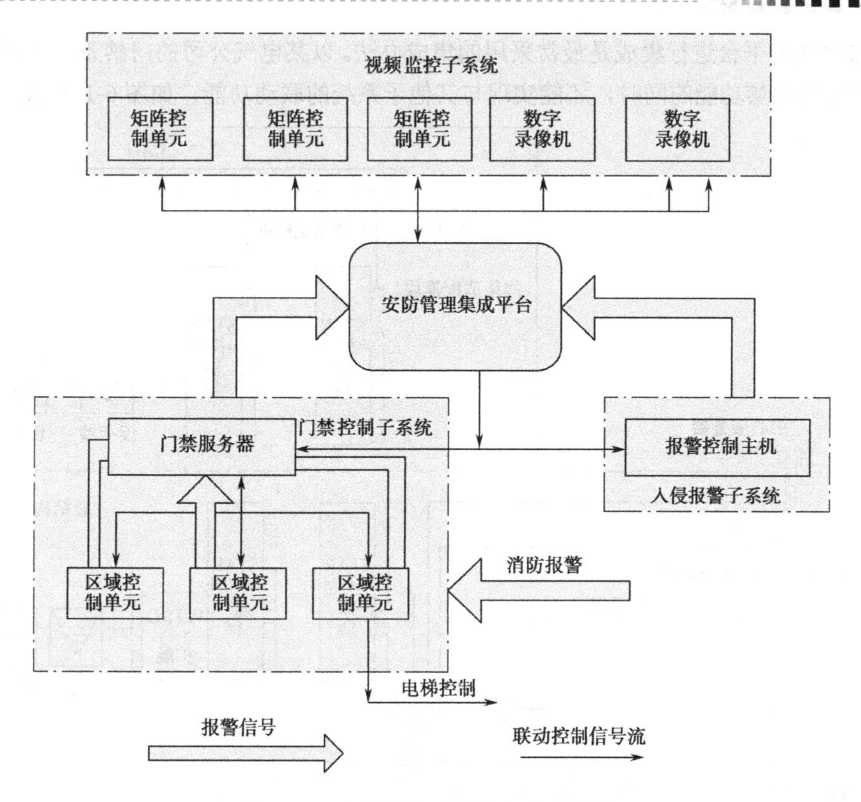

图 6-10 安全防范系统的集成关系图

1）以视频监控为核心的联动集成

视频监控系统是获取视觉信息最可靠、最重要的手段，通过摄像机进行视频监控，中央控制室可以对图像进行切换及存储、区域显示、综合控制与管理。

电视系统可以与周界防护系统、防盗报警系统联动，当发生报警时，能自动切换到指定的一个或几个监视器上进行显示并采用硬盘录像机进行实时录像。

视频监控系统也可以与报警系统、周界防护系统、门禁管理系统、停车场管理系统等组合成一个完整的安全保卫自动化系统。综合保安管理系统网络通过智能分站管理防盗防抢系统和门禁管理系统的系统信息和报警信息，并通过作为网络控制节点的智能设备接口，实现与视频监控系统的联动，通过系统中联动特征参数、联动点 IP 地址参数、摄像机编号参数的设定，赋予前端探测器信息点与附近摄像机的报警联动功能，并确定所联动摄像机的数量。

安防系统中最基本的联动要求是探测到有入侵报警时，应与视频监控系统联动，从而调出发生报警部位的视频监控录像。

入侵报警装置与现场相关区域摄像机间的联动控制，有硬件联动和软件联动两种方式。硬件联动是指入侵报警的信息通过继电器触点和线缆传给视频监控系统的报警装置，通过视频监控主机联动相关摄像机；软件方式是指入侵报警的信息由报警控制器通过网络上传到集成保安软件，通过软件联动的设置驱动视频监控子系统的对应摄像头，进行联动监控、录像取证。报警装置还可以驱动其他报警装置，如打开报警警灯、警号等。

2）以门禁系统为平台的集成

这是集成最常采用的方法。西门子公司推出的 SiPass 系统，美国西屋电气公司的 Nex Watch 门禁系统在实现门禁功能的同时，还能实现安防管理功能。

以门禁系统为平台进行集成是最常采用的集成办法。以某电气公司的门禁系统为例，如图 6-11 所示，其在实现门禁功能的同时，还能实现与其他子系统的联动功能，如图 6-1 所示。

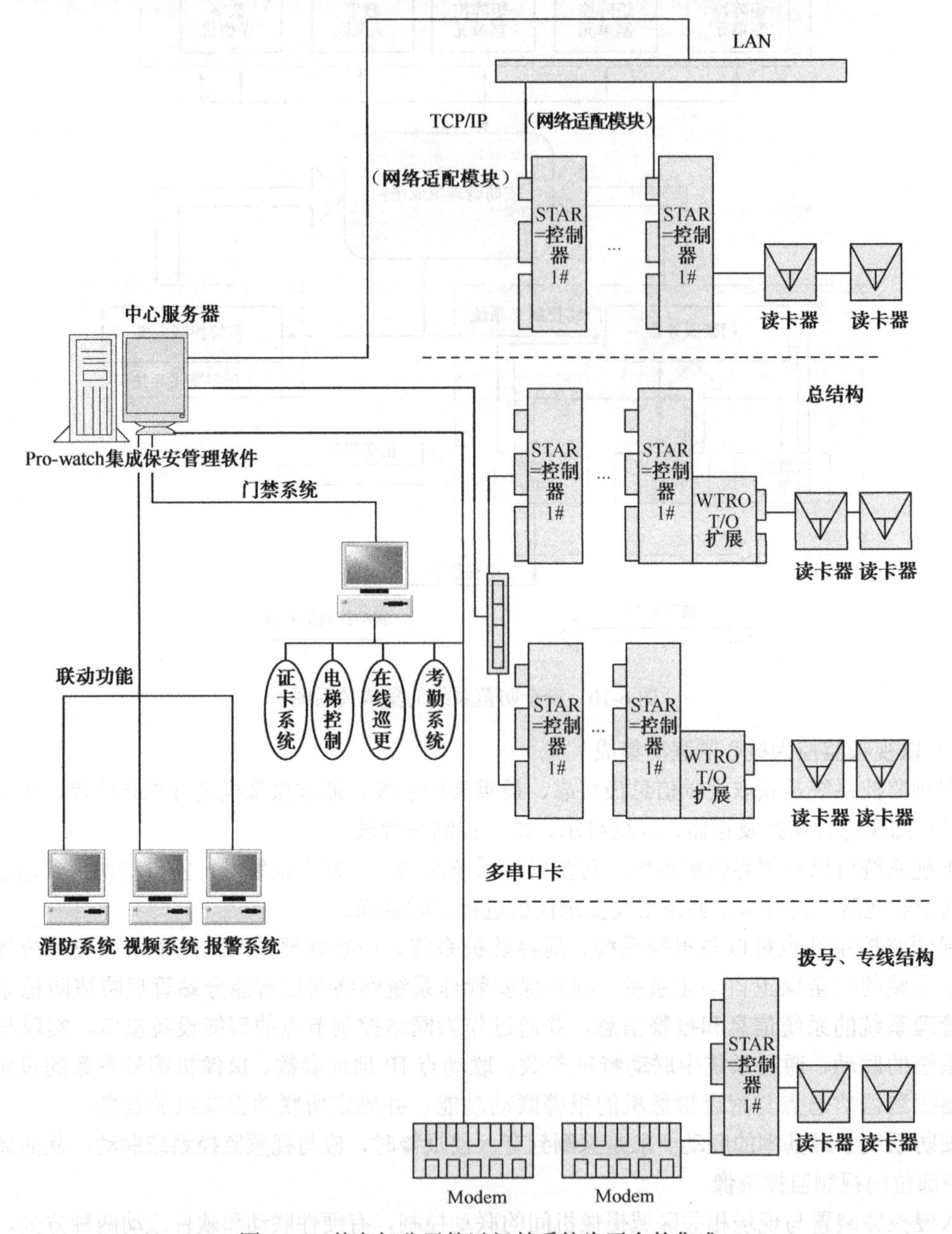

图 6-11　某电气公司的以门禁系统为平台的集成

Nex Watch 门禁系统中运行的 Pro-Watch 门禁管理软件，拥有强大的网络功能；系统核心数据库采用多用户的关系型数据库，支持开放式数据库互联技术；可在整个保安网络的环境中实现集中的系统管理和远程控制、诊断；有多达 30 个功能包作为选择，用于支持保安系统各子系统，实现系统联动和控制；也可使用交互式动态电子地图，系统中所有操作和相关事件都留有完整的日志，可以通过网络时间协议（NTP）对全网的设备实现时间同步，并具有第三方编程语言接口以实现定制系统的开发。

3）以网络系统为平台的集成

以网络系统为平台的集成是将所有的子系统或设备均挂在网上运行，并通过网络完成信息的传送和交互，此时监控装置完成基本监控与报警功能，网络通信实现命令传递与信息交换，计算机系统则统一控制整个保安管理系统的运行。其特点是可以实现综合性保安管理功能，从而有可能在图像压缩、多路复用等数字化进程的基础上，实现将视频监控、探测报警和门禁控制安防三要素真正有机结合在一起的综合数字网络，特别是将其建立在社会公共信息网络之上。网络型安防系统结构如图6-12所示。

以太网是最具代表性的局域网，也是信息领域使用最广泛的局域网，以太网经历了从共享型以太网到交换型以太网的转变，其类型和速率也从10Mb/s发展到100Mb/s的百兆以太网再到1Gb/s的千兆以太网，甚至还出现了速率达到10Gb/s的万兆以太网，以太网的传输线缆也从同轴电缆过渡到非屏蔽双绞线、光纤，除有线传输外，还出现了以IEEE 802.11x为标准的无线通信网络。

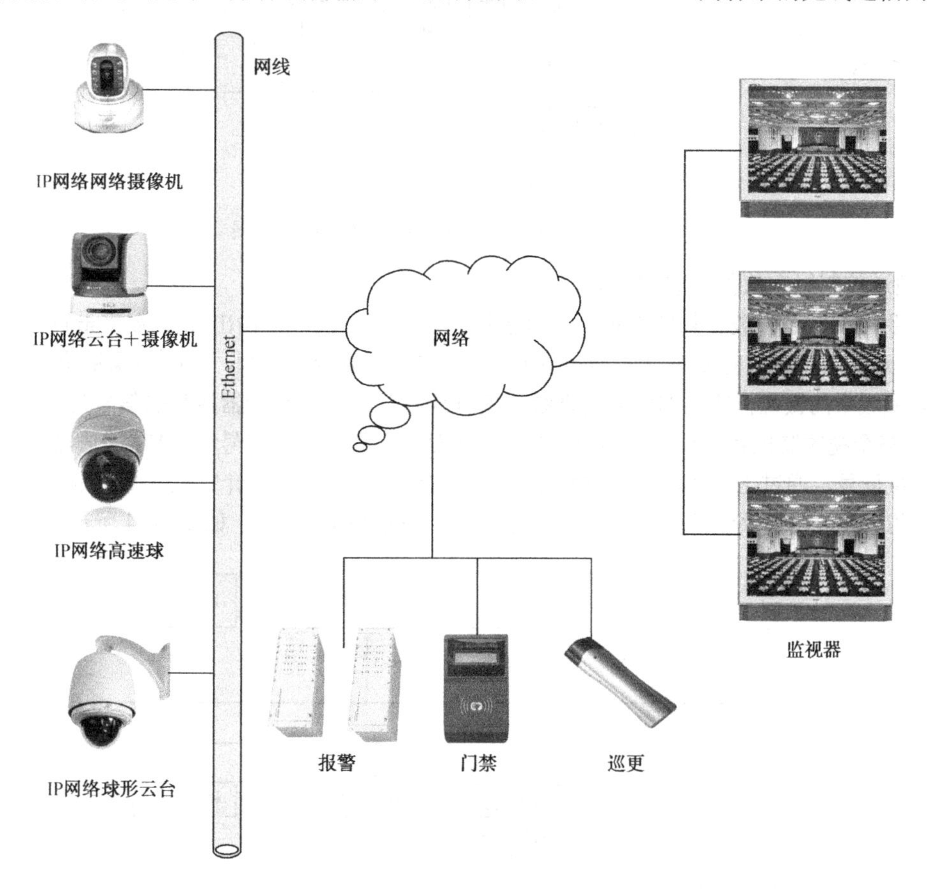

图6-12 网络型安防系统结构

安全防范系统的网络化发展同样可采用以太网作为统一的平台，以便能与其他的信息系统和控制系统方便地连接，实现跨系统的无缝集成，并能采用数量巨大的第三方成熟软件，因此有着非常良好的发展潜力。

采用以太网作为骨干网，即网络为共享总线拓扑结构，数据传输采用TCP/IP协议。这种结构有三个特点：一是它的开放性，可以把现行的各种局域网互联起来；二是它统一了地址规则，IP地址与域名系统的唯一性保证了因特网走向全球；三是高层协议基本标准化，使各种应用可靠而且便利。基于以太网的安全监控整体解决方案如图6-13所示。

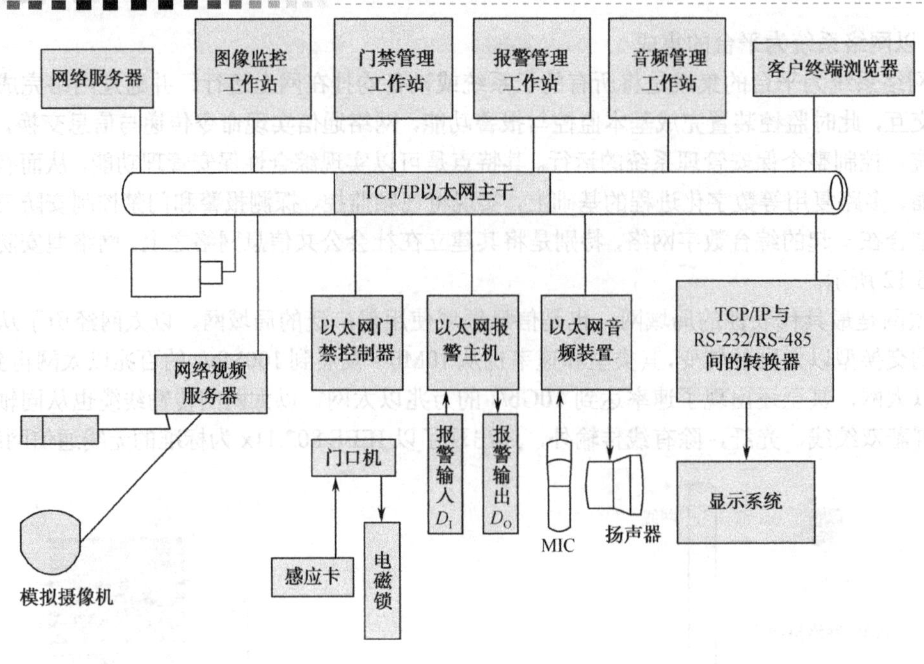

图 6-13　基于以太网的安全监控整体解决方案

4）通过控制组态软件完成的集成

在工业控制领域，被控制的参量主要有模拟量输入 A_I、模拟量输出 A_O、数字量输入 D_I、数字量输出 D_O 这四类。系统完成对这四类变量的接收、转换、处理、控制，从而实现系统的总体目标。

安防领域中的摄像机输出的信号是系统的模拟量输入 A_I，而显示器接收的信号是系统的模拟量输出 A_O，整个视频监控系统也可视为模拟量的加工处理系统，报警信号和门禁控制器输出的信号则都是开关量信号，通过工业控制组态软件都可以将它们组合在同一个计算机网络系统之中，其他的系统如消防系统、楼控系统等同样也可通过网关和应用软件纳入其中，如图 6-14 所示。

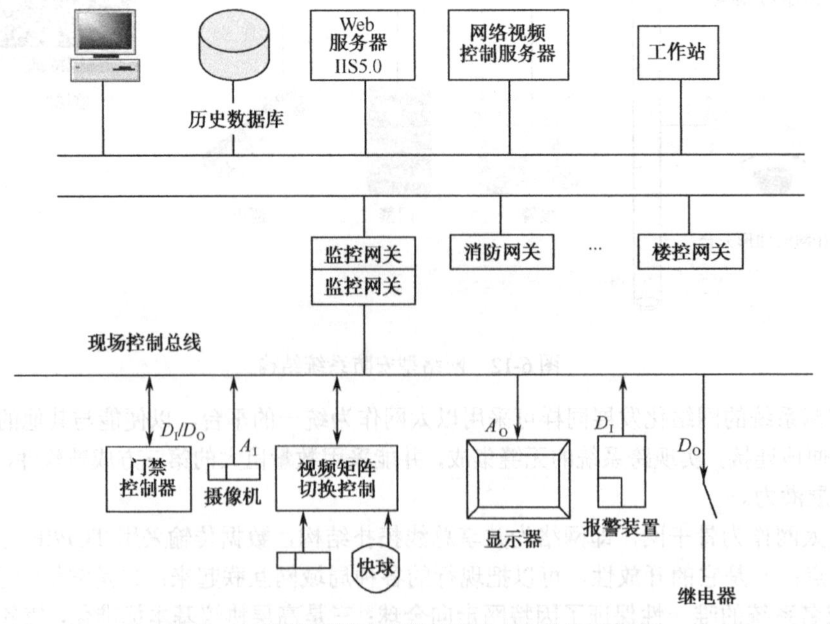

图 6-14　通过控制网络和工业组态软件实现集成

在构建网络集成系统后，通过系统的工作站就可以调用系统中的信息，如系统的实时运行状态、系统的历史数据、系统的故障和报警信息等，也可实现安防系统的视频图像的网络监控，操控视频图像的切换、云台的运动、变焦镜头的伸缩等，还可以通过 Windows Media Player 软件来播放视频图像。远程的网络终端当然也能通过网络浏览器实现上述功能。

5）通过网关实现的集成及相关设备

（1）通过网关实现的集成。

各个子系统的网关，主要完成对子系统现场控制设备的实时信息的收集和处理。采用标准化的通信协议，完成对不同厂家产品的通信连接，进而对现场的信息进行采集，网关接口处理不同系统的通信协议，为上层提供统一的设备消息，屏蔽了和不同系统之间通信的协议细节，同时将监控服务器发送来的信息转换成相应子系统认可的协议和格式，完成对各个子系统的控制和管理。安防系统的网关集成如图 6-15 所示。

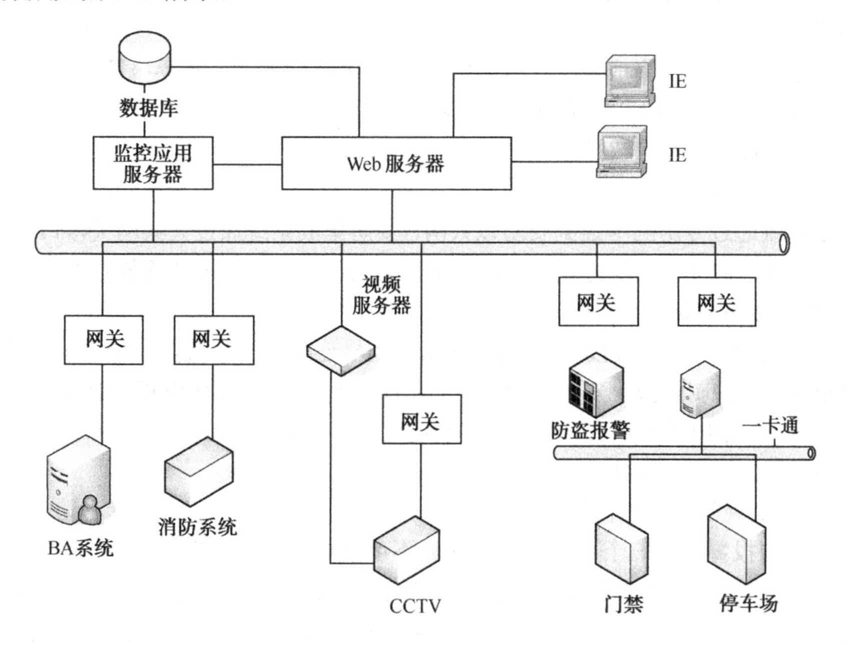

图 6-15　安防系统的网关集成

（2）通过网关实现集成的相关设备。

安防集成系统的相关设备包括以下几种。

① 应用服务器。

系统对不同网关接口提供了统一的监控应用服务器，这是整个系统的核心部分。它的主要作用：封装数据处理逻辑，统一处理网关接口发送的设备信息，将处理后的结果存入数据库；同时接收用户从浏览器中发送来的控制信息，做相应处理后再分别发送给相应的网关接口，由网关接口通知相应子系统完成相应处理；根据用户设定的联动信息，当子系统事件发生时，执行跨系统联动。

② 系统程序。

它是系统的表示层，为客户端提供用户接口，将信息显示给用户，同时响应用户请求，完成用户操作。

③ Web 服务器和数据库服务器。

Web 服务器用于响应用户的 HTTP 请求。数据库可采用 MS Server 2000 大型数据库，存放设备信息、系统信息、联动信息、事件记录等。

④ IE客户端浏览器。

用户操作均在浏览器中完成，无须其他软件。免安装和维护，使用简单，接口友好。

安防集成系统采用B/S结构，基于TCP/IP协议，综合利用.COM和XML技术。这样，当系统需要增加监控的子系统时，只需要增加相应的子系统网关，即可将子系统纳入到安防集成系统中。

（3）安防集成系统与各子系统之间的接口协议。

安防集成系统与各子系统之间的接口协议如下。

① 门禁子系统接口协议。

门禁子系统与安防集成系统之间可采用OPC的通信方式。门禁子系统服务器是OPC的服务端，安防集成系统是OPC的客户端。该OPC Server提供报警和事件服务，报警信息主要包括各个控制器的报警状态及非法刷卡记录；事件信息包括了所有正常的刷卡记录、门状态信息等。安防集成系统安装门禁产品公司提供的OPC驱动，可提供一系列的接口、属性、方法给客户端调用。

② 周界报警系统接口协议。

周界报警子系统与安防集成系统一般采用SOCKET通信方式，周界报警子系统是服务端，安防集成系统是客户端，服务端开放端口来监听客户端的连接请求。一旦客户端连接上服务器，服务端将保持这一连接直到无响应超时。

③ 硬盘录像接口协议。

硬盘录像系统通过专用网卡连到安防以太网，安防集成系统通过公共网关接口（CGI）与该系统进行通信。硬盘录像接口主要完成录像机的录像启动、停止、查询和回放功能。

④ 视频监控接口协议。

视频监控采用矩阵切换控制系统，通过网络控制器连接上网，安防集成系统直接与网络控制器通信并对矩阵进行控制切换。安防集成系统与网络控制器之间采用SOCKET通信方式，网络控制器是服务端，安防集成系统是客户端。客户端通过一个ActiveX控件与服务端进行通信，该控件提供一系列的属性、方法和事件。

6）以IBMS实现的安防综合集成。

任何一个安防报警都是一个具有突发性的、不可预知的动态过程，而单一功能的模块都不能及时客观地反映报警的发生和报警的实时过程。对于传统意义的安防系统，因其设备配置的局限，各功能模块的信息仅显示于各自的中央控制显示器，不能实现信息、图标的共享，这样就造成了安防系统对报警情况的反应具有时滞性，对报警信息，包括信息核实、信息上传、系统应急联动的处理，不具实时性。

集成系统的基本要求是系统的可扩展性，传统的安防系统很难满足这一要求，原因在于其传统性布局直接限制了扩展空间。同时，又因各个功能模块中央控制器的对立位置，从而又提出确保安防网络安全性问题，网络的安全性将直接影响整个安防系统乃至整个建筑物内的设备和人员的安全，是不容忽视的重要因素。

为了搭建一个现代化的综合安全防范系统，采用集中—分布式配置的综合保安管理系统，将现有的功能模块集成到一个控制系统中，通过一个信息集成平台将各个功能模块的信息和报警信息整合到一个操作平台，对这些信息进行集中综合管理，使各个功能模块能够在同一个网络平台上进行信息和数据的交换；同时把综合保安管理系统这样一个完整的安防系统集成到上级中央信息管理系统中，十分快捷、有效地实现通信网关的冗余热备份。

由于采用集中—分布式的控制方式，通过数据总线将各个网络节点连接起来，因此从理论上讲，系统具有无限可扩展性。通过系统软件的设定，对用户的级别和权限，包括硬件和系统软件的使用、系统信息的管理等做出了明确的规定。

7）以 ST8100 实现的安防集成管理实例。

ST8100 安防集成管理系统能全面、综合地对防盗、监听、报警、门禁、视频监控、巡更管理、周界防护等功能实施集中的自动化监视、报警和控制。系统具备多任务和分布式处理能力，在紧急时刻确保系统迅速做出响应，及时并有效地处理所有紧急事件和警报。中央计算机管理系统（SC）通过高度图形化窗口简化整个系统的操作；智能分站（IOS）用于监控各种保安传感器、读卡机和机电设备等，具有独立的数据存储与执行任务功能，提高了系统的可用性和智能性。通信与数据网关（DC）通过管理 IOS 与 SC 之间的通信，提高了整个系统的工作效率。智能设备接口（IEI）通过高层界面使 SC 容易与各相关子系统集成，通过各个子系统的高度集成提高联动工作效率。

ST8100 安防集成管理系统是一个多层次分布式智能系统，整个网络结构由中央监控层、通信网络层、智能分站和各类现场警报传感器、读卡机等前端设备组成，如图 6-16 所示。

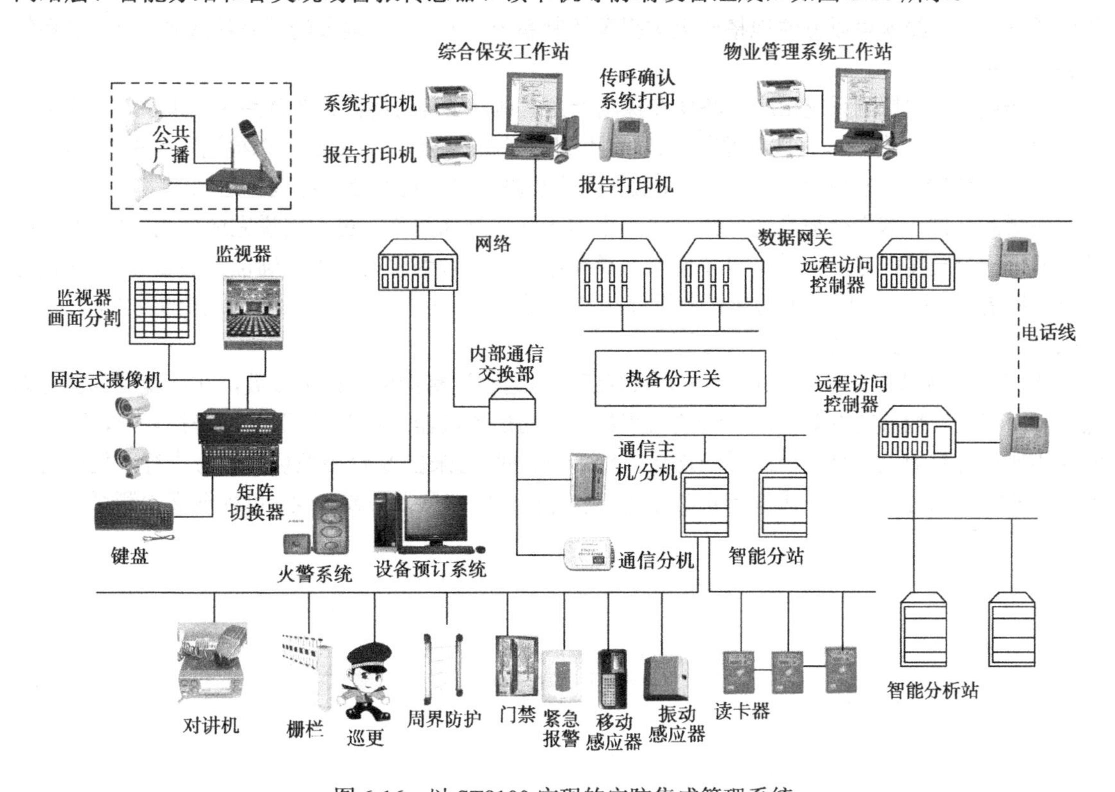

图 6-16 以 ST8100 实现的安防集成管理系统

ST8100 的系统网络采用客户端/服务器（C/S）形式的网络拓扑结构，可便捷地对中央监控层的监控计算机数量进行增减，同时在线的各台监控计算机具备互为备份功能，可通过软件功能权限的更改实现异地/异机信息切换和智能切换。中央监控工作站运行的是实时多任务、多用户操作系统软件，能够实现多级别的密码控制和各类名单的备案及历史记录，有效地实行安全保卫控制。同时，通过系统管理员对各类前端信息点通信传输路径的设定，可对不同位置的中央监控赋予不同的管理区域的定义，即通过软件实现各区域的专项管理。

6.2 安全防范系统与其他系统的集成

安防领域与其他学科技术融合的趋势已越来越明显。例如，视频监控技术正与会议电视技术融合；液晶显示器、等离子显示器、DLP 装置等家电产品已经是视频监控显示设备的主流；消防也因可用摄像机直接探测火灾而将与安防相结合；智能建筑中的安防、消防、楼控三大部分也正在融合，此外还包括扩大的物业（如物业管理、停车场管理、背景音乐广播等）。视频监控已经开始网络化，这将使通信网络系统与安防系统更加紧密结合。以下将对这些系统相融合时的特点、组成及应用情况做介绍。

6.2.1 将摄像机用于消防监控

1. 超大场所基于烟雾视觉识别的VSD系统

与其他的图像型火灾探测系统相比，VSD系统（可视烟雾探测系统）最大的特点就是可以利用大多数现有的闭路电视（视频监控）系统，如安防监控系统、交通管理系统等，不需要增加额外的现场设备及布线就可以方便地搭建火灾报警控制系统，从而大大地节约了系统成本，降低了系统安装维护的复杂性。

与传统的火灾探测系统相比，VSD在探测能力上具有显著的优势。VSD系统实现了对火灾的极早期检测，直接探测火源，可以检测到人眼看不到的细微烟雾颗粒，并且可以检测所有种类的烟雾。

此外，VSD系统是目前唯一的户外烟雾探测解决方案，它不受高速气流运动的影响，而对于传统探测器来讲，烟雾会被高速气流吹散，根本无法达到探测器，更不用说完成检测。VSD系统带来的另一个直接的好处就是可以使值班人员在第一时间看到火灾现场正确位置的图像，从而快速采取相应措施，先进的烟雾运用模式分析算法及可视化警报验证极大地消除了误报的发生，而消除误报警正是传统火灾系统中的一大难题。

再者，在易爆及有毒环境中，VSD系统还可以通过调整摄像机镜头参数，在环境外部就可以完成对内部区域烟雾的有效检测，避免采用昂贵的防爆探测器；16路常开/常闭警报输出，可以方便地实现与现有的火灾报警控制系统连接，VSD能同时对来自8台摄像机的信号进行采集分析，硬件设备能够同时对8个图像进行实时处理，不会有任何信息丢失或延误。可视烟雾探测系统结构如图6-17所示。

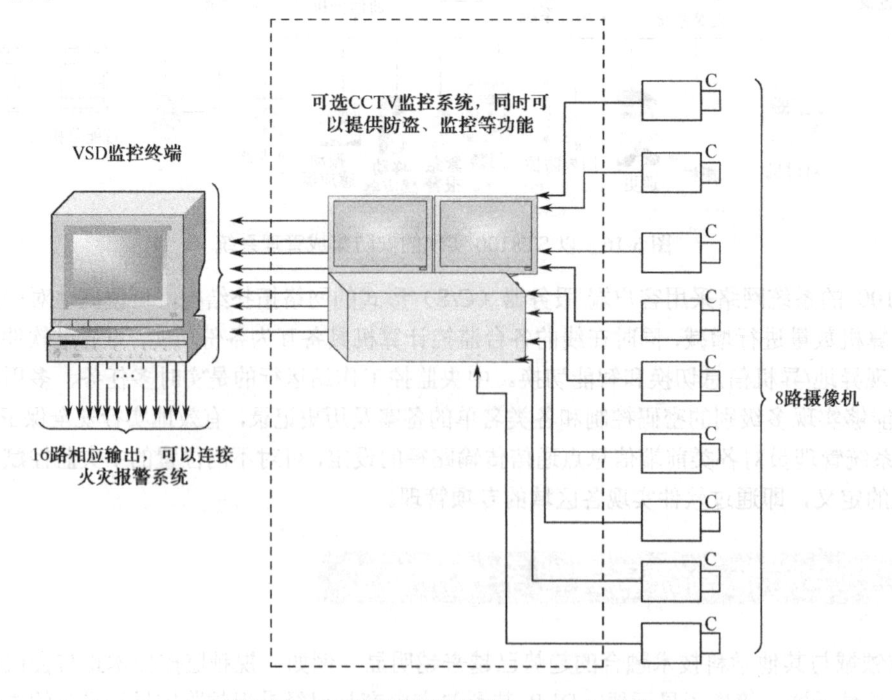

图6-17 可视烟雾探测系统（VSD）结构

VSD 系统主要的应用场所包括体育馆、大型展览会、大型会议厅、商场等。VSD 系统已经成功应用在世界范围内许多消防工程中。

2. 双波段图像型火灾探测系统

双波段图像型火灾探测系统如图 6-18 所示。

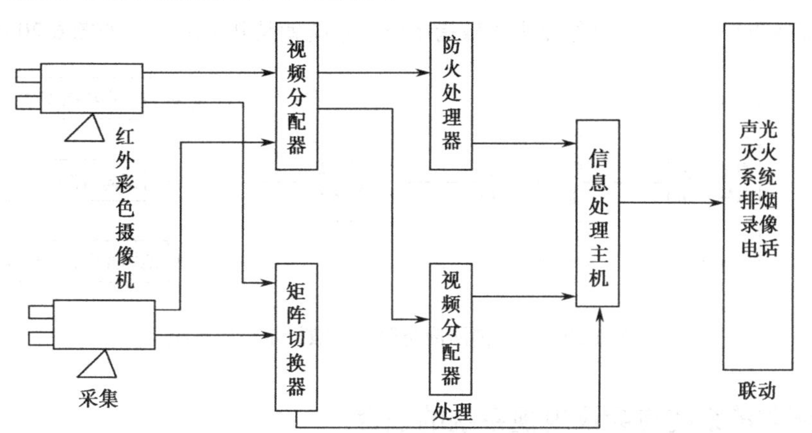

图 6-18　双波段图像型火灾探测系统

该系统的主要特点如下所述。

（1）采用 CCD 摄像机作为探测系统的前端，可实现防火、防盗和一般监控三位一体。

（2）采用并行处理器，能同时对多只双波段摄像机获取的信息进行及时处理。

（3）监控距离远（0.5～60m），适合大空间建筑的防火。

（4）具有防爆、防潮功能，可在环境恶劣的工业场所使用。

（5）报警确认简单、迅速、直观。

（6）能自动实现火灾的空间定位，通过联动控制系统实现火灾的定点扑救工作。

（7）能对监控现场实行录像，保留现场的第一手资料，为事后的分析、处理提供依据。

（8）具有联动控制功能，能迅速联动声光报警、自动灭火、排烟、录像、报警电话等系统，将火灾损失降到最低限度。

3. 红外线火灾探测与定位系统

红外线火灾探测与定位系统如图 6-19 所示。

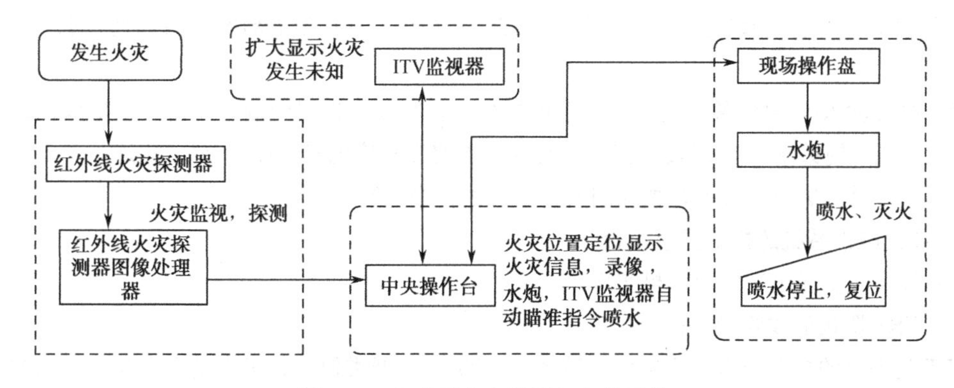

图 6-19　红外线火灾探测与定位系统

红外线火灾探测装置是由红外线火灾探测器和图像处理器构成的，可进行高精度的火灾判断，并自动定位火灾的位置。红外线火灾探测装置的监视范围为水平方向200°，垂直方向90°，最远监视距离200m。

消防系统的设计原则要以上述要求为本，重点放在强化发生火灾时最能减少人员伤亡的排烟系统和智能疏散引导系统上，应急照明疏散指示逃生系统就是其中之一，如图6-20所示。

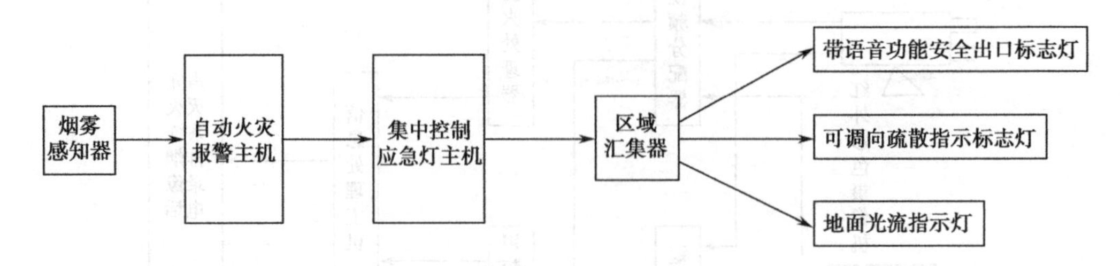

图6-20　智能消防应急照明疏散指示逃生系统

6.2.2　视频监控系统与会议电视系统的融合

会议电视系统与视频监控系统都具有摄像、视音频切换、图像显示等装置和功能，所不同的仅仅是应用场合及控制方式，因此两者便于合二为一使用。

1．会议电视设备的组成

（1）会议电视终端。终端是视讯交换层的重要组成设备之一，主要设置在用户末端，其主要功能包括以下几个方面。

① 对需要发送的视频、音频信号进行压缩编码。

② 对收到的视频、音频信号进行解码。

③ 提供多种传输速率，可从64kb/s～2Mb/s。

④ 支持多种视频编码，如H.261、H.263、H.263+、H.264等。

⑤ 支持多种音频编码，如G711、G722、G728等。

⑥ 与其他视频会议终端或者MCU设备建立连接。

⑦ 管理配置功能。

（2）音频输入/输出设备。包括调音台、功率放大器、传声器和音箱。在会议室内配置全向传声器，通过调音台接入会议电视终端音频输入端口。会议电视终端音频输出端口通过调音台、功放连接到音箱。

（3）视频输入/输出设备。包括若干台电视机和投影仪作为视频输出设备，主摄像机、图文摄像机、录像机、视频输入/输出设备直接与会议电视终端相应的输入/输出端口相连。

（4）多媒体计算机。进行数据应用及视音频的切换控制。

2．会议电视系统的投影显示设置

显示技术主要通过三种投影机实现。

（1）CRT阴极射线管投影机。

CRT是最早的投影技术，所采用的技术与CRT显示器类似，其优点是寿命长，显示的图像色彩丰富，还原性好，具有丰富的几何失真调整能力。但由于技术的制约，直接影响CTR投影机的亮度值，加上体积较大和操作复杂，已趋于被淘汰。

（2）LCD 液晶投影机。

LCD 液晶投影机采用最为成熟的透射式投影技术，投影画面色彩还原真实鲜艳，色彩饱和度及光利用效率很高，LCD 投影机比用相同瓦数光源灯的 DLP 投影机有更高的 ANSI 流明光输出。它的缺点是黑色层次表现不是很好，对比度一般都在 500∶1 左右，投影画面的像素结构可以明显看到。

（3）DLP 数字光处理器投影机。

DLP 数字光处理器投影机是美国德州仪器公司以数字微镜装置 DMD 芯片作为成像器件，通过调节反射实现投射图像的一种投影技术。它与液晶投影机有很大的不同，它的成像是通过成千上万个微小的镜片反射光线来实现的。DLP 投影机分为单片 DMD 机（主要应用在便携式投影产品）、两片 DMD 机（应用于大型拼接显示墙）、三片 DMD 机（应用于超高亮度投影机）。

因此，在常规亮度要求的场所可选择 LCD 投影机，在长距离高亮度要求的场所可选择 10000ANSI、三片 DMD 的 BARCO G10 专业工程投影机。

3．会议电视系统的显示材质

要想取得很好的视觉效果，不仅要选取合适的投影机，也需要合适的屏幕。

（1）屏幕类型。

① 正投屏幕。有手动挂幕和电动挂幕两种类型；还有双腿支架幕、三脚支架幕、金属平面幕、弧面幕等。

② 背投屏幕。多种规格的硬质背投屏幕（分为双曲线幕和弥散幕）和软质背投屏幕（弥散幕）；硬质幕的画面效果要优于软质幕。

（2）屏幕尺寸。要选择最佳的屏幕尺寸主要取决于使用空间的面积和观众座位的多少及位置的安排。选择屏幕尺寸主要参考以下几点。

① 屏幕高度要让每一排的观众都能清楚地看到投影画面的内容。

② 屏幕到第一排座位的距离应小于 2 倍屏幕的高度。

③ 投影设备需求的格式（画面比例）。

④ 正投屏幕材料。

⑤ 背投屏幕的制造技术。

背投屏幕是背投影系统的关键部件之一。在投影显示系统中，光学背投幕对保证画面达到亮度、均匀度、对比度、色彩、色温和可视角度的一致性起到了非常关键的作用，菲涅耳透镜的技术被广泛应用在光学屏幕的制造工艺上，是当前光学屏幕的主要制作技术。菲涅耳透镜结构可以将入射光汇聚成平行光线，在一定的视角范围内增加屏幕的亮度。柱面透镜的技术也广泛应用在光学屏幕的制造工艺上，通过屏幕正面的柱面透镜结构，可以控制水平方向和垂直方向的光线分布，具有扩大视角范围的功能。

4．会议电视系统视频图像及声音的切换控制

具备无线语种分配功能的会议系统如图 6-21 所示。

5．会议室中央控制系统

集中控制的目的是将复杂系统中需要多个人工频繁操作的设备集中到一个人机界面上，简化操作过程，提高操作的准确性，实现任何人都能很容易地通过触摸屏对各种设备进行控制。

例如，美国 CRESTRON 公司的产品快思聪中央控制系统，可以将上百个电器设备的控制集中到一个人机界面（触摸屏）上，用手指触摸即可管理、控制设备，尤其是基于网络的 e-Control 系列产品有一定优势。

该系统可靠性高，操作简单，能够实现计算机网络控制功能，完成远端监视、远端同步控制、远端维护等功能，能够进行放大、缩小等功能；能够控制音量，进行音量大小的调节功能；能够控制 A/V 矩阵、VGA 矩阵，实现音视频、VGA 信号自动切换控制功能；能够控制 DVD、录像机、MD 进行播放、停止、暂停等功能；能够控制投影机进行开/关机、输入切换等功能；能够控制房间的灯光和窗帘，自动适应当前的需要。

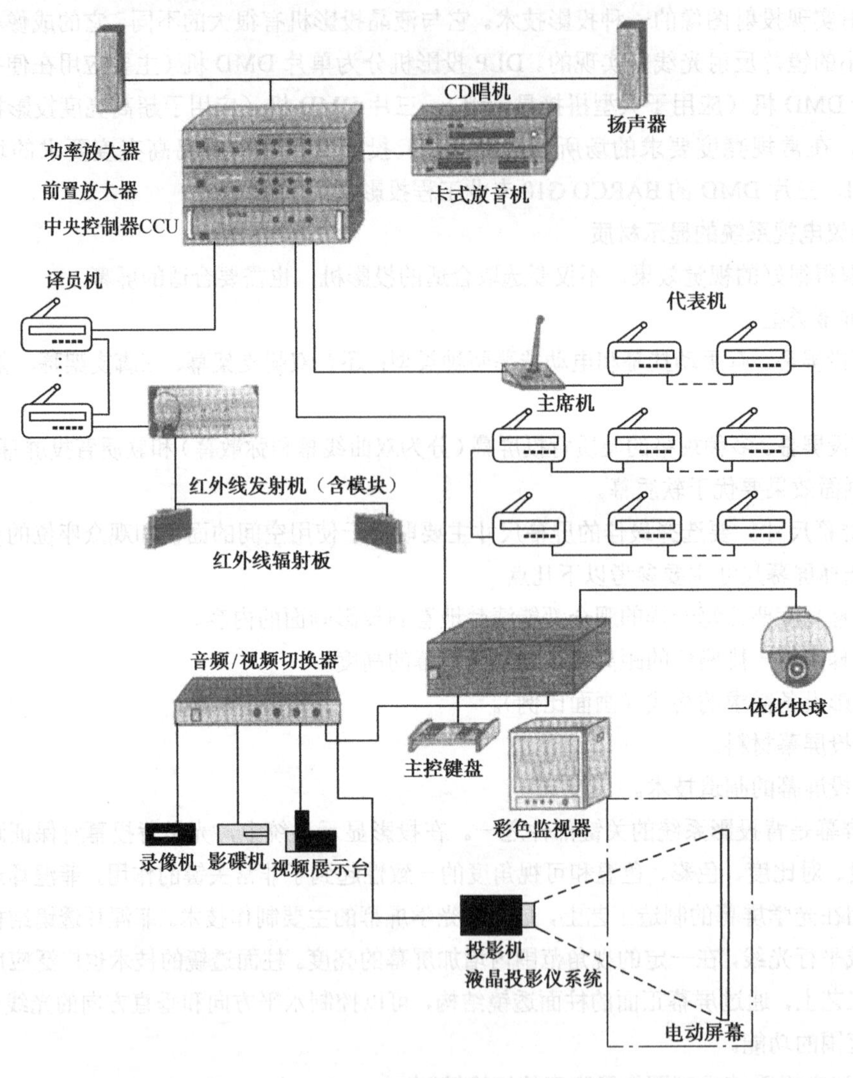

图 6-21　具备无线语种分配功能的会议系统

系统示意图如图 6-22 所示。主要包括以下 4 个子系统。

（1）多媒体显示系统。

多媒体显示系统由高亮度、高分辨率的液晶投影机和电动屏幕构成。完成对各种图文信息的大屏幕显示。由于房间面积较大，为了使各个位置的人都能够更清楚地观看，整个系统设计了两套投影机显示系统。

（2）A/V 系统。

A/V 系统由 4 台计算机、摄像机、DVD、VCR、MD、实物展台、调音台、话筒、功放、音箱、数字硬盘录像机等设备构成。完成对各种图文信息（包括各种软件的使用、DVD/CD 碟片、录像带、各种实物、声音）的播放功能；实现多功能厅的现场扩音、播音，配合大屏幕投影系统，提供优良的视听效果。并且通过数字硬盘录像机，能够将整个过程记录在硬盘录像机中。

（3）房间环境系统。

房间环境系统由房间的灯光（包括白炽灯、日光灯）、窗帘等设备构成，完成对整个房间环境、气氛的改变，以自动适应当前的需要，如播放 DVD 时，灯光会自动变暗，窗帘自动关闭。

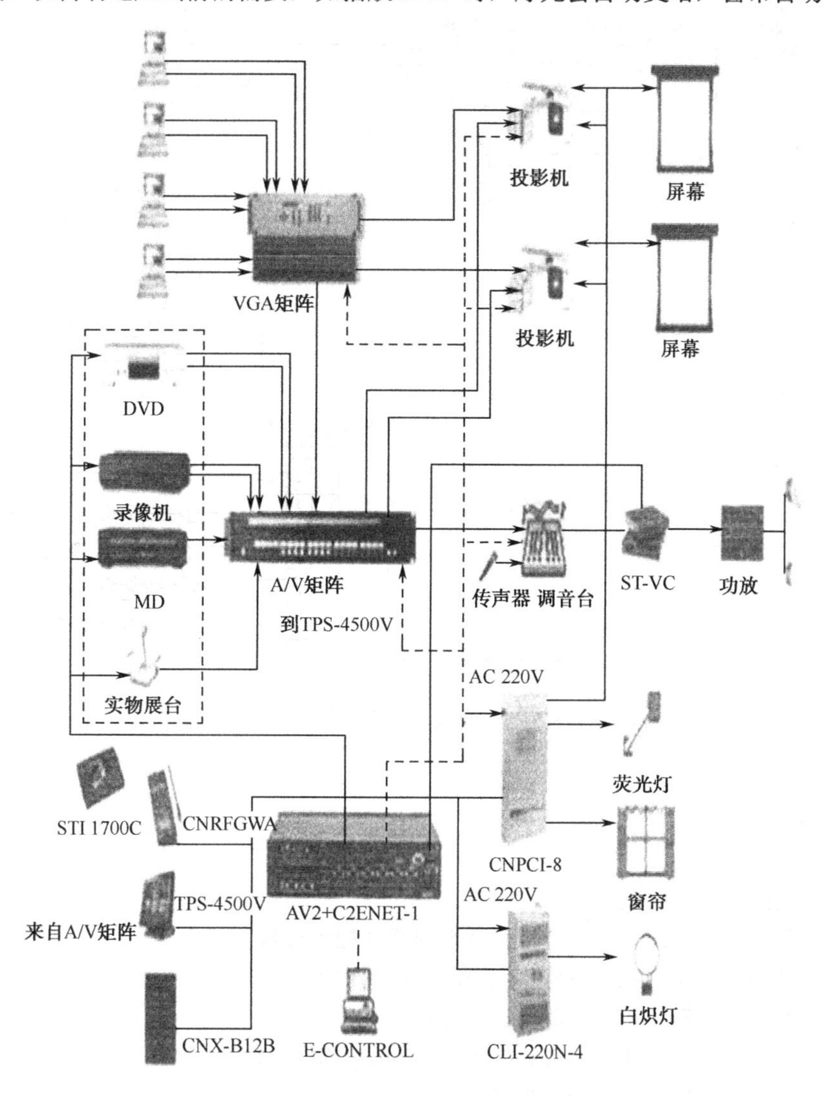

图 6-22 快思聪中央控制系统

（4）节能型多媒体中央控制系统。

6．完整实用的会议电视系统

一个完整实用的会议电视系统如图 6-23 所示。

当前，会议电视系统已开始从传统的 480i 标准清晰度系统向 MCU、会议摄像机、会议电视终端全部设备 720p 的高清晰度标准系统过渡，新一代会议电视系统的信源编码采用 H.239 双视频流传送标准，即在会议电视中能同时传送和显示多路视频信息。

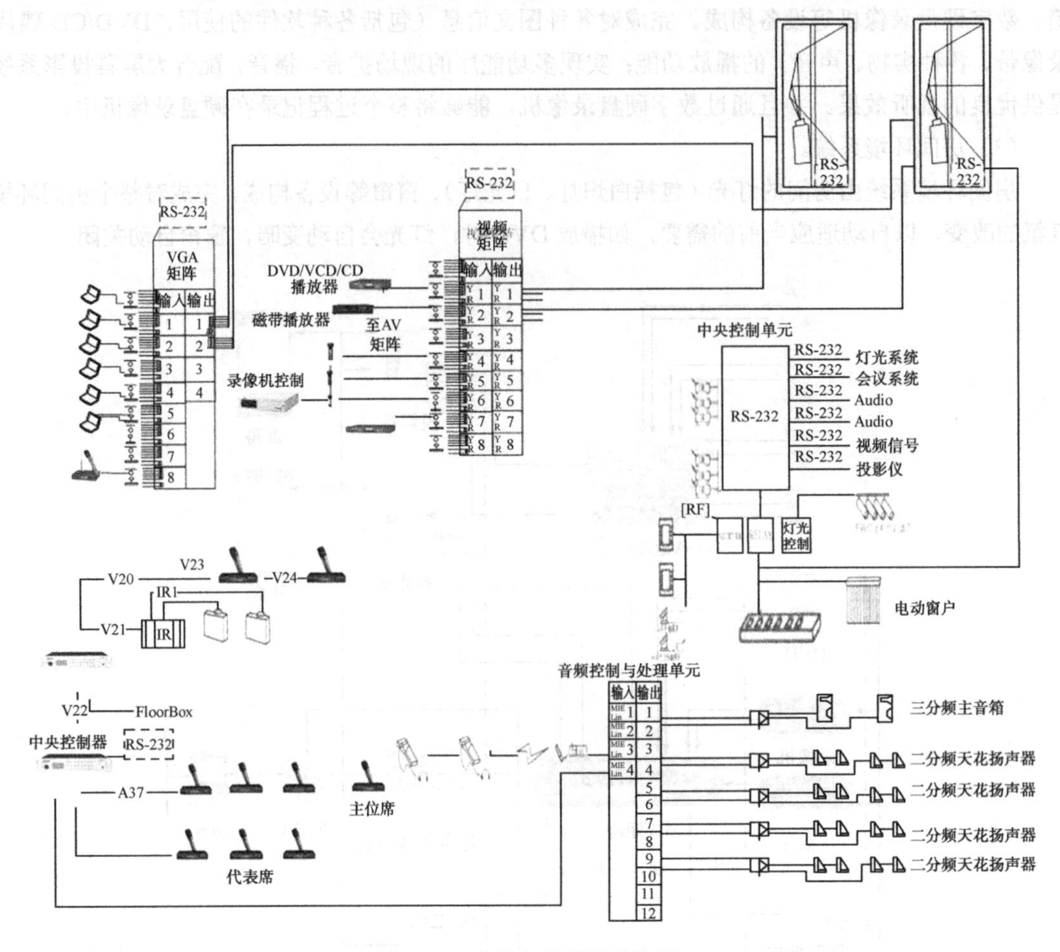

图 6-23　会议电视系统结构图

思考题与习题

1. 简述安全防范系统的联动要求。
2. 分析门禁控制子系统与视频监控子系统的联动控制过程。
3. 分析门禁控制系统与入侵报警系统的联动控制过程。
4. 分析门禁系统与消防系统的联动控制过程。
5. 分析安全防范系统与建筑设备监控系统的联动控制过程。
6. 简述安全防范系统的集成设计包括哪些部分。
7. 安全防范集成实现途径有哪些？
8. 结合本章内容及掌握的知识设计一个安防集成项目。

第7章

安全防范系统工程项目招标投标

招标投标作为买卖交易的一种方式，起源于18世纪的英国，现在无论是发达国家或发展中国家，政府机构采购较大数量货物和兴建较大的工程项目时，普遍采用这种方式，以保证其采购或工程实施的合理、有效、公正、公开。招标人可以从众多的投标企业中择优选择中标者通过竞争有效降低采购货物或工程成本。

7.1 项目招标投标概述

招标投标是在市场经济条件下进行大宗货物的买卖、工程建设项目发包与承包及服务项目的提供时，采用的一种交易方式。在这种交易方式下，通常是由项目的采购方作为招标方，通过发布招标公告或者向一定数量的特定供应商、承包商发出招标邀请的方式发出招标采购的信息，提出所需采购项目的性质、数量、质量、技术要求、交货期、竣工期或提供服务的时间，以及供应商、承包商的资格要求等其他招标采购条件，表明将选择最能够满足采购要求的供应商、承包商与之签订采购合同的意向，由各投标方提供采购所需货物、工程或服务的报价及其他响应招标要求的条件，参加投标竞争。经招标方对各投标者的报价及其他条件进行审查比较后，从中择优选定中标者，并与其签订采购合同。

招标投标的交易方式，是市场经济的产物，采用这种交易方式，需具备两个基本条件：一是要有能够开展公平竞争的市场经济运行机制，二是必须存在招标采购项目的买方市场，对采购项目能够形成卖方多家竞争的局面。买方才能够居于主导地位，有条件以招标方式从多家竞争者中择优选择中标者。

招标方式通常是作为一种采购方式，招标人是花钱采购的买方，投标方是有意向买方提供货物、工程或服务以取得相应的货款、工程款或服务报酬的卖方。投标方式下，投标人只以书面形式向招标人报价，彼此之间不知道各自的报价；投标报价也只有一次；中标的条件也不一定仅限于出价最高；经过专家评委小组对投标单位标书的商务和技术两部分综合评定后，决定最终中标单位。本章主要介绍与工程相关的工程项目招投标。

7.1.1 建设工程招标种类及方式

建设工程招标是指招标人在发包建设工程项目设计或施工任务之前，通过招标通告或邀请书的方式，吸引潜在投标人投标，以便从中选定中标人的一种经济活动。

1. 建设工程招标的种类

根据招标范围和内容不同，建设工程招标分为以下几个方面：

（1）建设工程项目总承包招标，又称为建设项目全过程招标或“交钥匙”承包；

（2）建设工程勘察、设计招标；

（3）建设工程施工招标；

（4）建设工程咨询或监理招标；

（5）建设工程材料设备供应招标。

2．建设工程招标的方式

《中华人民共和国招标投标法》规定，建设工程招标方式分为公开招标、邀请招标和议标三种招标投标方式。

（1）公开招标。

公开招标又称为竞争性招标，即由招标人在报刊、电子网络或其他媒体上刊登招标公告，吸引众多企业单位参加投标竞争，招标人从中择优选择中标单位的招标方式。此种方式是指招标人通过报刊、广播、电视或网络等公共传播媒介介绍、发布招标公告或信息而进行招标，它是一种无限制的竞争方式。按照竞争程度，公开招标可分为国际竞争性招标和国内竞争性招标。

（2）邀请招标。

邀请招标是指招标人以投标邀请书的方式邀请特定的法人或者其他组织投标。招标人采用邀请招标方式的，应当向三个以上具备承担招标项目能力、资信良好的特定法人或者其他组织发出投标邀请书。邀请招标虽然也能够邀请到有经验和资信可靠的投标者投标，保证履行合同，但限制了竞争范围，可能会失去技术上和报价上有竞争力的投标者。

按照《工程建设项目施工招标投标办法》的规定，国务院发展计划部门确定的国家重点建设项目和各省、自治区、直辖市人民政府确定的地方重点项目，以及全部使用国有资金投资或者国有资金投资占控股或者主导地位的工程建设项目，应当公开招标；有下列情况之一的，经批准可以进行邀请招标：

① 项目技术复杂或有特殊要求，只有少量几家潜在投标人可供选择的；

② 受自然地域环境限制的；

③ 涉及国家安全、国家秘密或者抢险救灾，适宜招标但不宜公开招标的；

④ 拟公开招标的费用与项目的价值相比，不值得的；

⑤ 法律、法规规定不宜公开招标的。

（3）议标。

议标也称谈判招标或限制性招标，即通过谈判来确定中标者的招标方式。主要有以下三种方式。

① 直接邀请议标方式。

选择中标单位不是通过公开或邀请招标，而由招标人或其代理人直接邀请某一企业进行单独协商，达成协议后签订采购合同。如果与一家协商不成，可以邀请另一家，直到协议成功为止。

② 比价议标方式。

“比价”是兼有邀请招标和协商特点的一种招标方式，一般使用于规模不大、内容简单的工程和货物采购。通常的做法是由招标人将采购的有关要求送交选定的几家企业，要求他们在约定的时间提出报价，招标单位经过分析比较，选择报价合理的企业，就工期、造价、质量、付款条件等细节进行协商，从而达成协议，签订合同。

③ 方案竞争议标方式。

方案竞争议标方式是选择工程规划设计任务的常用方式。通常组织公开，也可邀请经预先选择的规划设计机构参加竞争。一般的做法是由招标人提出规划设计的基本要求和投资控制数额，并提供可行性研究报告或设计任务书、场地平面图、有关场地条件和环境情况的说明，以及规划、设计管理部门的有关规定等基础资料，参加竞争的单位据此提出自己的规划或设计的初步方案，阐述方案的优点和长处并提出该项规划或设计任务的主要人员配置、完成任务的时间和进度安排、总投资估算和设计等，一并报送招标人，然后由招标人邀请有关专家组成的评选委员会，选出优胜单位，招标人与获胜投标人签订合同，对未中选的参审单位给予一定补偿。

由于议标的中标者是通过谈判产生的，不便于公众监督，容易导致非法交易，因此，我国机电设备招标规定中，禁止采用这种方式。即使允许采用议标方式，也对议标方式做了严格限制。《联合国贸易法委员会货物、工程和服务采购示范法》规定：经颁布国批准，招标人在下述情况下可采用议标的方法进行采购。

① 急需获得该货物、工程或服务，采用招标程序不切实际，但条件是造成此种紧迫性的情况并非采购实体所能预见，也非采购实体办事拖拉所致。

② 由于某一灾难性事件，急需得到该货物、工程或服务，而采用其他方式因耗时太多而不可行。为了使得议标尽可能地体现招标的公平公正原则，《联合国贸易法委员会货物、工程和服务采购示范法》还规定，在议标过程中，招标人应与足够数目的供应商或承包商举行谈判，以确保有效竞争，如果是采用邀请报价，至少应有三家；招标人向某供应商和承包商发送的与谈判有关的任何规定、准则、文件、澄清或其他资料，应在平等基础上发送给正与该招标人举行谈判的所有其他供应商或承包商；招标人与某一供应商或承包商之间的谈判应是保密的，谈判的任何一方在未征得另一方同意的情况下，不得向另外任何人透露与谈判有关的任何技术资料、价格或其他市场信息。

7.1.2 招标文件及招标项目

1. 建设工程施工招标应具备的条件

建设工程施工招标应具备的主要条件有以下几项：

（1）招标人已经依法成立；

（2）初步设计及概算应当履行审批手续的，已经批准；

（3）招标范围、招标方式和招标组织形式等应当履行核准手续的，已经核准；

（4）有相应资金或资金来源已经落实；

（5）有招标所需的设计图纸及技术资料。

2. 招标项目

（1）必须招标的项目。

根据《招标投标法》及《工程建设项目招标投标范围和规模标准规定》(2000 年 4 月 4 日国务院批准，2000 年 5 月 1 日国家发展计划委员会第 3 号令发布)，属于下列工程建设项目包括项目的勘察、设计、施工、监理及与工程建设有关的重要设备、材料等的采购，必须进行招标。依法必须进行招标的项目中，全部使用国有资金投资或者国有资金占控股或者主导地位的，应当公开招标。

① 大型基础设施、公用事业等关系社会公共利益、公众安全的项目，包括以下几个方面：

- 关系社会公共利益、公众安全的基础设施项目；
- 煤炭、石油、天然气、电力、新能源等能源项目；
- 铁路、公路、管道、水运、航空，以及其他交通运输业等交通运输项目；
- 邮政、电信枢纽、通信、信息网络等邮电通信项目；
- 防洪、灌溉、排涝、引（供）水、滩涂治理、水土保持、水利枢纽等水利项目；
- 道路、桥梁、地铁和轻轨交通、污水排放及处理、垃圾处理、地下管道、公共停车场等城市设施项目；
- 生态环境保护项目；
- 其他基础设施项目。

其中，关系社会公共利益、公众安全的公共事业项目，包括以下几个方面：

- 供水、供电、供气、供热等市政工程项目；
- 科技、教育、文化等项目；
- 体育、旅游等项目；
- 卫生、社会福利等项目；
- 商品住宅，包括经济适用住房；
- 其他公共事业项目。

② 全部或者部分使用国有资金投资或者国家融资的项目，包括以下几个方面：

- 使用国有资金投资项目；
- 使用各级财政预算资金的项目；
- 使用纳入财政管理的各种政府性专项建设基金的项目。

③ 使用国有企业事业单位自有资金，并且国有资产投资者实际拥有控制权的项目，包括以下几个方面：

- 国家融资项目；
- 用国家发行债券所筹资金的项目；
- 国家对外借款或者担保所筹资金的项目；
- 用国家政策性贷款的项目；
- 国家授权投资主体融资的项目；
- 国家特许的融资项目。

④ 使用国际组织或者外国政府贷款、援助资金的项目，包括以下几个方面：

- 用世界银行、亚洲开发银行等国际组织贷款资金的项目；
- 用外国政府及其机构贷款资金的项目；
- 用国际组织或者外国政府援助资金的项目。

上述项目中进行勘察、设计、施工、监理及与工程建设有关的重要设备、材料等的采购，达到下列标准之一的，必须进行招标：

- 工程单项合同估算价在 50 万元人民币以上的；
- 重要设备、材料等货物的采购，单项合同估算价在 30 万元人民币以上的；
- 勘察、设计、监理等服务的采购，单项合同估算价在 5 万元人民币以上的；
- 单项合同估算价低于规定的标准，但项目总投资额在 3000 万元人民币以上的。

（2）可以不进行招标的项目。

① 危及国家安全、国家秘密或者抢险救灾而不适宜招标的；

② 施工主要技术采用特定的专利或者专有技术的；

③ 施工企业自建自用的工程，且施工企业资质等级符合工程要求；

④ 在建工程追加的附属小型工程或者主体加层工程原中标人仍具备承包能力的。

在数字安防工程中有大型的厂矿企业安防系统、有大型城市食品监控、政府办公大楼、金融部门的安防系统、校园安防系统等大型项目都是需要公开招标或邀请招标的；项目比较小，50 万以下或民营企业的安防项目可以不用投标；在实际承接项目的过程中直接议标的项目非常少，议标时间花的少、资源消耗少也是工程商最愿意的一种承接工程方式。

7.1.3 招投标文件

1. 投标函样式

投标函样式如下。

投　标　函

我单位认真研究了“×××（项目名称）××××施工”招标文件，愿意承担该工程的设计和施工任务，并履行招标文件中对中标人的全部要求和应承担的义务，我们的投标预算总金额为(大写金额)：____________________。

根据我单位实际情况和结合自身实力，我单位承诺投标预算总金额下浮________%作为本工程投标报价总金额（大写金额）：____________________。

如果我单位中标，我们将按招标文件中条款的规定，在接到中标通知书后______天内来进行合同签订，并按总工期（　　　）自然日要求安排施工。保证质量符合《国家及行业验收标准》，按时交工验收。

按招标文件要求，我方承诺中标后按中标价5%提供银行履约保证金。

投 标 人：　　　　（盖章）

法定代表人或法定代表人授权代理人：(印章和签字)

地　址：　　　　　　　　　　　　　　　　　电　话：

投标日期：　　年　　　月　　　日

2. 开标一览表样式

开标一览表样式如下。

开　标　一　览　表

招标项目名称：

招标编号：　　　　　　　　　　　　　　　　　　　　　　　　价格单位：万元

序　　号	招标内容	品目数（子系统数）	投标价			交付时间	备　注
			设备综合报价	工程量报价	合　计		

续表

序　　号	招 标 内 容	品目数（子系统数）	投　标　价			交 付 时 间	备　　注
			设备综合报价	工程量报价	合　　计		
合　　计							

投标单位全称（盖章）：

全权代表（签字）：

日期：

3．投标保证金函样式

投标保证金函样式如下。

投标保证金函

____________________公司招标办：

根据《×××××招标文件》的要求，我单位的投标保证金人民币____________________整已于购买招标文件时提交。如我方在本次招标活动中有违反有关法律法规和招标文件规定的行为，你方有权全额没收投标保证金。

投标人：（名称、盖章）

法定代表人或授权代表：（印章和签字）

投标人地址：

电话：

传真：

邮政编码：

日期：　　年　　月

4．法定代表人授权委托书样式

法定代表人授权委托书样式如下。

法定代表人授权委托书

________________：

我 ____________（姓名）系依照国家法律规范成立并在境内注册的 ____________ 公司的法人代表，现授权____________（被授权人姓名、职务）作为我公司合法代表，参加工程施工招标（项目编号：____________）投标活动。授予他（她）代表我公司签署投标文件、参加开标会议、进行谈判、签订合同和实施一切与本工程有关事宜的权利。

本委托书于________年______月______日签字起生效，其签名真迹如本授权委托书签名所示，特此证明。

授权委托单位：（名称、公章）

法定代表：（签字及印章）

授权委托人：（签字）

日期：　　　　　年　　　月　　　日

（注：法定代表人授权委托书需另准备一张原件供开标验证时出示）

5．银行履约金保函样式

银行履约金保函样式如下。

银行履约金保函

________________：

鉴于________________（下称“投标人”）将与你单位签订“____________”合同施工，我银行出具本次履约保函为其担保。担保金额为人民币：（大写）________________元。

________________（投标人全称）在合同执行过程中，一旦出现违约行为，未能履行合同文件规定时，你单位可向我行无条件提取履约保证金。

本履约金保函在本工程承包合同失效后自动终止。

银行名称：（盖章）

银行法定代表人：（印章和签字）

地址：

联系电话：

日期：

6．技术规范和商务条款偏离表样式

技术规范和商务条款偏离表样式如下。

技术规范偏离表

序　　号	内　　容	招标文件技术规范、要求	投标文件对应规范	备　　注

授权代表（签字）：

商务条款偏离表

序　　号	内　　容	招标文件商务条款	投标文件的商务条款	说　　明

授权代表（签字）：

7. 工程质量保修书样式

工程质量保修书样式如下。

工程质量保修书

发包人：（全称）

承包人：（全称）

发包人、承包人根据《中华人民共和国建筑法》、《建设工程质量管理条例》和《房屋建筑工程质量保修方法》，经协商一致，对__________________________（工程全称）签订质量保修书。

（1）工程质量保修范围和内容

承包人在质量保修期内，按照有关法律、法规、规章的管理规定和双方约定，承担本工程保修责任。质量保修范围包括主体结构工程、给排水管道、设备安装工程，以及双方约定的其他项目。具体保修的内容，双方约定如下。

① 质量保修期

按中标人所报工程保修期执行，工程交付使用后即计算保修期。

② 质量保修责任

● 属于保修范围、内容的项目，承包人应当在接到保修通知之日起 7 天内派人保修。承包人不在约定期限内派人保修的，发包人可以委托他人修理。

● 发生紧急抢修事故的，承包人在接到事故通知后，应当立即到达事故现场抢修。

● 对于涉及结构安全的质量问题，应当按照《工程质量保修办法》的规定，立即向当地建设行政主管部门报告，采取安全防范措施；原设计单位或者具有相关资质等级的设计单位提出保修方案，承包人实施保修。

● 质量保修完成后，由发包人组织验收。

③ 保修费用

保修费用由造成质量缺陷的责任方承担。

④ 其他

双方约定的其他工程质量保修事项。

本工程质量保修书，由施工合同发包人、承包人双方在竣工验收前共同签署，作为施工合同附件，其有效期限至保修期满。

发包人（公章）： 承包人（公章）：

法定代表人（签字）： 法定代表人（签字）：

年 月 日 年 月 日

8．投标单位企业概况样式

投标单位企业概况样式如下。

投标单位企业概况

<table>
<tr><td>企业名称</td><td colspan="6"></td><td>建立日期</td><td></td></tr>
<tr><td>资质等级</td><td colspan="2"></td><td>经营方式</td><td colspan="3"></td><td>企业性质</td><td></td></tr>
<tr><td>批准单位</td><td colspan="2"></td><td rowspan="2">地　址</td><td rowspan="2" colspan="5"></td></tr>
<tr><td>经营范围</td><td colspan="2"></td></tr>
<tr><td rowspan="3">企业职工人数</td><td rowspan="3">人</td><td colspan="4">有职称管理人员</td><td colspan="3">工　人</td></tr>
<tr><td>高　工</td><td>工程师</td><td>助　工</td><td>技术员</td><td>4～8级</td><td>1～3级</td><td>无　级</td></tr>
<tr><td></td><td></td><td></td><td></td><td></td><td></td><td></td></tr>
<tr><td rowspan="9">主要机械设备</td><td>名　称</td><td>型　号</td><td>数量（台）</td><td colspan="2">总功率（kW/h）</td><td colspan="3">制造国或产地</td></tr>
<tr><td></td><td></td><td></td><td colspan="2"></td><td colspan="3"></td></tr>
<tr><td></td><td></td><td></td><td colspan="2"></td><td colspan="3"></td></tr>
<tr><td></td><td></td><td></td><td colspan="2"></td><td colspan="3"></td></tr>
<tr><td></td><td></td><td></td><td colspan="2"></td><td colspan="3"></td></tr>
<tr><td></td><td></td><td></td><td colspan="2"></td><td colspan="3"></td></tr>
<tr><td></td><td></td><td></td><td colspan="2"></td><td colspan="3"></td></tr>
<tr><td></td><td></td><td></td><td colspan="2"></td><td colspan="3"></td></tr>
<tr><td></td><td></td><td></td><td colspan="2"></td><td colspan="3"></td></tr>
</table>

续表

近3年工程业绩	

9．投标人主要负责人员简历表样式

投标人主要负责人员简历表样式如下。

投标人主要负责人员简历表

“投标人主要负责人员简历表”中的项目经理应附项目经理证、身份证、职称证、学历证、养老保险复印件，管理过的项目业绩需要附合同协议书复印件；技术负责人应附身份证、职称证、学历证、养老保险复印件，管理过的项目业绩需要证明其所任技术职务的企业文件或用户证明；其他主要人员应附职称证（执业证或上岗证书）、养老保险复印件。

姓　名		年　龄		学　历	
职　称		职　务		拟在本合同任职	
毕业学校	年毕业于		学　校	专　业	
主要工作经历					
时　间	参加过的类似项目		担任职务	发包人及联系电话	

10. 监控系统报价表样式

监控系统报价表样式如下。

监控系统报价表

序　号	名　称	类　别	依　据	金　额
1	直接费	合计		¥685331.46
		其中：人工费	见附表 1-2	¥42212.75
		材料费	见附表 1-2	¥13351.69
		机械费	见附表 1-2	¥1165.46
		主材费	见附表 1-1	¥621003.27
		其他直接费	定额人工费×18%	¥7598.30
2	间接费	合计		¥40946.37
		其中：施工管理费	定额人工费×65%	¥27438.29
		其他间接费	定额人工费×32%	¥13508.08
		远地工程施工增加费	免	¥0.00
3	计划利润		定额人工费×30%	¥12663.83
4	施工机构迁移费		免	¥0.00
5	税金		（1～4 小计）×3.41%	¥25197.91
6	工程总价		1～5 合计	¥764139.56

11. 监控系统主材报价表样式

监控系统主材报价表样式如下。

监控系统主材报价表

序　号	名　称	型　号	规　格	品牌/产地	单　位	数　量	单　价	小　计	备　注
1	19 寸标准机柜	40U	19 寸，40U	杭州明日	套	2	2070	4140	
2	矩阵主机	ST-MS650A 224×16	224/16，输入板 8，输出板 2，机箱 1，MS650 16BUS 系统	日本三立	台	1	96755.526	96755.526	
3	报警输入模块	ST-AI6564	MS650 报警控制，64 路报警接口	日本三立	台	1	3129.84	3129.84	
4	矩阵主控键盘	ST-CU650	主控键盘，全功能操作，子网控制	日本三立	台	1	4733.4	4733.4	
5	解码器	ST-RC120R	室内，24V	日本三立	台	11	1738.8	19126.8	
6	硬盘录像机	DH-DVR1604RW	嵌入式，MPEG4，16 路音视频，全实时，网络传输	大华	台	13	11500	149500	
7	160GB 硬盘		160GB	迈拓	块	13	1092.5	14202.5	
8	21 寸彩色监视器	ST-CM2150	54cm 21in 显像管，水平电视线 580 线（Y/C）	日本三立	台	16	1840	29440	

续表

序号	名称	型号	规格	品牌/产地	单位	数量	单价	小计	备注
9	电视墙	4×4	定制4×4	中国定制	台	1	5750	5750	
10	视频分配器	SP21632	16/32	广东新视宝	台	13	862.5	11212.5	
11	集中控制键盘	DH-KBD	12路	大华	台	1	3450	3450	
12	黑白半球摄像机	ST-BC3162	1/3in CCD，752（H）×582（V）像素，水平清晰度600线，最低照度：F2.0时0.05LUX，内置CS接口定焦镜头，可选f=3.6，4，6，8，12mm镜头，信噪比大于48dB（AGC OFF）内部自动光线调整电路，供电电压：DC 12V	日本三立	个	189	747.5	141277.5	住宅38 办公128
13	黑白枪式摄像机	ST-BC7060	1/3in CCD，752（H）×582（V）像素，水平清晰度600线，最低照度：E1.2时0.05LUX，特别适用于照度较低的应用场所	日本三立	个	25	862.5	21562.5	住宅9办公6
14	定焦镜头	13VG308AS	3～8mm手动变焦，自动光圈	日本	个	14	437	6118	住宅9办公6
15	电动变焦镜头		电动式可变	日本	个	11	2300	25300	住宅9办公6
16	室内中型防护罩	ST-8070	铝合金	广东新视宝	个	11	43.7	480.7	住宅
17	室内小型防护罩	ST-8020	铝合金	广东新视宝	个	14	34.5	483	住宅9办公6
18	室内全方位云台	ST-302	铝合金	广东新视宝	个	11	230	2530	住宅
19	室内云台支架	ST-5003	室内，24V	广东新视宝	个	11	34.5	379.5	住宅
20	普通摄像机支架	ST-5005A	壁挂式	广东新视宝	个	14	28.75	402.5	住宅9办公6
21	视频信号线	SYV-75-5		上海天	米	32100	1.84	59064	
22	视频信号线	SYV-75-3		上海天	米	400	1.495	598	
23	电梯专用视频电缆	75-5		上海天	米	1000	4.6	4600	
24	电源干线	RVV3×2.0		上海天	米	400	3.45	1380	
25	电源支线	RVV2×1.0		上海天	米	5000	1.725	8625	
26	开关电源		DC 12V/10A	定制	个	16	172.5	2760	
27	电源箱		金属	定制	个	16	57.5	920	
28	BNC头			国产	个	1340	2.3	3082	
A	设备总价						621003.266		

12. 监控系统工程费用样式

监控系统工程费用样式如下。

监控系统工程费用

序号	定额编号	项目名称	数量	单位	单价			小计		
					人工费	材料费	机械费	人工费	材料费	机械费
1	2-442	19寸标准机柜安装	2	台	36.00	7.88	3.37	72.00	15.76	6.74
2	2-449	矩阵主机安装	1	台	331.20	78.24	116.28	331.20	78.24	116.28
3	2-496	报警输入模块安装	1	台	83.52	36.71	22.53	83.52	36.71	22.53
4	2-362	矩阵主控键盘安装	1	台	85.50	44.28	49.21	85.50	44.28	49.21
5	2-496	解码器安装	11	台	83.52	36.71	22.53	918.72	403.81	247.83
6	2-441	硬盘录像机安装	13	台	21.60	6.25	3.37	280.80	81.25	43.81
7	2-369	电视墙安装	1	套	324	129.63	215.64	324.00	129.63	215.64
8	2-496	视频分配器安装	13	台	83.52	36.71	22.53	1085.76	477.23	292.89
9	2-362	集中控制键盘安装	1	台	85.50	44.28	49.21	85.50	44.28	49.21
10	2-952	黑白半球摄像机安装	18.9	10台	38.88	118.14	0.00	734.83	2232.85	0.00
11	2-955	黑白枪式摄像机安装	25	台	87.66	177.25	0.00	2191.50	4431.25	0.00
12	2-365	室内中型防护罩安装	11	台	36.00	9.81	3.37	396.00	107.91	37.07
13	2-365	室内小型防护罩安装	14	台	36.00	9.81	3.37	504.00	137.34	47.18
14	2-441	室内全方位云台球安装	11	台	21.60	6.25	0.00	237.60	68.75	37.07
15	2-758	视频信号线敷设	321	100米	79.74	6.32	0.00	25596.54	2028.72	0.00
16	2-759	电梯专用视频电缆敷设	10	100米	119.34	6.61	0.00	1193.40	66.10	0.00
17	2-759	电源干线敷设	4	100米	119.34	6.61	0.00	477.36	26.44	0.00
18	2-759	电源支线敷设	50	100米	119.34	6.61	0.00	5967.00	330.50	0.00
19	10-474	开关电源安装	16	个	7.74	2.13	0.00	123.84	34.08	0.00
20	2-692	BNC头制作	214	个	7.12	12.04	0.00	1523.68	2576.56	0.00
	小计							42 212.75	13 351.69	1165.46

7.2 项目招标流程

建设工程施工公开招标的程序共有15个环节。

（1）建设工程项目报建。

建设工程项目报建主要包括工程名称、建设地点、投资规模、资金来源、当年投资额、工程规模、结构类型、发包方式、计划竣工日期、工程筹建情况等。

（2）审查建设单位资质。

招标人具有编制招标文件和组织评标能力的，可以自行组织招标。不具备条件的必须委托招标。

（3）招标申请。

招标单位填写“建设工程施工招标申请表”，连同“工程建设项目报建登记表”报招标管理机构审批。

（4）资格预审文件、招标文件编制与送审。

① 资格预审文件的内容：投标单位组织机构和企业概况、企业资质等级、企业质量安全环保认证；近3年完成工程的情况；目前正在履行的合同情况；资源方面，如财务状况、管理人员情况、劳动力和施工机械设备等方面的情况；其他情况（各种奖励和处罚等）。

② 招标文件可以分为以下三部分内容：第一部分是对投标人的要求，包括招标公告、投标人须知、标准、规格或者工程技术规范、合同条件等；第二部分是对投标文件格式的要求，包括投标人应当填写的报价单、投标书、授权书和投标保证金等格式；第三部分是对中标人的要求，包括履约担保、合同或者协议书等内容。

（5）工程标底价格或工程量清单的编制。

标底价应由成本、利润、税金及风险系数组成。除外资或保密等特殊工程外，我国现行建设工程主要采用工程量清单形式招标。

（6）刊登资审通告、招标通告。

采用公开招标方式的工程，应当通过公开媒介发布招标公告。招标公告应当说明招标人的名称和地址、招标项目的性质、数量、实施地点和时间，以及获取招标文件的办法等事项。

（7）资格预审。

资格预审主要程序：一是资格预审公告；二是编制、发出资格预审文件；三是对投标人资格的审查和确定合格投标人名单。

（8）发放招标文件。

招标单位对招标文件所做的任何修改或补充，需报招标管理机构审查同意后，在投标截止时间之前，发给所有获得招标文件的投标单位。

（9）勘察现场。

勘察现场的目的在于了解工程场地和周围环境情况，以获取投标单位认为有必要的信息。勘察现场一般安排在投标预备会的前1～2天。

（10）投标预备会。

投标预备会的目的在于澄清招标文件中的疑问，解答投标单位对招标文件和勘察现场中所遇到的各种疑问。投标预备会可安排在发出招标文件7日后28日以内举行。

（11）投标文件的编制与递交。

投标人应当在招标文件要求提交投标文件的截止时间之前，将投标文件送达投标地点。

（12）开标。

在招标文件确定的提交投标文件截止时间的同一时间公开进行开标；开标地点应当为招标文件预先确定的地点。开标由招标人主持，邀请所有投标人、评标委员会委员和其他有关单位代表参加。

（13）评标。

评标由招标人依法组建的评标委员会负责，评委由技术专家级招标代表三个以上的单数成员组成，评委根据招标文件的评分标准进行评审。

（14）中标。

招标人根据评标委员会提出的书面评标报告和推荐的中标候选人确定中标人。

（15）合同签订。

中标人确定后，招标人应当向中标人发出中标通知书，并同时将中标结果通知所有未中标的投标人。招标人和中标人应当自中标通知书发出之日起30日内，按照招标文件和中标人的投标文件订立书面合同。招标人和中标人不得再行订立背离合同实质性内容的其他协议。

7.3 项目投标流程

7.3.1 建设工程投标

建设工程投标是指具有合法资格和能力的投标人根据招标条件，经过初步研究和估算，在指定期限内填写标书，提出报价，并等候开标，决定能否中标的经济活动。

1. 建设工程投标单位应具备的基本条件

施工招标的投标人是响应施工招标、参与投标竞争的施工企业。投标人应具备的条件包括以下两个方面：

（1）投标人应当具备承担招标项目的能力；

（2）投标人应当符合招标文件规定的资格条件。

在投标过程中，特别是综合性的大型项目，需要投标人资质比较高，也比较全，有的企业有设计资质没有实施资质，有的企业有实施资质没有设计资质；还有的项目要求某些特殊的专项资质，如保密、消防等，当一个企业没有相应要求的所有资质时，可以两个以上法人或者单位组成一个联合体，以一个投标人的身份共同投标。联合体各方应具备承担招标项目的相应能力；由同一专业的单位组成的联合体，按照资质等级确定单位资质等级。联合体各方应当签订共同投标协议，明确约定各方承担的工作和责任，并将共同投标协议连同投标文件一起提交招标人。联合体中标的，联合体各方均应与招标人签订合同，就中标项目向招标人承担连带责任。

2. 建设工程投标程序

建设工程投标应遵循如下几个程序：

（1）投标前期的调查研究，收集相关项目信息资料；

（2）分析公司自身各方面资源，分析投标该项目的优劣势，竞争对手的相关信息，对是否参加投标做出决策；

（3）拿到标书后，研究招标文件并制订施工组织方案；

（4）售前小组及商务部门对工程成本及间接费用进行估算；

（5）根据估算成本确定最终投标报价的策略；

（6）组织售前小组编制投标文件；

（7）按时投递投标文件，参加开标会议；

（8）现场开标后投标文件的陈述与答疑；

（9）若中标，签订工程合同。

7.3.2 投标文件编制

投标文件编制分为两部分：商务文件编制和技术文件编制。在编制投标文件时，一定要先透彻理解招标文件，投标文件一定要根据招标文件的要求来编制。

1. 商务文件编制。

商务文件是投标的重要一部分，主要有以下几项内容：

（1）投标函；

（2）开标一览表；

（3）投标保证金函；

（4）法定代表人授权委托书；

（5）银行履约金保函；

（6）技术规范和商务条款偏离表；

（7）工程质量保修书；

（8）投标人企业概况；

（9）投标人主要负责人概况；

（10）投标报价。

其中（1）～（6）项的招标文件里有固定格式，投标文件均按规定格式编制，在投标函和开标一览表中按格式写出项目的总报价，投标报价按招标文件的要求按定额或清单方式报价。

商务文件格式见 7.1.3 的招投标文件。

2．技术文件编制。

技术文件是投标文件的另一个重要部分，主要有以下三个方面：

（1）技术部分文字方案。

对安防项目的大概情况进行概述，对安防系统的每个子系统的结构、设备配置、集成、系统的优势等进行系统描述。

（2）施工组织设计。

施工组织设计包含以下几项内容：

① 整个施工工艺地描述，安防工程每个系统的管线敷设、线缆测试、设备调试、验收流程等流程的描述；

② 工程质量的控制，安防工程每个系统工程质量的事前检验和控制措施；

③ 工程工期的控制，安防工程每个系统工程工期的控制措施；

④ 安全文明施工的控制措施，安防工程每个系统工程施工安全及文明施工的控制措施。

（3）图纸部分的编制。

图纸部分按招标文件的要求来绘制，主要有以下三个方面：

① 系统图或拓扑图，安防系统工程中每个子系统的系统图或拓扑图要绘制，按招标文件的要求用 CAD 或者 VISIO 绘图；

② 系统平面布点图，安防系统工程中每个子系统的平面布点图要绘制，按招标文件的要求用 CAD 绘图；

③ 图纸目录及编制说明，在图纸的第一页绘制图纸目录，并附上简要的绘制说明，拓扑图及平面图都要进行编号。

7.3.3 建设工程投标策略

投标策略是指承包商在投标竞争中的系统工作部署及其参与投标竞争的方式和手段。投标策略作为投标取胜的方式、手段和艺术。商务文件中工程的报价必须按招标文件的要求进行编制，招标文件中需要用国家定额来编制报价的，就要用国家定额，要求用清单报价的，就要用清单报价。一般标书总分的组成是商务标书的得分和技术标书的得分之和，商务标书得分占总分的 60%～70%，技术标书得分占总分的 30%～40%。投标单位一定要根据招标文件的评分方式来做标书，从以上比例来看，商务标书的得分占到大部分比例，因此投标报价很关键，下面再介绍一下投标常用的投标策略。

（1）根据招标项目的不同特点采用不同报价。

投标报价时，既要考虑自身的优势和劣势，也要分析招标项目的特点。按照工程项目的不同特点、类别、施工条件等来选择报价策略。

（2）不平衡报价法。

一个工程项目总报价基本确定后，通过调整内部各个项目的单项报价，既不提高总报价，不影响中标，又能在结算时得到更理想的经济效益。

（3）计日工单价的报价。

如果是单纯报计日工单价，而且不计入总价中，可以报高一些，以便在业主额外用工或使用施工机械时多赢利。但如果计日工单价要计入总报价时，则需具体分析是否报高价，以免抬高总报价。总之，要分析业主在开工后可能使用的计日工数量，再来确定报价方针。

（4）可供选择的项目报价。

有些工程项目的分项工程，业主可能要求按某一方案报价，而后再提供几种可供选择方案的比较报价。

（5）暂定工程量的报价。

暂定工程量有以下三种情况：

① 分项工程量不准确，业主允许将来按投标人所报单价和实际完成的工程量付款。这种情况下，由于暂定总价款是固定的，对各投标人的总报价水平竞争力没有任何影响，因此，投标时应当对暂定工程量的单价适当提高。

② 业主列出了暂定工程量的项目数量，但并没有限制这些工程量的估价总价款，要求投标人既列出单价，也要按暂定项目的数量计算总价，将来结算付款时可按实际完成的工程量和所报单价支付。一般来说，这类工程量可以采用正常价格。如果承包商估计今后实际工程量肯定会增大，则可适当提高单价，使将来可增加额外收益。

③ 招标文件只有暂定工程的一笔固定总金额，将来这笔金额做什么用，由业主确定。这种情况对投标竞争没有实际意义，按招标文件要求将规定的暂定款列入总报价即可。

（6）多方案报价法。

如果发现招标文件规定的工程范围不明确，条款不清楚或不公正或技术规范要求过于苛刻时，则要在充分估计投标风险的基础上，先按原招标文件报一个价，然后再提出如某某条款做某些变动，报价可降低多少，由此可报出一个较低的价。这样可以降低总价，吸引业主。

（7）增加建议方案法。

如果招标文件规定，可以增加建议方案，即可以修改原设计方案，提出投标者的方案。投标者应抓住机会，组织一批有经验的设计和施工工程师，对原招标文件的设计和施工方案仔细研究，提出更为合理的方案以吸引业主，促成自己的方案中标。

（8）分包商报价的采用。

总承包商通常应在投标前先取得分包商的报价，并增加总承包商摊入的一定的管理费，而后作为自己投标总价的一个组成部分一并列入报价单中。

（9）无利润报价。

缺乏竞争优势的承包商，在不得已的情况下，只好在报价中根本不考虑用利润去夺标。

7.4 项目开标流程

招标人必须在招标文件确定的投标截止时间前 30min 到达开标室，做好投标文件的签收和各投标人的联系方法等工作，签收表应随评标报告一并备案。开标活动由招标人主持并组织，招标人如委托公证处的，公证人员应在开标前出具招标人的书面《委托公证书》，并提交《委托公证书》的复印件后参加开、评标活动。开标应当在投标截止时间后，按照招标文件规定的时间和地点公开进行。开标由招标单位主持，并邀请所有投标单位的法定代表人或者其代理人和评标委员会全体成员参加，政府主管部门及其工程招标投标监督管理机构依法实施监督。

（1）招标人组织并主持开标、唱标。

① 招标主持人对到场人员进行介绍，首先介绍出席领导，其次介绍评标小组专家及公证人员，最后介绍参加投标的单位。

② 招标主持人根据招标文件宣布有效投标文件及公司。

③ 招标人把投标人的投标文件进行公示，各现场投标人均无异议后，再按当天交标书的顺序开启每家投标人的投标文件，并对商务部分及报价进行唱标。

（2）授权人代表参加开标。

各家投标单位授权代表参加现场开标、唱标，对招标主持人唱标的结果进行确认，唱标中如有疑问要及时提出。

（3）招标主持人依据法律法规和规章的规定，主持评标。

由招标主持人根据相关法规及招标委托方的要求组建评标委员会，评标委员会由三个以上单数的技术专家组成，唱标后对投标文件的商务文件及技术文件进行评分，根据招标文件的评分标准，评出每个公司的商务得分及技术得分，并确认最后的最高分。

7.5 项目评标流程

评标活动由招标人依法组建的评标委员会负责，招标人可以有1～2名工作人员进行现场服务，在进入评标区前统一领取工作牌，凭工作牌进入评标区，进入评标区人员的通信工具应在进入前统一存放在手机柜中。

1．评标准备工作

（1）发放评标资料。

（2）打印评委名单。

（3）评委介绍。

（4）播放《评标纪律》录音。

（5）评委会成员分别在《评标声明书》上签字承诺。

（6）由招标人（招标代理机构）代表向评委会介绍工程情况、特殊技术要求及招标文件的主要条款、评标标准和方法等内容。

2．评标工作

（1）初步评审阶段。

专家小组对每个公司的投标文件进行评分，如项目比较大、投标的家数较多的话，先初步评出一个结果，评分的最终结果为商务分与技术分之和，一般会初步评出前5～6家，提交招标人参考，并作为详细评审的依据。

（2）详细评审阶段。

大型项目中一般会进行详细评审（一般的中小型项目不用），根据初步评审的结果，对入围的5～6家公司的标书进行详细评审，详细评审其商务标内容和技术标内容，经过详细评审评出技术方案优，性价比高的标书。

（3）评标委员会推荐中标候选人和完成评标报告。

一般标书总分的组成是商务标书的得分和技术标书的得分之和，商务标占总分的60%～70%，技术标占总分的30%～40%，评委会根据招标文件的评分标准对每个公司的商务标和技术标进行评分，最后得出最高分为第一的中标候选人，公证单位参加的招投标项目，评审委员会根据详细的评审结果完成评标报告，并由公证单位对其结果进行公证后通报招标人。中小型项目不分初步评审和详细评审，一般一次评审出中标候选人。

3．投标文件废标的界定

（1）无单位盖章并无法定代表人或法定代表人授权的代理人签字或盖章的。

（2）未按规定的格式填写，内容不全或关键字迹模糊、无法辨认的。

（3）投标人递交两份或多份内容不同的投标文件，或在一份文件中对同一招标项目报价有两个或多个报价，且未声明哪一个有效，按要求提交备选投标方案的除外。

（4）投标人名称或组织结构与资质预审时不一致的。

（5）未按招标文件提交投标保证金的。

（6）联合投标体没有联合体各方共同投标协议的。

（7）未按规定时间地点送达标书的。

（8）招标文件的其他规定。

每个项目的投标，特别是中大型项目的投标，废标的界定是很严格的，以上是投标过程中常见的废标的范围，在编写标书的时候一定要详细理解招标文件，避免开标的时候被废标。

4．评标结束工作

评标结束后招标人如需要封存评标相关资料的，向交易中心综合部提出申请，并在《评标资料封存登记本》登记后按招标人要求或招标文件要求进行封存，交易中心将在条件许可的情况下为招标人提供15天的免费保管期。

交易中心综合部在接到招标人的《书面公示申请书》后，按照申请书所确定的起止时间在建设工程信息网上进行中标结果公示。招标人和投标人可在建设工程信息网上查询中标结果（公示时间为三个工作日，公示截止时间为第三个工作日23时的最后一秒）。

公示结束各相关单位均无异议后向中标单位发放中标通知书。

思考题与习题

1．安防工程为什么要进行招投标？

2．哪些情况下可以进行邀请招标？

3．简述必须招标的项目。

4．简述可以不进行招标的项目。

5．简述投标文件的编制有几个主要部分，每个部分的主要内容有哪些？

6．哪些标书是属于废标的范围？

7．简述项目开标的流程。

8．简述项目招投标的流程。

第8章

安全防范工程项目管理与验收

安全防范工程的项目管理与验收与其他工程的操作流程是相同的，在这个环节中，我们自始至终要仔细、认真、严格地按程序操作。

8.1 安全防范工程项目实施的主要内容

8.1.1 安全防范工程实施的准备

数字安防工程在中标后会进行方案的深化设计，这是我们在项目实施前要做的一个重要工作，一方面是进一步修改方案，让设计方案更能满足甲方的需求，并得到甲方的最后确认后用于实施；另一方面是图纸的深化设计，由于投标的时间较紧，投标文件的图纸不是很精细，还不能完全指导施工，因此要根据现场情况进行深化设计，以达到指导施工的目的。

1. 技术方案的完善与确认

（1）技术文件的完善。

根据投标技术方案，与甲方沟通后进一步完善，技术方案尽量和甲方的要求相符，如甲方提出原投标方案以外的需求，我们在实施前也要进行修改和完善，在实施前最后定稿的方案需要甲方确认后方能实施。

（2）施工组织设计的完善。

根据项目的现场条件及环境进行施工组织的完善，包括工程人员结构、施工机具、施工工艺、施工进度、施工质量、安全等方面。

2. 图纸的深化设计

（1）系统图纸的深化设计。

系统图纸根据最终确定的方案进行完善，主要涉及系统的结构、平面设备数量、核心控制设备有没有修改，如有的话要进行修改和完善，最终定稿后经甲方确认方能施工。

（2）平面布点图的深化设计。

平面图根据系统图的配置及工程现场的条件进行深化设计和完善，平面摄像机、门禁、入侵报警、周界等系统布点和安防相关子系统的设备位置的确认，同时还要考虑其他工程的相关工序，如要考虑中央空调、消防、强电等相关工序，尽量避免与其他工程安装的平面位置发生冲突。

8.1.2 安全防范系统的布线实施规范

1. 布线设计及实施规定

（1）综合布线系统的设计应符合现行国家标准 GB/T50311《建筑与建筑群综合布线系统工程

设计规范》的规定，线缆实施应符合国家标准 GB/T50339《智能建筑工程质量验收规范》。

（2）布线系统的路由选择应符合下列规定。

① 同轴电缆宜采取穿管暗敷或线槽的敷设方式。当线路附近有强电磁场干扰时，电缆应在金属管内穿过，并埋入地下。当必须架空敷设时，应采取防干扰措施。

② 路由应短捷、安全可靠，施工维护方便。

③ 应避开恶劣环境条件或易使管道损伤的地段。

④ 与其他管道等障碍物不宜交叉跨越。

2. 线缆敷设规定

（1）综合布线系统的线缆敷设应符合现行国家标准 GB/T50311《建筑与建筑群综合布线系统工程设计规范》的规定。

（2）布线系统室内线缆的敷设，应符合下列要求。

① 有机械损伤的电（光）缆或改、扩建工程使用的电（光）缆，可采用沿墙明敷方式。

② 在新建的建筑物内或要求管线隐蔽的电（光）缆应采用暗管敷设方式。

③ 下列情况可采用明管配线：易受外部损伤；在线路路由上，其他管线和障碍物较多，不宜明敷的线路；在易受电磁干扰或易燃易爆等危险场所。

④ 电缆和电力线平行或交叉敷设时，其间距不得小于 0.3m，电力线与信号线交叉敷设时宜成直角。

（3）室外线缆的敷设，应符合现行国家标准《民用闭路监视电视系统工程技术规范》的要求。

（4）敷设电缆时，多芯电缆的最小弯曲半径应大于其外径的 6 倍，同轴电缆的最小弯曲半径应大于其外径的 15 倍。

（5）线缆槽敷设截面利用率不应大于 60%；线缆穿管敷设截面利用率不应大于 40%。

（6）电缆沿支架或在线槽内敷设时应在下列各处牢固固定。

① 电缆垂直排列或倾斜坡度超过 45° 时的每个支架上。

② 电缆水平排列或倾斜坡度不超过 45° 时，在每隔 1～2 个支架上。

③ 在引入接线盒及分线箱前 150～300mm 处。

（7）明敷的信号线路与具有强磁场、强电场的电气设备之间的净距离，宜大于 1.5m；当采用屏蔽线缆或穿金属保护管或在金属封闭线槽内敷设时，宜大于 0.8m。

（8）线缆在沟道内敷设时，应敷设在支架上或线槽内。当线缆进入建筑物后，线缆沟道与建筑物间应隔离密封。

（9）线缆穿管前应检查保护管是否畅通，管口应加护圈，防止穿管时损伤导线。

（10）导线在管内或线槽内不应有接头和扭结。导线的接头应在接线盒内焊接或用端子连接。

（11）同轴电缆应一线到位，中间无接头。

3. 光缆敷设规定

（1）敷设光缆前，应对光缆进行检查。光缆应无断点，其衰耗值应符合设计要求。核对光缆长度，并应根据施工图的敷设长度来选配光缆。配盘时应使接头避开河沟、交通要道和其他障碍物。架空光缆的接头应设在杆旁 1m 以内。

（2）敷设光缆时，其最小弯曲半径应大于光缆外径的 20 倍。光缆的牵引端头应做好技术处理，可采用自动控制牵引力的牵引机进行牵引。牵引力应加在加强芯上，其牵引力不应超过 150kg，牵引速度宜为 10m/min，一次牵引的直线长度不宜超过 1km，光纤接头的预留长度不应小于 8m。

（3）光缆敷设后，应检查光纤有无损伤，并对光缆敷设损耗进行抽测，确认没有损伤后，再进行接续。

（4）光缆接续应由受过专门训练的人员操作，接续时应采用光功率计或其他仪器进行监视，使接续损耗达到最小。接续后应做好保护，并安装好光缆接头护套。

（5）在光缆的接续点和终端应做永久性标志。

（6）管道敷设光缆时，无接头的光缆在直道上敷设时应由人工逐个入孔同步牵引；预先做好接头的光缆，其接头部分不得在管道内穿行。光缆端头应用塑料胶带包扎好，并盘圈放置在托架高处。

（7）光缆敷设完毕后，宜测量通道的总损耗，并用光时域反射计观察光纤通道全程波导衰减特性曲线。

8.1.3 安全防范系统的监控中心布置

安防监控中心布置应遵循以下几项原则。

（1）监控中心应设置为禁区，应有保证自身安全的防护措施和进行内外联络的通信手段，并应设置紧急报警装置和向上一级接警中心的通信接口。

（2）监控中心的面积应与安防的规模相适应，不宜小于 $20m^2$；应有保证值班人员正常工作的相应辅助设施。

（3）监控中心室内地面应防静电、光滑、不起尘；门的宽度不应小于0.9m，高度不应小于2.1m。

（4）监控中心内的温度宜为16～30℃，相对湿度宜为30%～75%。

（5）监控中心内应有良好的照明。

（6）室内的电缆、控制线的敷设宜设置地槽，当不设置地槽时，也可敷设在电缆架槽、电缆走廊、墙上槽板内或采用活动板房。

（7）根据机架、机柜、控制台等设备的相应位置，设置电缆槽盒进线孔。槽的高度和宽度应满足敷设电缆的容量和电缆弯曲半径的要求。

（8）室内设备的排列，应便于维护与操作，并应满足规范和消防安全的规定。

（9）控制台的装机容量应根据工程需要留有扩展余地。控制台的操作部分应方便、灵活、可靠。

（10）控制台正面与墙的净距离不应小于1.2m，侧面与墙或其他设备的净距离，在主要走道不应小于1.5m，在次要走道不应小于0.8m。

（11）机架背面和侧面与墙的净距离不应小于0.8m。

（12）监控中心的供电、接地与雷电防护设计应符合相关规定。

（13）监控中心的布线、进出线端口的设置、安装等应符合相关规定。

8.1.4 设备的安装

1．摄像机的安装方式

（1）天花安装。

摄像机视频线缆和电源线缆都在天花上面，比较美观，一般半球、大半球摄像机采用这种方式安装。

（2）柱、梁安装。

需要根据柱子和承重梁的外观来定制支架进行安装，一般枪机、球机安装在这种环境的比较多。

（3）墙壁、墙角安装。

安装在墙面或墙角的摄像机一般都配有支架，无须定制支架，这种方式安装比较便利，不受天花承重的影响，枪机和球机均可方便地安装。

（4）预制支架安装。

在没有任何安装载体的情况下就需要定制支架，如马路上、高速公路上，这些地方都要预制大型的支架，支架与路灯比较类似，有的支架高几十米，因此稳定性和造价都比较高；还有在楼顶或山顶做支架，为能够经得起大风而不至于使顶端的摄像机来回摇晃，一般这种情况下的支架会做成铁搭来保证摄像机摄像的效果，当然造价也是最贵的。

2．视频设备的安装调试

中大型视频监控后端的设备有矩阵、DVR、电视墙、核心交换设备、路由设备、存储设备、控制台、控制计算机等，控制台和电视墙需要按照供货厂家的要求安装，特别是无缝拼接的电视墙，一定要根据厂家要求实施，其他设备均安装在控制台或设备机柜里面，相关设备调试可参照设备调试说明，并根据说明进行编程。

3．其他系统设备安装

门禁、出入口设备、周界防范设备、入侵报警设备的安装也是根据国家验收标准来安装，根据厂家的说明进行调试及编程，前面各章节已有阐述，在此不再重复。

8.1.5 隐蔽工程验收表与系统调试

1．隐蔽工程随工验收单

隐蔽工程验收单如下。

隐蔽工程验收单

<table>
<tr><td colspan="6">工 程 名 称：</td></tr>
<tr><td colspan="3">建设单位/总包单位</td><td colspan="2">设计施工单位</td><td>监 理 单 位</td></tr>
<tr><td colspan="3"></td><td colspan="2"></td><td></td></tr>
<tr><td rowspan="8">隐蔽工程内容</td><td rowspan="2">序　号</td><td rowspan="2">检查内容</td><td colspan="3">检查结果</td></tr>
<tr><td>安装质量</td><td>部位</td><td>图号</td></tr>
<tr><td>1</td><td></td><td></td><td></td><td></td></tr>
<tr><td>2</td><td></td><td></td><td></td><td></td></tr>
<tr><td>3</td><td></td><td></td><td></td><td></td></tr>
<tr><td>4</td><td></td><td></td><td></td><td></td></tr>
<tr><td>5</td><td></td><td></td><td></td><td></td></tr>
<tr><td>6</td><td></td><td></td><td></td><td></td></tr>
<tr><td>验收意见</td><td colspan="5"></td></tr>
<tr><td colspan="3">建设单位/总包单位</td><td colspan="2">设计施工单位</td><td>监 理 单 位</td></tr>
<tr><td colspan="3">验收人：
日期：
签章：</td><td colspan="2">验收人：
日期：
签章：</td><td>验收人：
日期：
签章：</td></tr>
</table>

2．系统调试报告的编写

系统调试完成后，应编写系统调试报告，具体格式如下。

系统调试报告

工程名称			工程地址			
使用单位			联系人		电话	
调试单位			联系人		电话	
设计单位			施工单位			
主要设备	设备名称、型号	数量	编号	出厂年月	生产厂商	备注
施工有无遗留问题			施工单位联系人		电话	
调试情况						
调试人员（签字）			使用单位人员（签字）			
施工单位负责人（签字）			设计单位负责人（签字）			
填表日期						

8.2 安全防范工程的实施流程

1．安全防范工程进场实施过程

（1）组建项目部，确定人员组织的结构如图 8-1 所示，安防工程都是实行项目经理负责制，项目经理承担整个项目的所有责任，并对项目的进度控制、质量控制、安全控制、设备采购、人员安排、项目收款等事务总负责，其他人员都各负其责配合项目经理完成项目实施。技术总工对技术总负责，施工队长负责布线、设备安装施工并管理施工队，其他人员根据图中岗位对各自的工作负责。

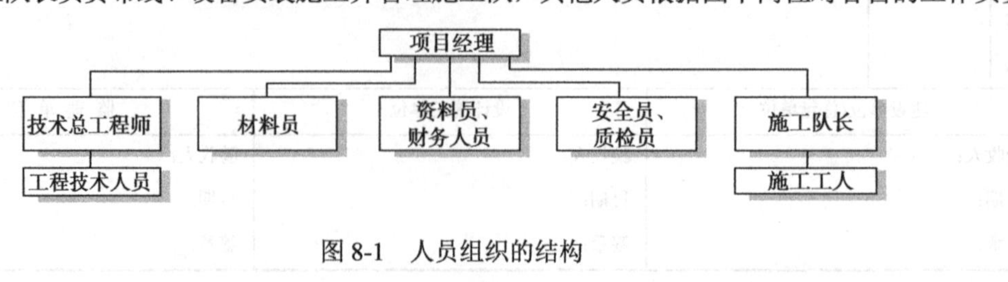

图 8-1　人员组织的结构

（2）技术交底。由技术总工和技术人员、施工队长及项目相关人员进行技术交底及和甲方相关人员技术交底。

（3）人员、材料、设备进场前准备。项目经理组织进场，准备施工。

（4）安全交底。项目经理组织安全员和项目人员进行安全交底，并进行安全培训。

2. 安全防范工程实施过程中联系的相关部门

（1）甲方。

工程实施过程中各种签证文件、管理文件、验收文件及付款都需要甲方签字。

（2）监理方。

工程实施过程中各种签证文件、管理文件、验收文件及付款都需要监理方签字。

（3）各兄弟施工单位。

在安防工程实施过程中会跟各兄弟施工单位有交叉点，如装饰、中央空调、水电、消防等施工单位，需要在工序上与各施工单位进行配合，才能使安防工程顺利实施。

（4）相关主管部门。

工程实施过程中各种签证文件、管理文件、验收文件都需要相关主管部门签字。

（5）工程资料存档的档案馆。

最后竣工验收的文件都要交付给工程资料存档部门，存档部门签字后整个工程验收才结束。

工程实施需要与以上部门打交道，要跟各部门经常保持联系，与各部门的联系人、签字人经常沟通，便于工程的签证和实施。

3. 安全防范工程实施的流程

安全防范工程实施的流程如图8-2所示。

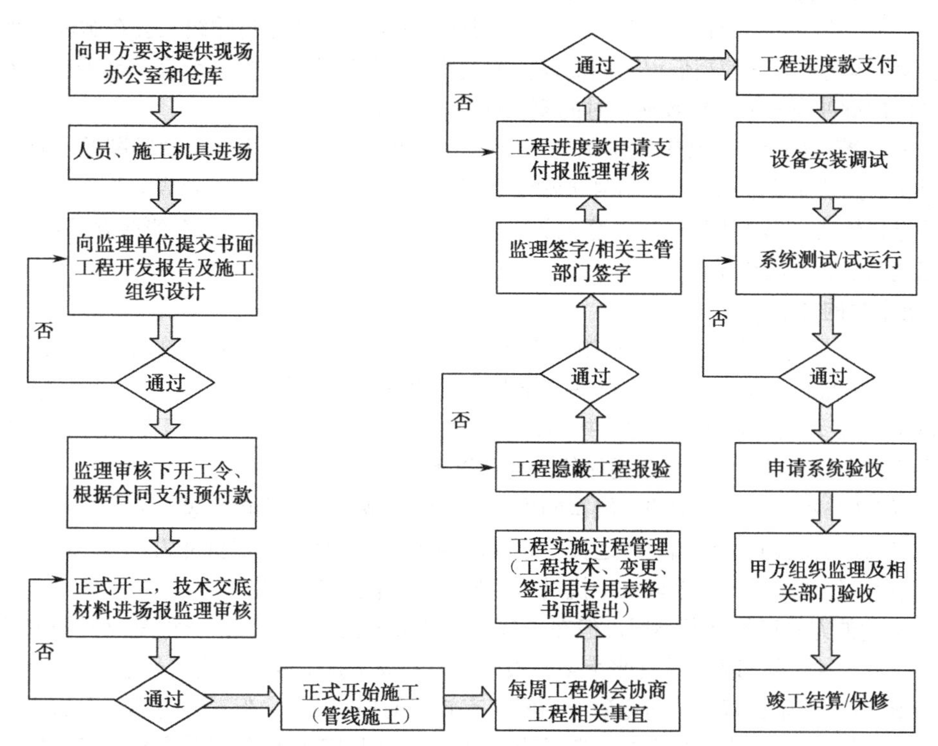

图8-2　安全防范工程实施的流程

相关工程报验、材料设备报验、工程联系、工程变更、工程款项支付、工程验收参考工程规范样表。

8.3 安全防范工程实施过程的管理

8.3.1 安全防范系统的抗干扰性能

由于建筑物内的电气环境比较复杂，容易形成各种干扰源，如果施工过程中未采取恰当的防范措施，各种干扰就会通过传输线缆进入到安全防范系统中，造成视频图像质量下降、系统控制失灵、运行不稳定等现象。因此，研究系统中干扰源的性质，了解其对安全防范系统的影响方式，以便采取措施解决干扰问题对提高安全防范系统工程质量，确保系统的稳定运行非常有益。

1. 干扰的来源及影响方式分析

安全防范系统中传输信号的类型主要有两类：一类是模拟视频信号，传输路径是由摄像机到切换矩阵，再从矩阵到显示器或录像机；另一类是数字信号，包括视频切换矩阵与摄像机之间的控制信息、矩阵中微处理器部分的数字信号、门禁和报警与巡更系统的输入/输出通信及控制单元。其他设备成为干扰源的可能性很小，因此干扰主要通过信号传输路径进入系统。闭路电视监控系统的信号传输路径有视频同轴电缆、传输控制信号的双绞线及摄像机电源线。能通过上述传输路径耦合进系统的干扰有各种高频噪声，如大电感负载启停、地电位不等引入的工频干扰、平衡传输线路失衡使抑噪能力下降将共模干扰变成了差模干扰；传输线上阻抗不匹配造成信号的反射使信号传输质量下降；静电放电沿传输线进入设备造成接口芯片损伤或损坏。

由于阻抗不匹配造成的影响在视频图像上表现为重影。在信号传输线上会在脉冲序列的前后沿形成振荡。振荡的存在使高低电平间的阈值差变小，当振荡的幅值更大或有其他干扰引入时就无法正确分辨出脉冲电平值，导致通信时间变长或通信中断。

接地和屏蔽不好会导致传输线抑制外部电磁干扰能力的下降，表现在视频图像上就是有雪花噪点、网纹干扰及横纹滚动等，在信号传输线上形成尖峰干扰，造成通信错误。平衡传输线路失衡也会在信号传输线上形成尖峰干扰。静电放电除了会造成设备损坏外，还会影响存储器内的数据，使设备出现莫名其妙的错误。

2. 抗干扰的方法

（1）数字信号传输中的抗干扰措施。在弱电系统工程中数字信号的传输通常指长线传输，常见的方式有 RS-422、RS-232、RS-485 等工业标准的通信网络传输。

RS-485 总线是采用差分平衡电气接口，具有较强的抗电磁干扰能力，但在实际工程中 RS-485 总线并未达到人们期望的效果。问题往往出现在以下几个方面：

① 网络拓扑不合理，未按照总线型网络拓扑布线，成为事实上的星型拓扑；

② 传输线与接收和发送端设备连接不正确，削弱了平衡线的抗干扰能力；

③ 共用双绞线未进一步采取抗干扰措施，如采用屏蔽类双绞线。

造成干扰的方式可能有所不同，但在干扰的表现形式上只有两种：一种是反射增加了信号的畸变程度；另一种是外部的干扰使平衡条件被破坏，共模干扰变成了差模信号进入传输线。

用做 RS-485 传输的双绞线对电磁感应噪声有较强的抑制能力，但对静电感应引起噪声的抑制能力较差，因此 RS-485 传输线应选用带屏蔽的双绞线，同时双绞线的屏蔽层要正确接地，这里讲的“地”应该是驱动总线逻辑门的“地”，而非“机壳地”、“保护地”，但在许多实际设备上往往没有给出接地连接端，所以在这种情况下就需要引出一条线将屏蔽与驱动逻辑门集成电路的地相连；另外双绞线的屏蔽层最好应单点接地。

（2）视频信号的抗干扰措施。视频信号的抗干扰在图像上表现为雪花点和50Hz横纹滚动，雪花点干扰是由于传输线上信号衰减及耦合了高频干扰所致，这种干扰比较容易消除，只要在摄像机与切换控制矩阵之间合理位置处增加一个视频放大器将信号的电平提高，或者改变视频电缆的路径避开高频干扰源，或者采用屏蔽层编数较高的同轴电缆（96编以上），高频干扰的问题就可基本上得到解决。较难解决的是50Hz横纹滚动及更强烈高频干扰的情况，如电梯轿厢内摄像机的输出图像。为了抑制上述干扰，首先分析一下造成上述问题的原因。

摄像机要求的供电电源一般有三种：DC 12V、AC 24V或AC 220V，大多数工程应用中不从电梯轿厢的供电电源上取，而是另外敷设供电电源给摄像机供电，摄像机输出图像经过一条软性视频电缆从井道上方或下方送出，视频电缆和供电电缆与轿厢的动力线捆绑在一起。当电梯运行时，牵引电动机运行产生的电磁场沿照明动力线传播，显然会影响摄像机供电电缆和视频电缆，当视频电缆的屏蔽层不够密时，高频干扰就经视频电缆传至监视器上。而对于50Hz的横纹滚动根据电磁学理论，视频电缆的屏蔽层是可以完全消除50Hz工频干扰的。由此可以推断这部分干扰不是通过视频电缆耦合过来的，而是来自电源线和不合理的视频线连接。

对于图像中的高频干扰，因为它的频带仍在8MHz以内，采用空隙率为50%左右的屏蔽网可基本消除高频干扰，但要达到50%空隙率，屏蔽网根数需每个波长长度有60根以上，这样高的密度又会使电缆的柔韧性下降，比较好的方法是采用带有双层屏蔽的视频电缆。

视频电缆屏蔽层是接地的，如果视频信号“地”与监视器的“地”相对“电网地”的电位不同，那么通过电源在摄像机与显示器之间将形成电源回路，这样50Hz的工频干扰就进入监视器中。消除50Hz工频干扰的方法有以下两种：

① 使各处的“地”电位与“电网地”的电位差完全相同；

② 切断形成地环流的路径。

由于工程环境比较复杂，使各处“地”完全等电位比较困难，只能通过加大摄像机供电线缆的线径，尽可能降低地回路的电阻，或者采用切断地环流回路的方法，在摄像机或显示器端有一端不接地，通常在监视器端不接供电电源的地，这样虽不能完全消除干扰但可大大减少50Hz的干扰。

从上面的分析可知，如果电源线上耦合了高频噪声，即使视频电缆的屏蔽层屏蔽得再好，也会将噪声送到监视器，因此摄像机的供电电源线最好也要屏蔽，上述措施需要在工程设计和施工时全面考虑才能实现。

8.3.2 安全防范系统提高可靠性的措施

1. 消除地电流对图像的干扰影响的措施

用同轴电缆传输的电视监控系统最容易受到地电流的干扰，这是因为系统前端与终端地电位不同，地电流形成回路的缘故。受地电流干扰后的图像会发生严重扭曲、上下滚动、黑白杆，有时甚至不成像。

解决地电流对视频信号的干扰可有如下措施。

（1）利用光缆传输视频信号，即使系统的前端和终端有再大的电位差，地电流也不会串扰到视频通道，这就从根本上解决了地电流对图像的干扰。

目前，安全防范系统采用调幅传输方式，即输出光的强度随输入视频信号的变化而变化，这是一种非常简单、有效的传输方式，经光接收机还原出来的电信号直接通过同轴电缆送至监视器。光缆传输所用光的波长多为1.3μm，传输距离可达十几千米。采用光缆传输能够隔断前端摄像机与终端设备电流的通路。

（2）在传输系统的前端和终端分别使用隔离变压器，这是一种视频变压器，能有效地抑制低频电流（近似 50Hz 的地电流）对视频信号的干扰。由于隔离变压器成本较高，在实际工程中可以只在传输系统的终端加一台，也能得到较为满意的图像。

（3）在视频电缆终端加入差分放大器，也同样能够较好地抑制电流对图像的干扰。将电缆内外导体分别接到差分放大器的两个输入端，差分放大器的输入端经一级缓冲后，再送至监视器。差分放大器输入端 1 输入被干扰后的信号，输入端 2 输入电流干扰信号，输出端是前面两组输入信号相减的结果。差分放大器正是利用两组输入信号相减抑制地电流对视频信号的干扰。

（4）解决地电流干扰最简单的办法就是将系统的一端接地，即终端接地，使电流无法形成回路，有效地抑制地电流的干扰。这种办法既简单又经济，对一般的室内系统来说是一种优选方案。但是，单端接地不符合电气装置安装规范，按安全性要求，任何电气装置外壳都应与大地相接，一方面能够防止外壳地带电伤人；另一方面能够减少雷击对设备的烧毁。因此，一个大型的安全防范系统，在室外安装有位置较高的摄像机时，设计者一定要考虑加装避雷装置（具有避雷功能的摄像机也应加装避雷装置），只有这样，用同轴电缆传输的电视监控系统采用单端接地才有效。

2．采取提高系统性能和可靠性的保障措施

可靠性理论指出，并联设计系统比串联设计系统的可靠性高，在出现故障时系统应能降级使用等待修复而不至于使整个系统瘫痪，系统最好有冷热备份或者双机运行，系统应具有可维护性和可扩展性。在安全防范系统中，可采取以下措施。

（1）报警探测器应可能采用双鉴式，以减少误报警，提高系统的可靠性。

（2）门禁控制器最好具有感应卡识别加密码输入比对两种方法，可提高门禁系统的安全性，特别是采用乱序键盘输入更可防止门禁被窥视。

（3）CCTV 系统中宜采用白天色彩/夜间黑白成像自动转换式摄像机，以使 CCTV 系统在夜间也有图像，同时图像更清晰。

（4）在系统设计上，要对防范的区域分层次设防，构成纵深防护的体系。

（5）以两种以上不同的探测技术来对被保护的目标实施交叉探测。

（6）安全防范系统除正常供电外，要有备用电源或 UPS 后备电源。

（7）系统中的部件应采用经过认证及使用证明质量较好的产品，从根本上减少故障发生的概率。

（8）选用产品的一致性应得到保证，只有这样，才能快速完成故障产品的替换，保障系统随后即能正常运行。

（9）系统选用的产品最好是模块化结构的产品，因具有可对比性而容易更换；同时因具有可扩展性而能对系统规模按需要进行裁剪。智能建筑的电缆沟或管道竖井应留有 1/3 的孔隙，以便于维修穿线。

施工是做好安全防范工程的重要一环。施工的组织与管理应包括以下几个环节。

① 拟订出施工的组织规划，落实好施工的人员，特别是要选择好该工程的项目经理。

② 从质量、安全和工期三方面保证工程的完成。

③ 制定出并严格实施保证工程质量的措施。

3．严格按安装要求施工

（1）终端设备的安装。

① 摄像机护罩及支架的安装应符合设计要求，固定要安全可靠，水平和俯、仰角应能在设计要求的范围内灵活调整。

② 摄像机应安装在监视目标附近不易受外界损伤的地方，安装位置不应影响现场设备运行和人员正常活动，安装高度，室内应距地面 2.5～5m 或吊顶下 0.2m 处，室外应距地面 3.5～10m，不低于 3.5m。

③ 摄像机需要隐蔽时，可设置在顶棚或墙壁内，镜头应采用针孔或棱镜镜头；电梯内摄像机应安装在电梯轿厢顶部、电梯操作处的对角处，并能监视电梯内全景。

④ 镜头与摄像机的选择应互相对应。CS 型镜头应安装在 CS 型摄像机上，C 型镜头应安装在 C 型摄像机上。当无法配套使用时，CS 型镜头可以安装在 C 型接口的摄像机上，但要附加一个 CS 改 C 型镜座接圈，但 C 型镜头不能安装在 CS 型接口的摄像机上。

⑤ 在搬运和安装摄像机过程中，严禁打开镜头盖。

（2）机房设备安装。

① 电视墙的底座应与地面固定，电视墙安装应竖直平稳，垂直偏差不得超过 1%。多个电视墙并排在一起时，面板应在同一平面上并与基准线平行，前后偏差不大于 3mm，两个机架间缝隙不得大于 3mm。安装在电视墙内设备应牢固、端正；电视墙机架上的固定螺钉、垫片和弹簧垫圈均应紧固不得遗漏。

② 控制台安装位置应符合设计要求。控制台安放竖直，台面整洁无划痕，台内接插件和设备接触应可靠，安装应牢固，内部接线应符合设计要求，无扭曲脱落现象。

③ 监视器应安装在电视墙或控制台上。其安装位置应使屏幕不受外来光直射；监视器、矩阵主机、长时延录像机、画面分割器等设备外部可调节部分，应暴露在控制台外便于操作的位置。

（3）设备接线调试。

① 接线时，将已布放的线缆再次进行对地绝缘与线间绝缘检测。

② 机房设备采用专用导线将各设备进行连接，各支路导线线头压接好，设备及屏蔽线应压接好保护地线，接地电阻值不应大于 4Ω；采用联合接地时，接地电阻值不应大于 1Ω。

③ 摄像机安装前，应先调好光圈、镜头，再对摄像机进行初装，经通电试看，细调检查各项功能，观察监视区的覆盖范围和图像质量，符合要求后方可固定。

④ 安装完后，对所有设备进行通电联调，检测各设备功能及摄像效果，完全达到功能和视觉效果要求后，方可投入使用。

4．施工安全及进度

（1）落实施工的安全保证措施。

（2）落实施工的进度安排，画出工期安排的直方图（形象进度图又称为横道图），如图 8-3 所示。

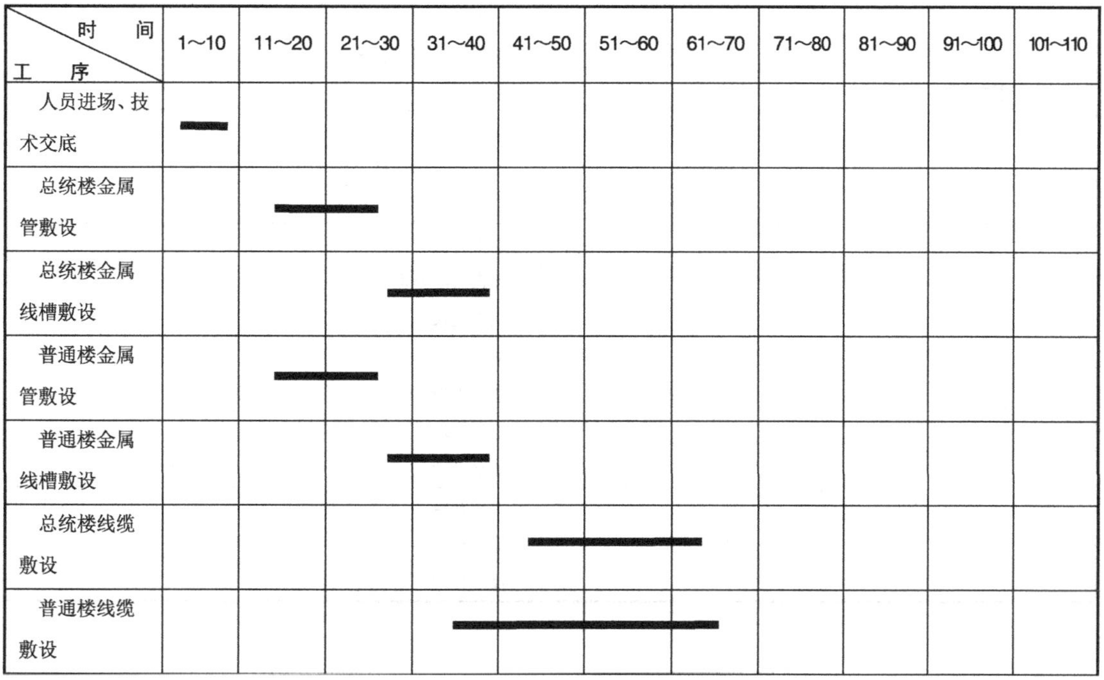

时间 / 工序	1~10	11~20	21~30	31~40	41~50	51~60	61~70	71~80	81~90	91~100	101~110
人员进场、技术交底											
总统楼金属管敷设											
总统楼金属线槽敷设											
普通楼金属管敷设											
普通楼金属线槽敷设											
总统楼线缆敷设											
普通楼线缆敷设											

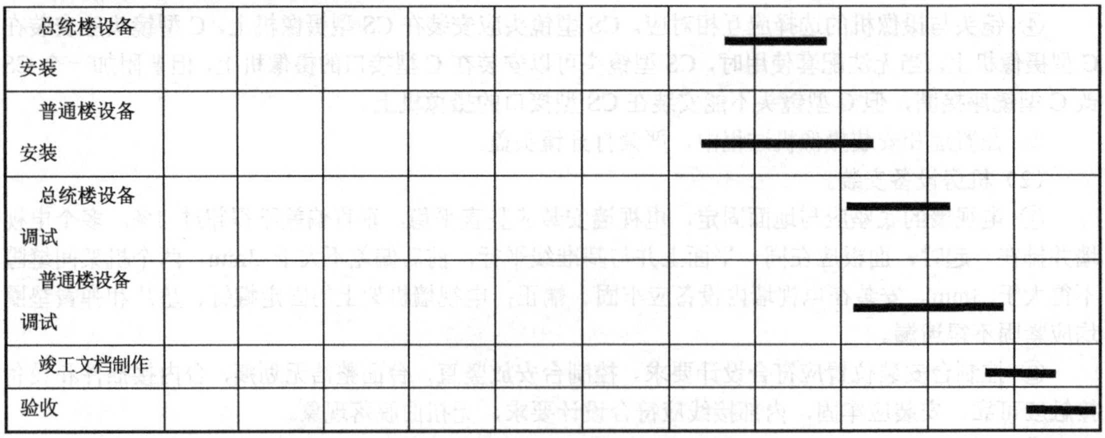

总统楼设备安装											
普通楼设备安装											
总统楼设备调试											
普通楼设备调试											
竣工文档制作											
验收											

图 8-3　安全防范工程进度横道图

（3）培训整个安防系统的操作人员和系统管理员，明确各自的职责和权限，如表 8-1 所示。

表 8-1　操作人员和系统管理员的职责和权限

1．安全防范系统（包括监控、周界、家庭报警、门禁）	操作员	介绍安全防范系统概况 进入/退出系统 切换硬盘录像机等设备使用 处理报警或异常情况 打印报表
	系统管理员	设置密码 操作员级别设置 资料备份 系统维护
2．可视对讲系统	操作员	系统概况 管理机的使用方法 切换选择与系统操作 处理报警
	系统管理员	设置密码 操作员级别设置 资料备份
3．一卡通系统	操作员	制卡、发卡 异常情况处理 制卡授权
	系统管理员	网络管理 网络维护 权限管理 数据维护
	财务操作员	卡片充值 报表整理 报表打印

8.4 安全防范工程质量检验与验收

安防工程依据《智能建筑工程质量验收规范》（GB/T50339—2003）来验收，安全防范系统综合防范功能的检测包括以下内容。

（1）防范范围、重点防范部位和要害部门的设防情况，防范功能及安防设备的运行是否达到设计要求，有无防范盲区。

（2）各种防范子系统之间的联动是否达到设计要求。

（3）监控中心系统记录（包括监控的图像记录和报警记录）的质量和保存时间是否达到设计要求。

（4）安全防范系统与其他系统进行系统集成时，应检查系统的接口、通信功能和传输的信息等是否达到设计要求。

8.4.1 视频安防监控系统的检测

1．检测内容

（1）系统功能检测。云台转动、镜头、光圈的调节，调焦、变倍，图像切换，防护罩功能的检测。

（2）图像质量检测。在摄像机的标准照度下进行图像的清晰度及抗干扰能力的检测。

检测方法：对图像质量进行主观评价，主观评价应不低于 4 分；抗干扰能力按 GA/T367《安防视频监控系统技术要求》进行检测。

（3）系统整体功能检测。

① 功能检测应包括视频安防监控系统的监控范围、现场设备的接入率及完好率，矩阵监控主机的切换、控制、编程、巡检、记录等功能。

② 对数字视频录像式监控系统还应检查主机死机记录、图像显示、记录速度、图像质量、对前端设备的控制功能、通信接口功能及远端联网功能等。

③ 对数字硬盘录像监控系统除检测其记录速度外，还应检测记录的检索、回放等功能。

④ 系统联动功能检测。联动功能检测应包括与出入口管理系统、入侵报警系统、巡更管理系统、停车场（库）管理系统等的联动控制功能。

⑤ 视频安防监控系统的图像记录保存时间应满足管理要求。

2．检测要求

摄像机抽检的数量应不低于 20%且不少于 3 台，摄像机数量少于 3 台时应全部检测；被抽检设备的合格率 100%时为合格；系统功能和联动功能全部检测，功能符合设计要求时为合格，合格率 100%时为系统功能检测合格。

3．视频的检测要求

按（GB50198—1994）《民用闭路监视电视系统工程技术规范》规定。

（1）监控图像应达到监视系统工程标准的 5 级损伤标准中的 4 级，即黑白水平清晰度不小于 400 线，彩色不小于 270 线，灰度不小于 8 级。

（2）输入端的复合视频信号幅度的电平峰值为 1V+3dB。

（3）显示部分的信噪比为 45dB，传输部分为 50dB，摄像部分为 40dB。

视频安防监控系统检测项目、要求及测试方法如表 8-2 所示。

表 8-2 视频安防监控系统检测项目、要求及测试方法

序号	检测项目		检测要求及测试方法
1	系统控制	编程功能检测	通过控制设备键盘可手动或自动编程，实现对所有的视频图像在指定的显示器上进行固定或时序显示、切换
	功能检测	遥控功能检测	控制设备对云台、镜头、防护罩等所有前端受控部件的控制应平稳、准确
2	监视功能检测		监视区域内照度应符合设计要求，如不符合要求，检查是否有辅助光源； 对设计中要求必须监视的部位，检查是否实现监视无盲区
3	显示功能检测		单画面或多画面显示的图像应清晰、稳定； 监视画面上应显示日期、时间及所有监视画面前端摄像机的编号或地址码。应具有画面定格、切换显示、多路报警显示、任意设定视频警戒区域等功能。图像显示质量应符合设计要求，并按国家现行标准《民用闭路监视电视系统工程技术规范》GB50198 对图像质量进行 5 级评分
4	记录功能检测		对前端摄像机所摄图像应能按设计要求进行记录，对设计中要求必须记录的图像应连续、稳定； 记录画面上应有记录日期、时间及所监视画面前端摄像机的编号或地址码。应具有存储功能，在停电或关机时，对所有的编程设置、摄像机编号、时间、地址等均可存储，一旦恢复供电，系统应自动恢复正常工作状态
5	回放功能检测		回放图像应清晰，灰度等级、分辨率应符合设计要求； 回放图像画面应有日期、时间及所有监视画面前端摄像机的编号或地址码，应清晰、准确； 记录图像为报警联动所有记录图像时，回放图像应保证报警现场摄像机的覆盖范围，使回放图像再现报警现场； 回放图像与监视图像比较应无明显劣化，移动目标图像的回放效果应达到设计和使用要求
6	报警联动功能检测		当入侵报警系统有报警发生时，联动装置应将相应设备自动打开。报警现场画面应能显示到定制监视器上，应能显示出摄像机的地址码及时间，应能单画面记录报警画面； 当与入侵探测系统、出入口控制系统联动时，能准确触发所联动的设备； 其他系统的报警联动功能应符合设计要求
7	图像丢失报警功能检测		当视频输入信号丢失时，应能发出报警
8	其他功能项目检测		具体工程中具有的而以上功能中未涉及的项目，其检测要求应符合相应标准、工程合同及正式设计文件的要求

8.4.2 入侵报警系统（包括周界入侵报警系统）的检测

1. 检测内容

（1）探测器的盲区检测，防动物功能检测。

（2）探测器的防破坏功能检测应包括报警器的防拆报警功能，信号线开路、短路报警功能，电源线被剪的报警功能。

（3）探测器灵敏度检测。

（4）系统控制功能检测应包括系统的撤防、布防功能，关机报警功能，系统后备电源自动切换功能等。

（5）系统通信功能检测应包括报警信息传输、报警响应功能。

（6）现场设备的接入率及完好率测试。

（7）系统的联动功能检测应包括报警信号对相关报警现场照明系统的自动触发、对监控摄像机的自动启动、视频安防监视画面的自动调入、相关出入口的自动启动和录像设备的自动启动等。

（8）报警系统管理软件（含电子地图）功能检测。

（9）报警信号联网上传功能的检测。

（10）报警系统报警事件存储记录的保存时间应满足管理要求。

2. 检测要求

探测器抽检的数量应不低于 20%且不少于 3 台，探测器数量少于 3 台时应全部检测；被抽检设备的合格率 100%时为合格；系统功能和联动功能全部检测，功能符合设计要求时为合格，合格率 100%时为系统功能检测合格。

入侵报警系统的检测项目、要求及测试方法如表 8-3 所示。

表 8-3 入侵报警系统的检测项目、要求及测试方法

序号	检测项目		检测要求及测试方法
1	入侵报警功能检测	各类入侵探测器报警功能检测	各类入侵探测器应按相应标准规定的检测方法检测探测灵敏度及覆盖范围。在设防状态下，当探测到有入侵发生时，应能发出报警信息。防盗报警控制设备上应显示出报警发生的区域，并发出声、光报警。报警信息应能保持到手动复位。防范区域应在入侵探测器的有效探测范围内，防范区域内应无盲区
2	入侵报警功能检测	紧急报警功能检测	系统在任何状态下触动紧急报警装置，在防盗报警控制设备上应显示出报警发生地址，并发出声、光报警。报警信息应能保持到手动复位。紧急报警装置应有防误触发措施，被触发后应自锁。当同时触发多路紧急报警装置时，应在防盗报警控制设备上依次显示出报警发生区域，并发出声、光报警信息。报警信息应能保持到手动复位，报警信号应无丢失
		多路同时报警功能检测	当多路探测器同时报警时，在防盗报警控制设备上应显示出报警发生地址，并发出声、光报警信息。报警信息应能保持到手动复位，报警信号应无丢失
		报警后的恢复功能检测	报警发生后，入侵报警系统应能手动复位。在设防状态下，探测器的入侵探测与报警功能应正常；在撤防状态下，对探测器的报警信息应不发出报警
3	防破坏及故障报警功能检测	入侵探测器防拆报警功能检测	在任何状态下，当探测器机壳被打开，在防盗报警控制设备上应显示出探测器地址，并发出声、光报警信息。报警信息应能保持到手动复位
		防盗报警控制器防拆报警功能检测	在任何状态下，防盗报警控制器机盖被打开，防盗报警控制设备应发出声、光报警信息，应能保持到手动复位

续表

序　号	检测项目		检测要求及测试方法
3	防破坏及故障报警功能检测	防盗报警控制器信号线防破坏报警功能检测	在有线传输系统中，当报警信号传输线被开路、短路及并接其他负载时，防盗报警控制器应发出声、光报警信息，应显示报警信息，报警信息应能保持到手动复位
		入侵探测器电源线防破坏功能检测	在有线传输系统中，当探测器电源线被切断，防盗报警控制设备应发出声、光报警信息，应显示线路故障信息，该信息应能保持到手动复位
		防盗报警控制器主备电源故障报警功能检测	当防盗报警控制器主电源发生故障时，备用电源应自动工作，同时应显示主电源故障信息；当备用电源发生故障或欠压时，应显示备用电源故障或欠压信息，该信息应能保持到手动复位
		电话线防破坏功能检测	在利用市话网传输报警信号的系统中，当电话线被切断，防盗报警控制设备发出声、光报警信息，应显示线路故障信息，该信息应能保持到手动复位
4	记录、显示功能检测	显示信息检测	系统应具有显示和记录开机和关机时间、报警、故障、被破坏、设防时间、撤防时间、更改时间等信息的功能
		记录内容检测	应记录报警发生时间、地点、报警信息性质、故障信息性质等信息。信息内容要求准确、明确
		管理功能检测	具有管理功能的系统，应能自动显示、记录系统的工作状况，并具有多级管理密码
5	系统自检功检测	自检功能检测	系统应具有自检或巡检功能，当系统中入侵探测器或报警控制设备发生故障、被破坏，都应有声、光报警，报警信息应保持到手动复位
		设防/撤防、旁路功能检测	系统应能手动/自动设防/撤防，应能按时间在全部及部分区域任意设防和撤防；设防/撤防状态应有显示，并有明确区别
6	系统报警响应时间检测		检测从探测器探测到报警信号到系统联动设备启动之间的响应时间，应符合设计要求； 检测从探测器探测到报警发生并经市话网电话线传输，到报警控制设备接收到报警信号之间的响应时间，应符合设计要求； 检测系统发生故障到报警控制设备显示信息之间的响应时间，应符合设计要求
7	报警复核功能检测		在有报警复核功能的系统中，当报警发生时，系统应能对报警现场进行声音或图像复核
8	报警升级检测		用声级计在距离报警发生器件正前方1m处测量（包括探测器本地报警发生器件、控制台内置发生器件及处置发生器件），声级应符合设计要求
9	报警优先功能检测		经市话网电话线传输报警信号的系统，在主叫方式下应具有报警优先功能。检查是否有被叫禁用措施
10	其他项目检测		具体工程中具有的而以上功能中未涉及的项目，其检测要求应符合相应标准、工程合同及设计任务书的要求

8.4.3 出入口控制（门禁）系统的检测

1. 检测内容

（1）出入口控制（门禁）系统的功能检验。

① 系统主机在离线的情况下，出入口（门禁）控制器独立工作的准确性、实时性和储存信息的功能。

② 系统主机对出入口（门禁）控制器在线控制时，出入口（门禁）控制器工作的准确性、实时性和储存信息的功能，以及出入口（门禁）控制器和系统主机之间的信息传输功能。

③ 检测掉电后，系统启用备用电源应急工作的准确性、实时性和信息的存储及恢复能力。

④ 通过系统主机出入口（门禁）控制器及其他控制终端，实时监控出入控制点的人员状况。

⑤ 系统对非法强行入侵及时报警的能力。

⑥ 检测本系统与消防系统报警时的联动功能。

⑦ 现场设备的接入率及完好率测试。

⑧ 出入口管理系统的数据存储记录保存时间应满足管理要求。

（2）系统的软件测试。

① 演示软件的所有功能以证明软件功能与任务书或合同书要求一致。

② 根据需求说明书中规定的性能要求，包括时间、适应性、稳定性及图形化界面友好程度，对软件逐项进行测试。

③ 对软件系统操作的安全性进行测试，如系统操作人员的分级授权、系统操作人员操作信息的存储记录等。

④ 在软件测试的基础上，对被验收的软件进行综合评审，给出综合评审结论，包括软件设计与需求的一致性、程序与软件设计的一致性、文档（含软件培训、教材和说明书）描述与程序的一致性、完整性、准确性和标准化程度等。

2. 检测要求

出入口控制器抽检的数量应不低于20%且不少于3台，数量少于3台时应全部检测，被抽检设备的合格率100%时为合格；系统功能和软件全部检测，功能符合设计要求为合格，合格率为100%时为系统功能检测合格。

出入口控制系统检测项目、要求及测试方法如表8-4所示。

表8-4 出入口控制系统检测项目、要求及测试方法

序　号	检 测 项 目	检测要求及测试方法
1	出入目标识读装置功能检测	（1）出入目标识读装置的性能应符合相应产品的技术要求； （2）目标识读装置的识读功能有效性应满足GA/T394的要求
2	信息处理/控制设备功能检测	（1）信息处理/控制/管理功能应满足GA/T394要求； （2）对各类不同的通信对象及其准入级别，应具有实施控制和多级程序控制功能； （3）不同级别的入口应有不同的识别密码，以确定不同级别证卡的有效进入； （4）有效证卡应有防止使用同类设备非法复制的密码系统，密码系统应能修改； （5）控制设备对执行机构的控制应准确、可靠； （6）对于每次有效进入，都应自动存储该进入人员的相关信息和进入时间，并能进行有效统计和记录存档。可对出入口数据进行统计、筛选等数据处理； （7）应具有多级系统密码管理功能，对系统中任何操作均应有记录； （8）出入口控制系统应能独立运行。当处于集成系统中时，应可与监控中心联网； （9）应有应急打开功能

续表

序　号	检 测 项 目	检测要求及测试方法
3	执行机构功能检测	（1）执行机构的动作应实时、安全、可靠； （2）执行机构的一次有效操作，只能产生一次有效动作
4	报警功能检测	（1）授权进入、超时打开时应能发出报警信号，应能显示出非授权进入、超时打开发生的时间； （2）区域或部位，应与授权进入显示有明显区别； （3）当识读装置和执行机构被破坏时，应能发出报警
5	访客（可视）对讲电控防盗门系统功能检测	（1）室外机与室内机应能实现双向通话，声音清晰，应无明显噪声； （2）室内机的开锁机构应灵活、有效； （3）电控防盗门及防盗门锁应符合 GA/T72 等相关标准要求，应具有有效的质量证明文件；电控开锁、手动开锁及用钥匙开锁，均应正常可靠； （4）具有报警功能的访客对讲系统报警功能应符合入侵报警系统相关要求； （5）关门噪声应符合设计要求； （6）可视对讲系统的图像应清晰、稳定，图像质量应符合设计要求
6	其他项目检测	具体工程中具有的而以上功能中未涉及的项目，其检测要求应符合相应标准、工程合同及正式设计文件的要求

8.4.4　巡更管理系统的检测

1．检测内容

（1）按照巡更路线图检查巡更终端、读卡机的响应功能。

（2）现场设备的接入率及完好率测试。

（3）检查巡更管理系统编程、修改功能及撤防、布防功能。

（4）检查系统的运行状态、信息传输、故障报警和指示故障位置的功能。

（5）检查巡更管理系统对巡更人员的监督及记录情况，安全保障措施和对意外情况及时报警的处理手段。

（6）对在线联网式巡更管理系统还需要检查巡更电子地图上的显示信息，遇有故障时的报警信号及和视频安防监控系统等的联动功能。

（7）巡更系统的数据存储记录保存时间应该满足管理要求。

2．检测要求

巡更终端抽检的数量应不低于 20%且不少于 3 台，探测器数量少于 3 台时应全部检测；被抽检设备的合格率为 100%时为合格；系统功能全部检测，功能符合设计要求为合格，合格率为 100%时为系统功能检测合格。

电子巡查系统检测项目的要求及测试方法如表 8-5 所示。

表 8-5　电子巡查系统检测项目的要求及测试方法

序　号	检 测 项 目	检验要求及测试方法
1	巡查设置功能检测	在线式的电子巡查系统应能设置保安人员巡查程序，应能对保安人员巡逻的工作状态（是否准时、是否遵守顺序等）进行实时监督、记录。当发生保安人员不到位时，应有报警功能。当与入侵报警系统、出入口控制系统联动时，应保证对联动设备的控制准确、可靠。离线式的电子巡查系统应能保证信息识读准确、可靠

续表

序　号	检测项目	检验要求及测试方法
2	记录打印功能检测	应能记录打印执行器编码、执行时间、与设置程序的比对等信息
3	管理功能检测	应有多级系统管理密码，对系统中的各种状态均应有记录
4	其他项目检测	具体工程中具有的而以上功能中未涉及的项目，其检测要求应符合相应标准、工程合同及正式设计文件要求

8.4.5　停车场（库）管理系统的检测

1．检测内容

停车场（库）管理系统功能检测应分别对入口管理系统、出口管理系统和管理中心的功能进行检测。

（1）车辆探测器对出入车辆的探测灵敏度检测，抗干扰性能检测。

（2）自动栅栏升降功能检测，防砸车功能检测。

（3）读卡器功能检测，对无效卡的识别功能，对非接触IC卡读卡器还应检测读卡器距离和灵敏度。

（4）发卡（票）器功能检测，吐卡功能是否正常，入场日期、时间等记录是否正确。

（5）满位显示器功能是否正常。

（6）管理中心的计费、显示、收费、统计、信息存储等功能的检测。

（7）出入口管理监控站及管理中心站的通信是否正常。

（8）管理系统的其他功能，如“防折返”功能检测。

（9）对具有图像对比功能的停车场（库）管理系统应分别检测出入车牌和车辆图像记录的清晰度、调用图像信息的符合情况。

（10）检测停车场（库）管理系统与消防系统报警时的联动功能，电视监控系统摄像机对进出停车场车辆的监视等。

（11）空车位及收费显示。

（12）管理中心监控的车辆出入数据记录保存时间应满足管理要求。

2．检验要求

停车场（库）管理系统功能应全部检测，功能符合设计要求为合格，合格率100%时为系统功能检验合格。其中，车牌识别系统对车辆的识别率达98%时为合格。

停车场（库）管理系统检测项目、要求及测试方法如表8-6所示。

表8-6　停车场（库）管理系统检测项目、要求及测试方法

序　号	检测项目	检测要求及测试方法
1	识别功能检测	对车型、车号的识别应符合设计要求，识别应准确、可靠
2	控制功能检测	应能自动控制出入挡车器、并不损害出入目标
3	报警功能检测	当有意外情况发生时，应能报警
4	出票验票功能检测	在停车场（场）的入口区、出口区设置的出票装置、验票装置，应符合设计要求，出票验票均应准确、无误
5	管理功能检测	应能进行整个停车场的收费统计和管理（包括多个出入口的联网和监控管理）。应能独立运行，应能与安防系统监控中心联网
6	显示功能检测	应能明确显示车位，应有出入口及场内通道的行车指示，应有自动计费与收费金额显示
7	其他项目检测	具体工程中具有的而以上功能中未涉及的项目，其检测要求应符合相应标准、工程合同及设计任务书的要求

8.4.6 安全防范综合管理系统的检测

1．综合管理系统检测

完成安全防范系统中央监控室对各子系统的监控功能，具体内容按工程设计文件要求确定。

1）检测内容。

（1）各子系统的数据通信接口。各子系统与综合管理系统以数据通信方式连接时，应能在综合管理监控站上观测到子系统的工作状态和报警信息，并和实际状态核实，确保准确性和实时性；对具有控制功能的子系统，应检测从综合管理监控站发送命令时，子系统响应的情况。

（2）综合管理系统监控站。对综合管理监控系统监控站的软、硬件功能的检测，包括以下几个方面：

① 检测子系统监控站与综合管理系统监控站对系统状态和报警信息记录的一致性；

② 综合管理系统监控站对各类报警信息的显示、记录、统计等功能；

③ 综合管理系统监控站的数据报表打印、报警打印功能；

④ 综合管理系统监控站操作的方便性，人机界面应友好、汉化、图形化。

2）检测要求。

综合管理系统功能应全部检测，功能符合设计要求为合格，合格率100%时为系统功能检测合格。

2．安全防范系统的使用特性检测

1）安全性检测。

（1）检查系统所用设备及其安装部件的机械强度（以产品检测报告为依据）。

（2）主要控制设备的安全性检验。应重点检测下列项目。

① 绝缘电阻检测。在正常大气条件下，控制设备的电源插头或电源引入端子与外壳裸露金属部件之间的绝缘电阻不应小于20MΩ。

② 抗电强度检测。控制设备的电源接头或电源引入端子与外壳裸露金属部件之间应能承受1.5kV/50Hz交流电压的抗电强度试验，历时1min应无击穿和飞弧现象。

③ 漏电电流检测。控制设备泄漏电流应小于5mA。

2）电磁兼容性检测。

（1）检查系统所用设备的抗电磁干扰能力（以产品检测报告为依据）和抗电磁干扰状况。

（2）检查系统传输线路的设计与安装施工情况。

（3）系统主要控制设备的电磁兼容性检查，应重点检验下列项目。

① 静电放电抗扰度试验。应根据现行国家标准《电磁兼容和测量技术静电放电抗扰度试验》进行测试，严酷等级按设计文件的要求执行。

② 射频电磁场辐射抗扰度试验。应根据现行国家标准《电磁兼容和测量技术射频电磁场辐射抗扰度试验》进行测试。严酷等级按设计文件的要求执行。

③ 电快速瞬变脉冲群抗扰度试验。应根据现行国家标准《电磁兼容和测量技术电快速瞬变脉冲群抗扰度试验》进行试验，严酷等级按设计文件的要求执行。

④ 浪涌（冲击）抗扰度试验。应根据现行国家标准《电磁兼容和测量技术浪涌（冲击）抗扰度试验》进行测试，严酷等级接设计文件的要求执行。

⑤ 电压暂降、短时中断和电压变化抗扰度试验。根据现行国家标准《电磁兼容、试验和测量技术电压暂降、短时中断和电压变化的抗扰度试验》进行测试，严酷等级按设计文件的要求执行。

3）设备安装检测。

（1）前端设备配置及安装质量检验。

（2）监控中心设备安装质量检验。

4）线缆敷设检测。

（1）线缆、光缆敷设质量检验应符合工程合同、设计文件、设计材料清单的要求。

（2）检查线缆、光缆敷设的施工记录、监理报告或隐蔽工程随工验收单，应符合规定。

（3）检查综合布线的施工记录或监理报告，应符合规定。

（4）检查隐蔽工程随工验收单时，应做到验收完整、准确。

5）电源检测。

（1）系统电源的供电方式、供电质量、备用电源容量等应符合正式设计文件的要求。

（2）主、备电源转换检测应符合下列规定。

① 对有备用电源的系统，应检查当主电源断电时，能否自动转换为备用电源供电。主电源恢复时，应能自动转换为主电源供电。在电源转换过程中，系统应能正常工作。

② 对于双路供电的系统，主备电源应能自动转换。

③ 对于配置 UPS 电源装置的供电系统，主备电源应能自动转换。

（3）电源电压适应范围检测应符合下列规定：当主电源电压在额定值的 85%～110%范围内变化时，不调整系统（或设备），应仍能正常工作。

（4）备用电源检测应符合下列规定。

① 检查入侵报警系统备用电源的容量，能否满足系统在设防状态下，满负荷连续工作时间的设计要求。

② 检测防盗报警控制器的备用电源是否有欠压指示，欠压指示应符合设计要求。

③ 检查出入口控制系统的备用电源能否保证系统在正常工作状态下，满负荷连续工作时间的设计要求。

6）防雷与接地检测。

系统防雷设计和防雷设备的安装、施工结果应符合相关规定。

思考题与习题

1. 布线设计和实施是遵循什么标准？
2. 简述线缆敷设的相关规定。
3. 简述光缆敷设的相关规定。
4. 简述安防工程施工的流程。
5. 安防工程实施中需要打交道的部门有哪些？
6. 试画出实施安防工程的人员组织结构，并说明各岗位职责。
7. 安防工程实施中对设备产生的干扰有哪些？
8. 安防工程实施后主要检测的内容有哪些？
9. 提高系统性能和可靠性的保障措施有哪些？
10. 视频监控的检测内容有哪些？

第9章

数字安防系统综合设计经典案例与实施

数字安防系统从当初神秘的千里眼、顺风耳发展到现在，已经逐步进入到我们的工作和生活中，平安城市、平安家园、无人值守工作站、大型机场等都是数字安防系统大显身手的好地方。本章将归纳实际工作和生活中使用的数字安防系统，便于大家深入地理解数字安防使用的场所，并通过介绍一个综合的安防项目一从招标到实施的整个过程，大家可以进一步熟悉数字安防系统的整个操作过程。

9.1 数字安防系统的使用场所及设计要求

9.1.1 公共场馆的安防系统

1. 公共场馆的范围

我们熟知的机场、火车站、博物馆、体育馆、影剧院等都属于公共场馆，这类场所的特点是属于人口密集的公共场所，人多，环境相对复杂、容易出现安全事故，安全要求高。

2. 公共场馆安防设计的要求

公共场馆安全防范系统由防爆安检、视频安防监控、入侵报警、出入口控制等子系统组成，具体要求如下：

（1）外围防范。采用电子围栏或红外对射在场馆外围进行防范，关键部位还可以设计振动探测器进行外围多重防范，机场停机坪、火车站站台及广场上均要设置视频监控系统。

（2）出入口。各出入口均设置视频监控进行防范，重要的出入口需要设置双鉴入侵报警系统，形成严密的空间防范。根据区域的功能不同设置门禁对内部分类管理，对外部人员进行分流管理。

（3）安检口。在检票口设置安检门和安检机，对人和物进行安全检查，并设计视频监控进行监视取证。

（4）室内重要区域。售票收费区域、服务区域、大厅、大厅过道、各重要分场馆等重要区域均要设置视频监控系统，特别是博物馆置放文物区域尽量做到无死角监视。

（5）车辆管理。公共场馆人口密集、车辆较多，需要设计多个停车场管理系统进行管理，根据不同的场馆，可分为对内停车场、对外停车场、贵宾停车场、物流货物停车场等。

（6）指挥中心。在大中型公共场馆中均有指挥中心调度系统，有室内大屏显示系统、数字安防的控制系统、机房配套系统等，并且在室外设置多块大屏，室内大屏和室外大屏选型应根据现场环境来确定。

（7）UPS 电源与接地。公共场馆 UPS 系统是不可缺少的，并且需要配备发电机以防应急用；接地是公共场馆非常重要的一部分，需要按相关要求进行设计。

（8）系统集成。公共场馆安全管理系统和信息网原则上应单独设计，并考虑与消防报警、建筑设备监控、旅客离港等有关管理系统联动，应考虑视频图像的远程传输问题。

9.1.2 道路交通的安防系统

1. 道路交通的范围

高速公路道路监控、城市道路交通监控等都属于道路交通监控范围，此类监控的特点是监控区域较大，监控目标为快速移动物体，人员密集程度相对较小，对数字安防系统设备要求很高。

2. 道路交通安防设计要求

道路交通监控系统主要由视频和音频监控系统组成，具体要求如下。

（1）视频监控。视频监控均由远程监控、远程传输组成，所有高速公路及城市道路监控前端设备精度要求很高，采用光缆或网络方式传输。

（2）音频监控。随着道路监控中的需求越来越高，道路监控中的音频也需要监控，在要求实时同步监控视频的同时，也需要实时地把音频监控传输到终端来，对传输的要求就更高了。

（3）指挥中心。高速公路及城市道路监控均有指挥中心，指挥中心的大屏显示系统就显得尤为重要了，在领导坐镇指挥和处理突发事件中发挥着重要作用。

（4）UPS 电源与接地。道路交通安防系统中 UPS 系统更是不可缺少的一部分，并且需要配备发电机以防应急用；前端设备防雷接地为设备起到保护作用，也是道路监控中不可缺少的，需要按相关要求设计。

（5）系统集成。道路交通安全管理系统和信息网原则上应单独设计，应考虑与消防报警、110 报警系统联动，并考虑逐级向上级部门传输的功能。

9.1.3 民用建筑的安防系统

1. 民用建筑的范围

单位办公楼、各种写字楼、中高档酒店、智能小区的安防系统均属于该范围，此类监控的特点是防范的区域相对集中，需要根据每个单位或部门的使用需求来设置安防的子系统。

2. 民用建筑安防设计要求

民用安全防范系统由视频安防监控、入侵报警、出入口控制等子系统组成，具体要求如下：

（1）外围防范。采用电子围栏或红外对射在建筑外围进行防范，关键部位还可以设计振动探测器进行外围多重防范，外围广场和小区内均要设置视频监控系统。

（2）出入口。各出入口均设置视频监控进行防范，重要的出入口及办公室需要设置双鉴入侵报警系统，形成严密的空间防范。根据区域的功能不同设置门禁对内部分类管理，对外部人员进行分流管理。

（3）室内重要区域。服务区域、大厅、大厅过道等公共区域均要设置视频监控系统，特别是单位重要区域及酒店重要区域尽量做到无死角监视。

（4）车辆管理。办公楼、写字楼及酒店车辆也较多，需要设计停车场管理系统。

（5）监控中心。写字楼、酒店均有监控中心，配有室内大屏显示系统、数字安防的控制系统、机房配套系统等，并且在室外按需求设置室外大屏，室内大屏和室外大屏选型应根据现场环境来确定。

（6）UPS 电源与接地。办公楼及酒店 UPS 系统是不可缺少的，并且需要配备发电机以防应急用；接地是民用建筑安防系统非常重要的一部分，需要按相关要求设计。

（7）系统集成。民用建筑安全管理系统和信息网原则上应单独设计，并考虑与消防报警、110 报警系统联动。

9.1.4 工业建筑的安防系统

1．工业建筑安防系统的范围

企业生产线、企业园区、重要仓库、无人值守变电站、石化油田等生产企业、科研基地等工业厂区均属于该范围，这类场所的特点是工业生产需求较复杂，安防系统要求很高。

2．工业建筑安防设计的要求

工业建筑安全防范系统由视频安防监控、入侵报警、出入口控制等子系统组成，具体要求如下：

（1）外围防范。采用电子围栏或红外对射在建筑外围进行防范，关键部位还可以设计振动探测器进行外围多重防范，厂区均要设置视频监控系统。

（2）出入口。厂区门口的主出入口采用桥式或立式挡闸进行人员出入控制，还可以做考勤的依据，厂区或研发大楼根据区域的功能不同设置门禁对内部分类管理，对外部人员进行分流管理。各出入口均设置视频监控进行防范，重要的出入口需要设置双鉴入侵报警系统，形成严密的空间防范。

（3）室内重要区域。厂区生产线、科研区域、无人值守变电站等重要区域均要设置视频监控系统，特别是无人值守生产线、无人值守变电站等区域尽量做到无死角监视。科研单位重要的研发区域也要尽量做到无死角视频监控。

（4）安检口。重要生产线、无人值守变电站、研发大楼的主出入口设置安检系统，对人和物进行安全检查，并设置视频监控进行监视取证。

（5）车辆管理。工业厂区人员来往较多，车辆较多需要设计多个停车场管理系统进行管理，根据不同的区域，可分为对内停车场、对外停车场、物流货物停车场等。

（6）指挥中心。在中大型企业、研发中心、无人值守变电站均有指挥中心调度系统，有室内大屏显示系统、数字安防的控制系统、机房配套系统等，并且在室外设置多块大屏，室内大屏和室外大屏选型应根据现场环境来确定。

（7）UPS 电源与接地。工业建筑安防系统的 UPS 系统是不可缺少的，并且需要配备发电机以防应急用；接地是工业建筑安防系统的非常重要的部分，需要按相关要求设计。

（8）系统集成。工业建筑的安全管理系统应单独设计，应考虑与消防报警、建筑设备监控、110 报警系统联动，并考虑视频图像的远程传输问题。

9.1.5 公共安全的安防系统

1．公共安全安防系统的范围

目前，平安城市、平安校园、金融安全、重要公共设施安全均属于该范围，这类场所的特点是公共安全防范区域较大，涉及人、物、车、防范物体流动性大，对公共安全危害性大，安全防范要求非常高，防范难度非常大。

2．公共安全安防设计的要求

公共安全防范系统由视频安防监控、入侵报警、出入口控制、可视对讲、应急报警系统等子系统组成，具体要求如下：

（1）平安城市。主要采用视频和音频监控，在各城市的重要道路口、重要商业区、重要的公共设施、人口密集区、人口密集居住区等区域设置视频监控和音频监控，为城市正常运转提供有力的保障，为人们良好的生活环境提供有力的保障。

（2）平安家园。主要有视频监控系统、门禁系统、周界防范系统和车管系统，在小区周界设置红外对射进行外围的防范；在小区主要出入口和楼栋单元出入口设置门禁控制系统及车管系统；

在业主家里设置可视对讲和紧急呼叫系统，可视对讲要求整个小区联网；在小区重要区域、出入口、外围设置视频监控系统，视频监控直接传输到辖区派出所；保安值班室设置紧急报警系统，直接可以与辖区110报警系统联动。

（3）平安金融。在银行的周边采用红外对射进行外围防范，柜台及大厅设置视频监控系统做到一对一无死角监视；重要区域都要设置紧急报警系统；金库等重要区域采用振动探测报警系统；重要出入口设置门禁系统控制及视频监控系统，各系统之间可以进行联动；相关信息考虑联网传输并与110报警系统联动。

（4）公共设施安全。重要公共区域（如桥梁、重要公共设施），以及有潜在危害公共安全的区域（如加油站）等均设置视频监控，并与110报警系统联动，应考虑向上级部门实时传输信息。

9.2 数字安防系统经典案例与实施

为了大家能够更深入地了解数字安防系统的设计和实施，此节给大家介绍一个综合的案例，供大家参考与学习。

9.2.1 项目简介

某企业数字安防系统，该企业办公楼有两栋，A栋办公楼高9层，占地面积1000m^2，无地下楼层；B栋办公楼高11层，有地下一层，占地面积1200m^2；有3个重要仓库，分别为1号、2号、3号仓库，1号仓库占地面积为40 000m^2，2号仓库占地面积为20 000m^2，3号仓库占地面积为18 000m^2，两个办公楼和1号仓库在一起，1号仓库距2号仓库2000m，1号仓库距3号仓库3500m；安防设计要求如下：

（1）办公楼主要出入口有视频监控，周边也要设置视频监控，A栋20个定点摄像机，B栋30个定点摄像机；

（2）办公楼每层走廊及主入口有入侵报警系统；

（3）B办公楼地下一层设置停车场管理；

（4）A、B办公楼每栋楼在重要的办公室设置门禁系统，每栋楼20个门禁；

（5）中心机房在B栋1楼，中心机房设置大屏显示系统；

（6）每个仓库周界都设置电子围栏；

（7）1号仓库设置90个动点，2号和3号各设置60个动点摄像机，各设10个门禁；

（8）每个仓库都设置分控制室，分控制室和中心机房采用光缆连接。

该项目属于一个综合型的安防系统工程，各投标单位根据相关要求进行设计，平面图纸由甲方提供。从甲方项目需求中可以看出该项目地理位置相距较远，布线施工难度及施工量都比较大，仓库和中心机房距离较远，主干光缆敷设均采用架空为主，有跨主干道和公共区，施工协调部门多，施工难度大，在系统结构方面设备传输基于网络传输，对系统平台要求较高，系统难度较大。下面把该项目中的几个重要部分一一进行介绍，分别是过程中的招标文件、公司投标中的投标文件、签合同后的项目实施。

9.2.2 招标文件

该项目在招标文件中介绍了项目的相关情况，采取无标底投标，并给出了拦标价为1050万元，因该项目原招标文件较多，现将招标文件目录供大家参考（如下招标文件），从中我们可以看出招标文件的大致内容，以及做投标文件时需要做的大致内容。

招 标 文 件

项目名称：××××××办公楼及仓库数字安防系统

标书编号：WGRD2008-002

××××××公司

二〇〇八年一月十日

目　录

我们在阅读招标书的时候一定要仔细，抓住招标文件的重点，不能忽略每一个细节，要特别注意以下四个问题：

（1）投标人的资格和要求。投标公司的资质等级不能低于招标书的要求，对公司投标有利的相关文件都可以附在投标文件面，增加评委的影响分。

（2）工程范围。工程范围一定要清晰，工程范围的大小直接决定了工程量的多少，也就是直接决定了工程的报价，要做到不漏掉一项，也不多增加一项，漏掉一项会扣分，严重的会废标，多增加一项会增加预算，使报价处于劣势，因此范围一定要清楚。

（3）评分标准。仔细阅读招标书弄清楚评分的标准，做投标文件的时候要紧扣招标书要求，才能得高分。

（4）标书格式。投标文件的格式严格按照招标文件格式编写。

9.2.3 投标文件

在7.1.3中已经介绍过，投标文件分商务文件和技术文件。投标文件是每个公司都非常重视的，投标工作做不好，项目就接不到，接不到项目整个公司就没活可干，所以投标工作的重要性对每个公司来讲就不言而喻了。下面分别介绍×××公司根据招标文件编写的商务文件和技术文件，供大家今后编写投标文件时参考。投标文件中商务文件的编写是根据招标文件的要求对应编写的，如投标函、开标一览表、投标保证金函、法定代表人授权委托书、银行履约金保函、工程质量保修书、技术规范偏离表、商务条款偏离表、主要人员简历表和投标单位企业概况表等。

1．商务文件

×××××××公司办公楼及仓库数字安防系统投标文件

标书编号：WGRD2008-002

商务文件

×××××××公司（公司盖章）

二〇〇八年一月二十八日

目　录

从目录中可以看出，×××公司编制的商务文件是完全按照招标文件的要求编写的，下面给大家介绍商务文件中重要内容的编写供大家参考。

投　标　函

××××公司招标办：

我单位认真研究了“××××××公司办公楼及仓库数字安防系统”招标文件，愿意承担该工程的设计和施工任务，并履行招标文件中对中标人的全部要求和应承担的义务，我们的投标预算总金额为（大写金额）：**玖佰玖拾壹万捌仟伍佰元整**。

根据我单位实际情况和结合自身实力，我单位承诺投标预算总金额下浮 6 %作为本工程投标报价总金额（大写金额）：**玖佰叁拾贰万叁仟叁佰元整。**

如果我单位中标，我们将按招标文件中条款的规定，在接到中标通知书后一周天内来进行合同签订，并按总工期 110 自然日要求安排施工。保证质量符合《国家及行业要收标准》，按时交工要收。

按招标文件要求，我方承诺中标后按中标价5%提供银行履约保证金。

投标人：××××公司　　（盖章）

法定代表人或法定代表人授权代理人：　××××　（印章和签字）

地址：×××××××××××　　　　　　电话：××××××

投标日期：2008年1月28日

开标一览表

招标项目名称：××××公司办公楼及仓库数字安防系统

招标编号：　WGRD2008-002　　　　　　　　　　　　　　价格单位：万元

序号	招标内容	品目数（子系统数）	投标价			交付时间	备注
			设备综合报价	工程量报价	合计		
1	门禁系统	1	56.14	12.61	68.75	按合同	
2	视频监控系统	2	482.6	96.52	579.12	按合同	
3	车管系统	1	11.68	1.83	13.51	按合同	
4	入侵系统	1	26.75	6.78	33.53	按合同	
5	电子围栏	1	97.32	29.19	126.51	按合同	
6	中心机房	5	136.35	34.08	170.43	按合同	
合计			810.84	181.01	991.85		

招标单位全称（盖章）：××××招标办

全权代表（签字）：×××

日期：2008-1-28

投标保证金函

××××公司招标办：

根据《×××××公司办公楼及仓库数字安防系统招标文件》的要求，我单位的投标保证金人民币

壹拾万整 已于购买招标文件时提交。如我方在本次招标活动中有违反有关法律法规和招标文件规定的行为，你方有权全额没收投标保证金。

投标人：××××××（名称、盖章）

法定代表人或授权代表：×××（印章和签字）

投标人地址：×××××××

电话：×××××

传真：×××××××

邮政编码：××××××

日期：　　2008　年 1　月 28 日

法定代表人授权委托书

×××××公司招标办：

我 ××× （姓名）系依照国家法律规范成立并在境内注册 ××× 公司的法人代表，现授权 ××× （被授权人姓名、职务）作为我公司合法代表，参加工程施工招标（项目编号：WGRD2008-002）投标活动。授予他（她）代表我公司签署投标文件、参加开标会议、进行谈判、签订合同和实施一切与本工程有关事宜的权利。

本委托书于 2008 年 1 月 10 日签字起生效，其签名真迹如本授权委托书签名所示，特此证明。

授权委托单位：×××××公司　（名称、公章）

法定代表人：　×××　（签字及印章）

被授权人：　×××　　（签字）

日期：2008 年 1 月 10 日

（注：法定代表人授权委托书需另准备一张原件供开标验证时出示）

银行履约金保函

×××××公司招标办：

鉴于 ×××公司 （下称“投标人”）将与你单位签订“××××××公司办公楼及仓库数字安防系统”合同施工，我银行出具本次履约保函为其担保。担保金额为人民币：（大写）伍拾万 元。

××××公司 （投标人全称）在合同执行过程中，一旦出现违约行为，未能履行合同文件规定时，你单位可向我行无条件提取履约保证金。

本履约金保函在本工程承包合同失效后自动终止。

银行名称：中国建设银行武汉支行青山分行（盖章）

银行法定代表人：×××　　　　（印章和签字）

地址：××××××

联系电话：×××××××

日期：2008 年 1 月 28 日

工程质量保修书

发包人：（全称）××××系统工程有限公司

承包人：（全称）××××基建处

发包人、承包人根据《中华人民共和国建筑法》、《建设工程质量管理条例》和《房屋建筑工程质量保修方法》，经协商一致，对**×××办公楼及仓库数字安防系统（工程全称）**签订质量保修书。

1．工程质量保修范围和内容

承包人在质量保修期内，按照有关法律、法规、规章的管理规定和双方约定，承担本工程保修责任。质量保修范围包括主体结构工程、给排水管道、设备安装工程，以及双方约定的其他项目。具体保修的内容，双方约定如下。

2．质量保修期

按中标人所报工程保修期执行，工程交付使用后即计算保修期。

3．质量保修责任

（1）属于保修范围、内容的项目，承包人应当在接到保修通知之日起 7 天内派人保修。承包人不在约定期限内派人保修的，发包人可以委托他人修理。

（2）发生紧急抢修事故的，承包人在接到事故通知后，应当立即到达事故现场抢修。

（3）对于涉及结构安全的质量问题，应当按照《工程质量保修办法》的规定，立即向当地建设行政主管部门报告，采取安全防范措施；原设计单位或者具有相关资质等级的设计单位提出保修方案，承包人实施保修。

（4）质量保修完成后，由发包人组织验收。

4．保修费用

保修费用由造成质量缺陷的责任方承担。

5．其他

双方约定的其他工程质量保修事项。

本工程质量保修书，由施工合同发包人、承包人双方在竣工验收前共同签署，作为施工合同附件，其有效期限至保修期满。

发包人（公章）：　　　　承包人（公章）：

法定代表人（签字）：　　　　法定代表人（签字）：

______年___月___日　　　　______年___月___日

技术规范偏离表

序号	内容	招标文件技术规范、要求	投标文件对应规范	备注
1	无			

被授权人（签字）：×××

商务条款偏离表

序　号	内　容	招标文件商务条款	投标文件的商务条款	说　明
1	无			

被授权人（签字）：×××

主要负责人员简历表

“主要负责人员简历表”中的项目经理应附项目经理证、身份证、职称证、学历证、养老保险复印件，管理过的项目业绩需要附合同协议书复印件；技术负责人应附身份证、职称证、学历证、养老保险复印件，管理过的项目业绩须附证明其所任技术职务的企业文件或用户证明；其他主要人员应附职称证（执业证或上岗证书）、养老保险复印件。

<table>
<tr><th>姓名</th><th>×××</th><th>年龄</th><th>32</th><th>学　历</th><th>本科</th></tr>
<tr><td>职称</td><td>工程师</td><td>职务</td><td>副总经理</td><td>拟在本合同任职</td><td>项目经理</td></tr>
<tr><td>毕业学校</td><td colspan="5">××××年毕业于　×××××　学校××××专业</td></tr>
<tr><td colspan="6">主要工作经历</td></tr>
<tr><td>时间</td><td colspan="2">参加过的类似项目</td><td colspan="2">担任职务</td><td>发包人及联系电话</td></tr>
<tr><td>2007年</td><td colspan="2">年武汉卷烟厂安防系统</td><td colspan="2">项目经理</td><td>×××××××</td></tr>
<tr><td>2006年</td><td colspan="2">×××铁路分局智能弱电工程</td><td colspan="2">项目经理</td><td>×××××××</td></tr>
<tr><td>2006年</td><td colspan="2">时代广场智能弱电工程</td><td colspan="2">项目经理</td><td>×××××××</td></tr>
</table>

续表

姓名	×××	年龄	32	学　历	本科
2005年	×××商业银行地区分行安防系统工程		项目经理		×××××××

投标单位企业概况

企业名称	×××××系统工程有限公司						建立日期	1996-7
资质等级	智能建筑弱电一级		注册资金	1050万			企业性质	民营
批准单位	建设部湖北建设厅		地址	×××××××××号				
经营范围	智能弱电工程、安防工程、网络系统集成、机房工程设计、工程实施							
企业职工人数	110人	有职称管理人员				工人		
		高工	工程师	助工	技术员	4～8级	1～3级	无级
		12	42	12	20	16	8	
主要机械设备	名称	型号	数量（台）	总功率（kW·h）	制造国或产地		备注	
	光纤熔接机	住友	2		日本			
	光缆测试仪	FLUKE	2	50W	美国			
	工程宝		2		国产			
	电锤	BOSCH	8	750W	合资			
	万用表		8		国产			
	手电钻	BOSCH	10	200W	合资			
	切割机	BOSCH	8	1000W	合资			
	线缆测试仪	FLUKE	2	50W	美国			
	调试设备	HP	8	75W	合资			
	升降梯		8		国产			
	钢绞线敷设设备		1批		国产			

投标单位企业概况

企业名称	×××××系统工程有限公司						建立日期	1996-7
资质等级	智能建筑弱电一级		经营方式	股份制			企业性质	民营
批准单位	建设部湖北建设厅		地址	××××××××××号				
经营范围	智能弱电工程、安防工程、网络系统集成、机房工程设计、工程实施							
企业职工人数	110人	有职称管理人员				工人		
		高工	工程师	助工	技术员	4～8级	1～3级	无级
		12	42	12	20	16	8	
近3年工程业绩	2007年武汉卷烟厂安防系统610万，其中安防系统有视频监控、入侵报警、门禁系统、车管系统、大屏显示系统、UPS系统、电子围栏等							
近3年工程业绩	2006年×××铁路分局智能弱电工程1200万，其中安防系统有视频监控、入侵报警、车管系统、门禁巡更系统、UPS系统等							
	2006年时代广场智能弱电工程1600万，其中安防系统有酒店视频监控、入侵报警、车管系统、酒店管理系统、门禁系统、机房工程、UPS系统、发电机系统等							

从以上内容可以看出商务文件主要是项目报价、企业概况、个人简历及投标过程中规定的相应文件，商务文件一定要按招标文件中的格式进行编写，否则是要被扣分的，严重的情况下是要被废标的，因此大家在做商务文件的时候一定要看清楚招标文件的具体要求；项目报价等均按标书要求来编制。

2．技术文件

该安防系统的技术文件有系统设计标准、每个系统的具体设计方案、整个项目的施工组织设计等，现将技术文件中的重要部分介绍给大家，仅供参考。目录及内容具体如下。

××××××公司办公楼及仓库数字安防系统投标文件

标书编号：WGRD2008-002

××××××公司（公司盖章）

二OO八年一月二十八日

目　录

从以上目录中可以看出技术文件主要是对该安防系统的具体分析和设计，具体技术方案中主要描写了各系统的组成、主要设备及设计特点，需要把整个方案描述清楚。把每个子系统的结构、组成、特点很清楚地描述出来让评标的评委阅读完方案，就知道方案的主要结构、方案是否合理及设计是否有特色。设计技术方案既要满足基本需要，又要突出自己的特色，才能够给评委留下深刻印象，才能获得高分。施工组织设计在技术文件中也是很重要的一部分，具体介绍了工程的工序及相关措施，施工组织设计编制的水平体现了一个公司的工程实施水平及管理水平。图纸部分包括视频监控系统图、视频监控平面布置图、电子围栏系统图、电子围栏平面布置图、入侵报警系统图、入侵报警平面布置图、出入口控制系统图、出入口控制平面布置图、车管系统图、车管平面布置图、中心机房系统图、中心机房平面布置图，安防系统总系统如图 9-1 所示。

由于篇幅的原因就不把整个技术方案的编写呈现给大家，下面以视频监控系统为例予以重点介绍，系统设计包含以下主要内容。

（1）系统的组成的描述：主要描述系统的框架及结构，如视频监控系统采用模拟+数字方式构成，前端视频采集采用高精度模拟摄像机采集信号，视频信号传输使用同轴电缆传输，主干采用光缆传输；后端控制动点的方式采用视频编码器控制；电源采用集中供电方式；每个室外摄像机都配置接地系统。大致介绍以上内容后对每个组成部分进一步详细描述，这部分的内容就基本上可以了。

（2）系统的主要组成设备：把视频监控的主要组成设备进行介绍，如主要设备有前端的摄像机、一体化云台、一体化球机、后端的控制设备视频编码器、网络交换机、UPS 电源主机、控制台等，把每个设备的主要性能进行逐个的介绍，突出所选设备的高性能及优势。

（3）系统主要设备清单：把视频监控系统的主要设备、线缆及辅材的清单列出来就可以了。

（4）系统集成的功能介绍：在每个仓库设置分控室，视频信号在分控集中后再传输到中心机房，每个分控室可以对每个仓库的视频进行控制和存储。介绍视频监控系统集成后的网络传输及远程中心控制功能、远程光缆传输、远程控制、远程存储、远程调用及观看等功能，突出集成的整体性能优势，实现功能的实用性和先进性。

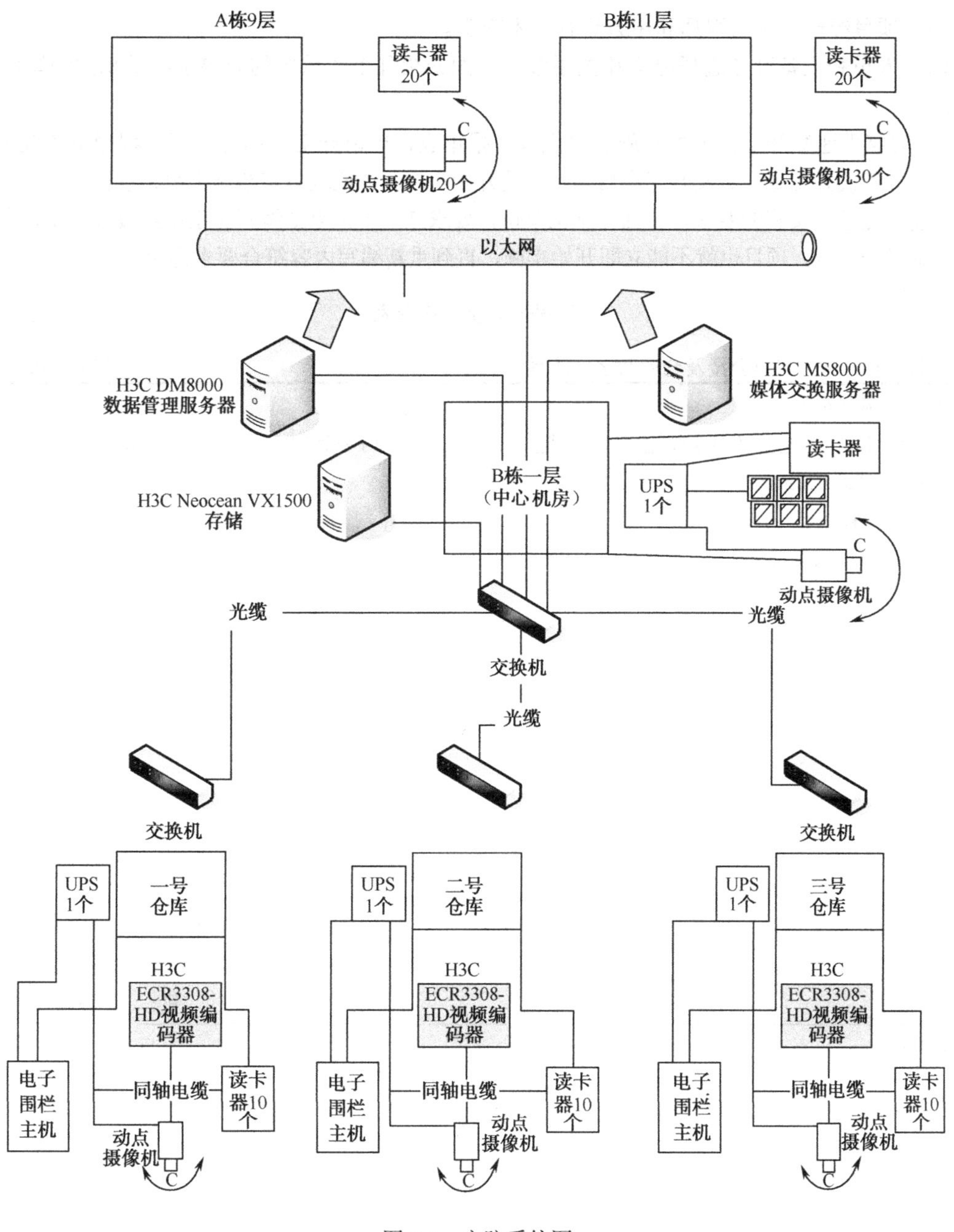

图 9-1　安防系统图

9.2.4　项目实施

合同签订后整个项目就进入到项目实施的阶段，下面介绍几个项目实施的具体流程供参考，具体如下：

（1）项目实施进场前整个项目小组的组建，任命经验和技术丰富的工程师担任项目经理，再由项目经理挑选相关技术工程师及施工队长组建项目工程小组。

（2）项目实施前工程小组技术交底。

（3）项目经理带领工程师和甲方进行技术交底。

（4）人员和设备准备进场办理相关手续，下面介绍几个较重要的必要手续及相关编写内容供参考：

① 向监理递交开工报审表及施工组织设计报审表，申请开工，由总监理工程师审核施工组织设计方案并签发开工令，签发开工令后项目方能开始实施。如监理方审核施工组织设计方案，觉得其内容不能满足项目实施的要求，会回复施工单位，要求施工单位重新编写施工组织设计方案，也就暂时不会签发开工令，项目也就不能立即开始实施，直到重新编写内容符合要求为止。

工程开工/复工报审表

工程名称：×××办公楼及仓库数字安防系统工程　　　　编号：001

致：××××监理公司 我方承担的 ×××办公楼及仓库数字安防系统 工程，已完成了以下各项工作，具备了开工/复工条件，特申请施工，请核查并签发开工/复工指令。 附：1.工程合同 2.甲方确认后的图纸 承包单位（章）：×××公司 项 目 经 理：××× 日　　期：2008-2-18
审查意见： 项目监理机构： 总监理工程师： 日　　期：

施工组织设计（方案）报审表

工程名称： ×××办公楼及仓库数字安防系统工程　　　　编号：001

<table>
<tr><td>致：××××监理公司

我方已根据合同的有关规定完成了 ×××办公楼及仓库数字安防系统 工程施工组织设计（方案）的编制，并经我单位上级负责人审查批准，请予以核查。
附：施工组织设计（方案）

承包单位（章）：×××公司
项 目 经 理：×××
日　　期：2008-2-18</td></tr>
<tr><td>专业监理工程师审查意见：

专业监理工程师：
日　　期：</td></tr>
<tr><td>总监理工程师审查意见：

项目监理机构：
总监理工程师：
日　　期：</td></tr>
</table>

② 批准开工后填写材料进场报审表，每次用到工程上的材料及设备都要进行报审，由监理审核后存档。监理根据合同核对材料设备型号及数量后签字，材料和设备方能使用，如果与合同不符，监理不签字，该批材料和设备就不能使用，并且监理签字后的报审表是工程竣工后作为项目决算的

重要依据。

工程材料/构配件/设备报审表

工程名称：　×××办公楼及仓库数字安防系统工程　　　　　　　　编号：001

<table>
<tr><td>
致：××××监理公司
我方于 2008 年 2 月 20 日进场的工程材料/构配件/设备数量如下（见附件）。现将质量证明文件及自检结果报上，拟用于下述部位：
1．办公楼 1～5 楼监控系统同轴电缆
2．办公楼 1～5 楼金属线槽
请予以审核。
附件：
1.数量清单
2.质量证明文件
3.自检结果

承包单位（章）：×××公司
项　目　经　理：×××
日　　　　　期：2008-2-20
</td></tr>
<tr><td>
复查意见：
经检查上述工程材料/构配件/设备，符合/不符合设计文件和规范的要求，准许/不准许进场，同意/不同意使用于拟定部位。

项目监理机构：
总/专业监理工程师：
日　　　　期：
</td></tr>
</table>

③ 隐蔽工程验收单，对即将隐蔽施工的施工工序需要办理隐蔽工程验收手续，隐蔽工程验收单是竣工资料的重要内容，必须要在实施过程中办理。

隐蔽工程验收单

<table>
<tr><td colspan="6">工程名称：×××办公楼及仓库数字安防系统工程</td></tr>
<tr><td colspan="2">建设单位/总包单位</td><td colspan="2">设计施工单位</td><td colspan="2">监理单位</td></tr>
<tr><td colspan="2">×××公司</td><td colspan="2">×××公司</td><td colspan="2">×××公司</td></tr>
<tr><td rowspan="9">隐蔽工程内容</td><td rowspan="2">序号</td><td rowspan="2">检查内容</td><td colspan="3">检查结果</td></tr>
<tr><td>安装质量</td><td>部位</td><td>图号</td></tr>
<tr><td>1</td><td>办公楼1楼吊顶内金属线槽敷设</td><td>合格</td><td>走廊吊顶内</td><td></td></tr>
<tr><td>2</td><td>办公楼1楼吊顶内金属同轴线缆敷设</td><td>合格</td><td>走廊吊顶内</td><td></td></tr>
<tr><td>3</td><td></td><td></td><td></td><td></td></tr>
<tr><td>4</td><td></td><td></td><td></td><td></td></tr>
<tr><td>5</td><td></td><td></td><td></td><td></td></tr>
<tr><td>6</td><td></td><td></td><td></td><td></td></tr>
<tr><td></td><td></td><td></td><td></td><td></td></tr>
<tr><td>验收意见</td><td></td><td colspan="4"></td></tr>
<tr><td colspan="2">建设单位/总包单位</td><td colspan="2">设计施工单位</td><td colspan="2">监理单位</td></tr>
<tr><td colspan="2">验收人：
日期：
签章：</td><td colspan="2">验收人：×××
日期：2008-3-5
签章：</td><td colspan="2">验收人：
日期：
签章：</td></tr>
</table>

④ 主要设备调试报告表，设备到现场报审后，就可以进行安装调试，主要的设备都需要有调试的过程记录，主要设备调试报告是项目验收的重要资料，在调试过程中必须办理相关手续。

主要设备调试报告

<table>
<tr><td colspan="2">工程名称</td><td colspan="2">×××办公楼及仓库数字安防系统工程</td><td>工程地址</td><td colspan="3">×××××××</td></tr>
<tr><td colspan="2">使用单位</td><td colspan="2">××××公司</td><td>联系人</td><td>×××</td><td>电话</td><td></td></tr>
<tr><td colspan="2">调试单位</td><td colspan="2">×××公司</td><td>联系人</td><td></td><td>电话</td><td></td></tr>
<tr><td colspan="2">设计单位</td><td colspan="2">×××公司</td><td>施工单位</td><td colspan="3">×××公司</td></tr>
<tr><td rowspan="7">主要设备</td><td colspan="2">设备名称、型号</td><td>数量</td><td>编号</td><td>出厂年月</td><td>生产厂</td><td>备注</td></tr>
<tr><td colspan="2">三星摄像机</td><td>210</td><td></td><td>2008.1</td><td>三星电子</td><td></td></tr>
<tr><td colspan="2"></td><td></td><td></td><td></td><td></td><td></td></tr>
<tr><td colspan="2"></td><td></td><td></td><td></td><td></td><td></td></tr>
<tr><td colspan="2"></td><td></td><td></td><td></td><td></td><td></td></tr>
<tr><td colspan="2"></td><td></td><td></td><td></td><td></td><td></td></tr>
<tr><td colspan="2"></td><td></td><td></td><td></td><td></td><td></td></tr>
<tr><td colspan="2">施工有无遗留问题</td><td colspan="2"></td><td>施工单位联系人</td><td></td><td>电话</td><td></td></tr>
</table>

续表

<table>
<tr><td>调试情况</td><td colspan="3">各项指标正常，图像清晰</td></tr>
<tr><td>调试人员（签字）</td><td>×××</td><td>使用单位人员（签字）</td><td>×××</td></tr>
<tr><td>施工单位负责人（签字）</td><td>×××</td><td>设计单位负责人（签字）</td><td>×××</td></tr>
<tr><td>填表日期</td><td>2008-5-10</td><td></td><td></td></tr>
</table>

⑤ 经过设备调试后系统一切正常的情况下，乙方就可以申请验收了，验收流程如图 9-2 所示。

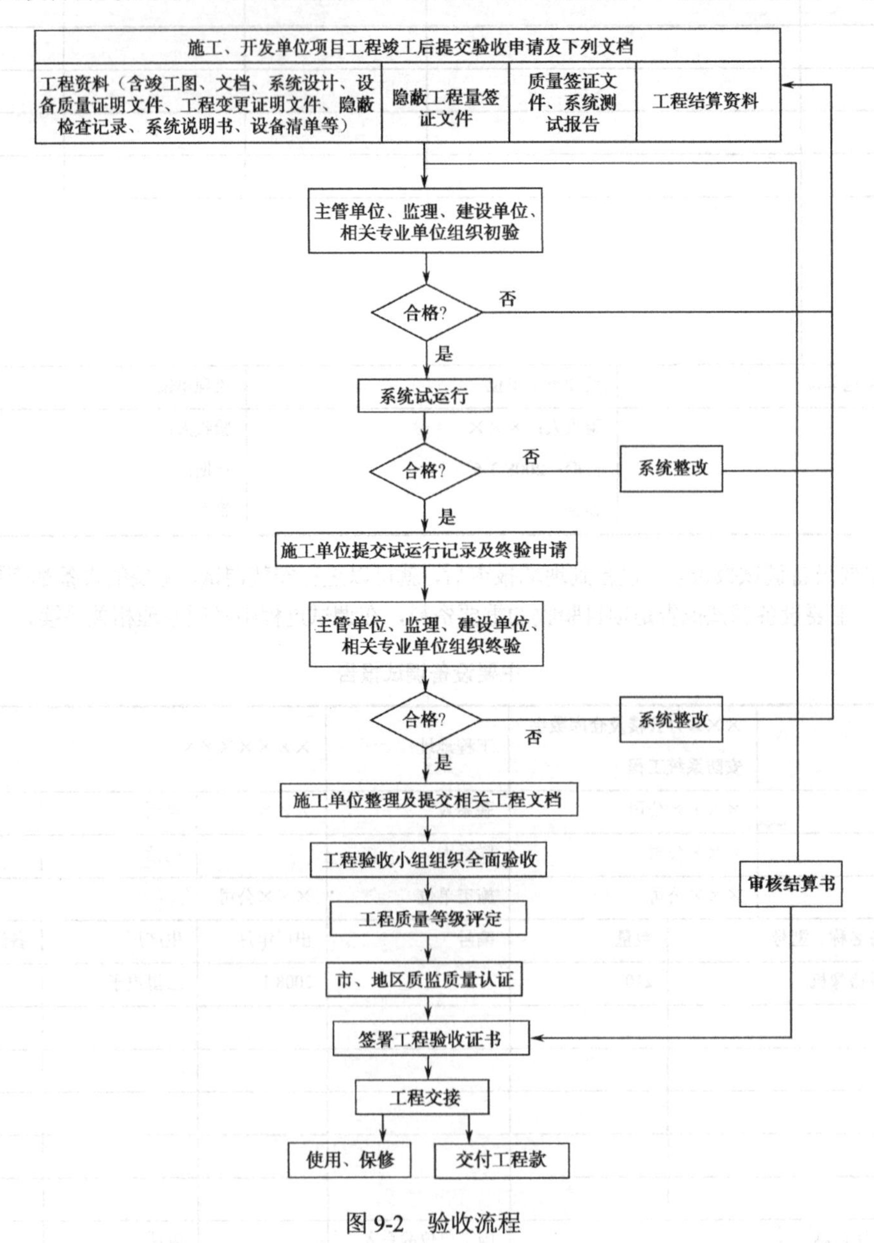

图 9-2　验收流程

⑥ 验收证明书是项目通过验收的重要依据，每个项目在竣工后必须办理验收证明书，才能证明该项目按合同圆满地完成了，证明书也是竣工的重要资料。

×××办公楼及仓库数字安防系统工程

验收证明书

<table>
<tr><td>工程名称</td><td colspan="2">×××办公楼及仓库数字安防系统工程</td></tr>
<tr><td>设计单位</td><td colspan="2">×××公司</td></tr>
<tr><td>施工单位</td><td colspan="2">×××系统工程有限公司</td></tr>
<tr><td>工程内容</td><td colspan="2">视频监控系统
入侵报警系统
出入口控制系统
电子围栏
UPS 系统
中心机房系统</td></tr>
<tr><td rowspan="2">验收结果</td><td>主观评估</td><td>客观评估</td></tr>
<tr><td></td><td></td></tr>
<tr><td rowspan="4">参
加
验
收
单
位</td><td>设计单位</td><td>建设单位</td></tr>
<tr><td>验收意见

盖章
验收人　　　　日期</td><td>验收意见

盖章
验收人　　　　日期</td></tr>
<tr><td>监理单位</td><td>主管单位</td></tr>
<tr><td>验收意见

盖章
验收人　　　　日期</td><td>验收意见

盖章
验收人　　　　日期</td></tr>
</table>

只要甲方和监理方签字验收了，该项目就算实施完毕，接下来就是做项目决算，最后甲方根据决算付款，乙方根据合同对使用方进行培训，培训完毕后和使用方进行交接，交接完后就根据合同进行售后服务了，一般保修期是1年，1年内系统出现故障由乙方负责解决。

以上介绍的是项目从招投标到实施及验收过程中比较重要的环节，很多细节文件在此就不一一介绍了，如投标文件、施工组织设计、预算的编制等。

反侵权盗版声明